"南北极环境综合考察与评估"专项

北极海域海洋地质考察

国家海洋局极地专项办公室　编

U0195183

海洋出版社

2016 · 北京

图书在版编目（CIP）数据

北极海域海洋地质考察/国家海洋局极地专项办公室编. —北京：海洋出版社，2016.5
ISBN 978-7-5027-9443-9

Ⅰ.①北…　Ⅱ.①国…　Ⅲ.①北冰洋-海洋地质-地质调查　Ⅳ.①P736

中国版本图书馆 CIP 数据核字（2016）第 100804 号

责任编辑：方　菁
责任印制：赵麟苏

海洋出版社　出版发行

http://www.oceanpress.com.cn
北京市海淀区大慧寺路 8 号　邮编：100081
北京朝阳印刷厂有限责任公司印刷　新华书店北京发行所经销
2016 年 5 月第 1 版　2016 年 5 月第 1 次印刷
开本：889 mm×1194 mm　1/16　印张：20.25
字数：500 千字　定价：108.00 元
发行部：62132549　邮购部：68038093　总编室：62114335
海洋版图书印、装错误可随时退换

极地专项领导小组成员名单

组　　长：陈连增　国家海洋局

副组长：李敬辉　财政部经济建设司

　　　　曲探宙　国家海洋局极地考察办公室

成　　员：姚劲松　财政部经济建设司（2011—2012）

　　　　陈昶学　财政部经济建设司（2013—）

　　　　赵光磊　国家海洋局财务装备司

　　　　杨惠根　中国极地研究中心

　　　　吴　军　国家海洋局极地考察办公室

极地专项领导小组办公室成员名单

专项办主任：曲探宙　国家海洋局极地考察办公室

常务副主任：吴　军　国家海洋局极地考察办公室

副主任：刘顺林　中国极地研究中心（2011—2012）

　　　　李院生　中国极地研究中心（2012—）

　　　　王力然　国家海洋局财务装备司

成　　员：王　勇　国家海洋局极地考察办公室

　　　　赵　萍　国家海洋局极地考察办公室

　　　　金　波　国家海洋局极地考察办公室

　　　　李红蕾　国家海洋局极地考察办公室

　　　　刘科峰　中国极地研究中心

　　　　徐　宁　中国极地研究中心

　　　　陈永祥　中国极地研究中心

极地专项成果集成责任专家组成员名单

组　长：潘增弟　国家海洋局东海分局

成　员：张海生　国家海洋局第二海洋研究所

　　　　余兴光　国家海洋局第三海洋研究所

　　　　乔方利　国家海洋局第一海洋研究所

　　　　石学法　国家海洋局第一海洋研究所

　　　　魏泽勋　国家海洋局第一海洋研究所

　　　　高金耀　国家海洋局第二海洋研究所

　　　　胡红桥　中国极地研究中心

　　　　何剑锋　中国极地研究中心

　　　　徐世杰　国家海洋局极地考察办公室

　　　　孙立广　中国科学技术大学

　　　　赵　越　中国地质科学院地质力学研究所

　　　　庞小平　武汉大学

"北极海域海洋地质考察" 专题

承担单位：国家海洋局第一海洋研究所

参与单位：同济大学

国家海洋局第三海洋研究所

国家海洋局第二海洋研究所

"北极海域海洋地质考察" 报告

编写组成员：刘焱光　王汝建　汪卫国　于晓果

董林森　肖文申　章伟艳　沙龙滨

章陶亮　段　肖　王昆山　赵蒙维

叶黎明　蒋　敏　王春娟　梅　静

许　冬　陈莉莉　胡利民　王　磊

张海峰　刘伟男　陈漪馨　赵　云

陈志华　王寿刚　王文杰　蔡献贺

序　言

　　"南北极环境综合考察与评估"专项（以下简称极地专项）是 2010 年 9 月 14 日经国务院批准，由财政部支持，国家海洋局负责组织实施，相关部委所属的 36 家单位参与，是我国自开展极地科学考察以来最大的一个专项，是我国极地事业又一个新的里程碑。

　　在 2011 年至 2015 年间，极地专项从国家战略需求出发，整合国内优势科研力量，充分利用"一船五站"（"雪龙"号、长城站、中山站、黄河站、昆仑站、泰山站）极地考察平台，有计划、分步骤地完成了南极周边重点海域、北极重点海域、南极大陆和北极站基周边地区的环境综合考察与评估，无论是在考察航次、考察任务和内容、考察人数、考察时间、考察航程、覆盖范围，还是在获取资料和样品等方面，均创造了我国近 30 年来南、北极考察的新纪录，促进了我国极地科技和事业的跨越式发展。

　　为落实财政部对极地专项的要求，极地专项办制定了包括极地专项"项目管理办法"和"项目经费管理办法"在内的 4 项管理办法和 14 项极地考察相关标准和规程，从制度上加强了组织领导和经费管理，用规范保证了专项实施进度和质量，以考核促进了成果产出。

　　本套极地专项成果集成丛书，涵盖了极地专项中的 3 个项目共 17 个专题的成果集成内容，涉及了南、北极海洋学的基础调查与评估，涉及了南极大陆和北极站基的生态环境考察与评估，涉及了从南极冰川学、大气科学、空间环境科学、天文学以及地质与地球物理学等考察与评估，到南极环境遥感等内容。专家认为，成果集成内容翔实，数据可信，评估可靠。

　　"十三五"期间，极地专项持续滚动实施，必将为贯彻落实习近平主席关于"认识南极、保护南极、利用南极"的重要指示精神，实现李克强总理提出的"推动极地科考向深度和广度进军"的宏伟目标，完成全国海洋工作会议提出的极地工作业务化以及提高极地科学研究水平的任务，做出新的、更大的贡献。

　　希望全体极地人共同努力，推动我国极地事业从极地大国迈向极地强国之列！

前　言

北极地区因冰雪、冰川、海冰和大陆冰盖覆盖面积大，对太阳辐射的反射率高，反射太阳辐射能力是开放大洋的 5~10 倍。大量研究表明，大气-海冰-海洋之间的正反馈效应会使全球气候变化在北极放大，甚至北极地区自身微小的变化也会通过这些反馈而扩大，因此北极气候变化堪称全球气候变化的风向标。第四纪（2.58 Ma）以来，北极地区的冰盖生长和消融呈现冰期-间冰期的变化，其同时也影响了北半球千年尺度的快速气候波动。近年来随着全球气候变暖，北极冰盖和海冰迅速消融。过去 20 年间，北极地区的冰层融化对全球海平面上升做出了一定贡献；降水量和径流量的增加可引起北冰洋海水淡化，影响北大西洋深层水的形成速率，从而影响到全球的热盐循环；气温上升，植物生长季延长，也会导致生态系统中动植物群落组成的改变，同时气候变暖也会改变陆地和海洋生物迁徙路线，由此影响土著居民的生活。伴随着全球变暖，西伯利亚边缘海与加拿大北极群岛长期冰封的北极航道有望在近年内实现夏季通航，沉睡在海底永久冻土层或沉积层中的巨量甲烷或天然气水合物等资源有可能得到开采利用，给环北冰洋国家乃至全球经济带新的机遇，但同时也可能给北极大气、海洋、生物生态、气候，乃至全球温室气体的减排调控带来新的挑战和负面影响。

北极气候系统的快速变化又可通过全球大气、海洋环流的径向热传输与中纬度甚至低纬度地区紧密联系在一起，近年来已观测到的欧亚和北美地区极端气候环境过程极有可能与北极涛动的变化紧密相关。2009 年冬季亚洲北部、美国东部、欧洲北部等地遭遇罕见严寒，2010 年 1 月寒潮和暴风雪强烈袭击北半球，2012 年年底亚欧大陆出现了极寒天气，2015 年年初美国东海岸更是迎来了可能是多年以来最严重的暴风雪袭击，这些都可能与北极地区气温升高有关。作为近北极国家，北极气候环境变化对我国气候有着更直接的影响，与我国的工农业生产、经济活动和人民生活息息相关。例如，2008 年冬季我国北方干旱少雨，南方却出现冰雪灾害，2009 年北方频繁的雨雪天气和南方五省出现的干旱，2012 年年底至 2013 年年初东北的气温创 45 年来历史同期最低，都可能与北极海冰的变化和北极涛动的异常存在遥相关。

北极地区茫茫的冰雪下面蕴藏着丰富的油气、矿产、生物和淡水等资源，各类资源的开发利用方兴未艾，特别是海冰的加速融化使得北极资源的价值和开发前景日益突出，极大地刺激了环北极各国对其资源的争夺和开发利用，北极的战略地位迅速提高，业已成为当今国际政治、经济、科技和军事竞争的重要舞台。北冰洋沿岸的加拿大、俄罗斯、美国、丹麦和挪威等国纷纷采取在北冰洋海底插旗、修建基础设施、勘探资源以及加强军事存在和发射导弹等措施，扩大其北极利益及影响。2014年年底，丹麦政府以其属地格陵兰岛与北极圈的"重要关联"为由，正式向联合国提出对格陵兰海岸线以外90万km^{2}的区域的主权要求，这一区域的面积是其领土面积的近20倍。舆论认为，丹麦的这一举动势必引发有关北极资源的争端更加白热化，环北极国家的"北极大博弈"也将是一场漫长的拔河比赛。

也正是由于北极或北极地区集特殊的地理区位、独特的自然环境、丰富的自然资源以及复杂的地缘政治关系于一身，彰显了其非常重要的科研价值。国际北极科学考察与研究已有上百年的历史，几乎涉及全部的科学领域。目前，在适合考察活动的季节，各国的科考船都会不约而同地出现在北冰洋的不同区域开展考察和实验，拉开每年的北极科学考察大幕，凸显北极科考的热点地位。一些重大的国际研究计划如世界气候研究计划（WCRP）、国际地圈-生物圈研究计划（IGBP）、国际大洋钻探计划（ODP/IODP）、国际极地年（IPY）等也都将北极作为关键地区，并制定有详细的北极研究计划。国际北极科学委员会发起的2015年"北极科研计划第三次国际会议（ICARP Ⅲ）"将形成今后10年北极研究重点框架，并为相关国家、机构决策者和北极地区居民提供信息和服务。

尽管我国不属于环北极国家，但是我国在北极也有航行、资源开发、科学研究等直接或间接的利益，因此我国有必要积极参与北极事务，最大限度地维护我国在北极的合法权益。因此，实施北极环境综合考察，深化极地系统和全球变化研究，揭示极地在全球气候环境变化中的地位和作用，切实提高应对气候变化的能力，是关系全球和我国的国计民生、防灾减灾、国民经济和社会可持续发展的大事。

我国的北极科学考察开展的较晚，但发展迅速。自1999年我国首次组织实施以我为主的北极科学考察以来，已成功实施了6次多学科综合考察，在白令海和北冰洋太平洋扇区开展了系统的有关海洋环境变化和海-冰-气系统变化过程的关键要素考察与观测，取得了令人瞩目的考察成果。2012年，经国务院批准，我国极地研究领域近30年来规模最大的极地专项开始实施，是中国极地事业发展新的里程碑，标志着我国的北极科学考察与研究进入跨越发展的新阶段。

北冰洋海底沉积物组成与分布特征受到气候、水文和生物过程的共同影响，是揭示复杂的海洋环境变迁与演化历史的重要信息源。北冰洋特殊的深层水循环、陆源淡水输入、陆架-海盆相互作用过程、常年存在的海冰、不同来源的水团以及各水团之间复杂的相互作用等，从过去到现在都发生着深刻的变化，对北冰洋及其外围地区产生了深远的影响。北极第四纪大冰盖的反复形成和海平面的波动极大地影响着北冰洋，包括白令海峡的关闭与开启、浅海陆架的暴露与淹没、水团交换与洋流系统的急剧变化以及冰盖对海洋环境和气候的直接影响等。

海洋地质考察是我国北极科学考察的主要内容之一，旨在通过对北极重点海域海底底质的调查和分析，系统掌握北冰洋海底沉积物的类型、物质组成、来源、分布状况，揭示北冰洋海洋环境和极区气候的长周期（地质时间尺度、百年以上）变化，探讨北冰洋、北太平洋以及我国过去环境与气候变化之间的内在联系及其变化机制，了解与北极油气和天然气水合物资源有关的地质信息，促进我国北极研究水平的提高。同时对于提升我国在北极研究中的地位、在气候变化谈判中的话语权以及在应对气候变化方面的履约能力，提高在气候预测预报、防灾减灾以及航道通航的环境保障等重大国家战略需求的服务水平等方面也有重要的作用。

本研究报告是对极地专项北极海域海洋地质考察专题（CHINARE-03-02）执行4年以来工作概况和基于室内实验分析数据获得的初步研究成果的总结，由北极专题各承担单位根据各自承担的子专题任务分工编写而成的，各章节主要编写人如下：

第1章 北冰洋及周边的区域地质概况（刘焱光，汪卫国）

第2章 我国北极海洋地质考察研究概况（刘焱光，王汝建，汪卫国，肖文申，董林森）

第3章 研究材料与方法（刘焱光，董林森）

第4章 白令海与西北冰洋表层沉积物分布特征与物质来源研究（刘焱光，董林森，肖文申，汪卫国，王昆山，王寿刚，司贺园，王春娟）

第5章 白令海沉积记录与古环境演化特征（刘焱光，胡利民，陈志华，张海峰）

第6章 楚科奇海沉积记录与古环境演化记录（王汝建，于晓果，章伟艳，章陶亮，段肖，梅静）

第7章 北冰洋中心海区沉积特征及古海洋环境演化研究（王汝建，肖文申，梅静）

第8章 亚北极北大西洋沉积特征及古环境演化研究（刘焱光，沙龙滨，陈漪馨，赵云）

第9章 白令海与西北冰洋悬浮颗粒物分布特征初步研究（于晓果，汪卫国，叶黎明，蒋敏）

本报告最后由刘焱光负责统稿。因时间仓促，部分测试分析数据为新近获得，因此在数据综合分析与深入研究等方面尚显欠缺。再有因报告编写人员专业和水平所限，文稿中其他不足之处，敬请批评指正。

特别感谢中国地质科学院地质力学研究所赵越研究员提供有关北冰洋地质构造演化历史的研究资料。

北极海域海洋地质考察专题组

2016 年 3 月

目　次

第1章 北冰洋及周边的区域地质概况

由于特殊的地理区位、海冰覆盖、地缘政治与环境等原因，大多数国家和大多数人对北极及其周边地区的认识和了解非常有限，更缺乏对北极地区地质、地貌、地质构造等方面的系统研究。本章将主要依据近年来国内外学者发表的相关研究论文和报告，对北冰洋及其近岸的区域地质概况，包括自然地理、地形地貌、矿产资源、水文条件、海冰特征等，进行系统整理和概略阐述。

1.1 自然地理概况

北极地区是一个在地理上难于确定其确切边界的地区。在地理范畴上，北极地区是指北极圈（66°34′N）以北，以地球北极点为中心的一大片区域，又称北方地区，在该区域内存在着一年中天数不等的极昼和极夜现象。用地理学方法划分北极地区是最简单、最常用的一种划分方法，该方法确定的北极地区包括了北冰洋的绝大部分面积、海冰区、岛屿与欧洲、亚洲、北美洲及格陵兰岛在北极圈以内的陆地，总面积约 2 100 万 km^2。其中陆地面积（包括岛屿）约 800 万 km^2，北冰洋面积为 1 310 万 km^2。在气候学范畴上，以7月份平均气温为 10 ℃ 的等温线（海洋区域则以海表温度 5 ℃ 为等温线）作为北极地区的南界，这样北极地区的总面积就扩大为 2 700 万 km^2，其中陆地面积约 1 200 万 km^2（图1-1）。

1.1.1 北极地区的气候、生态与环境特征

北极由于地处高纬，年平均日照量小、低温、年气温变化幅度小而形成其独特的生态与环境。观测结果表明，近30年来北极地区增暖速度很快，温度升高幅度远大于全球平均值，海洋温度上升、海平面升高、冰川融化、海冰减少和北半球积雪减少等现象也证实了全球变暖的趋势。由此引起海洋环境发生快速改变，生态系统也受到很大影响（北极问题研究编写组，2001）。

北极地区冬季时持续黑夜，气候寒冷、稳定，天空晴朗。夏季时则出现持续的白昼、潮湿多雾和弱风暴天气，并伴有降雨和降雪。每年的冬季从11月起至次年的4月，长达6个月，在最寒冷的月份，平均气温为-29 ℃ ～-34 ℃，2月份最低气温可达-53 ℃，在西伯利亚和阿拉斯加气温可更低。每年的7—8月为北极地区的夏季，陆地地区7月平均气温都在10 ℃以下。北极地区的年降雪量为 38～229 cm。由于雪比雨含水量少，北极地区的年降雨量只有 15～25 cm，在格陵兰海域降水量较高。北极地区的平均风速较小，即使在冬季，北冰洋沿岸的平均风速也仅为 10 m/s。

北极地区广泛分布着苔原，总面积 130 万 km^2 左右，大部分都在北极圈内，土壤长时间

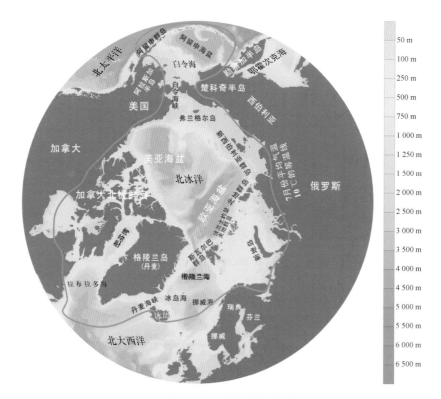

图 1-1　北极地区地理位置和海底地形

注：图中红线为 7 月份平均气温为 10℃ 的等温线

处于冰雪覆盖或冰冻状态，有的永冻层深度达 450 m（北极问题研究编写组，2001）。北极地区的生态系统比较单一和脆弱，每年植物的生长期只有 20~90 d，由于植物的生长期短，北极绝大部分地区没有高大树木，只有地衣、苔藓和一些匍匐生长的显花植物。根据目前的研究结果，北极苔原上生长着 3 000 多种地衣、500 多种苔藓和 900 多种开花植物。在北极宽阔的泰加林带还生长着茂密的森林。北极地区陆地上生活着大量的北美驯鹿、麝牛、北极野兔和旅鼠等草食动物，也生活着以这些草食动物为食的狼、狐狸、狼獾和白熊等动物。生活在北半球的鸟类有 1/6 在北极繁殖后代，至少有 12 种鸟类在北极越冬。北冰洋中生活有大量的海豹、海象、头角鲸和白鲸，还有以鳕鱼为代表的各种鱼类。另外北极地区现有人口约 1 050 万，土著居民约 200 万人（包括因纽特人、阿留申人、科米人、侗人、堪察加人、鄂温克人、拉普人和楚科奇人等），主要分布在美国、俄罗斯、加拿大等 8 个环北极国家的 60°N 以北地区。

　　过去 200 万年以来北极气候的自然变化一直存在，尤其是，过去 2 万年内其变化极不稳定，存在着剧烈的快速气候变化，特别是最近几十年内气温快速升高。虽然，400~100 年前，北极地区经历了气候特别寒冷的时期，大量的证据显示这一时期冰川延伸至威斯康辛冰期后的最大范围。自 1750 年以来，北极地区气候在人类活动的影响下总体呈现增暖的趋势，过去 100 年间（1906—2005 年）地球表面温度提高了 0.74 ℃，而北极地区升高幅度则是其他地区的两倍，过去 50 年间，阿拉斯加和西伯利亚的年平均气温上升了 2~3 ℃，阿拉斯加和加拿大西部冬季气温更是平均上升了 2.78~3.89 ℃。这也直接导致了北冰洋洋面上的浮冰覆盖面积不断减小，北美洲东北部格陵兰岛上的冰层逐渐融化，灌木丛开始向阿拉斯加地区的冻土地带蔓延生长，永久冻土带也有加速融化的迹象。上述的各种变化都会对全球气候和生态系统带来巨大的影响。过去 20 年间，北极地区的冰层融化导致全球海平面平均上升了约 7.62 cm；降水量和径流量的增加可引起北冰洋海水淡化，降低北大西洋深层水的形成速率，从而影响到全球的热盐循环；气温上升，植物生长季延长，也会导致生态系统中动植物群落组成的改变，同时气候变暖也会改变陆地和海洋生物迁徙路线，由此影响土著居民的生活（北极问题研究编写组，2001）。

1.1.2 北极地区的自然资源

北极地区的自然资源极为丰富，包括不可再生的矿产资源和化学能源，可再生的生物资源，特别是渔业资源，以及水力、风力、森林等资源。

北极的石油、天然气、煤炭和金属矿物资源的蕴藏量达到世界总蕴藏量的 1/3，尤以石油、天然气蕴藏量最丰富和最重要。据不完全统计，北极地区潜在的可采石油储量约 2 500 亿桶，天然气约 50 万亿~80 万亿 m^3，约占世界未开发油气资源的 1/4。主要的油气富集区有北美洲阿拉斯加北坡、俄罗斯西伯利亚北部、加拿大麦肯锡（又名麦肯齐，马更些）三角洲等陆域以及巴伦支海、挪威海、喀拉海和加拿大北极群岛沿岸陆架区。目前，北极的油气资源已为环北极国家开发利用，俄罗斯的开采量最大，其在北极开采的石油累计总量为美国、加拿大和挪威三国总量的 4 倍还多，占据了整个北极地区石油开采总量的 80% 以上。在北极地区面积广阔的永久冻土层和北冰洋的大陆架中，还蕴含着丰富的天然气水合物（可燃冰）资源。

据初步调查，北极地区拥有世界 9% 的煤炭资源，而且煤质优良，主要分布在美国的阿拉斯加和俄罗斯的西伯利亚等北极西部地区。北极的铁矿资源也很丰富，仅挪威可采铁矿就有 3 000 万 t，加拿大北极巴芬岛的玛丽河铁矿已探明的可采铁矿量达 3.7 亿 t。除铁矿外，北极还拥有大量其他的矿产资源，如铜、铅、锌、镍、钨、金、银和其他重金属矿产。此外，北极地区还发现有铀和钍等放射性元素矿，是重要的军事战略资源（北极问题研究编写组，2001）。

北极的生物资源分为陆地和海洋两部分。在北极的生物资源种类中，人类已经利用的有海洋及陆地哺乳动物、鱼类以及泰加林木材。尤其是北极海域的渔业资源占有极为重要的地位。北极海域的经济鱼类主要有北极鲑鱼、鳕鱼、鲱鱼、蝶鱼等，与其他海洋生物资源相比，鱼类资源目前仍较丰富，其中尤以北极鲑鱼和北极鳕鱼最为丰富、最为重要。巴伦支海、挪威海、格陵兰海和白令海都属于世界著名的渔场，捕鱼量约占世界的 8%~10%。除了丰富的鱼类资源外，北大西洋海域的北极虾类等甲壳类海洋生物资源量也很可观。北极的淡水渔业资源主要包括茴鱼、北方狗鱼、灰鳟鱼等，这些资源在维系北极地区的整个生态系统中起着重要作用。另外，北极陆域和海域的哺乳动物，如北极熊、驯鹿、麝牛、海象、海豹和鲸类等，也是早期及现代土著居民开发利用的主要物种。

北极高纬地区的针叶林带分布范围十分广袤，从北极苔原带南界的树林线开始，向南延伸长达 1 000 余千米宽的泰加林带，是世界上最大的森林带，面积超过 1 200 万 km^2，几乎占全球森林面积的 1/3。北极针叶林带是北极林业资源的主要产地，成为俄罗斯、加拿大、芬兰、挪威等环北极国家的木材、纸浆和造纸工业原料的主要来源。

北极地区的水利资源也相当丰富。在环北极苔原带和泰加林带上,孕育了许多世界著名的河流,主要有叶尼塞河(俄罗斯水量最大的河流)、鄂毕河、勒拿河、麦肯锡河(北美洲北极地区最大的河流)等。这些巨大的河流不仅向北冰洋注入了大量富含营养的淡水,也为北极地区的采矿业、加工工业及居民生活提供了丰富的水利资源。

另外,随着全球气候变暖的脚步逐渐加快,北极地区的航运资源和旅游资源也有着良好的开发利用前景。2012 年在我国第五次北极科学考察期间,"雪龙"号极地破冰船首次航行北冰洋东北航道,开启了我国大型船舶航行北冰洋东北航线的先例,也极大地促进了我国航运公司进行欧洲北部商业航线的开发与尝试。至 2015 年,每年通过东北航道进入欧洲的商船数量有逐渐增加的趋势。

1.1.3 北冰洋的自然地理概况

北冰洋是北极地区的主体之一,位于地球的最北端,占北极地区总面积的 60% 以上,其绝大部分水域都在北极圈以北,是世界大洋分区中最小和最浅的一个,平均深度为 1 225 m,最大深度为 5 527 m(位于格陵兰海东北部)。虽然有些海洋学家称之为"北极地中海"或者简称为"北极海",将其分类为地中海或大西洋的一个海湾,但是国际海道测量组织(IHO)则将其定位为大洋。或者说,北冰洋可以被看做是全球大洋系统的最北部分。

1.1.3.1 概述

北冰洋几乎完全被欧亚大陆、北美洲、格陵兰等陆块以及数个岛屿所环绕,仅通过很窄的白令海峡和太平洋连接;通过格陵兰海与北大西洋连接,而且有一部分终年被海冰所覆盖(冬季几乎全部被覆盖)。北冰洋的形状大致呈椭圆形,中央为近似梨形的深海盆,海盆周边为水浅、宽广的陆架(图 1-1)。由于北冰洋与大西洋之间的边界划分不是很清楚,因此要准确计算北冰洋的面积是比较困难的,目前大家比较认可北冰洋的面积约 1 400 万 km^2,几乎与俄罗斯一般大小。一般认为,北冰洋包括有巴芬湾、巴伦支海、波弗特海、楚科奇海、东西伯利亚海、格陵兰海、哈得孙湾、喀拉海、拉普捷夫海、白海及其他附属水体。

北冰洋具有全球最为宽广的浅水陆架,包括处于加拿大北极群岛之下的加拿大北极陆架和俄罗斯北部大陆架。其中俄罗斯北部大陆架因其范围较大,有时被简称为"北极陆架",主要由巴伦支陆架、楚科奇陆架和西伯利亚陆架这 3 个相对独立的小型陆架组成,其中西伯利亚陆架是世界上最大的陆架。

北冰洋海岸线曲折且类型较多,岸线总长达 45 390 km,既有陡峭的基岩海岸及峡湾型海岸,也有磨蚀海岸、低平海岸、三角洲及潟湖型海岸和复合型海岸。北冰洋中岛屿也很多,基本上属于陆架区的大陆岛,其中最大的岛屿是格陵兰岛,最大的群岛是加拿大北极群岛,还有数百个面积不同的岛屿和群岛,如弗兰格尔岛、新地岛、新西伯利亚群岛、北地群岛、法兰士约瑟夫地群岛、斯瓦尔巴群岛等(图 1-1)(陈立奇和刘书燕,2006)。

北冰洋的海表面温度和盐度随着冰盖的融化和冻结发生季节性变化,其盐度因蒸发率低、大量河流淡水的注入以及与周边高盐度大洋水域的有限沟通和流出等缘故而成为大洋中平均盐度最低的一个。北冰洋存在 3 个大的环流系统:一个是从东西伯利亚海和拉普捷夫海向西朝格陵兰方向流动;一个是在波弗特海沿顺时针旋转;还有一个是沿新西伯利亚群岛到丹麦海峡（格陵兰岛与冰岛之间）做直线运动。

北冰洋还是北半球海洋中寒流的主要发源地，其中以东格陵兰寒流和拉布拉多寒流势力最强，寒流带走了大量的北极浮冰、冰山和北极海域过剩的海水；北冰洋也受到北大西洋暖流的巨大影响，北大西洋暖流为其带来了大量的高温和高盐海水。

北极地区的冰雪总量只有南极的 1/10 左右，而且大部分集中在格陵兰岛厚达 2 000 多米的大陆性冰盖中，而北极海冰、其他岛屿及周边陆地的永久性冰雪量仅占很小一部分。北冰洋表面的绝大部分终年被海冰覆盖，是地球上唯一的白色海洋，海冰平均厚度为 3 m，由于洋流的运动，北冰洋表面的海冰总在不停地漂移、裂解与融化。美国国家冰雪数据中心（NSIDC）利用卫星数据提供的北冰洋海冰覆盖的日变化记录及其与历史时期融化速率的比较结果表明，有些年份北冰洋夏季冰盖面积的缩减已达到 50%。

1.1.3.2 气候与海冰

在第四纪冰川的影响下，北冰洋被包含在以持续寒冷和年温变化范围较窄为特征的极地气候圈内。北冰洋的冬天以极夜、寒冷和稳定的天气条件以及晴天为特征；夏天则以连续日光（夜半太阳）、潮湿和多雾天气以及夹带雨或雪的弱气旋为特征。

北冰洋的表面温度相当恒定，接近海水的冰点。因为北冰洋是由盐水组成的，所以在结冻出现前，其温度一定达到-1.8℃。

与淡水相比，海水随其接近冰点而密度增大，因此会趋于下沉。一般而言，大洋上部 100~150 m 的水体须冷却至冰点，海冰才能形成。冬天，即使有冰覆盖时，相对温暖的大洋水也会施加一种缓慢融化影响。这就是北极为什么没有经历过在南极大陆上见过的那种极端温度的原因。

有多少海冰或浮冰覆盖了北冰洋？在这一问题上存在着相当大的季节性变化。北极地区在一年中有 10 个月大都也被雪覆盖，最大的雪覆盖面积出现在 3 月或者 4 月，其厚度在结冻的洋面之上约 20~50 cm。

北极区的气候过去发生了很大变化。早在 5 500 万年前，在古新世—始新世气候适宜期，该区的年均温度曾达到 10~20℃。北冰洋最北部的表层水变得足够暖，至少是季节性的，以致足以维持需要表面温度高于 22℃ 的热带生命形式。

1998 年，北极科学系统/海-气-冰相互作用科学指导委员会提出"北极环境变化研究"的新思路，并将北极错综复杂的环境变化命名为"Unaami（尤娜谜）"（该词在北极因纽特语中的意思为"明天"），科学界将尤娜谜界定为：近期正在发生的 10 年尺度（30~50 年）的与泛北极环境变化相关的综合现象，这些现象主要表现为：

（1）北极陆地地面气温持续升高：1976 年以来北极大陆地区每 10 年变暖 0.5℃，某些地区出现了达 5℃ 的、堪称全球之最的 20 世纪最强变暖。

（2）海冰覆盖面积减小：北极的海冰在各个季节都在退缩，夏季尤为显著。海冰的年平均面积每 10 年减少 2.9%；厚度每 10 年减少 3%~5%。根据潜艇探测资料，1990 年与 1958—1977 年平均相比，北极中部海冰厚度约减少了 40%。

（3）格陵兰冰盖边缘消融：尽管格陵兰岛中部高原地带由于固体降水的增大而导致冰盖增厚，但南部边缘的冰盖消融十分显著。格陵兰冰盖沿海部分变薄的速度超过内陆因降雪增加而变厚的速度。1993—1999 年间格陵兰冰盖边缘区以每年 50 km³ 的速度融化，对海平面上升的贡献率达到每年 0.13 mm。

（4）大陆雪盖和冻土覆盖面积减小：1915 年以来春季欧亚大陆雪盖面积严重减小，1972 年以来春季欧亚雪盖面积减小 10%；在许多地方，尽管降水增加但春季仍发生积雪减少的情况。20 世纪后半叶，北半球季节性冻土覆盖的最大面积减小了约 7%，春季减至 15%。自 20 世纪中叶以来，冻土层最大深度在欧亚地区减小了约 0.3 m，冻土消融、冻土带北移，常年冻土层、季节性冻土和河湖冰减少。

（5）淡水径流、雨量和融雪增加：由于陆地降水量变化，淡水径流、雨量和融雪增加，降低了海水盐度，海冰以及低盐度海水输出量明显增加；北冰洋低盐水输出减缓了北大西洋垂向热盐环流，进而影响世界大洋深层水循环。

（6）波弗特海海水盐度减小：由于陆地降水量、海冰融化等变化，导致低盐度的淡水输出量增加，海水盐度降低，高密度水输出减少，靠近美国阿拉斯加东北岸和加拿大西北岸的波弗特海表层海水盐度降低。

（7）海水增温：北欧和俄罗斯北极地区海表温度上升，大西洋水入流范围扩大，部分海域中层水温度增高 1℃。

（8）北极气压下降：北极极地涡旋加强，海平面气压降低，风场涡度增强，大尺度的热量、湿度经向通量增加。以北极为中心的北半球大气环流（北极涛动）系统已经成为大气变化的基本模态；而北极涛动指数变化引起中、高纬度降水分布的变化。

通常认为，北极尤娜谜与北极涛动有关，是气候变化的组成部分，它通过海洋、陆地、海冰和大气的相互作用在气候变化中扮演重要角色，他的物理变化对北极生态系统与人类社会产生了很大影响。

1.1.3.3 水文特征

北冰洋因与其他大洋相对隔离而具有其独特的洋流系统。该系统可归类为地中海型，即"与大洋海盆（即太平洋、大西洋和印度洋）只存在有限流通的世界大洋的一部分，并且在该部分的环流以热盐强制为主"。北冰洋的总体积为 1.7×10^6 km³，相当于世界大洋的 1.3%。其表层环流在欧亚大陆一侧主要以气旋型为主，而在加拿大海盆则以反气旋型的波弗特环流为主（图 1-2）。向北流动的北大西洋暖流的温暖表层水在北部变冷和分流，一部分在冰岛和斯匹次卑尔根群岛转向西流动并转向南；一部分继续向北进入北冰洋中心区；一部分进入巴伦支海。进入北极地区的水团将变冷，向下沉降并逐渐增加比重，它们在北极海盆产生反时针环流并和周围的水团混合，而北冰洋的水则主要是通过格陵兰和斯匹次卑尔根群岛之间的弗拉姆海峡流向北大西洋。

从太平洋和大西洋两个大洋流入北冰洋的水体可以被分成 3 个特征水团，其中最深的水团被称为北极底层水，它起始于大约 900 m 水深（图 1-3），主要由世界大洋中密度大的水体组成，并具有两个来源：即北极陆架水和相对高盐的大西洋水形成的卤水下沉。在陆架区起始于太平洋入流的水体以平均 0.8 Sv（1 Sv = 10^6 m³/s）的流量通过狭窄的白令海峡，并到达楚科奇海。冬季期间，寒冷的阿拉斯加风吹过楚科奇海，使表层水结冻，并将这一新形成的海冰向外推。这一过程使密度大的含盐水体留在海中，并使其在大陆架上方沉入西北冰洋，从而产生盐度跃层。

水深为 150~900 m 的范围是一个被称为大西洋水体的水团（图 1-3）。来自北大西洋暖

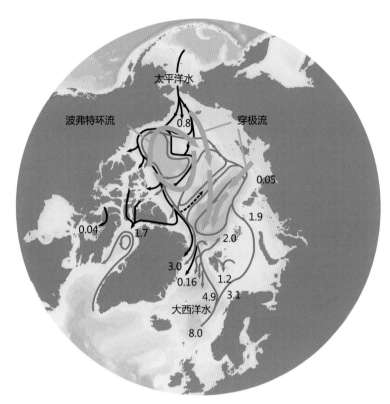

图1-2 北冰洋的洋流系统

注：图中数字代表流量，Sv/（10^6 m³·s⁻¹）

资料来源：Miller et al.，2010

流的入流经弗拉姆海峡流入北冰洋，之后变冷并下沉并沿逆时针方向绕北极海盆流动。这是输入北冰洋的最高体积入流，大约相当于太平洋入流体积的 10 倍。该入流产生了北冰洋边界流，它以大约 0.02 m/s 的流速缓慢流动。大西洋水体盐度略低于北极底层水具有和北极底层水相同的盐度，但其水温更高（高达 3 ℃）。

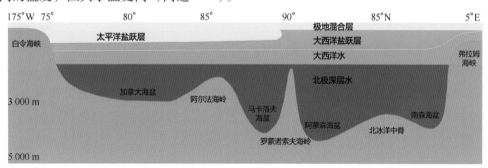

图1-3 北冰洋水团分布示意图

水深 50~200 m 的北冰洋水团被称为北极表层水团，该水团是通过海冰形成时的高盐陆架水向海盆运移时产生的，并且在西伯利亚大陆架上经受了强烈的混合作用。随着大西洋水向北冰洋输送距离的逐渐增加，水温逐渐降低，并起到了对表层水的热屏蔽作用。这种热屏蔽作用阻止了温暖的大西洋水体对海冰的融化。此外，该水体的流速约为 0.3~0.6 m/s，为北极流速最快的海流。另外，一些通过白令海峡之后而没有在大陆架区下沉的太平洋水体也对上述水团的形成做出了贡献。

北冰洋的外流水体主要是通过位于格陵兰岛和斯瓦尔巴岛之间的深 2 700 m、宽 350 km 的弗拉姆海峡离去的，其外流量率约为 9 Sv。还有一些则通过加拿大北极群岛之间的海道流入北大西洋。弗拉姆海峡的外流水体集中于西侧的东格陵兰海流，而入流水体则集中于东侧的挪威海流。来自太平洋的水体则是沿着格陵兰岛西岸和哈得孙海峡流出（流量 1~2 Sv）。太平洋水通过白令海峡进入北冰洋，不仅直接参与北冰洋西部的海洋和海冰过程，而且可以通过弗拉姆海峡以及加拿大群岛间的水道进入北大西洋并产生影响（Steele et al., 2004）。

太平洋水通过白令海峡后，首先进入楚科奇海，它对北冰洋的影响也首先体现在对楚科奇海的影响（史久新等，2004）。楚科奇海是非常浅的陆架边缘海，位于亚洲大陆东北部楚科奇半岛和北美大陆西北部阿拉斯加之间。其西面是弗兰格尔岛，东面是波弗特海，南经白令海峡与太平洋相通，平均水深约 88 m。太平洋水流入楚科奇海后分为 3 支不同性质的水团：东侧的阿拉斯加沿岸流具有高温低盐低营养盐的特征，沿着阿拉斯加沿岸流向东北，经过巴罗峡谷后沿波弗特海陆坡流动，在加拿大海盆表层由于风力驱动，形成顺时针流向的波弗特环流（Coachman et al., 1975；史久新等，2004）。西侧的阿纳德尔流则是低温高盐高营养的海流，在白令海峡口外沿 50 m 等深线向西北方向流动至弗兰格尔岛西南海域转向北，后又在弗兰格尔岛东北部分成两个分支分别沿哈罗德（Herald）峡谷向北流入北冰洋深水区和沿 60 m 等深线流向东北。在阿纳德尔流与阿拉斯加沿岸流之间还存在一支性质介于两者之间的白令海陆架水，它穿过中央水道后，向北流至哈纳（Hanna）浅滩东北部亦分化为两支，一支继续向北流；一支折向东北（Weingartner et al., 1998, 1999）。进入北冰洋的太平洋水主要有两个作用：一是携带大量热量，加快北冰洋海冰的融化速度，形成大范围的无冰区。海冰覆盖面积的变化直接影响海洋对大气的热贡献，成为影响北冰洋气候的重要因素。另一个作用是将太平洋的物质和物种带入北冰洋，影响当地的物质成分，造成生态系统的演化（史久新等，2004）。

尽管北冰洋水量只是世界大洋的 1.3%，但其径流输入量却占到全球大洋的 10%，其陆架的径流输入量达 1 724 km³/a（Opzahl et al., 1999）。其中主要河流有 9 条，包括叶尼塞（Yenisey）河、麦肯锡（Mackenzie）河、科利马（Kolyma）河、勒拿（Lena）河、鄂毕（Ob）河、伯朝拉（Pechora）河等（图 1-4）。北冰洋较小的水体与较多的淡水输入，再加上海区及周边陆地上冰雪的冻结与消融，使北冰洋水体的物理过程更趋复杂。由河流注入北冰洋的河水与通过白令海峡流入北冰洋的低盐水在北冰洋表层（200 m 以上）形成密度分层，这将阻止表层水与深部水的对流，减少了下伏大西洋温水向上传递的热量。河水输入量的变化以及所携带的能量与物质对北冰洋洋面冰的形成有一定影响，进而影响反照率及北冰洋的生物地球化学循环（高爱国等，2002）。

北冰洋由于太阳辐射很弱，其中心区长年为海冰所覆盖，形成深度约为 50 m 的低温表层水。同时，由于河流输入、太平洋入流以及海冰融化和冻结过程的作用，北冰洋表层水又具有显著的低盐（$T<1.5℃$，$S≈30~32$）特征（Aaggaard et al., 1981）。而在冷而淡的表层水与暖而咸的中层水之间（深度约 50~150 m）存在一个厚度为 100 m 的盐跃层，温度基本上是常数（冰点附近），而盐度则从 32.5 增加到 34（Anderson et al., 1994）。通过对北冰洋盐跃层的研究发现（史久新等，2003），北冰洋的盐跃层同时也是较强的密度跃层，它将大西洋层所贮存的热量与表层冰盖隔离开，维持着北冰洋表层低温的特征。同时，盐跃层比上覆的低

图 1-4　环北极主要河流对北冰洋淡水的供应

图中数字表示年径流输入量（km³/a）

盐层厚 2~3 倍，这使得大西洋水不受动力搅拌和冬季对流的直接影响，而较冷的盐跃层则成为大西洋水的主要热汇（Aaggaard et al.，1981）。对于北冰洋盐跃层的形成机制，至今仍存在争论，主要观点有三（Steele et al.，1998）：①平流盐跃层，即在陆架上生成海冰时产生冷而咸的水，这些水离开陆架区进入中心区形成了盐跃层；②对流盐跃层，该观点认为中心区冬季对流形成了较厚的低温高盐的混合层，低盐陆架水的加入使混合层上部盐度减小，而下部盐度基本不变，这样就造成了盐度差异，形成盐跃层；③平流—对流盐跃层，即在前两种机制混合作用下形成的盐跃层。

1.1.3.4　地形地貌特征

北冰洋的洋底是一个由一系列近似平行的活动洋脊、海脊（海岭）以及被其分隔的深水盆地组成。由欧美一侧至亚美一侧分别为南森海盆（Nansen Basin）、北冰洋中脊（Arctic Midoceanic Ridge 或 Gakkel Ridge，又称加克（科）尔海脊）、阿蒙森海盆（Amundsen Basin）、罗蒙诺索夫海脊（Lomonosov Ridge）、马卡洛夫海盆（Makarov Basin）、门捷列夫海脊（Mendeleev Ridge）、阿尔法海脊（Alpha Ridge）和加拿大海盆（Canada Basin）（图 1-5）。其中，北冰洋中脊通过冰岛裂谷与大西洋洋中脊相连，是全球大洋中脊体系的一部分，并以低达 0.2~0.3 cm/a 的速度缓慢扩张（Johnson，1999）。罗蒙诺索夫海脊位于北冰洋中心海区，不仅将北冰洋分为欧亚海盆和美亚海盆两部分（图 1-5），而且使两大海盆具有不一致的潮汐特征（高爱国等，2002）。门捷列夫海脊位于亚美海盆一侧，东起俄罗斯的弗兰格尔岛北侧，向西北延伸到格陵兰岛西北侧的埃尔斯米尔岛东北侧，与罗蒙诺索夫海脊会合，长

1 500 km。相对高度较小，切割轻，坡度平缓，最高峰距洋面约800 m，平均约为2 000 m。海脊将美亚海盆分为加拿大海盆和马卡洛夫海盆。该海脊性质类同于罗蒙诺索夫海脊，只是其形成年代更老。在被3条走向近似平行的海脊分隔所形成的北冰洋深海盆地中，南森海盆具有最大的平均深度（4 000 m），而加拿大海盆具有复杂的构造特征。北冰洋"地中海"式的大洋特征决定了其陆架边缘海众多，主要包括巴伦支海（Barents Sea）、波弗特海（Beaufort Sea）、楚科奇海（Chukchi Sea）、东西伯利亚海（East Siberian Sea）、格陵兰海（Greenland Sea）、喀拉海（Kara Sea）、拉普捷夫海（Laptev Sea）、白海（White Sea）、林肯海（Lincoln Sea）等（表1-1）。

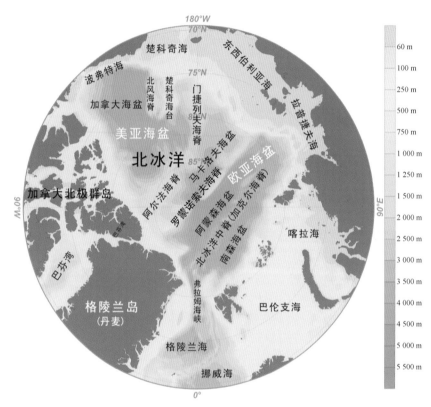

图1-5 北冰洋深水盆地的地形特征及美亚海盆和欧亚海盆的划分

表1-1 北冰洋主要边缘海与海盆的面积、体积及其平均水深

海域名称	面积/10^2 km²	体积/10^3 km³	平均水深/m
巴伦支海	1 512	302	200
白海	85	5	56
喀拉海	926	121	131
拉普捷夫海	498	24	48
东西伯利亚海	987	57	58
楚科奇海	620	50	80
波弗特海	178	22	124
林肯海	64	16	257
北冰洋中央海盆	4 489	12 339	2 748

资料来源：Stein，2008

北冰洋的浅水大陆架，即从陆域海岸线到陆架坡折带的海域部分，其面积约为北冰洋总面积的 52.7 %（表 1-2；Jakobsson et al.，2003a）。这些宽广的陆架区域使北冰洋与其他世界的海洋相比较为独特，因为世界大洋中大陆架和大陆坡面积所占的比例范围只有 9.1% ～ 17.7%（Menard and Smith，1966）。然而北极大陆架在大小和深度（表 1-1）方面有大的地区差异。如在波弗特海大陆架是很窄的，平均水深 124 m。东西伯利亚海和拉普捷夫海则拥有非常宽广的大陆架，平均水深分别只有 58 m 和 48 m。在喀拉海（北冰洋第三大边缘海，面积为 9.26×10^5 km^2，平均水深为 131 m），一些大型的海底峡谷均发源于喀拉海北部陆架并在陆架上留下了深水槽，如沃罗宁海槽（400 m 水深）和圣安娜海槽（600 m 水深），这些水槽对于陆架和开放海域之间的水体交换以及沉积物输出来说是非常重要的。在巴伦支海（面积 1.512×10^6 km^2，北极地区最大的边缘海），在陆架上及其边缘存在许多深凹陷和海底峡谷。

表 1-2 北冰洋海底地形单元的面积及其所占比例

地形单元	面积/10^2 km^2	所占比例/%
大陆架	5 025	52.7
大陆坡	541	5.7
大陆隆起	733	7.7
坡栖大陆隆起（Perched continental rises）	362	3.8
深海平原	1 122	11.8
坡栖深海平原（Perched Abyssal Basins）	222	2.3
独立海盆	23	0.2
海脊和洋脊	1 506	15.8
水下高地	65	0.7
合计	9 534	100

陆架坡折带之外是相对陡峭的大陆坡，其次是平缓上升的大陆隆起，这些隆起一般从大陆坡底部一直延伸到深海平原的边缘。大陆坡和大陆隆起（不包括一些残留的高地）占北冰洋面积的 5.7% 和 7.7%（表 1-2）。然而，一些高地，顺大陆坡仅仅延伸到一些沉积物组成的堤坝状高地，高地地形可高出深海平原几百米甚至超过 1 000 m，如在楚科奇海西部和东西伯利亚海陆架外侧存在一些高的沉积物隆起构造，多孤立于北风海脊、楚科奇角、楚科奇海台、门捷列夫海脊、罗蒙诺索夫海脊等大型的海底地形单元。这些高地位于深海平原海底之上 100～1 000 m 的高度，可称为"坡栖（Perched）大陆隆起"，其面积约占北冰洋的 3.8%（Jakobsson et al.，2003a）。

Jakobsson 等（2004）将北冰洋的深水区分为 4 个主要深海平原，欧亚海盆的巴伦支海盆（南森海盆）和北极点深海平原（阿蒙森海盆）（由北冰洋中脊隔开），美亚海盆由阿尔法-门捷列夫海脊分隔成加拿大海盆和弗莱彻深海平原（马卡洛夫海盆）。在这些深海平原，沉积厚度达到几千米（Grantz et al.，1990；Jackson and Oakey，1990；Jokat et al.，1992；Jokat，et al.，1995）。其中加拿大海盆的沉积物厚达 6～14 km，是北冰洋盆地中最厚的沉积层（Grantz et al., 1990)。北极点深海平原是北冰洋最深的深海平原, 深度超过 4 000 m。由于巴伦支海盆接收了周边河流的沉积物注入以及巴伦支-喀拉海陆架的海冰侵蚀物质, 导致其水深较浅。总体而言, 北冰洋深海平原面积占北冰洋的 11.8%左右 (表 1-2)。

加拿大海盆北部存在有两个小型的盆地——鹦鹉螺盆地和斯蒂芬森海盆, Jakobsson 等 (2003) 称其为 "坡栖 (Perched) 深海盆地"。鹦鹉螺盆地是由不规则形状的深海平原组成, 水深 3 200~3 800 m, 其边缘的海底高地水深可上升至 2 300 m。斯蒂芬森海盆的水深在 3 000 ~3 500 m, 并含有孤立的海底高原, 水深约 2 000 m。该坡栖深海盆地, 包括它们周围的海底高原, 占北冰洋面积的 2.3%。

海底的海脊和洋脊占北冰洋面积的 15.8%。主要的海脊包括北冰洋中脊, 罗蒙诺索夫海脊和阿尔法-门捷列夫海脊。其中北冰洋中脊是主动扩张脊, 属于北大西洋的大洋中脊系统通过弗拉姆海峡进入北冰洋的延续。北冰洋最深的区域是在北冰洋中脊的轴向山谷附近 (81°20′N, 120°45′W), 水深数据显示为 5 243 m (Jakobsson, 2002)。

罗蒙诺索夫海脊于 1948 年由苏联高纬度区远征首先发现的, 并以米哈伊尔·罗蒙诺索夫命名。该名称已得到大洋水深制图委员会 (GEBCO) 海底特征名称小组委员会 (SCUFN) 的批准。它是一条位于北冰洋洋底的海底山脉, 始于新西伯利亚群岛, 沿 150°E 至北极点附近转向, 沿 120°W 至埃尔斯米尔岛, 绵延 1 800 km。海脊宽度介于 60~200 km 之间, 高于海床 3 300~3 700 m, 海脊与洋面最小距离为 954 m。海脊两侧分别是欧亚海盆的阿蒙森海盆 (海盆另一侧是南森海脊或北冰洋中脊) 和美亚海盆的马卡洛夫海盆 (海盆另一侧是阿尔法海脊)。海脊的山势颇为陡峭, 岭坡被水下峡谷折断, 坡面之上覆盖有粉砂层。该海脊的形成源于约 56 Ma 年前的海底扩张 (Kristoffersen, 1990), 区域内有火山活动, 但并非大洋中脊, 而可能是一条被构造断裂复杂化了的褶皱山脉 (主要由沉积岩和变质岩组成)。由于此海脊的阻隔作用, 北冰洋东西两部分在洋流及海水运动方向、水温及盐度等方面都有明显的差异 (Anderson et al., 1994)。

阿尔法-门捷列夫海脊是北冰洋规模最大的海底山脊系统, 众多的山谷和高地是其复杂地貌特征的代表, 水深范围在低于海平面 2 000~740 m (Jakobsson et al., 2003a)。门捷列夫海脊是北冰洋中一条宽阔的海脊, 它从西伯利亚陆架的东西伯利亚海区直到大洋的中央区, 并与美亚海盆的阿尔法海脊相连接, 长 1 500 km 余。该海脊相对高度较小, 切割轻, 坡度平缓。该海脊也是 1948 年由苏联高纬度区远征发现的, 并以德米特里·门捷列夫命名。对于该海脊的成因, 由于数据资料有限, 至今仍有争议, 而且对于它是属于大洋特征, 还是大陆特征, 以及它的成因是否与阿尔法海脊有关等, 至今也不清楚。阿尔法海脊是北冰洋海底介于加拿大海盆 (埃尔斯米尔岛外海) 与罗蒙诺索夫海脊之间的一条主要火山脊。它在美亚海盆形成期间曾是活动的。其最大高度约为洋底以上 2 700 m, 宽度为 200~450 km, 最高峰距海平面 800 m 左右。

除了上述的洋中脊和海脊系统, 北冰洋海包含了一些较小的海脊或高地, 都连接到其相邻的大陆架, 如北风海脊和楚科奇角-楚科奇海台共同组成了美亚海盆中楚科奇海大陆架的边界, 在欧亚海盆则有亚玛克海台、亚玛克隆起和莫里斯-约瑟夫隆起。

1.2 区域地质概况

欧亚大陆和北美大陆环抱北冰洋，大陆内部既有前寒武变质岩基底、稳定的克拉通，也有由于板块相互作用而形成的活动带。在北极地区的大陆架，其地层分布与大陆地质演化相关，同时，还受板块构造作用的影响，尤其是在板块分离时的拉张作用下，形成沉积盆地和岩浆活动。因此，环北极地区盆地内的沉积地层，既有相似性，也有各自的差异性。

1.2.1 北极地区构造背景

北极地区在地质构造上位于欧亚板块和北美板块的北部，其不同地区的岩石组成和构造变形特征反映了从前寒武纪时期罗迪尼亚（Rodinia）泛大陆的解体到晚古生代—早中生代时期联合古陆（Pangea）的拼合与解体等长期复杂的演化过程。根据地壳结构及物质组成的不同，现今北极地区可以划分为北冰洋和陆缘带及其边缘海两大不同的地质、地貌构造单元，它们是在地质构造演化历史的不同发展阶段、伴随着不同板块（或地块）之间裂解—拼合—再裂解的演化过程而产生的。其中，陆缘带及其边缘海，分别记录了从地球最早的前寒武纪到全新世期间长达 3 800 Ma 的地质演化历史。而北冰洋则主要是白垩纪以来，尤其是 18 Ma 以来形成的。早期活动伴随着多次海底扩张，而北冰洋中脊至今仍在活动。

欧亚板块和北美板块均是自太古宙以来的整个地质历史时期，分别以不同的前寒武纪古陆块为核心，在不同地质时期与相邻陆块结合、增生、分离的结果。其中，东欧克拉通（古陆）、西伯利亚克拉通（古陆）、北美克拉通（古陆）是对北极地区地壳增生和主体构造格架起主要作用的三大古陆块。此外，还有许多小型外来断块或者地体如巴伦支地块、北极地块（极北古陆块）、奥莫隆地块等。位于古地块之间或沿其边缘分布是不同时期板块运动形成的构造活动带（巨型褶皱带），主要有斯堪的纳维亚早古生代（加里东）活动带、乌拉尔晚古生代活动带、加拿大北极古生代褶皱带、阿拉斯加-楚科奇-上扬斯克中新生代褶皱带等。在构造活动带内部也夹有若干大小不等的微（古）陆块。

古太平洋位于欧亚大陆东侧及东南侧与北美大陆西侧之间，其在中、新生代时期分别向西侧欧亚大陆和东侧北美大陆之下发生俯冲，形成不同类型的沟-弧-盆系统及造山带，并对其北部的阿拉斯加-楚科奇地区的地质演化及构造格局产生影响。

在欧亚大陆西侧和北美大陆东侧之间是北大西洋水域，其中的大西洋中脊是至今仍在活动的全球裂谷系统的重要组成部分，并向北延伸与北冰洋海底的北冰洋中脊相连接。二者在格陵兰岛东北侧和斯瓦尔巴德群岛之间于晚白垩世-渐新世期间发生右行错断，使得斯瓦尔巴德群岛与格陵兰岛分离，错断距离达 600 km。

北极地区的构造演化史，实际上就是不同地质历史时期上述古老陆块之间多次裂离、会聚、增生和拼合以及古大洋形成和消失的复杂历史。

在上述古老地体内部及其周边褶皱带中，各种金属、非金属矿产资源十分丰富。与此同时，在古老地体和褶皱带基础之上以及环北冰洋陆架地区，发育有时代、大小、规模及地层组成均差别很大的沉积盆地。其中部分沉积盆地蕴藏有世界级油气资源，如西西伯利亚盆地、

伏尔加—乌拉尔盆地、蒂曼—伯朝拉盆地、阿拉斯加北极斜坡盆地等。已有地质地球物理勘察和研究表明，北极地区绝大多数沉积盆地仍然是油气资源勘探程度很低甚至是尚未进行勘探但仍具有很大潜力的地区。

1.2.2　北冰洋周边大陆地质地貌

欧洲大陆以前寒武纪古陆块为核心，通过不同地质时期与相邻陆块结合、分离的漫长过程，伴随多次地壳构造运动，古陆块外围相继形成加里东、海西、乌拉尔、阿尔卑斯等褶皱带，逐步奠定了大陆的地质构造基础。这一构造基础决定了现代地形分布的基本格局。根据地质构造基础和地貌发育过程的差异，欧洲可分为四大构造地形区：北欧台地和蚀余山地、东欧—中欧平原、中欧—西欧断块山地和中欧—南欧褶皱山地和平原。其中，北极欧亚陆域的欧洲部分属于"北欧台地和蚀余山地"。

北欧台地和蚀余山地主要分布于斯堪的纳维亚半岛、芬兰、俄罗斯（苏联）的科拉半岛和卡累利阿。在地质构造上属于加里东褶皱带和波罗的地盾。由于长期的风化和侵蚀，该区中生代时已演变成一片低缓的准平原。第三纪时受阿尔卑斯造山运动影响，斯堪的纳维亚山脉重被抬升，形成顶部平坦的块状山地，并伴有断裂和熔岩喷发。山脉西部抬升幅度较大，沿海形成陡壁；山脉东坡为诺尔兰高原，阶梯式地向波的尼亚湾递降。第四纪时，为大陆冰盖中心，冰盖最大厚度达2 000 m以上，冰蚀地貌十分发育。挪威沿海有很多深邃陡峻的峡湾。斯堪的纳维亚山脉东侧沿河谷形成串珠状冰蚀湖群。波罗的地盾上发育着地势低缓的台地，大部分地区海拔100~200 m。受断裂和抬升作用的影响，少数地区成为高原和丘陵。冰蚀湖群、羊背石、蛇形丘、鼓丘交错分布是台地区主要的地貌特征。

亚洲大陆原非一块完整的陆块，它经历着从小到大、从分散到聚合的成陆过程。根据各区地质基础和地质发展史的差别，可分为六大构造单元：南亚大陆区、中轴大陆区、北亚大陆区、南亚陆间区、北亚陆间区和环太平洋区。根据各部分地质与地形的差异，亚洲可分为4个不同的地形组合区：北部区、南部区、中部区和东部区。其中，北极欧亚陆域的亚洲部分从构造单元和地形上相应属于北亚大陆区和北部区，主要位于北部区的西西伯利亚平原。西西伯利亚平原位于亚洲西北部，介于乌拉尔山脉与叶尼塞河之间，构造上属西伯利亚地台，在古老的基底上平铺着侏罗系、白垩系、第三系和第四系地层，漫淹本区的白垩纪海，曾由图尔盖古海峡南通古地中海（特提斯海）。第四纪以来经历了以上升为主的升降运动，南部地区隆起较大，图尔盖古海峡地区转化成分水岭；北部则相对沉降，大部分地面海拔50~150 m，地势低平，沼泽广布。

斯瓦尔巴德群岛作为欧洲北部大陆的大陆岛，具有典型的平顶山和V型谷等地貌特征。它的基底是十几亿年前的元古代到约4亿年前的古生代志留纪经过长期构造变动的变质岩系；随后从泥盆纪到早第三纪接受了广阔的海相沉积和少量陆相沉积，各时期地层中含有丰富的动植物化石，包括2.1亿~1.4亿年期间侏罗纪生存的恐龙和7 000万~2 500万年之间早第三纪形成的煤，这一时期形成的沉积岩层至今基本上仍保持水平状态，那些桌状、金字塔状的平顶山大都由这套沉积岩组成。第四纪形成的冰川、湖泊、河流、海洋沉积物多呈分散状态分布，尚未固结为岩石，此时还有火山活动发生。

斯瓦尔巴德群岛地层发育较全，几乎所有的地质时代的地层均有出露。虽然，由于冰雪掩盖其多次构造破坏痕迹，露头也有限，但在陡坡峭壁处，因没有冰雪和植被浮土掩盖，各种地质现象十分清晰。其地层分布受构造控制非常明显，前寒武系及下古生界主要分布在岛的东西两侧，泥盆系老红砂岩限于中部地区，石炭、二叠系及中新生界出露于南部。斯瓦尔巴德群岛总面积为 61 200 km^2。由于常年受北大西洋暖流的影响，群岛的气候比相对于同纬度的北极其他地区温暖。

北美大陆主要包括北极圈以北的加拿大和美国北部边缘地带（约 1/3 的阿拉斯加地区在北极圈内），以及加拿大北极群岛。其中，北极群岛属大陆岛，冰期后海面上升，并与大陆分离，总面积约 130 万 km^2。其北部各岛地势较高，系古生代褶皱山区；南部各岛地质年代更为古老，系加拿大地盾的延伸，地势西高东低，以高原和平原为主。

作为北美大陆岛的格陵兰岛，其构造基础是北美大陆加拿大地盾的延伸，太古代和元古代褶皱基底主要由花岗岩、片麻岩、白云岩和石英岩组成，局部地区覆有后期沉积岩。长期经受外力侵蚀，地面准平原化。第三纪又发生大面积上升，并伴随断裂活动和玄武熔岩喷发，但中部下陷，使全岛地形表现为从四周向中部低倾的高原。

1.2.3 北冰洋地质构造演化历史

关于北极地区的地质演化史，地质学家根据环北极地区地层特征及其对比，对环北极地区的地质演化史进行了勾勒，试图揭示北极地区的历史真相。对北极地质演化的认知随着资料的增多而日趋完善。1988 年，AAPG 出版了《Evolution of the Arctic-North Atlantic and the Western Tethys》（Ziegler，1988），对北大西洋和北极地区的地质演化进行了古地理重建，并绘制了自显生宙以来的 21 个地质历史时期的古地理图和 8 张地层对比图。在这些古地理图中，涉及北冰洋地区的地质演化，从古地理图中可以看出罗蒙诺索夫海脊的形成。但由于该书的重点在讨论欧洲、美洲大陆以及特提斯洋的构造演化，因此，对环北极地区及北冰洋的地质演化与形成，讨论不多。Golonka 等（2003）根据地质报告、图件、岩性地层柱和其他关于环北极地区的构造、盆地和沉积的解释资料，利用相关的地质演化和古地理恢复软件，重建了北极地区的构造、岩相古地理图。

根据现有资料综合分析，北极地区的大地构造演化可以大致划分为 7 个大的演化阶段，而每一个大的演化阶段又可以划分为多个次一级的演化阶段。不同阶段的构造演化往往具有很强的区域性特点。

1.2.3.1 太古宙和古元古宙（2 000~1 000 Ma）：基底形成与克拉通化阶段

北极地区可识别的前寒武纪古地块主要是北美古陆块、东欧古陆块和西伯利亚古陆块。各个基底的形成时间略有差异，如西伯利亚古陆块基底是在 2 300 Ma 前形成，是最古老的大陆的一部分。东欧古陆块是在 1 700 Ma 时完成克拉通化的；北美古陆块的结晶基底相对固结要晚一些，位于大陆中心的加拿大地盾的结晶基底是在 1 800~1 600 Ma 前形成。沿地盾的东西两侧发育的中晚元古代的地槽型沉积，代表当时的北美大陆边缘。1 000 Ma 前的格林维尔运动标志着克拉通化的最终完成。显然，至少在 1 000 Ma 前，就已经存在北美、东欧和西伯利亚这几个主要的前寒武纪古陆块了。

1.2.3.2 中元古宙−早古生代时期：古陆块沉积盖层及盆地阶段，伴随着局部地区的造山运动（包括古大西洋及里克洋形成阶段）

继东欧古陆块、西伯利亚古陆块和北美古陆块太古宙−元古宙结晶基底分别于 1 600 Ma 和 1 000 Ma 前形成和固结之后，各自开始接受古陆块型盖层沉积。但各个古陆块之上发育的沉积盖层时代及厚度均具有较大差异。

西伯利亚古陆块和东欧古陆块的早期古陆块型沉积均是从里菲纪开始的，但东欧古陆块的里菲纪沉积范围要小得多，不占主导地位。而西伯利亚古陆块的中−晚里菲世的沉积作用比较均匀，且几乎全部是浅海陆源碎屑−碳酸盐岩建造。但各个古陆块之上的寒武纪−志留系地层均比较发育，这些地层具有分布广泛、厚度较大的特点。在加拿大地盾北部的北极古陆块、北大西洋两侧的加里东褶皱带以及西伯利亚古陆块中均可看到。油气资源勘查结果显示，里菲系、寒武系、奥陶系、志留系在一定的沉积盆地中均有可能成为重要的含油气层系之一。其中，以西伯利亚古陆块西南部的里菲系最为典型。在西伯利亚古陆块西南部拜基特台背斜的卡莫穹隆里菲系地层中发现了超大型的油气聚集带——尤鲁布钦-托霍姆油气聚集带。

在东欧古陆块的东北部，发育有蒂曼褶皱带，其褶皱活动发生在晚前寒武纪。蒂曼域位于巴伦支海地块和东欧大陆之间，显然可以视为东欧大陆与巴伦支小型大陆在前寒武纪末期发生碰撞的缝合线。

1.2.3.3 早古生代末期加里东褶皱带的形成

奥陶纪初，位于北美大陆和东欧大陆之间的古大西洋两侧产生岛弧和海沟，大洋壳开始俯冲和消亡。到中奥陶世，北美大陆和东欧大陆开始汇聚造山，逐步形成加里东造山带，这是加里东运动的序幕，在北美称为塔康运动。到晚志留世−早泥盆世期间造山运动达到高潮，即加里东运动的主幕。这次造山活动结束于 400~420 Ma，形成格陵兰东缘的加里东褶皱带和斯堪的纳维亚加里东褶皱带。至此，东欧古陆和北美古陆（格陵兰地盾）连接为一体，形成美欧古大陆。

但是，不同构造单元发展具有极大的不均衡性。在东格陵兰和相邻的波罗的盆地由于加里东造山作用发生闭合的同时，在中奥陶−晚奥陶世期间，北美海盆总的大小则由于加拿大北部和东南部的海进而增加。此时，劳伦古陆的大部分被海水淹没，因此，美国和加拿大这一时期以碳酸盐岩地层为主。在巴伦支和格陵兰的原始北极地区以及波罗的海地区也以碳酸盐岩占据主要地位。总体处于比较稳定的沉积环境。

1.2.3.4 晚古生代沉积盖层及沉积盆地形成

早古生代末期北美古陆与东欧古陆碰撞形成加里东褶皱带之后，其整体沉积环境发生了极大变化。在北美古陆及整个欧洲著名的志留系和早泥盆世"红色砂岩"广布。但随后的中泥盆统-石炭系-二叠系地层广泛发育。相当一部分地区的这些层位地层以碳酸盐沉积-蒸发岩等沉积为主，是重要的生、储油层位，例如区内的伯朝拉盆地中的油气层位。

在早二叠世期间，在低−中纬度地区发育了以泥岩相和藻类建造为主的碳酸盐岩。蒸发相存在于伏尔加-乌拉尔-亚速海地区、中欧、北美西部以及北极的斯沃德鲁普盆地、阿拉斯加北极斜坡盆地等。沿着泛大陆边缘造山带的隆升产生了内陆水系和陆相沉积，红层、蒸发岩和风成砂岩发育。

1.2.3.5 晚古生代末期泛大陆形成

从早泥盆世开始，欧美大陆不断地向北移动，而西伯利亚仅在原地发生顺时针旋转，至340 Ma前，西伯利亚与东欧大陆几乎靠近了2 000 km，使得乌拉尔古洋几乎完全闭合。晚石炭世，哈萨克斯坦陆块和劳亚古陆在乌拉尔中部和南部开始碰撞，稍后发展到北段。西伯利亚古陆也开始在泰梅尔地区与喀拉海地块碰撞。在东欧古陆和西伯利亚古陆之间的区域，俯冲带是早石炭世的主要构造单元及特征。石炭纪末期到二叠纪初期，欧美古陆与西伯利亚古陆发生碰撞，碰撞的结果是形成了乌拉尔造山带（Uralian orogeny），并影响到新地岛（Novaya Zemlya）及其相邻地区。乌拉尔缝合带的形成标志着超级古陆（泛大陆，Pangaea）的形成。乌拉尔造山带的终结伴随着相邻的东欧和西西伯利亚地区的隆起。与之类似的还有加拿大北部的古生代褶皱带的形成。

晚二叠世时期的乌拉尔造山作用导致了快速沉降阶段和前陆盆地的形成，在东欧古陆的伏尔加-乌拉尔、蒂曼-伯朝拉盆地以及东巴伦支海地区的盆地中充填了主要由细粒磨拉石碎屑沉积物组成的沉积建造。在西巴伦支海，以碳酸盐岩和韵律性骨针沉积物为主。在加拿大北极地区，形成了斯沃德鲁普盆地和旺德尔海盆地，以碳酸盐岩、混合的碳酸盐-硅质碎屑和硅质沉积物为主。在美国西部，含礁、蒸发岩和磷酸岩的碳酸盐沉积物占主导地位。

1.2.3.6 晚古生代末期-中生代时期：泛大陆裂解及盆地形成

晚二叠世末期-三叠纪的历史对于北极地区，甚至于在全球地质构造的形成过程中都是一个重要的转折时期。联合古陆形成以后，劳亚大陆开始由早期的挤压环境逐渐转变为拉伸环境。对于北半球而言，三叠纪最为突出的特点是在劳亚大陆内广泛出现拉张现象。其中，西西伯利亚的拉张作用最为明显，主要表现为大陆裂谷作用，局部可能表现为鄂毕古洋的开启上。在西西伯利亚形成了一个大型的沉积盆地。巴伦支海盆同样受到了三叠纪裂谷作用的影响。古大陆内广泛发生岩浆活动，在西伯利亚、楚科奇、伯朝拉-巴伦支盆地的广阔地区发生了高原玄武岩（暗色岩）的溢出。

晚侏罗世期间（161~145 Ma），是联合大陆最强烈分裂时期。此时除了北美和欧亚大陆之外，实际上，所有现代的大陆都已经分离或开始分离。在挪威和格陵兰之间以及巴伦支海西部边缘至中央斯匹次卑尔根盆地的区域发育裂谷系统，包括俯冲作用牵拉和地幔上涌的过程，产生了狭窄的海洋地堑系统，这些裂谷凹陷与劳伦古陆边缘平行，并先后发展成为斯沃德鲁普盆地、东西伯利亚海盆地和楚科奇海等盆地。中央裂谷发展成为加拿大（美亚）洋盆，并伴随着可能包括140 Ma和133 Ma之间的海底扩张，并于白垩纪中期完成拉张过程。同时，楚科奇-阿拉斯加断块（包括泰梅尔）开始脱离北美古陆向劳亚古陆的西伯利亚边缘靠近，并最终导致南阿纽伊洋盆关闭。在位移中的楚科奇-阿拉斯加断块的前沿形成一条俯冲带。最先到达的是泰梅尔，因此，在这里形成了白垩纪早期泰梅尔褶皱带。在北阿拉斯加布鲁克斯地体中发生了首次推覆事件。

在早白垩世时期（145~100 Ma），北阿拉斯加地体与南阿拉斯加碰撞。同时，楚科奇地块与上扬斯克（科利马-鄂霍次克）地块碰撞。大约到了阿普第期（120 Ma），所有大陆和其他外来地块在俄罗斯东北部形成了一个结构复杂、具有独特镶嵌构造的地区。该地区由于3

个主要地块（劳亚、楚科奇-阿拉斯加和古太平洋）的接近和碰撞而发生了二次变形，致使许多地块发生断裂、旋转和堆积，因而欧亚大陆东北边缘强烈增生。由于库拉（太平洋）板块继续位移，沿着重新形成的边缘形成一条俯冲带，其下面形成了鄂霍次克-楚科奇火山带。早白垩世（阿布尔期）到晚白垩世的鄂霍次克-楚科奇火山岩-火成岩带标志着该时期活动亚洲边缘的位置。

晚白垩世时期（99~65 Ma），马卡洛夫海盆的裂谷作用发生，导致海底扩张，沿加拿大海盆东南边缘发育了俯冲带和汇聚边缘。斯瓦尔巴德和巴伦支海北部地区抬升，并受到挤压性构造和火山活动的影响。有研究认为，马卡洛夫海盆的扩张可能与位于巴芬岛和格陵兰岛之间拉布拉多海在100~70 Ma期间的张开有关。该扩张还影响了欧亚大陆的裂谷作用。

在三叠纪末期到白垩纪初，蒙古-鄂霍次克洋盆逐渐关闭，在蒙古的肯特山和外贝加尔地区发生了褶皱作用并有花岗岩岩基的侵入。

与上述裂谷作用相对应，沿着裂谷内部及大陆边缘形成了若干晚三叠世-早白垩世的沉积盆地及相应的沉积物。如北海盆地、西西伯利亚盆地、斯沃德鲁普盆地、波弗特-麦肯锡盆地、阿拉斯加北极斜坡盆地、楚科奇-东西伯利亚海盆地等。其中，早-中侏罗世以粗碎屑沉积物为主；而晚侏罗世沉积物以页岩和沥青质黑色页岩为主。在巴伦支海，这些富含有机物的页岩是在限制性海水循环期间沉积的，正是这种限制性循环提高了有机物的保存性。西西伯利亚盆地形成一大的南部封闭的海相海湾，其中大部分地区被晚侏罗世-早白垩世烃源岩所覆盖。在北阿拉斯加，整个侏罗纪到白垩纪早期发育富含有机物的页岩沉积。

晚白垩世期间，北冰洋周边陆地以抬升作用为主，局部伴随挤压构造和火山活动。古新世沉积在西西伯利亚、维柳伊和楚科奇盆地继续进行。

1.2.3.7 早古近纪-新近纪（58~2 Ma）：北大西洋打开和欧亚海盆的形成

白垩纪末或第三纪初（62~55 Ma），由于格陵兰开始向西移动，格陵兰-挪威海打开。产生现代北大西洋，劳亚大陆发生分裂，欧洲和北美又重新开始分离。北大西洋中的最老洋壳年龄为55 Ma。这一张开在古新世/始新世过渡时期开始启动，并沿着板块边界发生大规模的火山活动（如格陵兰东部的高原玄武岩）。与此同时，大洋扩张在格陵兰西部仍然是活跃的。这一时期，大西洋被动边缘被抬升。在北美西部发生了拉勒米运动（Laramide orogeny，白垩纪末期的构造运动）和前陆盆地；阿拉斯加地块继续它们的增生作用过程，主要是对拉布拉多海和巴芬湾地区的海底扩张的反应；尤里卡造山运动（Eurekan orogeny）（55~33 Ma）影响了北极的大部分地区。在西斯匹次卑尔根和北格陵兰发育了挤压褶皱带。挤压作用也影响了加拿大北极地区，主要是埃尔斯米尔岛及其毗邻地区。斯瓦尔巴德地区晚白垩世-第三纪变形产生了西部斯瓦尔巴德造山带，在北大西洋张开-北极盆地形成时，斯瓦尔巴德滑过格陵兰岛。在始新世-晚中新世变形期间形成了波弗特褶皱带。格陵兰和斯瓦尔巴德岛的最后分离是在早渐新世，并使得先前的剪切边缘转变成为被动大陆边缘。

在古新世晚期，北冰洋（欧亚海盆）的张开被启动。北大西洋海底扩张的持续导致了北冰洋地区欧亚海盆的张开（Zonenshain et al.，1990）。该洋盆通过罗蒙诺索夫海脊与加拿大海盆分隔开来。阿留申弧后伸展形成楚科奇和阿拉斯加地块之间的白令海。在白令海，海底扩张继续。白垩纪时期的库拉板块的碎片被捕获在白令海内。

新近纪（23 Ma）时期是全球性的成熟海底扩张时期，伴随着局部的裂谷事件。北大西洋和北冰洋欧亚海盆的海底扩张继续进行，而冰岛形成横跨在北大西洋扩张脊之上的火山台地（29~20 Ma），格陵兰岛和斯瓦尔巴德群岛之间的走滑运动开始启动。在鄂霍次克海西部地区和鞑靼海峡地区，在萨哈林和俄罗斯东部边缘之间的地区发育伸展构造（Zonenshain et al.，1990）。

也正是在新近纪（23 Ma），挪威大陆发生大规模抬升，并由此导致厚度巨大的、向盆地加厚的上新世-更新世细粒碎屑沉积楔的发育。类似的细粒沉积物楔预计在东格陵兰东部地区也可能发育。

与此同时，在东格陵兰省的外围陆架区，在巴伦支海的西部边缘地区，都发育了大西洋被动边缘。被动边缘沉陷导致深海环境，在古新世时期和上新世-更新世时期于巴伦支海西南部地区沉积了大规模沉积物。

1.3 北极冰盖和海冰

1.3.1 北极冰盖的形成历史

地质记录表明，亿万年以来地球经历了数次持续长时间的寒冷气候期，这导致了大量冰川和冰盖的形成，即前寒武纪（约 2 500~2 000 Ma 和 650~750 Ma），石炭-二叠纪（约 350~250 Ma）和新生代（从约 65 Ma）（Ruddiman，2002）。而新生代以前的冰期很可能是单极有冰的状态，新生代时在南部和北部极地地区形成双极有冰的状态（Bleil and Thiede，1990）。但是，很长一段时间，科学界假设或者认为新生代时的双极有冰的冰期不是同时发生的。南极的冰川开始形成于始新世/渐新世边界（Zachos et al.，2001），约 43 Ma（Lear，et al.，2000）。有人认为北半球冰川的开始不早于约 14 Ma（Thiede et al.，1998）。然而最近国际大洋钻探计划（IODP）从格陵兰海和北冰洋中央罗蒙诺索夫海脊获得的沉积岩心的新记录，将北冰洋变冷和冰川初始形成时间推回至约 45 Ma，并表明地球从暖期到冰期过渡是两极几乎同时发生的现象（Backman et al.，2006）。在新近纪，约 14 Ma 时冰盖扩张速率加快，特别是约 3.2 Ma 后（Zachos et al.，2001）。约 3.2~2.5 Ma 之间海洋氧同位素值的长期变化记录表明北半球永久性冰盖的面积也在不断发生变化。大约 2.5 Ma 开始出现明显的冰期和间冰期的交替，最近 0.9 Ma 以来，冰盖的面积都随着冰期的到来发生扩张（Zachos et al.，2001）。

在第四纪冰期/间冰期气候旋回中，中高纬度地区的大型冰盖覆盖范围随着冰期-间冰期气候的转换发生扩张和收缩（Astakhov，2004）。冰盖扩展范围和体积在冰期/间冰期的差异在北冰洋周围大陆比南极洲要明显得多。在北半球，冰川分布范围是非常广泛的，在很多地区都有发现，基于国际第四纪委员会（INQUA）发表的"第四纪冰盖范围和形成年代"数据（Ehlers and Gibbard，2007），北半球第一个主要的冰期与中/晚更新世冰期是可比较的，发生在上松山期（海洋氧同位素阶段 MIS 22），在 MIS 16，MIS 12，MIS 6 和 MIS 2 期时冰盖扩张的范围最大。如今，地球上大的冰川仅限于格陵兰岛和南极洲，分别达到约 $3×10^6$ 和 $29×10^6$ km^3 的体积，总计约 $32×10^6$ km^3。在末次盛冰期（LGM），全球冰量可能达到现在的 3 倍，达到 $92×10^6$ km^3（Zweck and Huybrechts，2005）。

这些冰盖通过重新排列大陆排水系统，并通过改变地球的地形和反照率对地球气候产生巨大的影响（Clark and Mix，2002）。冰盖的衰减导致大量的融水释放和冰后期海平面上升。例如，在 LGM，海平面比现代海平面低 115~140 m（Zweck and Huybrechts，1993）。

1.3.2 北极地区的冰盖与冰川

根据 Dowdeswell 和 Hagen（2004）的估计，北极地区陆地冰（冰川、冰帽和冰盖）的总体积约 3.1×10^6 km³，若其全部融化，将造成海平面上升 8 m。北极地区陆地冰的分布并不规则，所处的气候带也有很大区别，主要分布在格陵兰岛（Greenland Island）、阿拉斯加（Alaska）、加拿大北极地区（Canadian Arctic）、冰岛（Iceland）、斯瓦尔巴德（Svalbard）、法兰士约瑟夫地（Franz Josef Land）、新地岛以及斯堪的纳维亚半岛的挪威和瑞典等地（表 1-3）。就冰盖或冰川的体积和面积来讲，格陵兰冰盖无疑是最大的，它的面积是所有其他北极地区陆地冰面积总和的 4 倍左右。与其他的小型冰川或冰盖不同，格陵兰冰盖有一半以上面积所处纬度全年的温度都保持在冰点以下。因此，相对于格陵兰冰盖，其他一些小型的冰川或冰盖的面积或体积都会因当地气温和降水的变化而发生剧烈的变化。

表 1-3　北极地区冰盖与冰川的面积统计

冰盖或冰川名称	面积/10³ km²
格陵兰冰盖	1 640.0
加拿大北极地区（74°N 以北）	108.0
加拿大北极地区（74°N 以南）	43.4
阿拉斯加	75.0
冰岛	10.9
斯瓦尔巴德	36.6
法兰士约瑟夫地	13.7
新地岛	23.6
北地群岛	18.3
挪威和瑞典	3.1

北极冰川或冰盖的形态也各有不同，有些冰盖中心呈圆丘形并向四周扩展，形成一些分支冰川，冰盖的冰也就通过这些分支流动至其融化的区域，如冰岛、加拿大和俄罗斯北极地区的冰川。在一些其他地区，大的冰川主要发源于高山冰原，如阿拉斯加南部，另外还有一些地区，如斯瓦尔巴德，也存在相当数量的单体山谷冰川。

同样由于北极冰的形态、大小以及所处地理位置的不同，它们对气候变化的响应方式也存在很大的差别。一些小的冰川对气候变化非常敏感，其形状、流速、冰缘位置在最近几年或几十年内变化较快，而格陵兰冰盖的变化尺度则可能达到千年。

冰川冰主要来源于降雪，而通过冰山裂解、表面融化以及冰架下融冰作用而流失。自1920 年以来，随着北极地区气温的逐渐增加，陆地冰川或冰盖的面积也逐渐减小，其主要形式（格陵兰冰盖除外）表现为冰缘线的后退。但这种后退也有很大的区域差别，目前并不清楚冰川源区冰累计厚度的增加是否会对冰缘线厚度进行补偿？因为到目前为止，用于观测冰川长期质量平衡的调查只在少数几条冰川上实施，其监测或观测区域不足北极冰川面积的0.1%。就被观测的几条冰川而言，1990年以前，其冰质量平衡指标，如冬季冰积速率和夏季融冰速率都未发生剧烈变化。1990年以后，一些冰川表现出负的冰量平衡，并没有出现明显的融化加速现象。一些冰川，如阿拉斯加和加拿大北部冰川，其观测结果出现了逐渐增加并加速的融化趋势（Arendt et al.，2002）。在北极的其他地区，如斯瓦尔巴德，并没有观测到冰川融化加速的现象。在亚北极地区，1988—1998年的10年间，伴随着降水量的增加出现了正的冰质量平衡，而自1998年以来，该地区总体表现为负的冰质量平衡。

1.3.2.1 格陵兰冰盖

地球上现存的大陆冰盖有南极冰盖和格陵兰冰盖。两大冰盖约占全球冰川总面积的97%，总冰量的99%。格陵兰冰盖是世界第二大冰盖，是覆盖格陵兰岛约83.7%地区的单一冰盖，为北半球最大冰体。冰盖南北长2 530 km，最宽（北缘附近）1 094 km，平均厚度1 500 m左右，面积164×10^4 km^2。它覆盖在碟状盆地上，基岩表面与海面几乎等高。冰原中央比四周边缘厚，有两个升起的冰穹。北边一个在格陵兰中东部，海拔3 000 m，是冰原最厚的地方，温度最低，年平均-31 ℃。南边一个海拔2 500 m。冰层由顶峰向四周移动，其边缘到达梅尔维尔湾形成许多外流冰川，流入大洋成为无数冰山。

格陵兰岛大部分位于北极圈内，全岛面积为216.6×10^4 km^2，是世界最大的岛屿。格陵兰冰原体积占世界冰川水总量的12%，冰盖边缘一直覆盖到海边，有许多冰川的冰舌伸向海面，在若干峡湾中形成许多冰山。西格陵兰的一些冰川，如雅各布港·伊斯伯依冰川，每年流动速度达7 km，是世界上流动最快的冰川。冰盖中部西侧的冰层表面每年以0.1 m的速率在增厚，而东侧则稍有变薄。冰盖西海岸的消融区冰面每年变薄约0.2 m。

格陵兰冰盖显示更强的极地海洋性冰川性质。冰盖西南部沿海的年平均气温高达1℃，1月和7月的平均气温分别为-7.8℃和9.7℃，年降水量达1 000 mm，雪冰积累量和消融量都很大。冰盖内部的情况显著不同，年平均气温约-30℃，2月和7月的平均气温分别为-47.2℃和-12.2℃，年降水量仅200 mm，气温低、降水少，雪冰积累量和消融量较小，成冰过程缓慢，如世纪营地（77°11′N，61°10′W）成冰过程需125 a。

格陵兰冰盖的规模仅次于南极洲，也非常脆弱。比起南极洲冰盖，它距离寒冷的极地要远得多，冰盖南端几乎与苏格兰东北部设德兰群岛处于同一纬度。几个世纪以来，格陵兰冰盖的消减保持着平衡：夏天，冰川崩裂冰块，融水汇入海洋；冬天，冻雪补充冰盖。

冰川融化被看做是衡量地球变暖的尺度。气候变化专家们警告说，地球变暖导致冰川融化和海平面上升，可能摧毁沿海国家和岛国。地质和历史资料都显示，在近100 a来，格陵兰冰盖的边缘地区冰厚度变薄，冰缘线后退，这些冰水损失是否会在冰盖内部得到补偿目前没有证据。从20世纪90年代起，覆盖格陵兰岛大部分区域的格陵兰冰盖以越来越快的速度融化。2013年格陵兰冰盖年融化天数的统计图显示，与往年相比，除中部外，冰盖周边特别是南部地区发生冰层融化的天数明显增加。

2010年8月，一块巨大的浮冰从格陵兰彼得曼冰川上崩离，断裂的浮冰面积相当于4个曼哈顿大小，可能是历史上有记录以来从冰川上崩离的最大一座浮冰岛。观测资料显示，气温平均升高1℃，整个格陵兰就会有8 cm的冰川融化，相应的冰川融化也会使气温升高，由此形成恶性循环。学界普遍认为，如果全球变暖的趋势不能得到扭转和控制的话，格陵兰岛的冰川将大面积地融化，那时将导致海平面的大幅度上升，其后果将是灾难性的。如果目前的状况持续下去，不出 1 000 年整个格陵兰的冰川将会全部消失，那时候海平面将升高 7 m，许多陆地将被海洋所覆盖，像英国伦敦以及亚洲的孟加拉国等人口稠密的地区将被彻底淹没。格陵兰周边地区的气温将发生重大变化，这一地区的温度可能要上升 3℃ 以上。格陵兰的冰川与北极的其他冰川有很大不同，其他冰川融化后还可以自我再生，而格陵兰的冰川如果融化了，可能就意味着永远消失，这样的损失是无法弥补的。

1.3.2.2　阿拉斯加冰川

阿拉斯加冰川的总面积约为 $7.5×10^4$ km^2，最大的山岳冰川主要分布在太平洋山系的南部和西部。目前有关阿拉斯加冰川数量、大小以及质量平衡的数据还是比较有限的。20 世纪 50—90 年代，对阿拉斯加 67 条冰川体积变化的航空雷达观测结果表明，这些冰川以每年 0.52 m 的速度在变薄，换算成体积的话，每年约减少 52 km^3，相当于海平面上升 0.14 mm（Arendt et al.，2002）。之后对其中 28 条冰川的观测（20 世纪 90 年代中期和 2000—2001 年）数据显示冰川变薄的速度增加到每年 1.8 m，将这一速率应用于整个阿拉斯加地区，其对海平面上升的贡献率约为 0.27 mm，这几乎是格陵兰冰盖每年对海平面上升贡献率的 2 倍。阿拉斯加这种快速的冰川消融约占全球冰川消融总量的一半（Meier and Dyurgerov，2002），也是对海平面上升的最大贡献者。

1.3.2.3　加拿大北极冰川

加拿大东部冰川拥有最为完整的冰质量平衡记录，几乎涵盖了最近 40 年。观测数据表明，20 世纪 60 年代至 80 年代中期，其最大的冰体具有微弱的负冰质量平衡（Koerner，1996），但此期间并没有持续减弱趋势被观测到。80 年代中期以后，这种负冰物质平衡的状态有加速的趋势，其中夏季冰的变化最大，冬季并没有多少变化。这也同时说明夏季气温的增加驱动或主导了年冰物质平衡的变化。

1.3.2.4　冰岛的冰川

冰岛的冰川大部分为在海洋性气候下形成的，年降水量最大可达 7 m。在小冰期时（1400—1900 年），冰岛冰川持续扩张并在 1890 年左右达到最大面积。50 个观测点观测的冰川前缘变化的完全记录数据显示，自 1930 年至 20 世纪末，这些冰川前缘的变化可与该期间气候的变化相符。20 世纪初，冰川前缘开始缓慢退缩，30 年代这种退缩的趋势略微增加，但 40 年代有减缓，70 年代时，大部分冰岛冰川发生扩张并持续到 90 年代。冰岛的冰川，特别是南部和东南部沿岸的海岸冰川，具有比较大的淡水量。在具有极大负冰物质平衡的年份，这些冰川可提供超过 10 km^3 的淡水，相当于 0.03 mm 的海平面上升贡献率。1991—2001 年的 10 年间，Vatnajökull 冰帽就流失了 0.6 %（24 km^3）的物质，相当于海平面上升 0.06 mm。2000 年以后所有的冰岛冰川都发生退缩。

1.3.2.5　斯瓦尔巴德的冰川

斯瓦尔巴德岛上的冰川覆盖面积约 36 600 km^2。对其几条主要冰川的冰物质平衡观测持续了长达 40 多年。观测记录显示其冰物质平衡变化不大，净冰物质平衡总体为负值，但变化趋势不显著。这些冰川在冬季的累积比较稳定，年际间变化也较小，夏季冰融化程度年际间变化也较小。海拔较低的冰川具有负的冰物质平衡，而海拔高的冰川处于平衡状态。

1.3.3　北冰洋的海冰

极地浮冰群是在地球极地区由海水形成的大面积浮冰，人们称其为极地冰帽，如北冰洋的北极冰群（或称北极冰帽）以及南大洋环绕南极洲冰盖边缘的南极洲冰群。在一年的季节变化期间，极地冰群的大小会发生重大改变。春季和夏季冰融发生，海冰边缘退缩，冬季则相反。南极洲的海冰在很大程度上是季节性的，在南半球的夏天很少有海冰，但在冬天海冰的面积可扩展到大体与南极洲面积相当。因此，大部分南极海冰都是当年冰，其厚度可达1 m。北冰洋则不同，它是一个被陆地环绕的极地海，而不是一个被海包围的极地陆地，所以北冰洋的海冰中有约 28% 是多年形成的冰，其厚度大于季节性形成的冰，在北极的很大区域其厚度可达 3~4 m，有些冰脊可高达 20 m 厚。从地质学的角度来看，海冰是北极沉积物风化、侵蚀和搬运的主要营力之一。

有永久性海冰覆盖是北冰洋区别于其他大洋的主要特征之一，海冰的分布范围、厚度、结构受全球气候变化的控制，并与大气环流、太阳辐射、大气和海洋热流以及海洋环流等要素的变化有着密切的联系。据 20 世纪 90 年代的调查估计，海冰面积在夏季 9 月最小，约为 $7.8 \times 10^6 \sim 7.92 \times 10^6$ km^2，覆盖率为 53%；冬末 3 月底面积最大，达 $12.31 \times 10^6 \sim 14.8 \times 10^6$ km^2，覆盖率为 73%；海冰平均厚度为 3 m（康建成和孙俊英，1999）。

北冰洋的海冰按其地理位置分为岸冰、当年浮冰及北极冰丛 3 类，按其形成方式可分为当年冰和多年冰 2 类。岸冰和当年浮冰主要分布在欧亚大陆北岸各边缘海，冰厚分别为 0.5~1.5 m 和 0~1.8 m，冬季时在高纬地区冰厚可达 2.5 m，夏季则大部分融化，有些未融化的当年冰则会转化为多年冰。有些岸冰受到北冰洋沿岸地形或接地冰脊的控制而不发生移动（最长可超过 10 个月）。加拿大北极群岛一些由陆地速生冰拥塞的水道可达 200 km 宽，覆盖面积可超过 1×10^6 km^2，有些冰可被保持数十年而不化，称为多年陆地速生冰。北极冰丛分布于岸冰带以北，与当年浮冰交错分布，冰厚 2.5~4 m，其分布界线大体与 800~1 000 m 等深线相吻合。在现代气候条件下，老的多年浮冰（非冰脊）在冬季厚度约 3 m。由于冬季风暴导致的陆地速生冰不断堆积，有些接地冰脊可扩张至水深 30 m 的海域。北冰洋的多年冰主要分布于北冰洋深水区、东西伯利亚海和加拿大北极群岛附近陆架区，总面积约 $(4~5) \times 10^6$ km^2。以下将主要从海冰覆盖面积变化、海冰厚度变化以及海冰的运动方向等方面进行详细阐述。

1.3.3.1　海冰覆盖面积的变化

冬季北极海冰的面积为 15.0×10^6 km^2 左右。夏季的海冰覆盖面积大约是冬季冰覆盖面积的 50%。北极海冰的季节性变化量约为 7×10^6 km^2，其中在 4 月的变化量最大，9 月变化量最小。对海冰产生影响的主要是那些可以使很大面积的冰发生移动和旋转的风和洋流。有些挤压带也发生隆起，在这些地方海冰堆积，形成浮冰。

英国哈德利气候预测与研究中心的记录可追溯到 20 世纪之初，尽管对 1950 年以前的数据质量尚存在争议。但是这些记录仍然显示出，在过去 50 年中北极海冰在持续减少。对海冰的可靠测量开始于卫星时代。从 1970 年以来，安装在美国海洋探测卫星（Seasat，1978）和雨云-7 卫星（Nimbus 7，1978—1987）上的多通道微波扫描辐射计（SMMR）提供了不受太阳日照和气象条件影响的资料。被动微波测量的频率和准确度随着 1987 年 DMSP F8 特殊传感器微波成像仪（SSMI）的发射而得到提高。

在北冰洋高纬中心区，海冰覆盖面积的季节性变化不大，约为 14%。主要海冰覆盖面积的变化都发生在陆架边缘海地区，达到 86%，在冬季这些海域多为海冰覆盖，而夏季则无冰。由于受到北大西洋暖流的影响，在巴伦支海和斯瓦尔巴德周边大片海域则常年无冰。

在过去的几十年里，北极海冰面积经历了剧烈的变化。美国国家冰雪数据中心（NSIDC）卫星观测数据（下同）显示 1978—2003 年间，北半球海冰面积的年平均值减少了 $0.8 \times 10^6\ km^2$，约占北冰洋海冰总面积的 7.4%。在这期间，夏季海冰面积的年际间变化幅度最大，9 月海冰面积平均值减少了 $0.96 \times 10^6\ km^2$，3 月则减少了 $0.68 \times 10^6\ km^2$。2007 年 9 月北极海冰面积更是出现了历史性低值，相比首次有卫星观测数据的 1979 年同期减少了约 40%。对于多年冰来说，近 30 年来其覆盖面积逐渐减少的趋势也比较明显，如 2005 年 3 月和 2007 年 3 月间多年冰的覆盖面积减少了约 $1.06 \times 10^6\ km^2$，占多年冰总面积的 23%（Nghiem et al.，2007）。

近 10 年来（2006—2015 年）北极海冰覆盖面积变化无常（图 1-6），规律难寻，但似乎减小的趋势没有变化，因为有卫星监测记录以来北极夏季海冰范围的 6 个历史低值都出现在了这一时期。2007 年 9 月 16 日前后，海冰达到的最小面积是 $425 \times 10^4\ km^2$，刷新了前期（2005 年 9 月 20 日）记录的绝对最小值，为卫星观测记录以来的第二低值（截至 2015 年，下同）。2007 年的海冰最小范围比 1978—2000 年的平均夏季最小值小 22%（大约是得克萨斯州+加利福尼亚州的大小，或 5 个英国的大小），反映出北极浮冰群质量已较差。其最北部的冰缘线曾于 9 月份在 85.5°N（160°E 附近）。2007 年美国国家航空航天局（NASA）的研究结论是，冰的收缩是异常大气条件的结果，而这种条件令风使海冰被压缩，并将其载入穿极漂流，然后加速流出北极。

2007/2008 年冬季北半球极其寒冷的温度帮助北冰洋海冰生长到更接近于其正常的覆盖面积。在有些区域，发现海冰也是比以前年度厚 10~20 cm。2008 年 2 月北冰洋包含有比长期平均值多得多的年轻海冰。2008 年夏季北冰洋海冰面积的最小值为 $467 \times 10^4\ km^2$，略大于 2007 年同期，是自卫星监测开始以来的第六低值。8 月 27 日北极西北航道和东北航道都无冰。这是有史以来第一次两条航道同时开放。

夏季海冰覆盖范围的重大缩减和较老的厚冰量减小在 2009 年仍在继续，海冰覆盖的范围是卫星监测记录的第四次最低值，低于 1979—2000 年平均值的 25%，达到了海冰体积创纪录的低值。2010 年 9 月 19 日，比通常最低值晚 10 d，北极海冰覆盖面积为 $460 \times 10^4\ km^2$，是自卫星监测开始以来的第五低值。2011 年 9 月 9 日海冰范围达到最小值 $433 \times 10^4\ km^2$，是卫星监测开始以来第三小的夏季海冰范围。2012 年 9 月 16 日北极海冰范围以 $341 \times 10^4\ km^2$ 而创新低，新的创纪录低值比以前（出现于 2007 年 9 月 18 日）记录的最小范围低了 80 余万平方千米。2012 年的值仅仅是 1979—2000 年北极海冰 9 月最低平均值的一半（51%）。而 2013 年和 2014 年 9 月中旬，北极海冰的覆盖范围最低值均在 $500 \times 10^4\ km^2$ 左右，比 2012 年同期又增加了 50% 多。2015 年 9 月 11 日，北极海冰面积又缩减至 $441 \times 10^4\ km^2$，是有卫星观测记录以

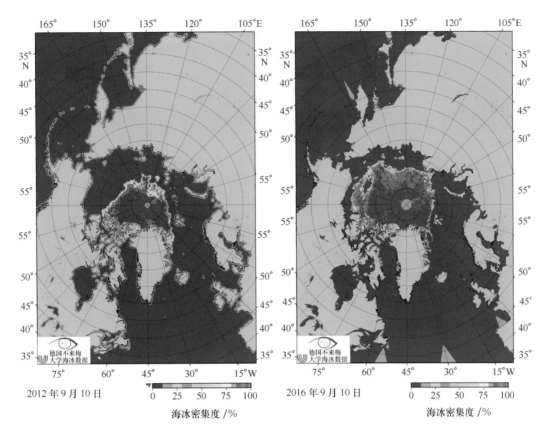

图1-6 近10年来9月10日北极海冰极大值和极小值

来的第四低值，与2011年十分接近。

1.3.3.2 海冰厚度的变化

对于海冰厚度的变化数据主要来自军用潜艇的水下声呐探测，目前掌握的数据在时间和空间上的覆盖率都比较有限，很难全面、科学地进行估计。还有一些固定在海洋潜标上的声呐探测数据，但这些数据比较零星，地理分布非常有限。利用冰钻进行海冰厚度测量是最为精确的手段，这种手段获得的数据仍然较为有限。

上述多种观测数据显示，北冰洋海冰的平均厚度大约为2.6~3 m。欧亚海盆一侧的海冰厚度较小，多为1~2 m，且多为当年形成的冰。向北极点、格陵兰北部沿岸和加拿大北极群岛，海冰厚度逐渐增加。

加拿大北极群岛附近海冰最厚，厚度可达7~8 m。与海冰覆盖面积一样，近几十年来，海冰厚度也表现出逐渐变小的趋势。基于声呐探测数据，在最近的30~40年，海冰的平均厚度从3.1 m减少到1.8 m，减薄了约40%。当然，这些声呐数据主要是不同剖面、年代和季节所获得数据的一个估计结果，其代表性如何尚待评论。一种基于潜艇测量数据和数值模拟方法估计的同一时期海冰厚度结果表明，海冰的运动和比较大的年际间变化会给声呐探测数据结果造成一些误差。如前者估计的海冰厚度减少约12%（Holloway and Sou，2001），远低于基于声呐数据估计的40%。根据长达20年（1970—1991）的俄罗斯北极漂流观测站利用表面弹性重力波获得的野外月际观测数据，Johannessen等（2004）计算的20年间面积平均的海冰厚度仅减小了约10 cm，小于海冰厚度的4%。

1.3.3.3　海冰的流动方向

现代北冰洋海冰的流动方向与表层气压梯度及其造成的风场密切相关，换句话说，北冰洋海冰的移动方式和速度主要就是受到北极涛动（AO，Arctic Oscillation）的控制。北极海域风场的变化与北极涛动调节的穿极流的位置相互关联，正是这一主要的海冰驱动系统将北冰洋的冰通过弗拉姆海峡向外海输出。在北极涛动处于正相位时，它将驱使穿极流增强并从西伯利亚向东移动（向北美方向）。穿极流的这种变化会导致波弗特环流中厚度较大的海冰通过弗拉姆海峡输出量的增加，减少格陵兰海表层海水的盐度，并进一步影响到北大西洋深层水，使其生成速率减缓。在北极涛动处于负相位时，穿极流将主要位于俄罗斯北极海域，此时顺时针的波弗特环流控制着靠近北美的北冰洋海域。北极涛动及其引起的海冰输出量等这些变化都与北大西洋涛动（NAO，North Atlantic Oscillation）有着千丝万缕的联系（Dickson et al.，2000）。

基于冰漂流浮标和地转流风场数据，北冰洋海冰主要的移动方式已经相当清楚。阿拉斯加沿岸北部的海冰沿着波弗特环流的方向流动，对应了波弗特海上空的一个高压系统。冰漂流的速度在波弗特环流外围边缘约 3 cm/s，在中部接近于静止。向北极西伯利亚方向，波弗特环流逐渐打开并形成线性流动的穿极流。穿极流的起点位于楚科奇海-东西伯利亚海并向弗拉姆海峡流动。在法兰士约瑟夫地和北极点附近海冰的流动速度平均为 2 cm/s，向西逐渐增加至弗拉姆海峡附近的 10 cm/s（Kolatschek et al.，1996），来源于东西伯利亚海的海冰需经过 3~4 年的时间才能抵达弗拉姆海峡。而被波弗特环流包围的海冰会在北冰洋滞留更长的时间，一般需要 5~10 年的时间完成一个循环。加拿大北部发现的一个名为 T-3 的冰丘曾在波弗特环流中滞留两圈并在 30 年后才抵达弗拉姆海峡。

波弗特环流中携带的阿拉斯加近海和楚科奇海的冰大致沿平行海岸的方向移动，因为穿极流在拉普捷夫海和东西伯利亚海西部基本沿海岸流动。也正是由于波弗特环流在北美沿岸、楚科奇海、东西伯利亚海东部的控制作用，由这些海域输出的当年冰的数量相对于整个北冰洋来讲只是很小的一部分。相反，穿极流导致拉普捷夫海、东西伯利亚海中部和西部以及喀拉海的当年冰中有很大一部分被输出至北大西洋北部海域。拉普捷夫海也因此被称为北极最重要的"冰工厂"。基于冰移动方向的观测、遥感和模拟手段，从边缘海至北冰洋和从弗拉姆海峡至格陵兰海的海冰净输出量被大致估算出来：拉普捷夫海的冰输出量高达每年 670 km³，比巴伦支海（每年 35 km³）、喀拉海（每年 240 km³）、东西伯利亚海（每年 150 km³）和楚科奇海（每年 10 km³）的总和还要多。北冰洋每年通过弗拉姆海峡向外输出海冰约 2 850 km³。

第2章 我国北极海洋地质考察研究概况

北冰洋大规模的海洋地质考察与研究始于20世纪50—70年代（Weber and Roots, 1990），美、苏"冷战"期间，北冰洋呈现封闭状态，海洋地质考察与研究受到限制。随着"冷战"的结束，由于国家安全和军事目的而处于封闭观测和研究状态的北极开始松动，为解决人类面临的全球变化问题而进行的北极考察与研究活动自20世纪90年代开始日趋活跃和开放，环北极国家和相关组织逐步开展了海洋地质考察与研究（Fütterer, 1992；Jokat, 1999）。进入21世纪，随着2004年北冰洋罗蒙诺索夫海脊大洋钻探（IODP）302航次的实施（Expedition 302 Scientists, 2005），各国纷纷加快了北冰洋的海洋地质考察与研究步伐（Darby et al., 2005, 2009a；Stein, 2008；Jakobsson et al., 2008；Schauer, 2008；Jakobsson et al., 2010；Jakobsson et al., 2014）。IODP302航次的成功实施，在北极点附近的罗蒙诺索夫海脊钻取了数百米的沉积物岩心，首次将北极的沉积记录推进到距今6 500万年前，该航次取得了大量创新性研究成果，使得学界对地质历史时期北冰洋的形成、发展和演化过程有了全新和不同的认识，激起了国际社会的广泛关注。虽然中国的北冰洋海洋地质考察与研究起步较国际的海洋地质考察晚了近半个世纪，但发展很快。中国国家海洋局极地考察办公室分别于1999年，2003年，2008年，2010年，2012年和2014年组织并实施了六次北极科学考察（中国首次北极科学考察队，1999；张占海，2003；张海生，2009；余兴光，2011；马德毅，2013；潘增弟，2015）。尤其值得一提的是，2012年中国第五次北极科学考察期间，"雪龙"号首次穿越北冰洋，到达北大西洋极区的格陵兰海和挪威海，并访问了冰岛。在中国首次至第六次北极科学考察期间，"雪龙"号分别在亚北极的白令海和鄂霍次克海，北冰洋太平洋扇区的楚科奇海、加拿大海盆、楚科奇海台等海域，北大西洋扇区的格陵兰海，挪威海，以及冰岛周边海域进行了海洋地质调查。前六次北极科学考察共在各考察海域获得了257个站位的箱式样，75个站位的多管样，127个站位的重力柱状样。这些样品为中国的北极海洋地质研究提供了重要的研究材料。

以下主要针对"十二五"期间极地专项组织实施的第五次和第六次北极科学考察航次海洋地质考察工作完成情况进行详细介绍。首次至第四次北极科学考察海洋地质调查完成的站位如图2-1和图2-2所示。

2.1 第五次北极科考海洋地质考察

我国第五次北极科学考察（以下简称"五北科考"）以"北大西洋—北冰洋—北太平洋海洋环境变化及其对我国气候的影响"为主题，实现对北极太平洋扇区和大西洋扇区的联合考察与对比研究。通过在白令海、楚科奇海、北冰洋中心区（80°N以北）、挪威海和格陵兰海、冰岛周边等关键海域开展海洋地质考察与研究，完成表层沉积物、柱状沉积物、表层和

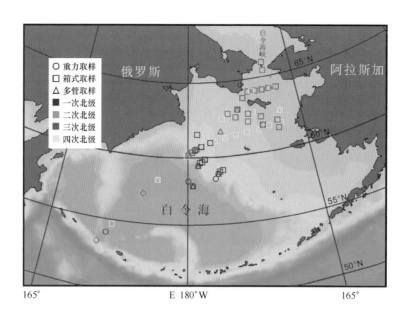

图 2-1　中国首次至第四次北极科学考察在白令海的海洋地质调查站位

（图中一次至四次北极为各次北极科学考察的简称，下同）

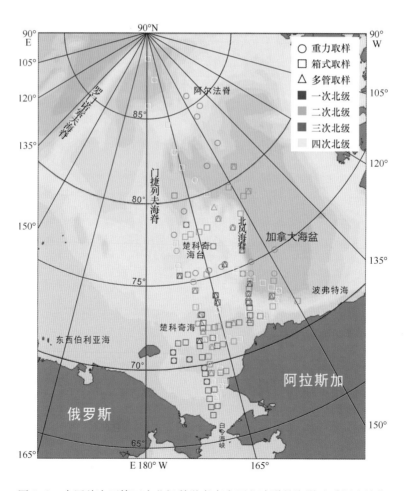

图 2-2　中国首次至第四次北极科学考察在西北冰洋的海洋地质调查站位

深层水悬浮颗粒物的取样与分析测试,并结合历史资料,系统认识这些考察海域的沉积物特征、分布规律及沉积作用特点,重建该地区晚第四纪以来古海洋、冰(冰盖/海冰)和气候演变历史,探讨冰期—间冰期旋回中北极气候变化对白令海峡开合、北大西洋海洋环境变化的古海洋学响应,为揭示北大西洋—北冰洋—北太平洋以及我国过去环境与气候变化之间的内在联系及其变化机制提供实测资料。

2.1.1 考察区域

五北科考的考察区域包括五大区域:白令海峡以南的白令海和鄂霍次克海,北冰洋—太平洋扇区的楚科奇海、楚科奇海台、加拿大海盆,横跨阿蒙森海盆、马卡洛夫海盆、加拿大海盆、罗蒙诺索夫海脊、门捷列夫海脊与阿尔法海脊80°N以北的北冰洋中心区,北冰洋—大西洋扇区的挪威海、格陵兰海,冰岛近海(冰岛海、丹麦海峡、北大西洋)等。考察区域的区划情况见图2-3。

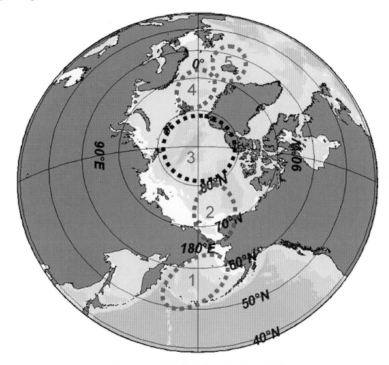

图 2-3 五北科考调查海域示意图

1. 白令海;2. 楚科奇海和楚科奇海台;3. 北冰洋中心区;4. 北冰洋大西洋扇区;5. 冰岛近海

2.1.2 考察工作量

根据五北科考的站点和断面设置,并参考前四次北极科考海洋地质考察站点的作业方式,以同站位不重复作业为原则,共在作业海域设置海洋地质考察站位68个,其中包括表层沉积物取样站位45个(箱式取样站位33个,多管取样站位12个),柱状沉积物取样站位23个。表层海水悬浮体采样站位30个,大体积海水过滤站位9个,原则上每个站位进行一次采样,总作业时间为60 h。若中国-冰岛合作取得进展,则根据双方协议在冰岛邻近海域实施3~4 d的合作考察。

2.1.3 主要考察内容

考察内容主要包括沉积物和悬浮体取样两部分。

2.1.3.1 沉积物取样

包括表层沉积物和柱状沉积物取样。其中表层沉积物取样分别采用箱式和多管取样器完成，柱状沉积物取样利用重力取样器完成。

沉积物样品采至甲板后，根据《极地地质与地球物理考察技术规程（第1部分：海洋考察）》（以下简称《规程》）中要求的现场描述项目和内容，立即对样品的颜色、气味、厚度、稠度、黏性、物质组成、结构构造、含生物状况及其他有地质意义的现象进行详细描述。多管沉积物样品在现场描述完毕后立即按1 cm间隔取样，并冷冻保存；用作特殊分析的样品应根据其要求单独采集，或对样品进行冷冻及冷藏保存；详细描述柱状沉积物样品刀口处样品（描述内容与箱式沉积物样品相同）后立即封存。

2.1.3.2 悬浮体取样

本次悬浮体取样采用人工取水和实验室过滤的方式采取表层海水中的悬浮颗粒物样品，利用大体积海水原位过滤器获得特定水层海水中的悬浮颗粒物样品。将过滤后带有悬浮颗粒物样品的滤膜冷冻（-20℃）保存。

2.1.4 主要考察设备

2.1.4.1 箱式取样器

箱体规格：50×50×65（cm^3）。

仪器质量：200 kg，采泥量：约90 kg。

箱式采样器是专为表层沉积物调查而设计的底质取样设备，适用于各种河流、湖泊、港口、海洋等不同水深条件下各种表层底质的取样工作。采用重力贯入的原理，可取得海底以下60 cm范围内的沉积物样品，并可取到多达20 cm深的上覆水样（图2-4）。

图2-4 自制箱式取样器

2.1.4.2 多管取样器

规格：框架直径 2 m，高 2.3 m。

总质量：约 500 kg。

取样管个数：8 支。

取样管参数：直径 10 cm，长度 60 cm。

多管取样器也是采用重力贯入的原理，但贯入深度可控制（一般不超过 40 cm），设备提起时上下自动密封，从而可以同时获取若干（4~8 个）管长度超过 0.5 m 的近底层海水和无扰动的表层沉积物样品（图 2-5）。广泛应用于海洋生态学、海洋地球化学和海洋工程地质调查研究及环境污染监测等领域。

图 2-5 自制多管取样器

2.1.4.3 重力取样器

规格：长度可选择，最长 8 m。

取样管长：4 m、6 m 或 8 m，内径 127 mm，外径 145 mm。

刀 口 长：0.2 m。

仪器总质量：1 000 kg。

该重力取样器是用来获取柱状连续无扰动沉积物柱状样品的取样设备。它操作方便，实用性强。作业原理是在取样器的一端装上重块，在另一端的取样管内装入塑料衬管，然后安装上刀口，靠仪器自身的质量贯入海底（图 2-6）。适用于底质较软的海区采样。

2.1.4.4 大体积海水原位过滤器

WTS-LV 型大体积海水原位抽滤系统是美国 Mclane 公司生产的，此采样器适用于海洋、湖泊、河流等水体中悬浮物的采样与研究。它是一款大容量采水器，通过连续抽取水体，用

图2-6　自制重力取样器

过滤器支架内的薄膜滤纸富集水体中的悬浮颗粒物质（图2-7）。它可通过控制水体的流速，抽取水的体积，并可用不同规格的滤膜收集不同种类、大小的微生物样品和悬浮颗粒物。仪器自动记录采样时间、体积、压力值及流量等数据，回收后可下载这些采样期间记录的数据用于科学研究。主要技术参数如下。

型　号：WTS-LV，滤水速度：2~50 L/min，滤水容量：1 500~15 000 L，数据通信：RS232，电源供应：直流电（碱性电池），36 VDC 碱性电池包。质量：50 kg。尺　寸：64×36×68 cm³（长×宽×高），工作环境温度范围：0~+50℃，最大工作深度：5 500 m。

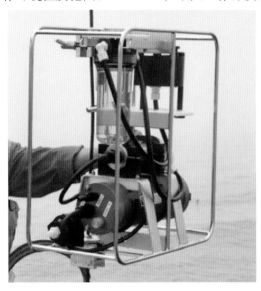

图2-7　大体积海水原位过滤器

2.1.4.5　悬浮颗粒物真空过滤装置

该装置由 PALL 过滤器、2.5 L 抽滤瓶、Whatman 玻璃纤维滤膜（直径 47 mm，孔径 0.45 μm）、GAST DOA 型真空泵等组成。可用于采集所过滤水体中的悬浮颗粒物质。

2.1.5　考察完成情况

本次海洋地质考察自 2012 年 7 月 11 日开始，至 9 月 11 日结束，历时两个月，累计在鄂霍次克海、白令海、北冰洋太平洋扇区、北冰洋中心区、北冰洋大西洋扇区（格陵兰海、挪威海）以及冰岛周边海域等考察海域完成了 92 个站位的海洋地质考察（表 2-1）。其中表层沉积物采样完成 70 站（两个空站），柱状沉积物采样完成 33 站（3 个空站），表层悬浮体采样完成 31 站，大体积海水原位过滤采样完成 11 站（1 个空站）。

表 2-1　五北科考海洋地质考察作业完成情况统计

考察内容	作业方式（完成站位数）	作业海区	完成站位数/个	空站数/个
地质采样（92 站）	表层沉积物采样（70 站）　箱式采样（60 站）	白令海（去程）	18	—
		北冰洋太平洋扇区（去程）	18	—
		北冰洋北大西洋扇区/冰岛周边	6	1
		北冰洋高纬海域（80°N 以北）	1	—
		北冰洋太平洋扇区（回程）	7	1
		白令海（回程）	10	—
	多管采样（10 站）	白令海（去程）	2	—
		北冰洋太平洋扇区（去程）	1	—
		北冰洋北大西洋扇区/冰岛周边	3	—
		北冰洋高纬海域（80°N 以北）	—	—
		北冰洋太平洋扇区（回程）	4	—
		白令海（回程）		
	柱状沉积物采样（33 站）	鄂霍次克海、白令海（去程）	6	1
		北冰洋太平洋扇区（去程）	4	—
		北冰洋北大西洋扇区/冰岛周边	16	2
		北冰洋高纬海域（80°N 以北）	5	—
		北冰洋太平洋扇区（回程）	2	—
		白令海（回程）	—	—
悬浮体采样（44 站）	表层悬浮体采样（31 站）	白令海（去程）	13	—
		北冰洋太平洋扇区（去程）	6	—
		北冰洋北大西洋扇区/冰岛周边	7	—
		北冰洋高纬海域（80°N 以北）	2	—
		北冰洋太平洋扇区（回程）	3	—
		白令海（回程）		
	大体积海水原位过滤（11 站）	白令海（去程）	4	1
		北冰洋太平洋扇区（去程）	1	—
		北冰洋北大西洋扇区/冰岛周边	2	—
		北冰洋高纬海域（80°N 以北）	1	—
		北冰洋太平洋扇区（回程）	3	—

对完成的考察站位和工作量按取样方式概述如下。

2.1.5.1 表层沉积物取样——箱式取样

本次考察利用箱式取样器对 60 个站位进行了表层沉积物取样作业（图 2-8 至图 2-11），有 58 个站位获得样品，两个站位因底质坚硬或海况太差未取得样品。在对样品进行现场描述、纪录后，各学科组根据需求进行了现场取样，还针对取得的一些厚度较大的箱式样品进行插管取样，并将插管样品封存。

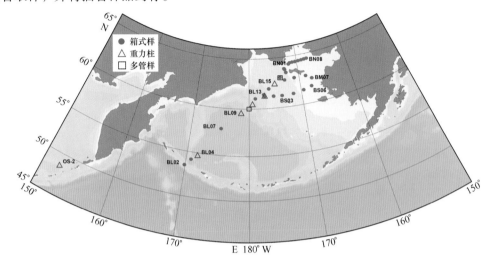

图 2-8　五北科考海洋地质考察在鄂霍次克海和白令海完成的站位

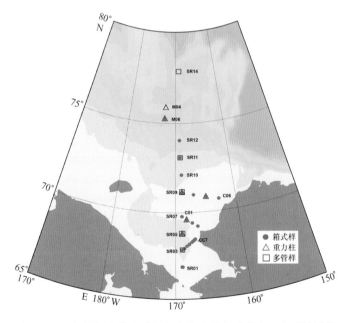

图 2-9　五北科考海洋地质考察在北冰洋太平洋扇区完成的站位

2.1.5.2 表层沉积物取样——多管取样

本次考察利用多管取样器对 10 个站位进行了表层沉积物取样作业（图 2-8 至图 2-11），

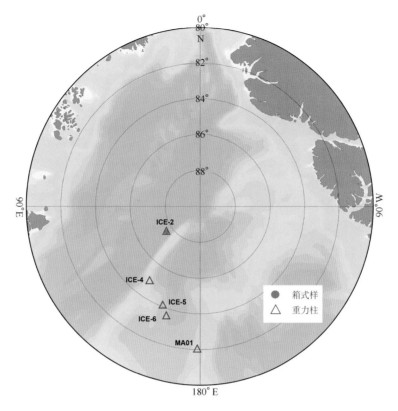

图 2-10　五北科考海洋地质考察在北冰洋高纬中心区完成的站位

每站均获得 5 管以上样品，样品厚度 15~60 cm 不等。在对样品进行现场描述、记录后，各学科组根据需求进行了现场取样，剩余的样品按照 1 cm 的间隔分样，并将每管样品装一大袋冷冻保存。

2.1.5.3　柱状沉积物取样

本次考察利用重力取样器在 33 个站位进行了柱状沉积物取样作业（图 2-8 至图 2-11），在对获得的样品进行描述、记录后，装管封存。在 30 个站位获得了无扰动连续沉积物岩心，岩心长 47~725 cm 不等，有 3 个站位因设备或海况的原因未取得样品。获得的 30 个岩心的累计长度达到 112 m，平均长度为 373 cm。本次海洋地质考察首次在北冰洋北大西洋扇区的挪威海、格陵兰海和冰岛周边海域，北冰洋中心区东部阿蒙森海盆、罗蒙诺索夫海脊、门捷列夫海脊和马卡洛夫海盆进行了柱状沉积物采样，获得的沉积物岩心长度多超过 400 cm。

2.1.5.4　悬浮体取样

本次考察累计在 31 个站位进行了表层和特定水层悬浮颗粒物取样（图 2-12），其中表层悬浮体取样完成 31 个站位，取得 31 份样品，大体积海水原位过滤取样完成 11 个站位（1 个空站），每个站位获得 2~4 层不等的悬浮颗粒物滤膜样品，过滤水样体积最多可达 300 L。过滤后将悬浮颗粒物样品滤膜均冷冻（-20℃）保存。

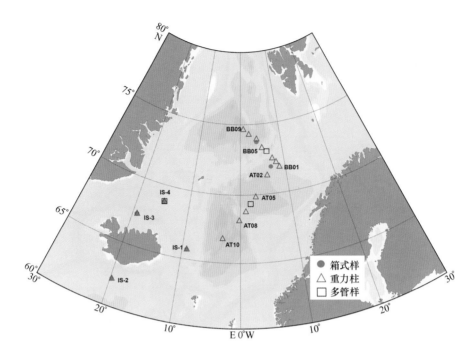

图 2-11　五北科考海洋地质考察在北冰洋北大西洋扇区完成的站位

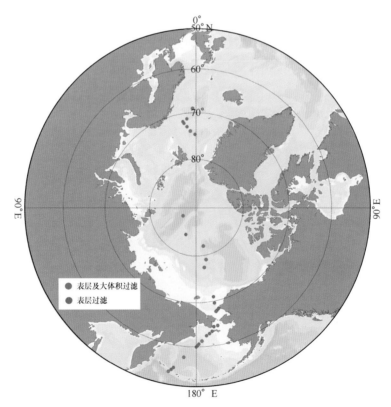

图 2-12　五北科考海洋地质考察完成的悬浮体采样站位

2.2 第六次北极科考海洋地质考察

第六次北极科学考察（简称"六北科考"）是极地专项实施以来开展的第二个北极科考航次，是以完成专项考察任务为主要目标的考察，拟对我国北极科考传统考察海域继续进行多学科综合考察，以获取长期观测资料和样品，争取在北极科学研究热点领域有所突破，显示和扩大我国在北极地区的实质性存在，意义深远。

海洋地质考察作为本次考察的重要组成部分，以"立足全面、突出重点"为原则，以"北极快速变化的沉积记录及其对全球变化的响应"为主题，在白令海、楚科奇海、楚科奇海台与北风海脊、加拿大海盆等北极和亚北极海域实施沉积物和悬浮体取样与分析测试，并结合历史资料，系统认识考察海域的沉积物分布特征和沉积作用特点，重建该地区晚第四纪古海洋、冰川（冰盖/海冰）和气候演变历史。并基于多种环境、气候替代指标的沉积记录，探讨太阳辐射、冰期气候旋回、海平面、大洋环流等关键气候要素变化对北极和亚北极海域海洋环境的影响，为更全面、更详细地了解北极/亚北极地区长期气候演变提供依据和支撑。

由于本次海洋地质考察的主要考察内容和仪器设备与五北科考相同，因此以下主要针对考察工作量及完成情况进行简要叙述。

2.2.1 考察区域

六北科考重点对我国历次北极科考的传统考察海域，即白令海和北冰洋—太平洋扇区的楚科奇海、楚科奇海台、北风海脊、加拿大海盆等，作业区海底地形复杂多样，既有平坦宽阔的白令海、楚科奇海浅水陆架区，也有地形起伏剧烈的海台、海脊和陆坡区，阿留申海盆和加拿大海盆作业海域的平均水深则都超过了 3 000 m，最大作业水深超过 3 800 m。考察海区地理位置及设计调查站位见图 2-13。

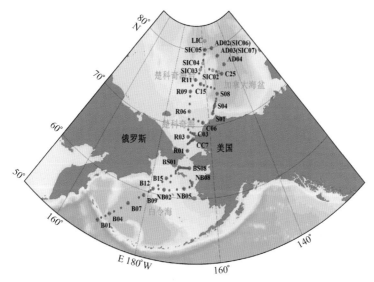

图 2-13　六北科考调查海域及调查站位分布示意图

2.2.2 考察工作量

基于六北科考物理海洋调查的站点和断面设置，并参考第四次和第五次北极科考海洋地质考察站点的作业方式，以同站位不重复同类型沉积物采样作业为原则，共在作业海域设置海洋地质考察站位 50 个，其中包括表层沉积物取样站位 40 个（包括箱式采样和 10 个多管采样），柱状沉积物取样站位 20 个；表层海水悬浮体采样站位 50 个；大体积海水过滤站位 50 个。原则上每个站位进行一次采样，在部分关键站点安排多种类型采样作业，总作业时间为 53 h。

按取样方式不同，对本次科考海洋地质考察的工作量详述如下。

2.2.2.1 表层沉积物取样

共在考察区域内设置表层沉积物取样站位 40 个，其中有 30 个站位采用箱式取样器完成，10 个站位用多管取样器完成。

箱式沉积取样站位主要位于白令海和楚科奇海陆架浅水区（100 m 水深以浅）。有 12 个站点位于白令海，18 个站点位于楚科奇海及邻近的北冰洋其他海域。

多管沉积物取样站位主要位于白令海和楚科奇海陆坡及海底高地上（水深 100 ~ 1 000 m）。有 3 个站点位于白令海，7 个站点位于楚科奇海及邻近的北冰洋其他海域。

2.2.2.2 柱状沉积物取样

共在考察区域内设置柱状沉积物取样站位 20 个，均采用重力取样器完成，主要考虑在白令海和楚科奇海陆坡区、楚科奇海台和北风脊等海底高地区和加拿大海盆等沉积序列较为连续的海域实施作业。其中有 5 个站点位于白令海，15 个站点位于楚科奇海及邻近的北冰洋其他海域。

2.2.2.3 悬浮体取样

根据五北科考的初步分析结果，可以对白令海和楚科奇陆架及北冰洋冰缘线附近的悬浮颗粒物来源和分布特征进行比较深入的分析与研究，但五北科考完成的相关实验性采样的站点分布比较分散，无法形成连续性的数据剖面。因此在六北科考悬浮体取样的站位设置方面增加了剖面采样的工作，除完成表层悬浮体采样外，每个站位均实施不同水层（最大作业水深 150 m）大体积海水过滤作业，可对海水中的悬浮颗粒进行分层原位过滤，每次可过滤海水 150 ~ 200 L。以期在悬浮颗粒物的垂向分布、物质组成及其与水体环境的关系等研究方面取得系统的调查研究成果。本次科考设置的悬浮体采样的站点数为 50 个，悬浮体取样作业可与物理海洋作业站点同时进行，占用的科考时间也非常有限。

2.2.3 考察完成情况

本次北极科考的海洋地质考察任务自 2014 年 7 月 19 日开始白令海第一个海洋地质考察站点取样作业，至 8 月 31 日在加拿大海盆完成最后一个站位的综合考察，共历时 44 d，累计在白令海、楚科奇海、楚科奇海台与北风海脊、加拿大海盆等重点海域的 12 条考察断面上完成64个站点的沉积物采样工作（表2-2），其中包括表层沉积物采样60站（两个空站），柱状沉积物采样23站（两个空站）。悬浮体采样作业累计完成70个站位的表层海水悬浮颗粒物采样，利用大体积海水原位过滤设备完成50个站点海水悬浮颗粒物分层采样。

表2-2　六北科考海洋地质考察作业情况统计

考察内容	作业方式（完成站位数）		作业海区	完成站位数/个
地质采样 （64站）	表层沉积物采样 （60站）	箱式采样 （46站）	白令海	18（2个空站）
			楚科奇海陆架	20
			楚科奇海台与北风海脊	6
			加拿大海盆	2
		多管采样 （14站）	白令海	3
			楚科奇海陆架	6
			楚科奇海台与北风海脊	5
			加拿大海盆	—
	柱状沉积物采样 （23站）		白令海	4（2个空站）
			楚科奇海陆架	1
			楚科奇海台与北风岭	9
			加拿大海盆	9
悬浮体采样 （70站）	表层悬浮体采样 （70站）		白令海	33
			楚科奇海陆架	21
			楚科奇海台与北风海脊	11
			加拿大海盆	5
	大体积海水原位过滤 （50站）		白令海	22
			楚科奇海陆架	13
			楚科奇海台与北风海脊	4
			加拿大海盆	11

对完成的考察站位和工作量按取样方式分述如下。

2.2.3.1 表层沉积物取样-箱式取样

本次考察利用箱式取样器对46个站位进行了表层沉积物取样作业（图2-14和图2-15），有44个站位获得样品，两个站位因底质坚硬或海况太差未取得样品。在对样品进行现场描述、纪录后，各学科组根据需求进行了现场取样，还针对取得的一些厚度较大的箱式样品进行插管取样，并将插管样品封存。

2.2.3.2 表层沉积物取样-多管取样

本次考察利用多管取样器对14个站位进行了沉积物取样作业（图2-14和图2-15），每站位均获得5管以上样品，样品厚度15~60 cm不等。在对样品进行现场描述、记录后，各学科组根据需求进行了现场取样，剩余的样品按照1 cm的间隔分样，累计分取了2 800多个子样，最后将每管样品装一大袋冷冻保存。

2.2.3.3　柱状沉积物取样

本次考察利用重力取样器在 23 个站位进行了柱状沉积物取样作业（图 2-14 和图 2-15），在对获得的样品进行描述、记录后，装管封存。在 21 个站位获得了无扰动连续沉积物岩心，岩心长 75~615 cm 不等，有两个站位因设备或海况的原因未取得样品。获得的 21 个岩心的累计长度达到 75 m，平均长度为 356 cm。

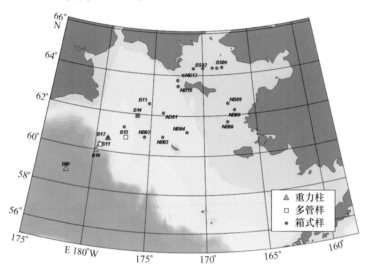

图 2-14　六北科考海洋地质考察在白令海完成的调查站位分布

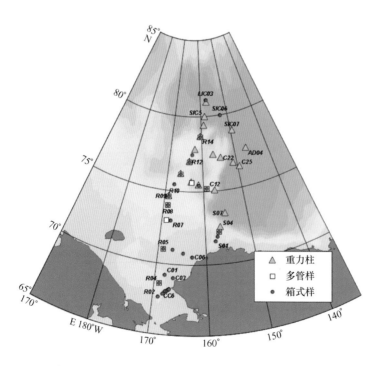

图 2-15　六北科考海洋地质考察在西北冰洋完成的调查站位分布

2.2.3.4 悬浮体取样

本次考察累计在70个站位进行了表层和特定水层悬浮颗粒物取样（图2-16和图2-17），其中表层悬浮体取样完成70个站位，取得70份样品，大体积海水原位过滤取样完成50个站位（图2-18和图2-19），每个站位获得2~5层不等的悬浮颗粒物滤膜样品，过滤水样体积最多达200 L。过滤后将悬浮颗粒物样品滤膜均冷冻（-20℃）保存。

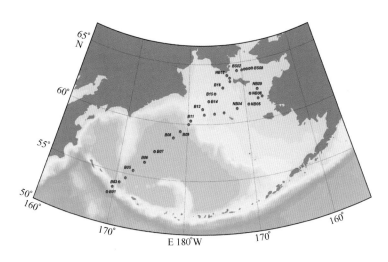

图 2-16 白令海表层海水悬浮体采样站位分布

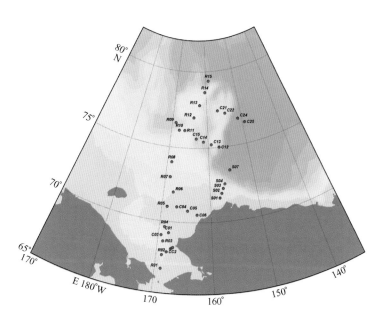

图 2-17 北冰洋太平洋扇区表层海水悬浮体采样站位分布

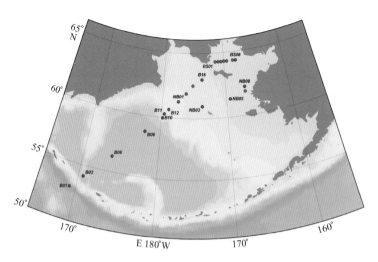

图2-18 白令海大体积海水原位过滤采样站位分布

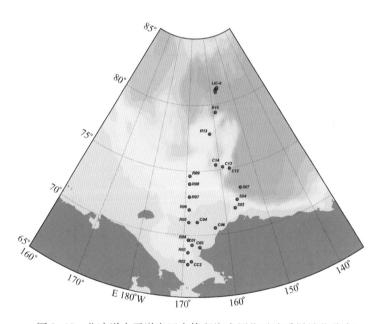

图2-19 北冰洋太平洋扇区大体积海水原位过滤采样站位分布

2.3 我国的北冰洋海洋地质研究概况

我国北冰洋的海洋地质学研究较环北极国家起步晚，但近10年来有了长足的进步。这主要归功于我国极地科考船"雪龙"号先后6次进入北冰洋，钻取了大量的沉积物样品和获得了相关资料，为我国北冰洋的海洋地质学研究提供了样品基础。研究时间尺度包括从季节性的水柱和海洋表层的悬浮体与颗粒物，到近现代的表层沉积物，乃至晚第四纪沉积物。其研究方法涉及沉积学、矿物学、同位素地球化学、有机与无机地球化学、古地磁与环境磁学、微体古生物学等，并与海洋学、环境科学、生态学等学科交叉。研究工作主要围绕楚科奇海水体中的悬浮体物质组成及其有机质来源，白令海和北冰洋西部表层沉积物特征及其沉积环境指示意义，白令海和北冰洋古海洋与古气候变化等内容开展研究，追踪北极海域过去与近代的环境变化，取得了一些重要的成果，对进一步认识北极在全球气候变化中的作用具有重要的参考价值。

楚科奇海域表层海水和水柱中采集的颗粒物研究结果显示，悬浮颗粒物含量具有陆架高于陆坡，冰区边缘高于开放海水区的特点。陆架区颗粒物中有机质含量高，藻类微细结构保存完好，具有原位保存的特点；陆坡区和北冰洋中心区有机质相对含量低，碎屑矿物、黏土矿物和生物碎片含量高，具有海冰搬运的特征。表层颗粒物有机质来源具有海陆混源特征，陆架区以海洋浮游生物为主，含有部分陆源有机质；陆坡区与北冰洋高纬度海域则以陆源有机质为主（于晓果等，2014）。楚科奇海水柱中悬浮体含量在其南部和中北部中下层海水中含量最高，阿拉斯加沿岸和巴罗峡谷中下层海水中含量次之。楚科奇海南部和中北部的悬浮体颗粒以硅藻为主。楚科奇海南部以硅藻为主的悬浮体，受经白令海峡西侧流入的、富营养盐的阿纳德尔流的影响；而楚科奇海中北部以硅藻为主的悬浮体，受冬季流入楚科奇海的太平洋残留海水的影响。阿拉斯加沿岸和巴罗峡谷中的悬浮体，则受低营养的阿拉斯加沿岸流和阿拉斯加入海河流输入的陆源悬浮颗粒物的影响（汪卫国等，2014）。

针对白令海近现代沉积特征及其古环境意义有了较为深入的认识：白令海表层沉积物以硅质生物沉积为主，而钙质生物沉积相对缺乏，且生物微体化石的丰度和分布主要与底质类型、水深、温盐、海冰分布、表层初级生产力以及碳酸盐溶解作用等环境因素有关（陈荣华等，2001；孟翊等，2001）；对硅质生物沉积的深入研究表明，其主要由硅藻、放射虫和海绵骨针组成，硅藻占绝对优势，且其种群组合及其空间分布特征是研究晚第四纪以来白令海冰进退的有效替代指标（王汝建和陈荣华，2004；冉莉华等，2012；邵丽霞等，2012；黄元辉等，2012），放射虫动物群的属种组合及其空间分布特征则是研究表层生产力、水团演化的有效工具（王汝建等，2005；Wang et al.，2006；王汝建等，2011）；白令海表层沉积物中生源组分具有显著的区域特征，主要受控于表层初级生产力以及碳酸钙溶解作用等因素，沉积物中有机碳、蛋白石等组分的变化为研究"白令海绿带"的演化历史提供可靠的依据（张海峰等，2011）；白令海表层沉积物中的生物标志物为陆源输入和海洋自生两种来源，利用生物标志物分析方法，可以开展表层海水古温度（SST）恢复、初级生产力的演化以及陆源有机质输入的重建等研究工作（卢冰等，2001，2002，2004a，2004b；张海生等，2007；王寿刚等，2013）。

北冰洋近现代生源沉积组分和生物标记物的研究表明，各指标和环境参数有很好的对应关系，受到海冰、洋流、埋藏效率的综合影响，显示出陆架季节海冰区的高生产力和高纬深海永久海冰区的低生产力（王汝建等，2007；孙烨忱等，2011）。沉积有机质来源复杂，在陆架区主要来自海源生产力，而在深海区陆源比重大大增加（卢冰等，2005a；陈志华等，2006；张海生等，2007；李宏亮等，2008；王寿刚等，2013）。钙质和硅质微体生物属种的空间分布模式（王汝建和陈荣华，2004；王汝建等，2005；Wang et al.，2006；王汝建等，2011；冉莉华等，2012；邵丽霞等，2012；黄元辉等，2012；Ran et al.，2013；司贺园等，2013）以及浮游有孔虫的氧碳同位素组成（Ding et al.，2014；肖文申等，2006；Xiao et al.，2014）与海冰、营养盐等环境参数有很好的对应关系。基于近现代生源沉积作用和古环境意义研究，验证了这些指标的环境意义，为北冰洋地质记录的研究提供了参考依据。

北冰洋沉积物中的陆源物质组成是查明北冰洋现代沉积环境的一个非常有价值的指标。

在楚科奇海陆架区，沉积物主要来源于阿拉斯加的岩石风化产物，育空河及卡斯科奎姆河的入海物质以及东西伯利亚海沿岸主要河流的入海物质，其分布主要受来自太平洋的水流结构和西伯利亚沿岸流所控制（高爱国等，2003；霍文冕等，2003；陈志华等，2004；邱中炎等，2007；张德玉等，2008；王昆山等，2014）；而在北冰洋西部深水区，沉积物则主要来源于加拿大麦肯锡河的入海物质，海冰搬运的西伯利亚陆架和加拿大北极群岛周缘海域的沉积物以及由北冰洋欧亚海盆扩散而来的细粒物质，其分布主要受北冰洋的穿极漂流，来自大西洋的水流结构以及波弗特环流等所控制（陈志华等，2011；董林森等，2014a，2014b）。

北冰洋的古海洋与古气候研究表明，在北冰洋可以使用沉积物的颜色旋回、锰和钙元素的相对含量、浮游和底栖有孔虫丰度、冰筏碎屑（IRD）含量等参数建立沉积物的地层年代框架（王汝建等，2009a；刘伟男等，2012；梅静等，2012；Wang et al.，2013；章陶亮等，2014）。北冰洋地区晚第四纪以来发生了多次冰筏碎屑事件，并且这些冰筏碎屑有着不同的来源（王汝建等，2009a；刘伟男等，2012；梅静等，2012；Wang et al.，2013；章陶亮等，2014）；浮游有孔虫的氧碳同位素指示了古水团的变化（王汝建等，2009b；Wang et al.，2013；章陶亮等，2014）；有机碳、生物硅、碳酸钙等生源参数反应了水体中生物生产力的高低（王汝建和肖文申，2009；Wang et al.，2013）。北冰洋中心地区和沿岸地区沉积速率的明显差异主要受到洋流、海冰覆盖、生物生产力以及陆源物质输入量的控制（梅静等，2012）。

我国科学家还在白令海地区开展了较为深入的古海洋与古气候变化研究工作。在利用不同测年手段建立的年龄框架基础上，对白令海北部陆坡区的两个站位开展了微体古生物学、生物地球化学、有机地球化学、元素地球化学、古地磁学和岩石磁学等系统的研究工作，获得了不同时间分辨率和时间尺度上白令海北部陆坡区上层海洋环境演化、表层初级生产力变化、浮游植物群落结构演变（卢冰等，2004，2005b；张海生等，2007；邹建军等，2012；张海峰等，2014）、海冰扩张历史以及沉积环境演变、陆源物质输入及其源区植被结构和气候环境演化等资料（李霞等，2004；Wang and Chen，2005；王汝建等，2005；王汝建等，2011；黄元辉等，2013），还讨论了利用该区沉积物的古地磁学和岩石磁学特征变化建立年龄框架的可行性和可靠性（葛淑兰等，2013）；对白令海盆（阿留申海盆）中的一个站位开展了较高分辨率的微体古生物学、生物地球化学、元素地球化学、沉积地球化学等研究，探讨了白令海盆末次冰盛期结束以来（16.3 ka BP）的多次气候变化事件、海冰演化和陆地冰川演化历史、陆源碎屑输入及其来源以及白令海常见的异常沉积类型及其成因等科学问题（陈志华等，2014；王磊等，2014；黄元辉等，2014）。这些研究成果为进一步深入开展白令海晚第四纪以来的古海洋与古气候学研究打下了基础，对进一步提高我国极地古海洋学的研究水平具有重要意义。

第 3 章 研究材料与方法

专题实施 4 年多来，专题组各承担单位发挥各自的学科优势，主要基于我国历次北极科考取得的悬浮体和海底沉积物样品开展工作，利用沉积物粒度、矿物、微体古生物、有机地球化学等多种环境替代指标，在白令海、楚科奇海、楚科奇海台、门捷列夫海脊、罗蒙诺索夫海脊、加拿大海盆和挪威海、格陵兰海开展了沉积特征和古环境演化历史研究，为系统认识我国北极科考重点海域的底质特征、分布规律及沉积作用特点，重建该地区晚第四纪古海洋、冰川（冰盖/海冰）和气候演变历史，讨论北极气候变化与我国气候变化之间的联系提供了科学数据。

编制本报告时我们考虑了两个结合，第一是空间与时间相结合，要求报告既有海洋悬浮体和沉积物各类要素的数据全面展示和空间分布特征描述，也有现代和地质历史时期环境变迁研究。第二点为区域和综合对比研究相结合，在白令海、楚科奇海、楚科奇海台、加拿大海盆、门捷列夫海脊、罗蒙诺索夫海脊、北欧海等特征区域沉积记录重建的基础上，开展不同海域沉积记录的综合对比分析与研究。

以下将主要针对本报告中涉及的研究材料（样品）和方法进行简要叙述。

3.1 研究材料

3.1.1 表层沉积物分析

本次表层沉积物分布特征研究所用的材料/样品来源于中国第二次、第三次、第四次和第五次北极科学考察在北冰洋、白令海、楚科奇海等海区以及俄罗斯科学院远东分院太平洋海洋研究所提供的北冰洋楚科奇海的表层沉积物样品，共计 202 个站位（图 3-1）。这些表层沉积物样品采集区域广泛，涉及白令海、楚科奇海、楚科奇海台、阿尔法海脊、加拿大海盆和马卡洛夫海盆等北极关键海域，样品的水深从 19 m 的陆架区到 4 000 m 的深海盆地不等，经纬度范围为 53°—88°N、123°E—180°—144°W，涵盖了白令海和楚科奇海等海区表层水到深层水的广泛深度。

专题组还对以往北极科考海洋地质考察获得的 25 个多管沉积物样品进行了沉积速率测试、粒度组成和有机碳氮含量分析。

应该说明的是，由于有些沉积物要素的分析测试并未选择图 3-1 所示的全部表层沉积物样品，因此第 4 章中某些要素分布所涉及的表层沉积物站位数量可能与图 3-1 不同，详见第 4 章各节。多管沉积物样品也是如此。

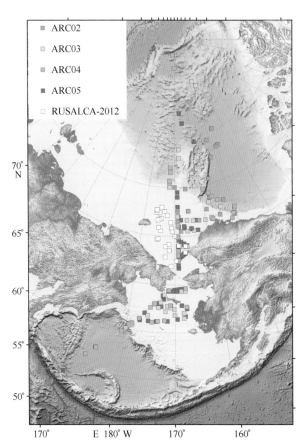

图 3-1 表层沉积物分布特征研究所涉及的样品站位
注：ARC02-ARC05 表示第二次至第五次北极科学考察；
RUSALCA-2012 表示俄罗斯提供的样品

3.1.2 柱状沉积物分析

专题实施期间，各承担单位累计对以往历次北极科考获得的 49 个沉积物岩心进行了包括粒度、地球化学、黏土矿物、有孔虫丰度、有孔虫氧碳同位素、AMS^{14}C 测年、环境磁学、冰筏碎屑含量等指标在内的综合分析测试。由于数据资料众多，有大量的数据尚未进行细致分析和讨论，本报告中仅对部分典型的沉积记录进行了分析和研究，详见第 5 章至第 8 章。

3.1.3 悬浮颗粒物分析

对第四次、第五次和第六次北极科学考察获得的 113 站表层悬浮体样品进行了含量、颗粒物有机碳、氮含量及其同位素组成等分析。分析研究成果详见第 9 章。

3.2 主要研究方法

本节主要针对沉积物和悬浮体样品实验室分析内容进行详细阐述。对所有样品的实验测试分析多按照《规程》的相关规定进行，对《规程》中未涉及的要素，其分析方法多采用业界认可的方法。沉积物和悬浮体要素的分析方法与数据处理方法详述如下。

3.2.1 沉积物样品分析

3.2.1.1 颜色反射率分析

在沉积物柱状样剖开之后，使用 Minolta CM2002 光谱测色计测量沉积物表面的反射光谱数据，获得参数 L^*，a^*，b^*。数据采集点间距为 1 cm，测量的区域为一个直径约 8 mm 的圆，测得的沉积物颜色数据是该圆形测区内沉积物颜色的平均值。每个颜色数据由 L^*，a^*，和 b^* 3 个参数构成，其中 L^* 代表沉积物的亮度，L^* 为 0 表示颜色最黑，L^* 为 100 表示颜色最白；a^*，b^* 为色度坐标，其值的正负变化分别表示红、绿和黄、蓝颜色的变化。

3.2.1.2 X 射线荧光（XRF）无损扫描测量

柱状样剖分以后，将其中一份切面整平，利用 X 射线荧光岩心扫描仪（瑞典产 Itrax 和荷兰产 Avvatech）高分辨率地分析沉积物中主要化学元素含量，扫描间距从 0.2~1 cm 不等。元素含量以计数强度表示（cps），重复分析偏差小于 3%。

3.2.1.3 古地磁测试

对用于古地磁分析的 U 型槽样品使用 2G760 型超导磁力仪测量。U 型槽样品在测量天然剩磁后均在交变磁场下从 5~80 mT 退磁，退磁间隔在 50 mT 以前为 5 mT，在 50 mT 后为 10 mT，利用超导磁力仪测量每一步退磁后样品的剩磁。再利用主向量分析法计算特征剩磁的磁倾角、偏角，并得到最大偏离角度值（MAD）。

另外，还用立方体无磁性塑料小盒每隔 2 cm 扣取一个样品，岩心向下的方向与盒底的箭头方向一致。样品首先在 Kappabridge3s 磁化率仪上测量磁化率各向异性（AMS），然后采用交变退磁方法在 2G 超导磁力仪上进行逐步退磁和剩磁测量，测量的步长在 50 mT 之前是 5 mT，在 50~80/100 mT 之间是 10 mT。随后样品在 80 mT/0.05 mT 的交变场和直流场下获得非磁滞剩磁，并且在与原始剩磁相同的步骤下逐步退磁。S 比值的测量步骤是先分别加 0.1 T 和 0.3 T 的直流场，测量剩磁，最后加相同方向 1T 的饱和强场。因为整个立方体样品饱和剩磁超过超导磁力仪测量上限 $2\times10^{-4}\,Am^2$，所以饱和等温剩磁是采用少量散样获得，然后根据散样和整个样品的质量比值校正为整个样品的饱和剩磁。我们认为 1T 的强场使定向样品和散样均达到饱和，所以其剩磁大小仅与样品的质量有关，而与样品扰动与否无关。S 比值的计算公式 $S_{0.1T}=IRM_{0.1T}/SIRM_{1T}$，$S_{0.3T}=IRM_{0.3T}/SIRM_{1T}$。少量粉末样品自然风干后磨细，在 Kappabridge3s 磁化率仪上测量自室温到 700℃ 加热和冷却过程中磁化率变化。

地磁场相对强度采取的是常规归一方法和假-Thellier 方法。3 个归一参数包括磁化率、非磁滞剩磁和饱和等温剩磁等。假-Thellier 方法是用 NRM 和 ARM 在某矫顽力段内的线性退磁斜率代表地磁场强度。

3.2.1.4 环境磁学分析

用于环境磁学分析的样品，在 40 ℃下烘干后，用玛瑙研钵使样品分散开，称取约 7~10

g 的干样（精确到 0.001g）装入 8 cm³ 无磁性塑料盒（容积为 4.74 cm³）后，用 MFK1-FA 卡帕桥磁化率仪进行磁化率测量。样品分别在 976 Hz 和 15 616 Hz 频率下各测量 3 次，取平均值作为每个样品的低频和高频体积磁化率（k_{lf} 和 k_{hf}），然后用质量归一获得低频和高频质量磁化率（χ_{lf} 和 χ_{hf}）。频率磁化率的计算公式如下：

$$\chi_{fd}\% = 100\ (\chi_{lf} - \chi_{hf})\ /\chi_{lf}\ (\%)$$

饱和等温剩磁（SIRM）分析是将完成磁化率分析的样品，利用 ASC IM10-30 脉冲磁力仪在 1T 和反向 100 mT 的磁场作用下对样品进行磁化，并利用 Agico JR-6A 旋转磁力仪测量剩磁。将 1T 磁场作用下的剩磁作为饱和等温剩磁，反向 100 mT 磁场作用下的剩磁记作"IRM_{-100mT}"。HIRM（hard isothermal remanent magnetization）由 $[IRM_{-100mT} + SIRM]/2$ 计算得出。

3.2.1.5 年代学分析

对有孔虫含量比较丰富的样品，挑出壳径大小 150~250 μm 的浮游有孔虫个体（主要为 *Neogloboquadrina pachyderma*（sin.），简称 Nps）10~12 mg 进行 AMS ^{14}C 测年分析。测年工作多在美国加州大学地球系统科学系，UC Irvine 实验室、伍兹霍尔海洋研究所（WHOI），丹麦奥胡斯大学以及 BETA 实验室完成。

对有孔虫含量低或不含有孔虫的样品，则选择其他软体生物壳体进行测年分析，或采用全岩有机碳测年方法获得地层的年龄。

对一些区域，比如北极北大西洋扇区，若有较为可靠的火山灰地层学数据，也采用地层对比的方法获得沉积层年代。

3.2.1.6 粒度分析

根据样品颗粒粗细称取 0.1~0.5 g 样品，用过量的 30% H_2O_2 去除有机质，用过量的 10% 盐酸，在 85 ℃ 水浴中加热 1 h 溶解生物碳酸盐和自生铁的氧化物、氢氧化物，再加入过量的 1 mol/L Na_2CO_3 并在 85 ℃ 水浴锅中加热 4 h 去除生物硅，将样品用去离子水清洗至中性后，加入适量分散剂六偏磷酸钠，经超声振荡使样品分散，最后使用 Mastersizer2000 型激光粒度仪（测量范围为 0.02~2 000 μm）测试粒度组成，利用矩法计算样品的平均粒径。对同一样品平均粒径的重复性测试偏差不大于 2%。

3.2.1.7 冰筏碎屑（IRD）含量、有孔虫及介形虫丰度

IRD 含量测定及浮游和底栖有孔虫丰度统计：使用冷冻干燥仪将湿样冻干，再取 10 g 左右干样经过冷水泡开，使用孔径为 63 μm 的筛子冲洗，收集筛子里的屑样，自然挥发水分后称重。再将大于 63 μm 的屑样依次用 150 μm 和 250 μm 筛子干筛，然后称重，由此分别得到大于 63 μm，大于 150 μm 和大于 250 μm 的 IRD 含量。在极地，冲样后的屑样中冰筏碎屑含量很高，有孔虫等生源组分相对较少，因此极地研究中用粗组分含量指示 IRD 含量。在显微镜下鉴定并统计浮游和底栖有孔虫个体数量，然后计算其丰度。在大于 150 um 的粗组分中统计介形虫丰度。

3.2.1.8 碎屑矿物分析

取沉积物原样 40~100 g，烘干后称重，得到沉积物干样重量。然后放烧杯中用清水浸

泡，经充分搅拌使碎屑矿物与黏土组分分离，筛取 0.063~0.125 mm 粒级的细砂组分称重并烘干，加三溴甲烷重液分离（重液比重为 2.89）。分离后分别称重，得到轻、重矿物重量，称重精度为 0.001 g。重矿物的鉴定研究工作采用实体显微镜观察和偏光显微镜油浸法结合来进行定性和定量分析，每站样品鉴定矿物颗粒数在 300 粒以上，对矿物特征如颜色、形态、条痕、铁染程度、蚀变程度、颗粒相对大小、光学性质等进行了描述和鉴定。

3.2.1.9 黏土矿物

提取小于 2 μm 组分，用 10% 的 H_2O_2 去除有机质，用 1 mol/L 的 HCl 去除 $CaCO_3$，对于小于 2 μm 组分采用"涂抹法"制成黏土定向片，供 X 射线衍射分析用，剩余部分置于 50℃ 温度下烘干，以供其他分析用。

黏土矿物定性分析主要采用 X 射线衍射法在同一个定向片上进行，对该定向片分别进行自然风干、乙二醇蒸气饱和、加热 300℃ 和 550℃ 等处理，对各黏土矿物的鉴定主要以其（001）衍射峰的特征为依据。分析所用仪器为 X'Pert PRO X 射线衍射仪，采用 Cu 靶辐射，管电压为 45 kV，管电流为 40 mA，扫描范围为 3°~35°（2θ），扫描速度为 1.8 °/min，每个样品的分析测试均在上述同一条件下进行。衍射数据和图件整理均用 MDI Jade 6.0 软件进行处理。

关于各黏土矿物的相对百分含量，主要是依据其（001）峰的积分强度（峰面积），同样按照《规程》规定计算。即选用乙二醇饱和片图谱上蒙脱石（17Å）、伊利石（10Å）、绿泥石（7Å）+高岭石（7Å）4 种矿物的 3 个特征衍射峰的峰面积作为基础数据进行计算。MDI Jade 6.0 软件计算过程中权因子确定：蒙皂石重量因子为 1，伊利石重量因子为 4，绿泥石+高岭石重量因子为 2。高岭石与绿泥石的含量比例以 25 ℃（2θ）左右 3.5Å 附近的衍射峰高比值求得。

3.2.1.10 全岩 X 射线衍射（XRD）分析

将样品在 40℃ 的烘箱中烘干，用研磨机将沉积物研磨成小于 200 目的粉末。矿物成分鉴定所使用的仪器为日本理学生产的 D/max-2500 型转靶 X 射线衍射仪，样品测试前仪器通过校正，保证正常运转，仪器的衍射强度稳定度误差小于 0.5%，衍射角测量的准确度小于 0.04。采用 Cu 靶辐射，工作电压 40 kV，工作电流 100 mA，扫描范围为 3°~65°（2θ），扫描速率为 2°/min，所有样品的测试条件相同。由于每种矿物出现衍射峰的角度不同，因此可由衍射峰的位置来鉴定沉积物的矿物组成。衍射峰的强度大致可以判断矿物含量的多少，但无法计算矿物的绝对含量，分析误差小于 5%。X 射线衍射图形因仪器本身的影响可能产生位移，2θ 值稍有变化，范围在 ±0.1° 左右。

3.2.1.11 元素地球化学分析

将样品在 40℃ 的烘箱中烘干，取 5 g 干样研磨至 200 目以下，用 HF+HNO_3 混合酸消解，利用电感耦合等离子光谱仪（ICP-OES）分析主量元素绝对含量，分析误差小于 5%。

3.2.1.12 有机碳、氮含量及其同位素组成和 $CaCO_3$ 含量分析

有机碳（TOC）含量分析：先将样品冷冻干燥，磨碎后称取约 0.15 g 加入稀盐酸除去碳

酸盐。反应结束后反复多次加入去离子水清洗、离心、倾倒上层清液至 pH 值呈中性。冷冻干燥后用 $1×10^{-6}$ 天平称取约 10 mg 样品，并用锡杯包好，放在 Vario EL Cube CN 系列有机元素分析仪上进行测试。分析误差小于 0.2%。仪器同时可以测得沉积物中有机氮（TN）的含量。

有机碳、氮同位素组成的分析方法为：元素分析仪经 Conflo III 与 Delta Plus AD 同位素质谱分析仪连接，在线进行样品分析。分别用 USGS-24、GBW4408 和 IAEA-N1 标准物质对实验室钢瓶 CO_2 和 N_2 气进行标定。碳同位素以 PDB 国际标准为参考标准。选取 20% 的分析样品进行平行样分析，平行样分析误差 $\delta^{13}C$ 和 $\delta^{15}N$ 分别小于 0.2‰ 和小于 0.3‰。对于异常数据点，则采取了加做平行样品分析的方法，以确认分析数据的可靠性。

碳酸钙含量测定：利用二氧化碳真空气压泵，取 0.1 g 左右干样磨碎，利用定量稀盐酸和定量样品进行反应，通过测量反应生成的二氧化碳气体体积，经公式换算得出碳酸盐的百分含量。

3.2.1.13　稀土元素分析

稀土及微量元素的绝对含量利用电感耦合等离子质谱仪（ICP-MS）分析，标准物质类型及加标间隔与主量元素分析相同，分析误差小于 8%。

3.2.1.14　生物标志物

采集后的样品经提取和分离后先进行有机质定性和定量分析，所提取和分析的生物标志物主要包括：长链正构烷烃类、长链正构醇类、烯酮类和甾醇类。有机质提取和分离的方法为：将样品冷冻干燥，充分研磨后称取 2~4 g 装入 10 mL 的 TFL 管中，加入甲醇：二氯甲烷（$V:V=1:3$）混合溶液萃取有机质；重复萃取 4~5 次；将上层萃取液收集到玻璃瓶中，用氮吹仪吹干后加入含 6% KOH 的甲醇溶液进行碱水解；室温下放置约 12 h 后用正己烷萃取 4~5 次，收集到的上层萃取清液经氮吹浓缩后进行硅胶柱层析分离；用正己烷淋洗收集烷烃组分，再用二氯甲烷（内加 5% 甲醇）淋洗收集醇类、烯酮组分，分别经吹干、浓缩后转移至细胞瓶中；烷烃组分定量加入 30 μL 异辛烷后直接用气相色谱分析，醇类、烯酮组分则需进行衍生化反应（加入 BSTFA）后再进行气相色谱分析。

气相色谱分析采用 Finnigan Trace GC Ultra 气相色谱仪测试，色谱条件：HP-1J 色谱柱，柱长 60 m，内径 0.32 μm，涂层 0.17 μm。FID 检测器温度 280℃，进样口温度：280℃。分五段升温程序，采用无分馏进样，载气为 He，流速 1.0 mL/min。生物标志物的定性主要采用内标和目标峰的位置（保留时间）来定性，定量采用 n-C24D50，n-C19H39OH 内标法，通过目标峰值与内标峰值来计算。利用内标物质进行检验，该方法回收率大于 85%，四次平行实验结果的标准偏差小于 1%。

对于类脂类生物标志化合物分析采用如下方法进行：样品冷冻干燥后，粉碎至 60 目过筛，取 5~15 g 样品用加速溶剂萃取仪（ASE 100；Dionex，USA）进行萃取，萃取液为 DCM:MeOH（9:1，V/V）的混合试剂，萃取池温度为 100℃，氮气加压至 $1.0×10^6$ Pa，每次萃取 15~20 min，循环 3 次。萃取液旋转蒸发浓缩，氮气吹干。硅胶层析柱分离，以正己烷和甲醇进行洗脱，分别获得烷烃组分和极性组分，极性组分过 0.45 μm 的 PTFE 滤膜，氮气吹干后，待测。待测样品重新溶解在 300 μL 正己烷/异丙醇（99:1，V/V）混合溶剂中，并加入 10 μL 的 C_{46} GDGT 作为内标（浓度为 0.001 157 μg/μL）。LC-MS 仪器型号为 Agilent 1200 HPLC，6460A 三重四级杆质谱仪，配备有大气压化学电离源（APCI）与电喷雾源（ESI）两种离子源、Agilent 液质工作站、自动进样器、二元高压泵、脱气机、恒温箱。色谱柱为 Alltech Prevail 氰基柱（150 mm×2.1 mm，3 μm）。洗脱程序根据 Schouten 等（2004）的方法，并做略微改动。

3.2.1.15 ^{210}Pb 和 ^{137}Cs 测试

多管沉积物样品的 ^{210}Pb 测年分析主要采用 EG & G Ortec 公司生产高纯锗低本底 γ 谱分析测定系统和八路 alpha 谱仪（Canbera 7200-08）完成。^{137}Cs 和 ^{226}Ra 标准样品由中国原子能科学研究院提供，^{210}Pb 标准样品由英国利物浦大学做比对标准，测试误差小于 10%。实验分析测试工作主要在中国科学院南京地理与湖泊研究所湖泊沉积与环境重点实验室、国家海洋局第三海洋研究所和台湾中央研究院完成。

样品前处理步骤如下：取 10 g 左右的干沉积物研磨，过 100 目孔筛去除植物根茎，然后装入样品管中密封，放置 20 d。然后使用高纯锗井型探头（GWL-120-15N）进行放射性同位素测量。每个样品测量时间一般为 1~3 d，以 46.5 keV（^{210}Pb）能量处的峰面积计算总 ^{210}Pb 比活度，以 295.6 keV（^{214}Pb，^{226}Ra 的子体）能量处的峰面积计算本底 ^{210}Pb 比活度，其差值即为过剩 ^{210}Pb 的比活度。

利用沉积物 ^{210}Pb 放射性活度的变化计算年代一般有两种简单的模式，即 CRS（Constant rate of ^{210}Pb supply）和 CIC（Constant initial ^{210}Pb concentration）模式。其中 CRS 模式适用于湖泊沉积速率不均一、$^{210}Pb_{ex}$ 输入通量保持恒定的情况，而 CIC 模式则假设进入到沉积物中不同深度处的 $^{210}Pb_{ex}$ 的初始活度是恒定的，与沉积速率的变化无关，这种情况下，任何深度的 $^{210}Pb_{ex}$ 都遵循指数衰减规律而变化。模式的选取依据测量结果选取。

3.2.1.16 有孔虫氧和碳同位素

浮游有孔虫 Nps 稳定氧和碳同位素测定：在显微镜下挑出浮游有孔虫 Nps 壳径大小 150~250 μm 的完整个体 20 枚左右，用 Finnigan MAT252 型稳定同位素质谱仪测试 Nps-$\delta^{18}O$ 和 $-\delta^{13}C$ 的值。

3.2.1.17 孢粉分析

在低温烘干后的样品中先加入 15 % 的 HCl 去碳酸盐，再加入 40% 的氢氟酸去硅酸盐。清洗干净后的样品用相对密度为 2.2 的重液进行至少两遍的离心分离，分离后烘干称重，制成活动片和固定片，镜下鉴定 200 粒以上。

3.2.1.18 硅藻分析

硅藻样品的处理根据 Håkansson 的方法进行，所有样品用 10% HCl 去除钙质和 30% H_2O_2（在恒温 60℃下水浴 1~2 h）去除沉积物中的有机质。每次化学反应后，都要加入蒸馏水洗净并离心去除化学试剂。最后用 Naphrax 胶制片，并在 1 000 倍莱卡光学显微镜下进行属种鉴定。每个样品都统计 300 个以上的硅藻壳体（不包括 *Chaetoceros* 休眠孢子）。

3.2.2 悬浮体样品分析

3.2.2.1 悬浮颗粒物含量

分别选用直径 47 mm 和直径为 142 mm，孔径为 0.7 μm 的 Whatman® 玻璃纤维滤膜（GFF），以及孔径为 0.45 μm Millipore 醋酸纤维滤膜。GFF 膜称量前置于马弗炉中 450℃灼烧 4 h，以去除有机质。

采用 PALL 过滤器，以抽滤的方式现场富集水体中的颗粒物质，过滤海水量一般为 4 L。去离子水淋滤 3 次，每次 20 mL，以去除盐分。使用孔径为 0.45 μm Millipore 醋酸纤维滤膜和孔径为 0.7 μm 的 GFF 膜分别过滤。

滤膜（悬浮颗粒物样品）称量前冷冻干燥。分别采用梅特勒 X5 和 AG285 电子天平称量直径 47 mm 和直径 142 mm 的滤膜（过滤前和过滤后），称量天平精度 0.01 mg。

悬浮颗粒物含量计算依据以下公式计算：

$$SPM = \frac{W_g - W_空 - \Delta W}{V}$$

式中：

SPM——悬浮颗粒物含量，单位为毫克每升（mg/L）；

W_g——带样品滤膜的质量，单位为毫克（mg）；

$W_空$——水样滤膜质量，单位为毫克（mg）：

ΔW——空白校正滤膜校正值，单位为毫克（mg）；

V——过滤海水的体积，单位为升（L）；

3.2.2.2 有机碳、氮含量及其同位素分析

样品前处理：称量后的滤膜（GFF），用分析纯浓度为 36.5% HCl，在玻璃质密闭容器中熏蒸 24 h 后，去离子水淋滤至中性，以去除其中的无机碳酸盐。将处理后的滤膜移至干净的培养皿中，冷冻干燥后待测。

有机碳、氮含量及其同位素分析方法同沉积物。

3.2.2.3 扫描电镜与能谱分析

扫描电镜为 ZEISS ULTRA 55 型，配备 OXFORD X-MAX 20 能谱仪；激发电压 15 kV，Pt 镀膜。

第4章 白令海与西北冰洋表层沉积物分布特征与物质来源研究

北极海域表层沉积物的相关研究是恢复古气候和古环境演化规律的重要参考，通过沉积特征分析，能够系统地认识白令海与西北冰洋的底质特征、分布规律及沉积作用等特点。本章将主要根据以往历次北极海洋地质考察获得的表层沉积物样品的全岩矿物、碎屑矿物、微体古生物、有孔虫氧碳同位素、生源组分以及环境磁学等要素的分布状况，并结合洋流、海冰变化、河流输入等沉积动力环境和生物作用等，分析白令海及西北冰洋海底沉积物的分布、分区及物质来源等，为近现代北极地区的多指标海洋环境变化研究提供基础性资料。

4.1 表层沉积物粒度分布特征

本节将主要基于表层沉积物粒度组成及相关粒度参数的变化，分析西北冰洋及白令海表层沉积物类型的空间分布规律及其对沉积环境的响应，并进而讨论控制沉积物分布的主要因素。研究所涉及的 200 多站位样品主要为中国第二次至第五次北极科学考察在白令海和西北冰洋各海区获得的表层沉积物以及俄罗斯科学院远东分院太平洋海洋研究所提供的 20 多个取自楚科奇海陆架的表层沉积物样品（图 3-1）。由于受激光粒度仪分析能力的限制，所有样品仅分析了不大于 2 mm 组分的粒度组成。

4.1.1 表层沉积物粒度分布特征

4.1.1.1 粒度组分分布特征

如图 4-1a 所示，研究区砂粒级组分百分含量（> 63 μm，以下简称"砂含量"）的变化较大（0~100%之间不等），含量较高的区域集中在白令海东北部靠近阿拉斯加的陆架区、白令海峡以及沿阿拉斯加西北部至冰角（Icy Cape）近岸，另外在楚科奇海中部海区（70°N、170°W）附近也有小部分高值区；白令海中部陆架与陆坡交界处的砂含量中等，约在 50%，楚科奇海台中部海区也有小部分区域砂含量中等。粉砂粒级组分百分含量（63~4 μm，以下简称"粉砂含量"）的变化范围是 0~81.78%（图 4-1b），其分布特征与砂含量差别较大，含量较高的区域分布在楚科奇海的西部和北部、白令海西北陆架区和海盆区。加拿大海盆、北风海脊、楚科奇海台及向西北延伸至门捷列夫海脊处的粉砂含量均处于 50%左右。从图 4-1c 可以看出，白令海峡以北海域黏土粒级组分百分含量（< 4 μm，以下简称黏土含量）分布与水深有一定的关系，随着水深的增加，黏土含量逐渐增加，尤其是陆架与陆坡交界处有明显的界线，界线以北直至阿尔法海脊等海区黏土含量较高；界线以南的楚科奇海陆架、

白令海峡、白令海西北部陆架和陆坡区,黏土含量均较低;白令海的阿留申海盆西北部直至阿留申群岛的岛坡区黏土含量在50%左右波动。

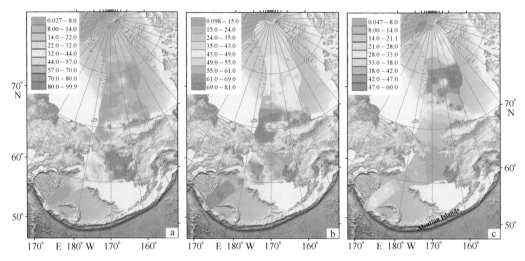

图 4-1　白令海与西北冰洋表层沉积物粒度组分(%)分布
a. 砂含量;b. 粉砂含量;c. 黏土含量

4.1.1.2　表层沉积物类型及其分布

根据表层沉积物各粒级组分含量间的相互关系和 Folk 等的海洋碎屑沉积物分类原则,将沉积物站位投影至三角分类图的相应位置进行命名(图4-2),可划分为6种基本类型,分别是:砂(S)、粉砂质砂(zS)、砂质粉砂(sZ)、粉砂(Z)、砂质泥(sM)、泥(M)。图4-3 所示为各类型沉积物在研究区的分布情况。从图4-3 可以看出,研究区表层沉积物粒度由白令海峡向两侧减小,局部出现相对高值或低值。砂质沉积物主要分布在水深小于 250 m 的白令海和楚科奇海陆架。另外,在深海区如门捷列夫海脊、加拿大海盆、楚科奇海台、楚科奇海中部海区以及白令海的阿留申海盆北部陆坡处也有较粗组分的砂质沉积物出现。粉砂质砂类表层沉积物分布比较均匀且有一定规律,主要分布于诺顿湾(Norton Sound)以南、普利斯托耳湾(Bristo Channel)西北的地区,但在门捷列夫海脊东侧海盆、楚科奇海台和加拿大海盆等狭长区域内亦有分布。砂质粉砂的分布与粉砂质砂的分布很类似,主要分布在水深小于 400 m 的白令海和楚科奇海陆架。另外也有 3 个站位出现在深海区,一例分布于加拿大海盆,还有两例分布在阿留申海盆。粉砂质含量较高的沉积物分布于楚科奇海西部和北部,白令海的西北陆架区和海盆区域含量也较高,另外在阿尔法海脊、加拿大海盆和白令海深海区也有少量分布。砂质泥沉积物主要分布在加拿大海盆,另在北风海脊处也有少量分布。但是,值得注意的是,在靠近楚科奇半岛东南角的楚科奇海陆架水深为 44 m 处也有少量分布。泥质沉积物的分布比较广泛,从水深 34 m 的楚科奇海陆架至水深 4 000 m 的马卡洛夫海盆皆有分布;同时,在高纬度地区的表层沉积物粒度不均、分选很差。

4.1.1.3　粒度参数分布

沉积物粒度参数能反映出沉积物的平均粒径和样品的分选性,不仅可以对沉积物的成因作出解释,而且能够间接说明其沉积环境特征,在区分沉积环境方面也具有重要的参考价值。

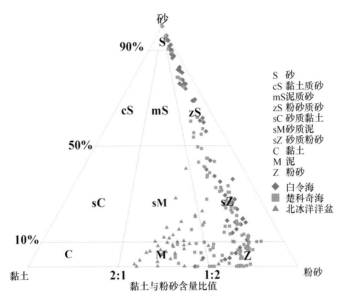

图 4-2 白令海与西北冰洋表层沉积物分类（无砾）

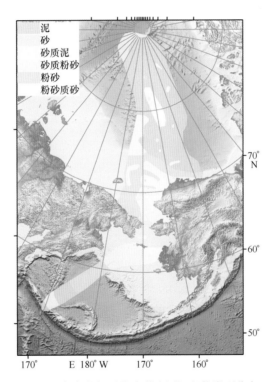

图 4-3 白令海与西北冰洋表层沉积物类型分布

平均粒径的变化情况，代表粒度分布的集中趋势，可以反映沉积介质的平均动能。分选系数反映的是沉积物颗粒大小的均匀性，常常用作反映沉积物分选好坏的一个标志，代表沉积物粒度的集中态势。

本研究运用矩法计算了各类沉积物的粒度参数。数据显示，表层沉积物平均粒径变化范围在 3~507 μm 之间，分选系数（标准偏差）变化范围为 0.49~3.13。选取沉积物平均粒径（横坐标）和分选系数（纵坐标）做散点图（图4-4）。沉积物分选系数小于 0.5 的仅有一个站位，分布于楚科奇海中部，其砂含量为100%。处于中等分选程度的沉积物分选系数范围为0.5~1.0，整个研究区仅有15站位，主要分布于白令海水深小于404 m和楚科奇海水深小于57 m的陆架区，且这15个站位的砂含量较高，一般都大于80%。研究区大部分站位的表层沉积物分选差或分选很差，分选差的站位沉积物平均粒径在3~272 μm，主要分布于白令海陆架、陆坡及深海区；楚科奇海大部分海区；楚科奇海台以及加拿大海盆的西部。分选很差的站位主要分布于包括白令海陆架、楚科海陆架、楚科奇海台、北风海脊、阿尔法海脊、门捷列夫海脊、马卡洛夫海盆、罗蒙诺索夫海脊以及加拿大海盆南部的局部区域。

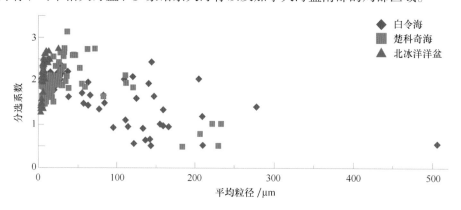

图4-4 表层沉积物平均粒径与分选系数散点图

偏态和峰度也是沉积物粒度的两个重要参数。偏态可判别粒度分布的对称性，并表明平均值与中位数的相对位置，对于了解沉积物的成因有一定的作用。本文采用矩值法计算偏态，如图4-5a为平均粒径（横坐标）和偏态（纵坐标）的散点图。从图4-5中可以看出大部分站位处于正偏，即沉积物粒度以粗组分为主，且全部位于阿尔法海脊的南部，包括加拿大海盆的大部分海域、北风海脊、楚科奇海台、楚科奇海和白令海。以平均粒径为31 μm为分界点，大于31 μm的区域仅有两例位于楚科奇海陆架的站位为负偏，其余全为正偏；小于31 μm的区域既有正偏又有负偏。81.9°N以北的阿尔法海脊、门捷列夫海脊、马卡洛夫海盆以及罗蒙诺索夫海脊等高纬度海区，偏态均为负偏，负偏的站位还有楚科奇海北部陆架、楚科奇海台、加拿大海盆北部等海区。由此可根据偏态将研究区分为3个区域：白令海绝大部分区域是正偏，沉积物粒度以砂/粉砂等粗组分为主；而楚科奇海向北直至楚科奇海台和加拿大海盆等海区正偏和负偏均有，粒度组分较为混乱，分选性很差；高纬度海区如阿尔法海脊、门捷列夫海脊、马卡洛夫海盆和罗蒙诺索夫海脊处均为负偏，沉积物粒度以黏土质细组分为主。

如图4-5b，沉积物粒度峰度基本均大于0.88，属于中等峰度或窄峰度，仅在白令海、楚科奇海、加拿大海盆等海区零星分布有16个站位的峰度小于0.88，属于宽峰度；以平均粒径31 μm为分界点，小于31 μm的站位其峰度均处于小于1.50的范围内，属于宽峰度或者中等峰度，大于31 μm的站位峰度不稳定，宽峰度、中等峰度、窄峰度均有。据此，可认为平均粒径31 μm是研究区表层沉积物的一个敏感粒级。

造成沉积物分选系数差异的主要因素为沉积物来源、搬运方式以及水动力环境的差异。由于白令海峡的存在，周边大陆的陆源碎屑可以通过各种方式进入白令海和楚科奇海，在通过白令海强大洋流的作用下，尤其是在较浅水的区域更易受到洋流和波浪的影响，沉积物结

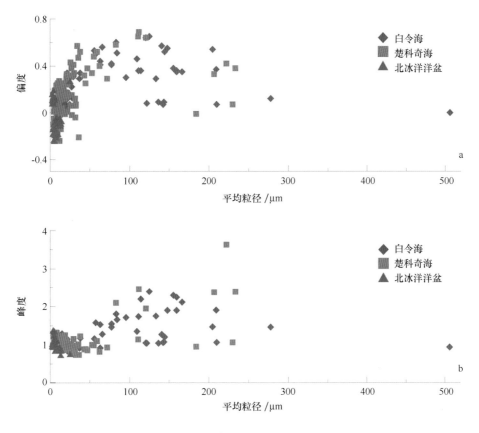

图 4-5 表层沉积物粒度参数偏态、峰度与平均粒径散点图

a. 偏态与平均粒径散点图；b. 峰度与平均粒径散点图

构成熟度增加，分选性增强。而在白令海陆架及深海部分，由于白令海深层水等多个水团存在并相互影响，致使粒度不同的沉积物相互混杂。白令海峡以北的广大西北冰洋地区，气温低，广泛存在海冰，冰筏搬运作用强烈，楚科奇海以北的沉积物分选系数大的原因主要为此。白令海陆架的大部由于洋流的作用，沉积物中的细组分被再悬浮并被洋流带走，因此其广泛的地区以粗组分更为集中。楚科奇海以北的北冰洋大部由于海冰的搬运作用，沉积物粗细混杂，粒度混乱。而高纬度海区，距离大陆远，粗粒碎屑难以到达，主要以泥质为主，组分偏细，所含的部分粗粒物质，亦为冰筏所携带的沉积物。

4.1.2 表层沉积物输运机制探讨

4.1.2.1 白令海

目前对白令海东部陆架以及阿留申群岛附近的表层沉积物粒度特征研究较多，白令海北部的研究则较少。本研究分析了白令海表层沉积物不大于 2 mm 部分的粒度组分分布特征，可以看出，沉积物砂含量较高，其次是粉砂含量，最后是黏土含量。砂含量较大的区域为白令海峡，白令海中部陆架坡折带沉积物的砂含量约在 50% 左右；西北陆架区和海盆区域粉砂含量较高；阿留申海盆西北部直至阿留申群岛的岛坡区黏土含量中等。基本符合随着离岸距离的增加和水深深度的增加，沉积物粒度变细的规律，水深大于 650 m 的深海区，砂含量较低，而白令海的陆架区砂含量较高。

　　白令海表层沉积物平均粒径集中在 63~250 μm 和 8~31 μm 两个区间内，标准偏差集中在 0.9~2.0 之间，偏度集中在 0~0.6 之间，不同站位峰度变化大，主要集中在 0.9~1.2。白令海表层沉积物粒度相对较粗，分选差，峰度中等到尖锐，说明粒度较为集中，应该是近距离的搬运，主要原因可能是堪察加洋流携带楚科奇半岛东部沿海及白令海峡的陆源碎屑沉积物至白令海并沉降。另外，白令海陆架东部砂含量最高，反映了育空河和卡斯科奎姆河流入海白令海提供大量的沉积物。白令海陆架西北部，阿纳德尔流也为研究区提供沉积物，多为粉砂粒级。白令海陆架和陆坡区均受到陆源物质输入的影响，输入速率较高。由于陆坡区存在堪察加洋流、白令陆坡流等主要的洋流，对海底表层沉积物进行了一定程度的分选，使其粒径 63~250 μm 的粗颗粒沉积物相对集中。白令海陆架靠近白令海峡的诸多站位含有砾石组分，且白令海峡砂质组分含量较高，可能是两个方面的原因造成：一是阿拉斯加的育空河入海，携带大量粗颗粒陆源组分；二是海峡口流速大，细粒沉积物被搬运走，留下来相对较粗的组分。育空河水源主要为冰川融水，温暖时期水量加大，可以携带大量粗颗粒的陆源组分入海，致使其河口附近为粉砂质砂。另外，Weingartner 等（1999）和 Aagaard 等（1989）的研究表明，经过白令海峡的诸多海流主要是由白令海流向北冰洋，因此白令海的砾石及粗颗粒组分很难由北冰洋的浮冰携带而来（高爱国等，2008）。

4.1.2.2　楚科奇海

　　楚科奇海是非常浅的陆架边缘海，位于亚洲大陆东北部楚科奇半岛和北美大陆西北部阿拉斯加之间。其西面是弗兰格尔岛，东面是波弗特海，陆架区 56% 面积的水深浅于 50 m。白令海水通过白令海峡东水道进入楚科奇海，将细颗粒组分向北搬运至陆坡区沉降，而相对较粗的粉砂留在楚科奇陆架；此外，从粉砂含量分布图上看到楚科奇海研究区西北侧的粉砂含量高于东南侧（图 4-1b），可以大概判断有西伯利亚来源的物质经河流和东西伯利亚沿岸流长距离的搬运，最后沉淀下来，可能是西伯利亚东部科利马河（Kolyma）等的河流入海和东西伯利亚海的沉积物（董林森等，2014b）。另外可能还有少量海冰携带的沉积物。而其东南侧靠近白令海峡的部分砂质组分高于西北侧，其砂质主要来源于阿拉斯加的陆源碎屑，通过育空河及卡斯科奎姆河携带入海（董林森等，2014b）。由于楚科奇海被阿拉斯加和楚科奇半岛环抱，陆源碎屑沉积的相对较多，楚科奇海靠陆侧粒度较粗，向海沉积物粒度变细；由于阿纳德尔流与白令海陆架水在哈罗德浅滩、哈纳浅滩两侧通过，导致其沉积物为较粗的砂及粉砂质砂；同时，在弗兰格尔岛东侧沿哈罗德水道沉积物粒度也相对较粗，主要是因为在地形的作用下流速增强搬运走相对细粒的沉积物。楚科奇海中北部的广大深海区，距陆较远，以泥质沉积物为主，主要来源于阿纳德尔流以及北大西洋中层水携带的细颗粒组分（董林森等，2014a），但楚科奇海北部与楚科奇海台的水深较浅，同时有冰筏碎屑的存在，导致其粒度相对周围较粗。

　　根据沉积物粒度参数分析，楚科奇海东南部与西北部有明显的差异。东南部表层沉积物平均粒径在 16~31 μm 之间，标准偏差集中在 1.5~2.2，偏度集中在 0.1~0.3，峰度为 0.9~1.2，由中度到平坦，表明沉积物粒度组成主要为粗粒的粉砂，沉积物分选差，细粒沉积物较为集中，原因主要是地处高纬度地区，其搬运方式以海冰为主，只有粒度较小的陆源碎屑能够通过洋流及风力作用到达。西北部表层沉积物平均粒径在 8~16 μm，标准偏差主要集中在

1.3~1.7，偏度在0.1~0.3，峰度为0.9~1.3，由中度到平坦，表明沉积物粒度组成主要是细粒的粉砂和黏土，细粒沉积物较为集中。楚科奇海东南部表层沉积物较之西北部更粗，主要是因为楚科奇半岛陆源物质输入量低，而东南部阿拉斯加陆源物质输入量相对较高（琨山等，2014），在楚科奇海表现为距物源越远，沉积物颗粒越细；其次，楚科奇海东南部的阿纳德尔流长距离搬运，水动力减弱，在楚科奇海西北部卸载更细粒沉积物；另外，由于太平洋海水从白令海峡进入楚科奇海，进入开阔海域，流速降低，沉积物搬运能力减弱。

4.1.2.3 北冰洋洋盆

北冰洋中部全部的粗组分均来源于冰筏搬运（Darby et al.，1997），而细颗粒组分来源较多，如北大西洋中层水、波弗特环流等洋流，以及冰山和海冰等，同时加拿大麦肯锡河也为北冰洋中部提供一些细粒物质（陈志华等，2004）。罗蒙诺索夫海脊、阿尔法海脊的砂质沉积物主要来源于冰筏沉积，可能受到部分洋流的微弱影响。门捷列夫海脊北部的沉积物，主要是因为受波弗特环流的影响，亦为海冰或者冰山携带来的冰筏碎屑沉积。北风海脊北部的粉砂沉积物，除冰筏沉积物外，还可能受到加拿大海盆东部岛屿的陆源碎屑影响。加拿大海盆、北风海脊、楚科奇海台向西北延伸至门捷列夫海脊处的粉砂含量均处于中等；罗蒙诺索夫海脊和阿尔法海脊等部分地区，存在粒度较粗的组分。

加拿大海盆沉积物平均粒径在4~16 μm之间，部分站点小于4 μm，其标准偏差集中在2.0~2.7之间，说明加拿大海盆主要为粉砂，掺杂有部分黏土组分，且分选差。加拿大海盆细粒沉积物主要来源于波弗特环流所携带的细颗粒沉积物。另外，还有部分来自于拉普捷夫海的冰海沉积物以及北大西洋中层水的长距离搬运的黏土级物质（董林森等，2014b）。

4.1.3 小结

由于研究区的水深范围变化极大，涵盖的海区较多，范围较为广泛，站位分布相对不均匀，靠近高纬度地区的数据点密度较小。通过分析沉积物粒度组成及对沉积物类型进行分区，并结合北极地区的沉积物来源、海底地形、水文动力条件、洋流方向及海流特征讨论了这些条件对沉积环境的影响及沉积物的搬运来源及去向。

（1）研究区砂含量的变化较大，0~100%不等，含量较大的区域集中在白令海东北部靠近阿拉斯加的陆架区和白令海峡；粉砂含量分布与砂含量差别较大，在楚科奇海的西部和北部海区含量较高；白令海峡以北海域，随着水深的增加，黏土含量逐渐增加，陆架与陆坡交接处有明显的界线，界线以北直至阿尔法海脊等海区黏土含量较高；界线以南直至深海区，黏土含量均较低。根据粒度组成，并结合Folk分类命名原则，可将北冰洋及西北太平洋海域表层沉积物划分为砂、粉砂质砂、砂质粉砂、粉砂、砂质泥、泥6个沉积物类型。

（2）研究区平均粒径和分选系数从白令海到北冰洋深海区增大。根据偏度可以将研究区分为两个区：加拿大海盆、楚科奇海台、阿尔法海脊以及马卡洛夫盆地附近为负偏；白令海以及楚科奇海的沉积物为正偏，从白令海到北冰洋深海区域偏态变小。

（3）白令海与西北冰洋的沉积物来源主要是陆源碎屑以及冰筏沉积物。白令海及白令海峡附近沉积物主要来自于楚科奇半岛及阿拉斯加的陆源碎屑，并被堪察加洋流、阿纳德尔流、白令陆坡流、阿拉斯加沿岸流等多条海流再悬浮搬运；楚科奇海及其以北海域，则以冰筏沉积物为主，辅以部分洋流携带而来的细粒陆源碎屑，其中北大西洋中层水、波弗特环流起重要作用。白令海、白令海峡及楚科奇海中南部表层沉积物受洋流影响较大，部分受季节性洋流影响；楚科奇海北部以北地区受洋流影响较小，只有北大西洋中层水对其有一定作用。

4.2 表层沉积物矿物学（XRD）特征及其物质来源

北冰洋西部沉积环境比较复杂，既有水体作用，又有冰筏作用，特别是北冰洋与太平洋的水体交换以及加拿大北极群岛周边海域和欧亚陆架海冰（冰山）的冰筏沉积作用，使其有别于其他海域。

为了研究北冰洋新生代沉积物来源、示踪河流卸载、海冰和冰山的冰筏沉积等颗粒搬运路径，前人曾开展了矿物学（Peregovich et al.，1999；Darby et al.，1996；Phillips et al.，2001；Viscosi-Shirley et al.，2003；陈志华等，2004；张德玉等，2008；Yurco et al.，2010）、元素地球化学（Viscosi-Shirley et al.，2003；Chen et al.，2003）及稳定同位素（陈志华等，2012；Asahara et al.，2012）等研究，对于矿物学的研究主要集中在重矿物（Peregovich et al.，1999）、冰筏碎屑（Darby et al.，1996；Phillips et al.，2001）和黏土矿物（Viscosi-Shirley et al.，2003；陈志华等，2004；张德玉等，2008；Yurco et al.，2010）等方面。由于北冰洋深水区沉积物粒度较细，碎屑矿物含量较低，所以对沉积物全岩的 X 射线衍射（XRD）研究显得尤为重要。根据沉积物的全岩 XRD 研究可查明沉积物的矿物组成，对于反映沉积物的搬运路径、来源、沉积过程以及重建古海洋学演化历史等有重要意义（Vogt，1996）。

目前对北冰洋西部表层沉积物全岩 XRD 的研究还比较少。本次工作对北冰洋西部海域表层沉积物进行了全岩 XRD 研究，希望在查明矿物组成的同时给出全岩矿物的半定量计算结果，并在此基础上阐述其搬运机制及沉积物来源。

4.2.1 区域地质背景分析

北冰洋西部的周缘陆地包括阿拉斯加、加拿大北极群岛及西伯利亚等。阿拉斯加半岛由侏罗纪到白垩纪的砂岩、页岩和花岗岩，以及第三系至今的酸性火成岩、安山岩和玄武岩组成。西伯利亚的地质体和陆地包括西伯利亚地台、维尔霍扬斯克山脉、科利马-奥莫隆地块、鄂霍次克-楚科奇海火山带和楚科奇地块。俄罗斯中部的前寒武纪西伯利亚地台上覆大面积的沉积矿床和世界上最大面积之一的溢流玄武岩。维尔霍扬斯克山脉位于西伯利亚地台的东部，山脉隆起导致泥盆纪的沉积物变形，形成了陆架碎屑岩沉积序列和深海页岩沉积。科利马-奥莫隆地块是一个增长的地形，是弧前和弧后盆地的残余物和大陆碎片拼贴形成的。鄂霍次克-楚科奇海火山带的西部由酸性到中性火山岩组成，东部由中性到基性火山岩组成。楚科奇地块主要是由沉积岩组成。加拿大北极群岛主要由班克斯岛、维多利亚岛等组成，岩石类型总体上以碳酸盐岩和碎屑岩为主。

北冰洋周缘陆地的沉积物输入到北冰洋主要通过河流输运、海岸侵蚀以及海冰（冰山）的搬运（图 4-6）。北冰洋西部的入海河流流域盆地的主要岩性见表 4-1。此外，阿拉斯加的育空河和卡斯科奎姆河物质输入到白令海之后也通过洋流被搬运到楚科奇海，为北冰洋提供大量的陆源物质。各河流的流量、沉积物卸载量及其流域盆地的主要岩性见表 4-1。另外，海岸侵蚀也是北冰洋沉积物的一个重要来源，而海冰和冰山的沉积物搬运是北冰洋深水区的主要的搬运方式。

表 4-1 各河流的流量、沉积物卸载量及其流域盆地的主要岩性

河流	河流流量/（km³·a⁻¹）	沉积物负载量/（10⁶ t·a⁻¹）	流域盆地的主要岩性
鄂毕河	427（Holmes et al., 2012）	16.5（Gordeev, 1995）	花岗岩、砂岩、石灰岩
叶尼塞河	636（Holmes et al., 2012）	5.9（Gordeev, 1995）	主要为二叠-三叠纪巨型溢流玄武岩
哈坦加河	101（Rachold, 1997）	1.4（Rachold, 1997）	主要为二叠-三叠纪巨型溢流玄武岩
勒拿河	525（Rachold, 1997）	21（Rachold, 1997）	沉积岩和变质岩（古生代到中生代的沉积岩），少量玄武岩
亚纳河	31（Rachold, 1997）	3（Rachold, 1997）	砂岩、页岩
因迪吉尔卡河	57（Ivanov, 1999）	13.7（Timokhov, 1994）	砂岩、页岩
科利马河	120（Ivanov, 1999）	16.1（Timokhov, 1994）	砂岩、页岩
麦肯锡河	298（Holmes et al., 2012）	127（Macdonald et al., 1998）	碳酸盐岩、页岩、粉砂岩
育空河	210（Milliman, 2011）	54（Milliman, 2011）	古生代-中生代的变质沉积岩，花岗岩等
卡斯科奎姆河	60（Milliman, 2011）	8.2（Milliman, 2011）	
阿纳德尔河	68（Milliman, 2011）	3.6（Milliman, 2011）	白垩纪到第三纪的火山岩、花岗岩和花岗闪长岩

洋流系统对于周缘陆地沉积物向北冰洋的搬运是非常重要的。如第 1 章所述，太平洋的低盐水通过白令海峡进入北冰洋对北极表层水做出贡献，其自白令海峡进入楚科奇海以后，分 3 支向北扩散（图 4-6），西面的一支沿 50 m 等深线向西北流动，至弗兰格尔岛东北部分成两支，分别沿哈罗德峡谷向北流向陆坡和沿 60 m 等深线折向东北；中间的一支大致沿 170°W 经线附近的中央水道向北流，至哈罗德（Herald）浅滩东北部亦分为两支，一支继续向北流，一支折向东北；东面的一支沿阿拉斯加海岸带流动，在巴罗角附近折向东，沿波弗特海陆坡流动（Weingartner, 2001）。

西伯利亚沿岸流从拉普捷夫海流至东西伯利亚海，最后到达楚科奇海域。北冰洋主要的表层洋流有美亚盆地的波弗特环流以及欧亚盆地的穿极流，它们控制了海冰和冰山的移动，这些海冰和冰山为北冰洋的沉积物做出贡献，发生负北极涛动时，穿极流将来自西伯利亚的沉积物搬运到欧亚海盆后到达弗拉姆海峡，波弗特环流将来自美亚海盆周缘陆地的沉积物搬运到美亚海盆，正北极涛动时，西伯利亚陆架的沉积物被搬运到美亚海盆和门捷列夫海脊（Darby et al., 2012）。

此外，中层水也为北冰洋贡献沉积物，粉砂和泥质沉积物可以通过中层水搬运或者再沉积。北大西洋暖流到达北冰洋后分为两支，一支为弗拉姆海峡支流，一支为巴伦支海支流，这两支支流变冷下沉形成中层水，在北冰洋沿着大陆坡和海脊流动，其中巴伦支海支流可以影响到加拿大海盆的南端以及北风海脊等海域。

4.2.2 样品与方法

本研究所用样品为中国第二、第三和第四次北极科学考察所采集的表层沉积物，共 79 个

样品，其中楚科奇海 44 站，楚科奇海台 4 站，北风海脊 2 站，阿尔法海脊 5 站，加拿大海盆 22 站，马卡洛夫海盆 2 站（图 4-6）。对所有的样品研磨后利用 D/max-2500 型转靶 X 射线衍射仪进行了矿物组分的半定量分析。

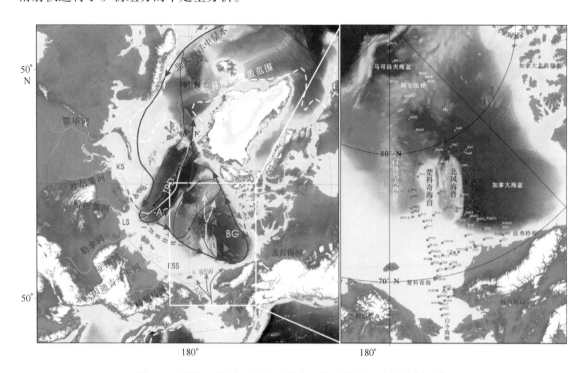

图 4-6　研究区位置、河流、洋流、海冰范围及表层取样站位

注：KS：喀拉海；LS：拉普捷夫海；ESS：东西伯利亚海；SCC：西伯利亚沿岸流；ACW：阿拉斯加沿岸流；BSW：白令陆架水；AW：阿纳德尔流；TPD：穿极流；BG：波弗特环流；+AO：正北极涛动；-AO：负北极涛动。黄色实线为负北极涛动时海冰的流向，红色及紫色虚线分别代表正北极涛动时从喀拉海和拉普捷夫海搬运的海冰的流向

资料来源：Viscosi-irley et al.，2003；Nørgaard-Pedersen et al.，2007；王汝建等，2009；Darby et al.，2012；Dyck et al.，2010

4.2.3　表层沉积物全岩矿物组成分布特征

4.2.3.1　沉积物中的矿物含量

全岩矿物的定性及半定量分析是利用 X 衍射仪测得的数据结果结合 Jade6.0 软件进行的。分析结果显示，北冰洋西部表层沉积物中的主要矿物（含量大于 5%）以石英、斜长石、钾长石、云母为主，典型矿物包括方解石、白云石、辉石、角闪石、高岭石和绿泥石等，这些矿物可以示踪沉积物的物质来源。此外，在 XRD 谱线上还识别出了针铁矿、钙十字石、文石、盐岩、锐钛矿、黄铁矿、菱铁矿和硬石膏等矿物（图 4-7），所有识别出来的矿物含量以百分制表示。

4.2.3.2　沉积物矿物分布特征

从图 4-8 中可以看出，石英在楚科奇海靠阿拉斯加一侧含量较高，含量最高达 45%。另外，在阿尔法海脊及加拿大海盆北端含量也相对较高，总体上楚科奇海的石英含量高于北冰

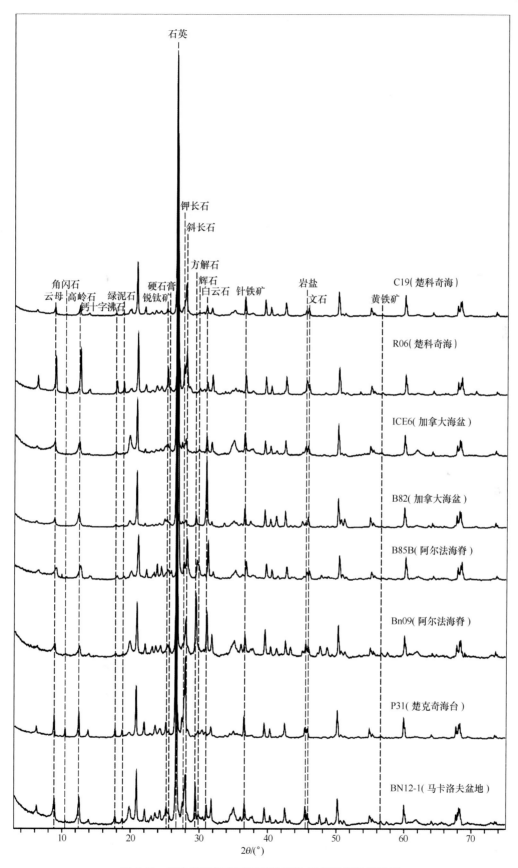

图 4-7 北冰洋西部表层沉积物矿物 X 射线衍射峰特征

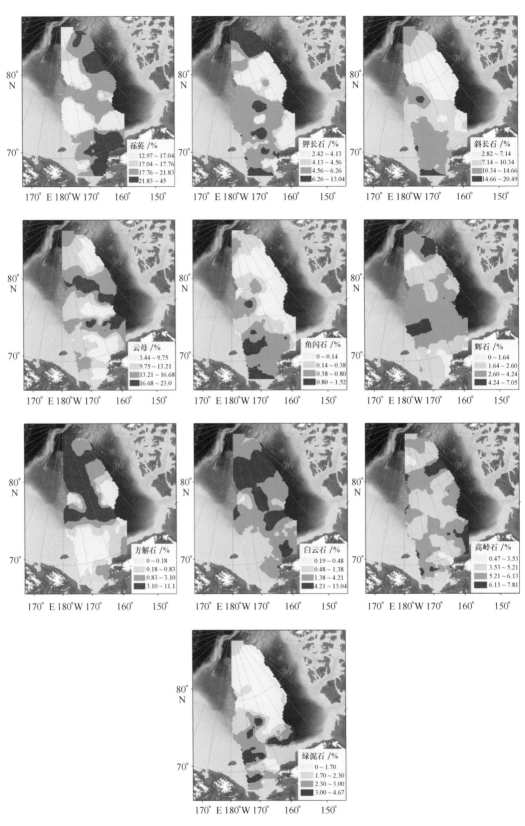

图 4-8 北冰洋西部沉积物主要矿物和典型矿物含量分布

洋深水区（包括阿尔法海脊、北风海脊、加拿大海盆和楚科奇海台）。钾长石含量最高为13.04%，在研究区靠近欧亚海盆一侧的含量高于美亚海盆一侧，加拿大海盆区含量较低。

斜长石的分布特征跟钾长石基本一致，含量范围为2.82%～20.49%。在加拿大海盆及马卡洛夫海盆云母含量较高，含量高达22.99%，在楚科奇海以及北风海脊、楚科奇海台和阿尔法海脊含量相对较低。楚科奇海的角闪石含量为0～1.51%，北冰洋深水区含量为0～1.25%。总体上楚科奇海角闪石含量高于北冰洋深水区，且楚科奇海的高值区集中在靠东西伯利亚海一侧。辉石在加拿大海盆南端、北风海脊、楚科奇海台以及阿尔法海脊和马卡洛夫海盆的含量较高，最高值为4.1%，其他海区含量较低。在加拿大海盆方解石和白云石的含量较高，最高值分别为11.1%和13.04%，楚科奇海含量较低。绿泥石含量变化范围为0～4.67%，在楚科奇海含量较高，加拿大海盆含量较低。高岭石含量范围为0.47%～4.81%，没有明显的变化特征。

长石/石英（F/Q）比值已经成为沉积物化学风化强度的传统性替代指标，并据此探讨沉积物的来源和气候变化影响，从图4-9可以看出，Fk/Qz，Fp/Qz和（Fk+Fp）/Qz表现出相同的变化趋势，研究区靠近欧亚海盆一侧的比值大于美亚海盆的一侧，说明风化程度相对较低。

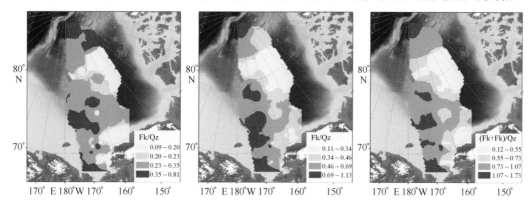

图4-9 沉积物长石/石英比值变化分布

4.2.3.3 聚类分析结果

以79个站位矿物组分的主成分得分作为划分的新指标，用欧氏距离来衡量各矿物组成的差异大小，采用类平均法对各站位进行系统聚类，划分为6类矿物组合（图4-10），其中R08和Bn03均自成一类不做考虑。又将Ⅰ类矿物组合分为Ⅰa、Ⅰb和Ⅰc三类。各矿物组合的平均矿物组成见表4-2。其中，Ⅰa型分布在楚科奇海的两端，靠阿拉斯加一侧（Ⅰa1）石英含量较高，靠西伯利亚海一侧（Ⅰa2）石英含量较低，与其他矿物组合相比，斜长石含量相对较高，这一点和Ⅰc型矿物组合相似，Ⅰc型矿物组合也位于楚科奇海西部。Ⅰb型矿物组合分布在加拿大海盆的南部（Ⅰb1）和中部（Ⅰb2），以云母含量高，石英和斜长石含量低为特征，其中南部的碳酸盐含量略高于中部。Ⅱ型矿物组合以方解石和白云石含量高为特征，平均含量分别为6.08%和5.66%。Ⅲ型矿物组合以石英和白云石含量高为特征，平均含量分别为25.85%和6.8%。该型矿物分布在阿拉斯加北部海域。Ⅳ型矿物斜长石和钾长石含量高，平均为9.81%和18.39%，该型矿物主要集中在白令海峡附近。Ⅴ型矿物组合方解石和白云石含量也相对较高，平均含量分别为5.18%和3.72%，与Ⅱ型相比略低。Ⅵ型矿物组合石英含量最高，平均为36.74%，该型矿物分布在哈罗德浅滩和哈纳浅滩附近。矿物组合类型分布见图4-11。

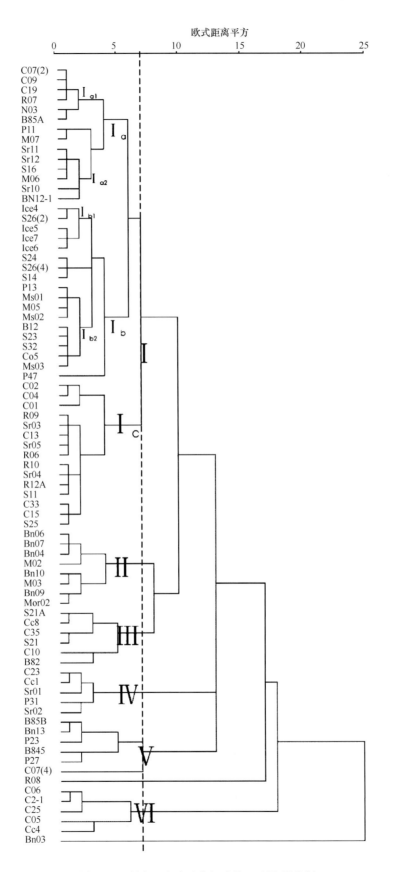

图 4-10　研究区全岩矿物组成的 Q 型聚类分析

表4-2 各矿物组合的平均矿物组成 %

类别		石英	钾长石	斜长石	云母	角闪石	辉石	方解石	白云石	高岭石	绿泥石
I	I a1	23.62	4.98	11.36	10.13	0.41	2.73	0	1.14	3.81	1.64
	I a2	15.41	5.89	11.53	12.26	0.47	4.4	0	0.41	4.89	2.93
	I b1	16.61	3.76	7.51	16.47	0.18	3.18	1.00	2.1	6.5	2.25
	I b2	18.19	4.05	4.93	16.81	0	3.46	0.05	1.77	4.06	1.52
	I c	18.48	4.55	12.70	12.69	0.81	2.59	0.046	1.2	6.18	3.03
II		16.39	4.60	7.37	13.31	0.35	2.26	6.08	5.66	4.91	1.65
III		25.86	2.95	7.15	9.44	0.39	1.36	1.47	6.8	5.47	1.93
IV		18.48	9.81	18.39	10.1	1.05	2.12	0.21	0.88	4.70	2.4
V		19.1	8.35	9.53	8.7	0.175	4.7	5.18	3.72	4.36	2.03
VI		36.74	4.65	8.99	3.95	0.45	1.36	0	0.594	1.83	0.99

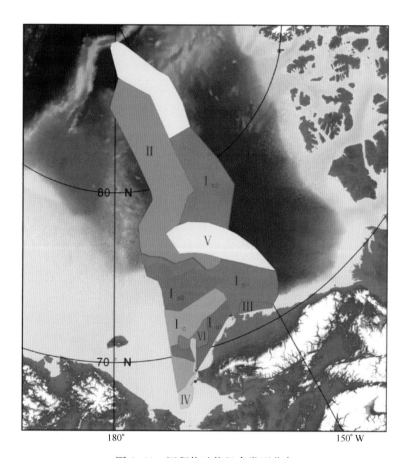

图4-11 沉积物矿物组合类型分布

4.2.4 物质来源分析

由于楚科奇海和北冰洋西部深水区的水文结构和沉积物的潜在物质来源存在差异，所以将研究区分为楚科奇海和北冰洋西部深水区两部分来讨论。

4.2.4.1 楚科奇海

楚科奇海位于北冰洋西部陆架区，周缘陆地河流众多，水文环境复杂，可能存在多个物质源区。楚科奇海陆架区的沉积物来源包括河流、海岸侵蚀、洋流和海冰融化等。大量的地质体和陆地沉积物通过河流等被搬运到大陆架。北冰洋的入海河流众多，且河流的卸载量较高，是最主要的来源之一。太平洋水进入北冰洋以阿拉斯加沿岸流、白令陆架水及阿纳德尔流等三支海流将白令海沉积物搬运到楚科奇海，白令海的入海河流包括阿拉斯加的育空河和卡斯科奎姆河以及楚科奇半岛的阿纳德尔河。

其中，育空河和卡斯科奎姆河沉积物在阿拉斯加沿岸流的作用下被搬运到楚科奇海，例如 Ortiz 等（2009）的研究发现巴罗海峡西北部的楚科奇海陆架沉积物有大量来自育空河以及阿拉斯加的一些较小的河流。育空河和卡斯科奎姆河流域盆地的岩石类型以页岩、砂岩和花岗岩为主，石英含量高，从与洋流和沉积物组合类型的关系上可以判断，Ⅰa1 型矿物组合应该是育空河和卡斯科奎姆河沉积物在阿拉斯加沿岸流的作用下沉积形成的，Ⅵ型矿物应该也受这两条河流沉积物的影响。Eberl 等（2003）对育空河从源头到入海口的沉积物矿物组成进行了 XRD 的半定量分析，发现育空河入海口处沉积物中斜长石含量约 22%，钾长石的含量约 13%，石英含量约 50%，方解石和白云石的含量都较低，含量不足 1%。这与本次研究得出的Ⅲ型沉积物石英含量高是吻合的，长石含量相对较低可能是搬运过程中长石的不稳定性所决定的。

靠近白令海峡的楚科奇海南端沉积物以Ⅳ型为主，钾长石和斜长石的含量最高。阿纳德尔河流域的岩石类型主要是火山岩、花岗岩和花岗闪长岩，这些岩石类型中斜长石和钾长石的含量都非常高，可以判断，Ⅳ型沉积物主要是阿纳德尔河沉积物在阿纳德尔流作用下被搬运到楚科奇海南端。Ⅰa2 型和Ⅰc 型沉积物中钾长石和斜长石的含量也较高，结合洋流的流向，可以判断阿纳德尔流对这两类沉积物做出贡献。此外，西伯利亚沿岸流携带欧亚陆架沉积物搬运到楚科奇海，也对这两类沉积物做出贡献。前面提到，西伯利亚陆地由酸性到基性火山岩及一些沉积岩等组成，在河流的搬运下可以为沉积物提供钾长石、斜长石和石英等轻矿物以及一些重矿物和黏土矿物。哈坦加河流经西伯利亚玄武岩携带大量的辉石在拉普捷夫海西部入海，是该海区主要的重矿物，勒拿河携带大量角闪石在拉普捷夫海中东部入海，使角闪石成为该区含量最高的重矿物。另外贝尔加山（Byrranga Mountains）的冰川融水为拉普捷夫海提供了高含量的云母，西伯利亚沿岸流将拉普捷夫海沉积物搬运到东部到达东西伯利亚海，最后到达楚科奇海（Münchow et al.，1999），为研究区提供辉石、角闪石和云母等矿物。高岭石和绿泥石等黏土矿物的来源前人已经有大量研究，认为绿泥石来自变质沉积岩和火成岩的物理风化（Chamley，1989），这些岩石在西伯利亚和阿拉斯加非常普遍。黏土矿物主要通过河流搬运到东西伯利亚海（Naidu et al.，1982），东西伯利亚海的沉积物在向东的西伯利亚沿岸流的作用下通过德朗海峡搬运到楚科奇海西部（Weingartner et al.，1996）。Ⅲ型矿物组合中白云石含量高，这可能与麦肯锡河沉积物卸载有关，麦肯锡河流域盆地中碳酸盐岩含量较高，为Ⅲ型沉积物提供物质来源。

4.2.4.2 北冰洋深水区

北冰洋西部深水区的沉积物矿物组合类型主要包括Ⅰb 型、Ⅱ型和Ⅴ型。该区受到波弗特环流、穿极流以及大西洋中层水的影响，在这些洋流的作用下，欧亚陆架和加拿大北极群岛周缘海域沉积物被搬运到北冰洋西部深水区。

北冰洋特别是沉积速率较低的深海区，海冰及冰山的搬运也是其沉积物的主要搬运方式。Darby 等（2009b）认为北冰洋中部全部的粗组分和几乎全部的细组分均来源于冰筏沉积。从矿物组成可以看出，Ⅱ类和Ⅴ类沉积物以方解石和白云石含量高为特点，且在波弗特环流的路径上，可以判断加拿大北极群岛周缘海域为这两类沉积物的主要来源。对于碳酸盐岩的来源，前人均认为是加拿大北极群岛的碳酸盐岩台地在海冰（冰山）的作用下通过波弗特环流搬运而来。Polyak 等（2004）的研究也认为，门捷列夫海脊附近的 NP26 站位沉积物中的碳酸盐碎屑来源于加拿大北极群岛的班克斯岛和维多利亚岛。美亚盆地晚第四纪碎屑中含大量的石灰岩岩屑且从马卡洛夫海盆到加拿大海盆东南部含量增加，这就说明源自劳伦泰德冰盖的冰山携带碎屑物质进入北冰洋中部，物源为加拿大西北部以及加拿大北极群岛的富石灰岩的早古生代碳酸盐岩层。

Ⅰb1 型沉积物主要在楚科奇海台、北风海脊等中等水深的海域，该海域环流结构复杂，既受波弗特环流和穿极流的影响，还受大西洋中层水的影响。Ⅰb2 在加拿大海盆中部。这两类沉积物的特点是方解石和白云石的含量均较低，说明受波弗特环流影响相对较小，此外与其他矿物组合类型相比，云母含量最高，前面提到贝尔加山的冰川融水能为拉普捷夫海提供高含量的云母，结合洋流的搬运路径可以判断，在正北极涛动时来自拉普捷夫海海冰沉积物为Ⅰb 型沉积物做出了一定的贡献（Sellén, et al., 2010）。Polyak 等（2004）对门捷列夫海脊附近沉积物的研究认为石英的来源主要是拉普捷夫海。此外，一些黏土级细粒物质可能由大西洋中层水携带而来。

4.2.5 小结

（1）北冰洋西部表层沉积物中的主要矿物（含量>5%）以石英、斜长石、钾长石、云母为主，典型矿物包括方解石、白云石、辉石、角闪石、高岭石和绿泥石等，这些矿物可以示踪沉积物的物质来源。此外，在 XRD 谱线上还识别出了针铁矿、钙十字石、文石、盐岩、锐钛矿、黄铁矿、菱铁矿和硬石膏等矿物。共分出 6 个矿物组合。又将Ⅰ类矿物组合分为Ⅰa1、Ⅰa2、Ⅰb1、Ⅰb2 和Ⅰc 五类。其中，Ⅰa1 和Ⅵ型矿物组合石英含量较高，Ⅰa2 和Ⅰc 型矿物组合相似，与其他矿物组合相比，以斜长石和角闪石含量高为特征，Ⅰb 型矿物组合以云母含量高，石英和斜长石含量低为特征，Ⅱ型和Ⅴ型矿物组合以方解石和白云石含量高为特征，Ⅲ型矿物组合以白云石含量高为特征，Ⅳ型矿物斜长石和钾长石含量高。

（2）楚科奇海的矿物组合类型包括Ⅰa1、Ⅰa2、Ⅰc 型、Ⅲ、Ⅳ型以及Ⅵ型。其中，Ⅳ分布在楚科奇海的中部靠近白令海峡处，这主要是阿纳德尔流携带的来自阿纳德尔河的沉积物，Ⅰa2 和Ⅰc 型沉积物矿物组合相似，分布在楚科奇海的西侧，受阿纳德尔流和东西伯利亚沿岸流的双重影响，沉积物来自西伯利亚陆地的高含长石的一些火山岩。Ⅰa1 和Ⅵ型分布在楚科奇海的东侧，来源为阿拉斯加沿岸流携带的育空河及卡斯科奎姆河的沉积物。Ⅲ型分布在阿拉斯加北部，与麦肯锡河搬运的沉积物有关。

（3）北冰洋西部深水区的组合类型主要包括Ⅰb1 型、Ⅰb2 型、Ⅱ型、Ⅴ型。Ⅱ型、Ⅴ型沉积物以方解石和白云石含量高为特点，主要受波弗特环流的影响，来源主要为加拿大北极群岛的班克斯岛和维多利亚岛，此外还受来自西伯利亚陆架主要是拉普捷夫海沉积物的影响。Ⅰb1 型分布在楚科奇海北部边缘及加拿大海盆南端，方解石和白云石的含量较低，说明受波弗特环流影响相对较小，Ⅰb2 型沉积物方解石和白云石含量更低，说明几乎不受波弗特环流的影响。这两种类型的主要来源是来自拉普捷夫海的海冰沉积物，此外一些黏土级细粒物质可能由大西洋中层水携带而来。

4.3　表层沉积物碎屑矿物分布特征

　　沉积矿物组成是海洋沉积物的具体表现之一，记录了丰富的物源、气候、沉积、环境等方面的信息。本次工作主要对研究区域内表层沉积物轻、重矿物进行了鉴定分析，给出了典型矿物的分布特征。白令海及北冰洋海域碎屑矿物研究样品为中国第一、二和第五次北极科考获得的表层沉积物样品，共 108 站（图 4-12），分析获得 108 站重矿物含量数据，59 站轻矿物含量数据。在碎屑矿物鉴定数据的基础上绘制了白令海及北冰洋西部表层沉积物轻、重矿物分布图并划分矿物组合分区，总结矿物分布特征和规律。

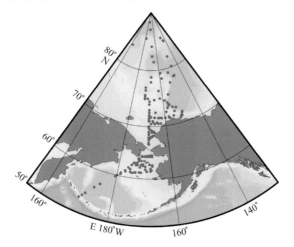

图 4-12　用于碎屑矿物分析的表层沉积物站点分布

4.3.1　轻矿物分布特征

　　轻矿物主要识别出石英、斜长石、火山玻璃、白云母、火山渣等。其中石英在阿拉斯加周缘海域一侧含量较高（图 4-13a），这与育空河流等高石英含量荷载的阿拉斯加河流在阿拉斯加沿岸流的作用下被搬运到阿拉斯加周缘海域。斜长石在楚科奇半岛周缘海域含量较高（图 4-13b），则因为该海域的入海河流如阿纳德尔河等流域盆地中的岩石类型以火山岩为主，可以提供大量的斜长石。阿拉斯加海域一侧火山玻璃含量较低，楚科奇半岛海域火山玻璃含量较高，尤其是白令海盆（阿留申海盆）（图 4-13c）。在阿纳德尔河河流入海处火山渣的含量较高（图 4-13d），判断可能是该河流携带来的。白云母在白令海北部陆坡处含量也较高（图 4-13e）。

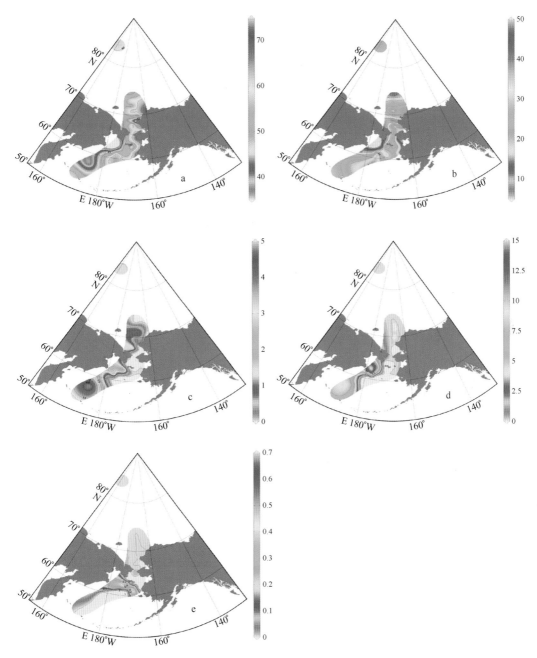

图 4-13　表层沉积物轻矿物含量（%）分布
a. 石英；b. 斜长石；c. 火山玻璃；d. 火山渣；e. 白云母

4.3.2　重矿物分布特征

白令海共鉴定出重矿物 26 种，包括绿帘石、紫苏辉石、普通角闪石、钛铁矿、石榴子石、磷灰石、赤铁矿、绿泥石、普通辉石、蓝晶石、褐铁矿、锆石、电气石、自生黄铁矿、榍石、胶磷矿、磁铁矿、独居石、白云母、黝帘石、黑云母、菱铁矿、透闪石、水黑云母和褐帘石，样品中含有少量的风化碎屑。其中绿帘石、紫苏辉石和普通角闪石的平均含量超过 10%，分别为 27.5%、11.6% 和 20%，为海区的优势矿物。

北冰洋共鉴定出重矿物29种，包括绿帘石、紫苏辉石、普通角闪石、钛铁矿、石榴子石、磷灰石、赤铁矿、绿泥石、普通辉石、蓝晶石、褐铁矿、锆石、电气石、自生黄铁矿、榍石、胶磷矿、磁铁矿、独居石、白云母、黝帘石、黑云母、菱铁矿、透闪石、金红石、符山石、褐帘石、铁锰微结核、金绿宝石和顽火辉石，样品中含有少量的风化碎屑。其中绿帘石、紫苏辉石和普通角闪石的平均含量超过10%，为海区的优势矿物。其他矿物的平均含量在10%之下，钛铁矿、石榴子石、磷灰石和赤铁矿的平均含量在10%~3%，属于常见矿物，其他矿物平均含量较低，部分矿物仅在少数站位沉积物中零星出现，但也存在例外，如门捷列夫海脊和罗蒙诺索夫海脊之间门捷列夫深海平原的ICE-6站位表层沉积物中菱铁矿含量可达到20%左右。

普通辉石　白令海的平均含量10.5%，含量范围为0~31.7%，高值出现在白令海峡南部。北冰洋平均含量3.4%，变化范围为0~14.7%，高值出现在阿拉斯加北部，其他海域含量较低（图4-14a）。

普通角闪石　多以绿色、浅绿色的碎粒、短柱状、短板状出现，棱角不明显，表面有磨蚀和溶蚀，透明度较高，长柱状颗粒含量较低（图4-15c）。一般在近海沉积物中含量较高，白令海含量变化范围0~32.1%，平均20%。高值出现在白令海东部，低值在白令海盆处。北冰洋平均含量15.2%，变化范围3.0%~28%。高含量主要出现在楚科奇半岛北部，低值出现在加拿大海盆区（图4-14b）。

绿帘石　以绿黄色、浅黄绿色的次圆状颗粒为主，颜色偏黄，表面溶蚀不平，透明到半透明，偶见到有新鲜的黄绿色短柱状颗粒，表明本区亦有少量新的物质输入（图4-15a）。白令海平均含量27.5%，变化范围0~32.1%。高含量主要出现在白令海东南部，低值区出现在白令海盆区。北冰洋平均含量25.9%，变化范围4.0%~64.7%。高含量主要出现在靠近阿拉斯加一侧海区沉积物中，而较低的含量出现在北冰洋西部和楚科奇海北部（图4-14c）。

紫苏辉石　褐绿色、浅褐绿色的短柱状，棱角不明显，透明到半透明，部分颗粒表面粗糙有溶蚀（图4-15b）。白令海平均含量11.6%，含量范围为2.3%~28.6%。高值出现在海盆区。北冰洋平均含量18.6%，最大值为55.7%。高含量出现在楚科奇半岛北部，较低的含量出现在靠近阿拉斯加一侧海区的沉积物中（图4-14d）。

石榴子石　多为粉色、不规则粒状颗粒，表面溶蚀不平，少见有完整晶形的颗粒（图4-15d）。白令海平均含量4.7%，含量范围为0~32.2%，北冰洋平均含量4.9%，最高含量26%，每个站位的沉积物中都有出现，分布广泛，含量分布出现区域性，白令海峡东北和东南两侧含量出现高值（图4-14e）。

磷灰石　多为灰白色、半透明、次圆状颗粒，常见到生物磷酸盐溶蚀的浅黄色次圆状颗粒（图4-15e）。在样品中常见有磷灰石蚀变成球状的胶磷矿（图4-15f）。在白令海含量极低，北冰洋加拿大海盆含量较高，最大值16.3%（图4-14f）。

其他一些较为常见但平均含量较低的矿物如绿泥石（图4-15g）、蓝晶石（图4-15i）、锆石（图4-15j）、榍石（图4-15k）、独居石（图4-15l）等在部分站位中出现，本次工作给出了这些矿物在偏光显微镜下的形态和光性特征。

金属矿物　包括钛铁矿、赤铁矿、磁铁矿和褐铁矿。钛铁矿和磁铁矿呈现灰黑色、半金属光泽的颗粒，颗粒磨圆度高，表面溶蚀不平且脆性大，压碎后条痕略带红色调，表明矿物颗粒已经部分赤铁矿化，在样品中也见有细小金属光泽较强的钛铁矿新鲜颗粒出现，磁铁矿在阿拉斯加周缘海域含量较高（图4-16a），表现出物源的影响。赤铁矿多为土状光泽、半金

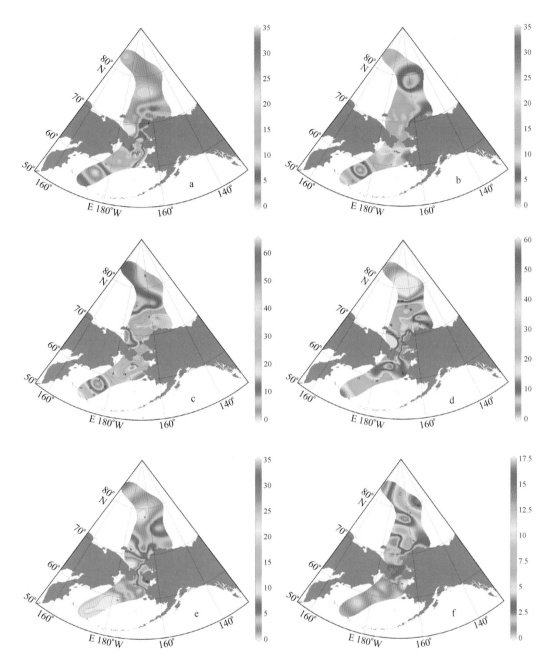

图 4-14　表层沉积物重矿物含量（%）分布

a. 普通辉石；b. 普通角闪石；c. 绿帘石；d. 紫苏辉石；e. 石榴子石；f. 磷灰石

属光泽的灰黑色颗粒，次圆状为主，见有圆柱状、块状颗粒，硬度小，条痕樱红色，高含量出现在北冰洋深水区，近岸沉积物中含量低（图 4-16b）。样品中的褐铁矿多为灰褐色、较为疏松的颗粒，硬度小，条痕发黄，成熟度低，在白令海盆含量较高，其次是阿拉斯加西北部海域，其他海域含量较低（图 4-16c）。

4.3.3　基于碎屑矿物资料的物质来源初探

前已述及，太平洋水进入北冰洋以阿拉斯加沿岸流、白令陆架水及阿纳德尔流等 3 支海流将白令海沉积物搬运到楚科奇海，白令海的入海河流包括阿拉斯加的育空河和卡斯科奎姆

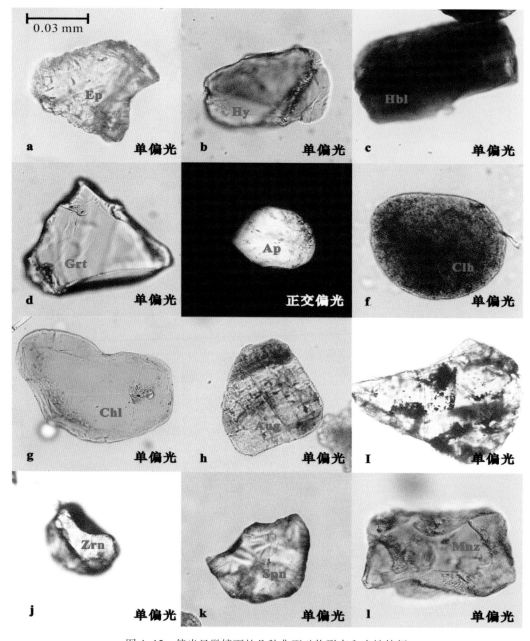

图 4-15 偏光显微镜下的几种典型矿物形态和光性特征

a. 绿帘石（Ep）；b. 紫苏辉石（Hy）；c. 普通角闪石（Hbl）；d. 石榴子石（Grt）；e. 磷灰石（Ap）；f. 胶磷矿（Clh）；g. 绿泥石（Chl）；h. 普通辉石（Aug）；i. 蓝晶石（Ky）；j. 锆石（Zrn）；k. 榍石（Spn）；l. 独居石（Mnz）；显微镜下比例尺相同.

河以及楚克奇半岛的阿纳德尔河。阿纳德尔河流经的岩石类型包括白垩纪到第三纪的火山岩、花岗岩和花岗闪长岩。育空河和卡斯科奎姆河流经的地质体包括侏罗纪-白垩纪的砂岩、页岩和花岗岩，以及第三纪到新近纪的酸性火山岩和深成岩、安山岩和玄武岩等。在阿纳德尔河入海处，沉积物中辉石、角闪石、火山渣、火山玻璃以及斜长石等含量较高，这与该河流流域盆地的岩石类型含大量的火山岩以及花岗岩等是密切相关的。

在育空河和卡斯科奎姆河等河流入海处，沉积物中石英、角闪石和石榴石含量较高，其中石英含量高与前人的研究一致，前人认为沉积物中高含量的石英是育空河搬运来的，并在

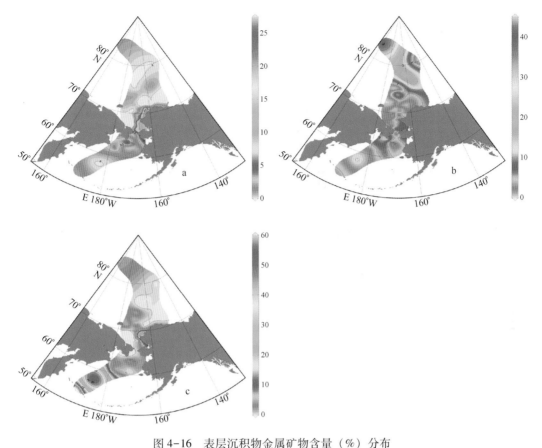

图 4-16　表层沉积物金属矿物含量（%）分布
a. 磁铁矿；b. 赤铁矿；c. 褐铁矿

阿拉斯加沿岸流的作用下被搬运到了楚科奇海。

　　楚科奇海西侧靠东西伯利亚海部分辉石、角闪石含量较高，这应该是欧亚陆架的沉积物在西伯利亚沿岸流的作用下搬运来的，西伯利亚陆地由酸性到基性火山岩及一些沉积岩等组成，在河流的搬运下可以为沉积物提供钾长石、斜长石和石英等以及一些重矿物和黏土矿物。哈坦加河流经西伯利亚玄武岩区携带大量的辉石在拉普捷夫海西部入海，是该海区主要的重矿物，勒拿河携带大量角闪石在拉普捷夫海中东部入海，并成为该区含量最高的重矿物。此外，阿纳德尔河也在阿纳德尔流的作用下为楚科奇海西侧提供辉石、角闪石等火山来源的重矿物。楚科奇海东侧石英含量高，是由于育空河沉积物在阿拉斯加沿岸流的作用下被搬运来的。

　　与全岩矿物组成分析结果类似，碎屑矿物组成的分布特征也显示，北冰洋深水区受到波弗特环流、穿极漂流以及大西洋中层水的影响，在这些洋流的作用下，欧亚陆架和加拿大北极群岛周缘海域沉积物被搬运到北冰洋西部深水区。北冰洋特别是沉积速率较低的深海区，海冰及冰山的搬运是其沉积物的主要搬运方式。

4.4　表层沉积物底栖有孔虫组合及其古环境意义

　　底栖有孔虫可以生存在多种环境中，并且与水团密切相关。底栖有孔虫组合特征的变化能够很好地指示水团和洋流的变迁，是灵敏的古环境替代性指标。北极地区表层沉积物中钙质生物及其沉积环境的研究，主要集中在北冰洋靠欧、美一侧的陆架和深水区。Green（1960）将北冰洋中部阿尔法海脊附近 433~2 760 m 水深范围内的底栖有孔虫划分为 4 个群落，一个主要群落分布与 0℃等温线一致，其他次要群落的分布与水深相关，并提到了 4 个与水深变化密切相关的属种。Lagoe（1977）对加拿大海盆和阿尔法海脊的底栖有孔虫进行了研究，共 75 个种，其中 95% 属于轮虫亚目，只有 0.1% 是胶结质壳，3 700 m 以深底栖有孔虫含量稀少。随后 Lagoe（1979）鉴定了阿拉斯加大陆架和陆坡上的底栖有孔虫，将其划分为 3 个生物相，一个胶结质相（17~350 m），两个钙质相（350~900 m，>900 m），并指出水团在其中扮演了重要的角色。Lagoe（1979）认为浅水胶结质有孔虫主要生存在永久性海冰覆盖的区域，而浅水钙质有孔虫主要生存在季节性无冰区。然而，Schroeder-Adams 等（1990）的结论却与 Lagoe 的相反，前者认为浅水胶结质群落是来自季节性无冰区。Scott 和 Vilks（1991）利用 CESAR，LOREX，FramII 和 FramIII 4 个航次的底栖有孔虫资料，总结了北极深海底栖有孔虫的现代分布，发现了位于弗拉姆海峡附近的胶结质壳有孔虫群落，并且在欧亚海盆中发现了代表北极深海底层水属种 Stetsonia arctica（Green）。Wollenburg 和 Mackensen（1998）研究了北冰洋中部活体底栖有孔虫，以及化石底栖有孔虫组合、丰度以及多样性，结果表明底栖有孔虫群落主要受到食物供应，食物竞争的控制，同时，水团特征、底流活动、基底结构和水深也十分重要。

随着对北冰洋西部海区的深入研究，这一海区的有孔虫相关研究也逐渐受到重视。孟翊等（2001）研究了白令海和楚科奇海表层样中的有孔虫分布特征，发现浮游有孔虫稀少可能与表层生产力低、碳酸盐溶解作用较强有关，而底栖有孔虫的分布则主要受表层初级生产力以及与水深相关的碳酸盐溶解作用和水团性质所控制。陈荣华等（2001）对北极地区楚科奇海和白令海表层沉积中钙质和硅质微体化石进行定量分析，总结了两个海区钙质和硅质微体化石分布特征。孙烨忱等（2010）对西北冰洋表层沉积物中的有孔虫进行统计，通过其丰度来反映生产力状况。Saidova（2011）总结了北极地区现有的底栖有孔虫相关研究成果，指出北极深海区底栖有孔虫出现了 360 个种，共分为 16 个群落，主要分布在大陆坡和海脊的坡上，底栖有孔虫的生物多样性随着深度减少，在深海盆底部，只发现 20 个种。在条件恶劣的地区，主要属种可占到 60%~80% 或更多。这些群落的分布受到纬度、深度、海流、水团和底层水以及沉积物中碳酸钙和有机碳含量等环境因素的控制。孟翊等（2001）和陈荣华等（2001）对该地区底栖有孔虫的分布研究受到样品数量少（分别仅有 37 个和 41 个），覆盖范围窄的限制，只分析了白令海和楚科奇海的底栖有孔虫属种分布与水团性质的关系，而底栖有孔虫的组合特征与海洋环境之间的联系并未明确。本次工作对中国第一次至第四次北极科学考察在西北冰洋所采获的 139 个表层沉积物样品进行底栖有孔虫组合特征分析，旨在揭示北极地区现代海洋环境与底栖有孔虫组合特征的关系，为解释该地区的古海洋环境和古气候变化提供新的依据。

4.4.1　区域生态环境特征

低盐而富营养的北太平洋水通过白令海峡进入北冰洋，与环绕北冰洋宽阔的浅水陆架区的河流输入以及海冰融水一起形成低盐的北冰洋表层水（Miller et al.，2010）。现代北冰洋表层环流受加拿大海盆顺时针流动的波弗特环流和欧亚海盆穿极漂流的控制。表层洋流通过西弗拉姆海峡输出低盐的表层水和海冰，而相对暖而高盐的北大西洋水通过东弗拉姆海峡和巴伦支海流入北冰洋以补偿损失。较暖而高盐的北大西洋水由于密度较大，下潜至更冷而低盐的表层水之下进入北冰洋，因而导致北冰洋海盆强烈的海水分层，自下而上可分成 3 个主要的水团，即北冰洋表层水团，大西洋中层水团和北冰洋深层水团（Osterman et al.，1999）：①北冰洋表层水团（0~200 m）是一冷的低盐水团，为低盐的太平洋水通过相对狭窄和较浅（约 50 m）的白令海峡进入北冰洋，由于受到来自西伯利亚和阿拉斯加河流淡水的影响，盐度降至 27，向格陵兰方向增至 34.5。②相对温暖和高盐的大西洋水团通过弗拉姆海峡和巴伦支海进入北冰洋，最高温度达 3℃，盐度高于 35。随着向北极的移动，大西洋中层水下沉至 200~900 m，最高温度 0.5℃，盐度 34.85。大西洋中层水在北冰洋环极边界流的作用下沿着 1 500~2 500 m 等深线，于 80°N 穿过门捷列夫海脊后分成两支，一支向南进入楚科奇深海平原，另一支向北围绕楚科奇海台进入北风海脊北部地区（Woodgate et al.，2007）。③北极底层水位于中层水之下，起源于挪威和格陵兰海，温度低于 0℃，盐度在 34.92~34.99（Scott and Vilks，1991）。传统观念认为，由于大量的海冰覆盖，北冰洋的生产力很低。可是海冰覆盖在年内是变化的，每年夏季浮冰的边缘地区大面积融化（Osterman et al.，1999）。在北冰洋陆架区，最高的底栖生物量出现在高质量富氮食物通量最大的地区（Grebmeier，1993）。在这个地区，高的表层水生产力与富营养的太平洋水的注入有关。太平洋水含有北大西洋水 2 倍的氮和磷、7 倍的硅（Heimdal，1989），这些营养盐导致极高的表层浮游生物初级生产力（Springer and Mcroy，1993），表层浮游生物死后常常直接沉降到海底（Grebmeier，1993）。北风海脊至马卡洛夫海盆的表层水生产力最高，楚科奇海和欧亚盆地生产力较低（Wheeler et al.，1996）。美亚海盆上部 100 m 表层水团的生产力指示了活跃的浮游群落，这个群落维持着底栖生物的有机碳循环（Osterman et al.，1999）。浮游生物生产力依赖海冰条件和营养盐，美亚盆地更高的表层水生产力可能与流入的高营养盐的太平洋水有关（Wheeler et al.，1996）。在北冰洋陆架区，底栖生物量反映增加的生产力（Grebmeier，1993），但在更深的水中，增加的底栖生物量是否反映增加的生产力尚不清楚（Osterman et al.，1999）。北冰洋的海冰具有明显的季节性变化，海冰覆盖范围在 3 月达到最大，春季和夏季收缩，至 9 月达到最小。海冰可明显地分为常年冰带和季节冰带，季节冰带的海冰密集度高度可变，一般向着南部海冰边缘减少。在风场和洋流的影响下，北冰洋冰层几乎在恒定的运动，大规模的环流主要由波弗特环流和穿极漂流控制（Polyak et al.，2010）。冬季楚科奇海完全被海冰覆盖，从 12 月初到翌年 4 月底，最大海冰覆盖面积出现在 3 月（Heimdal，1989），夏季海冰逐渐融化，9 月下旬海冰面积最小。

4.4.2　样品与数据

研究材料为中国第一次至第四次北极考察在北冰洋西部所采集的 139 个表层沉积物样品（图 4-17）（中国首次北极科学考察队，2000；张占海，2003；张海生，2009；余兴光，2011）。表层沉积物样品采集区域位于楚科奇海、波弗特海、楚科奇海台和北风海脊、门捷列夫深海平原、加拿大海盆、阿尔法海岭以及马卡洛夫海盆，自 66°30′—88°24′N，143°35′—178°39′W，涵盖了北冰洋西部海区从水深 26 m 的陆架区至 3 990 m 的深海盆区。

底栖有孔虫的属种鉴定和统计结果显示，139 个样品中含有底栖有孔虫的样品 98 个。其

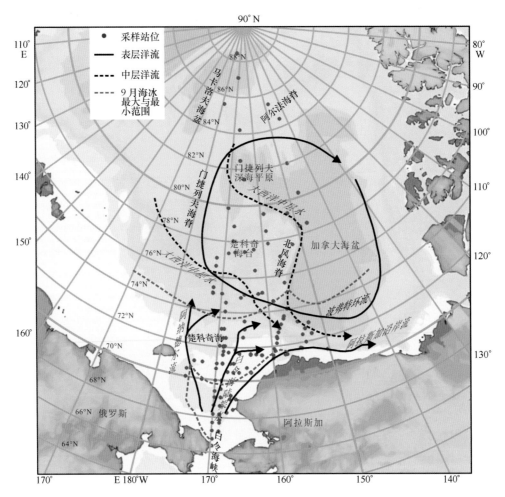

图 4-17　用于底栖有孔虫分析的表层沉积物站位分布及研究区洋流和海冰分布范围
（据 Grebmeier et al., 2006 重绘）

中，底栖有孔虫数量 100 枚以上的样品 32 个，数量 50~100 枚的样品 15 个，数量 50~40 枚的样品 6 个，数量 40~30 枚的样品 4 个，数量 30~20 枚的样品 3 个，数量 20~10 枚的样品 21 个，数量 10 枚以下的样品 17 个。由于大部分样品全样统计数量不足 50 枚，故只针对底栖有孔虫含量在 50 枚以上的共 47 个样品计算各属种百分含量，绘制主要属种的平面分布和深度分布图，根据主要属种的分布特征划分底栖有孔虫组合，探讨底栖有孔虫分布与水深、海冰、碳酸盐溶解作用以及温度、盐度等环境因子的关系。

4.4.3　底栖有孔虫分布特征

4.4.3.1　底栖有孔虫含量分布特征

研究区的大部分地区都有底栖有孔虫分布，有孔虫的丰度在 1~219 枚/g 之间，平均 13 枚/g，其中 24 个样品的丰度大于 10 枚/g，28 个样品的丰度在 1~10 枚/g 之间，46 个样品的丰度小于 1 枚/g。其丰度的区域分布特征为楚科奇海平均 5 枚/g，门捷列夫深海平原和加拿大海盆平均 3 枚/g，楚科奇海台和北风海脊平均 32 枚/g，阿尔法海脊平均 21 枚/g。底栖有孔虫丰度大于 25 枚/g 的高值区出现在白令海峡，楚科奇海台和阿尔法海脊西部（图 4 -18a），而在阿尔法海脊东部，门捷列夫深海平原，加拿大海盆和楚科奇海，底栖有孔虫丰度均小于 10 枚/g。底栖有孔虫丰度随着深度的增加而减小，2 500 m 以深海区的样品丰度均小于 10 枚/g（图 4-18b）。

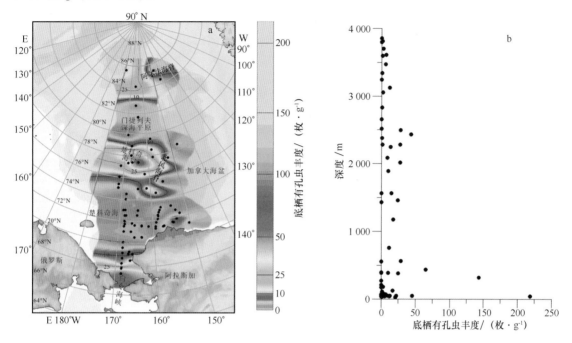

图 4-18　表层沉积物中底栖有孔虫丰度的分布

a. 平面分布；b. 深度分布

4.4.3.2　底栖有孔虫主要属种分布特征

由于西北冰洋海区底栖有孔虫丰度不高，大部分样品全样统计数不足 50 枚，并且底栖有孔虫组合分异度也不高，故本次研究只针对底栖有孔虫含量在 50 枚以上的 47 个样品做属种鉴定和统计分析。这 47 个样品中的底栖有孔虫属种鉴定和统计结果显示，底栖有孔虫属种共有 31 个，其中有 7 个优势种出现在大多数样品中，它们的平均百分含量都大于 5%，这 7 个优势种的平均百分含量之和达到 78.9%（表 4-3）。它们的分布特征与环境因子等存在着一定的相关性。

表 4-3　西北冰洋表层沉积物中底栖有孔虫 7 个优势种的百分含量

属种名称	百分含量/%	平均值/%
Elphidium excavatum（Terquem）	0~64.9	11.5
Buccella frigida（Cushman）	0~28.3	5.6
Florilus scaphus（Fichtel et Moll）	0~47.8	6.6
Elphidium albiumbilicatum（Weiss）	0~58.8	18.2
Cassidulina laevigata d'Orbigny，Mackensen and Hald	0~96.1	9.5
Cibicides wuellerstorfi（Schwager）	0~100	15.7
Oridorsalis umbonatus（Reuss）	0~92.4	11.8

Elphidium excavatum 是研究区常见属种之一，出现在 24 个站位中，其含量为 0.8%～64.9%。该种主要分布在楚科奇海至白令海峡，其含量大于 10%，楚科奇海南部至白令海峡其含量逐渐增加至 30% 以上（图 4-19a）。而波弗特海陆坡，74°N 以北的楚科奇海陆坡、楚科奇深海平原、楚科奇海台和北风海脊、门捷列夫深海平原以及阿尔法海脊，其含量小于 10%，该种主要分布在水深 28～121 m 的范围内，其含量大于 30% 的 7 个站位分布在水深 41.5～50 m 的范围内，平均水深 44 m（图 4-19b）。

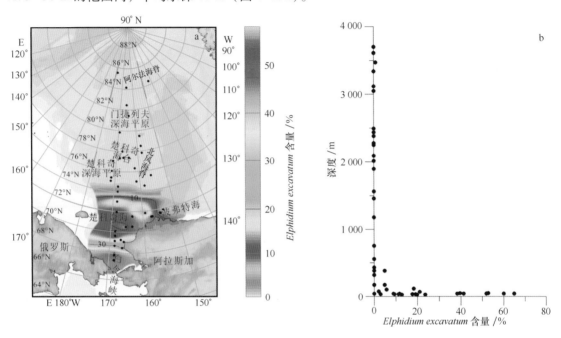

图 4-19　表层沉积物中底栖有孔虫 *Elphidium excavatum* 含量的平面分布和水深分布

Elphidium albiumbilicatum 是研究区最常见属种之一，出现在 39 个站位中，其含量为 0.4%～58.8%。该种主要分布在 71°N 以南的楚科奇海以及阿拉斯加沿岸，其含量大于 30%（图 4-20a）。而 71°N 以北的楚科奇海其含量小于 30%，楚科奇深海平原、楚科奇海台和北风海脊、门捷列夫深海平原以及阿尔法海脊，其含量小于 10%。该种主要分布在水深 28～179 m 的范围内，其含量大于 30% 的 14 个站位分布在水深 28～121 m 的范围内，平均水深 53 m（图 4-20b）。

Buccella frigida 是研究区最常见属种之一，出现在 26 个站位中，其含量为 0.4%～28.3%。该种主要分布在 71°N 以南的楚科奇海至白令海峡，其含量大于 10%（图 4-21a）。而 71°N 以北的楚科奇海，楚科奇深海平原、楚科奇海台和北风海脊、门捷列夫深海平原以及阿尔法海脊，其含量小于 10%。在深度分布上，该种主要分布在水深 28～383 m 的范围内，其含量大于 10% 的 11 个站位分布在水深 28～176 m 的范围内，平均水深 53 m（图 4-21b）。

Florilus scaphus 为研究区常见属种之一，出现在 21 个站位中，其含量为 0.2%～47.8%。该种主要分布在楚科奇海中部至阿拉斯加北部岸外的波弗特海陆架和陆坡区，其含量大于 10%，在波弗特海陆架和陆坡其含量大于 30%（图 4-22a）。而 69°N 以南的楚科奇海至白令海峡，72°N 以北的楚科奇海、楚科奇深海平原、楚科奇海台和北风海脊、门捷列夫深海平原以及阿尔法海脊，其含量小于 10%。该种主要分布在水深 28～383 m 的范围内，平均水深 117

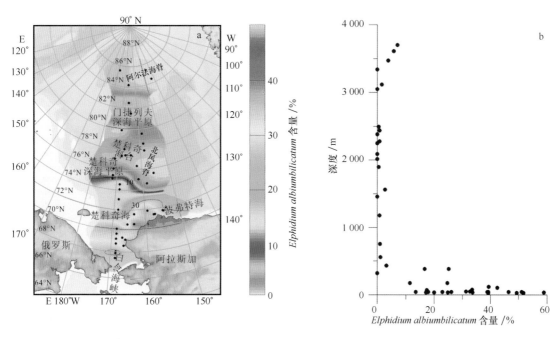

图 4-20　表层沉积物中底栖有孔虫 *Elphidium albiumbilicatum* 含量的平面分布和水深分布

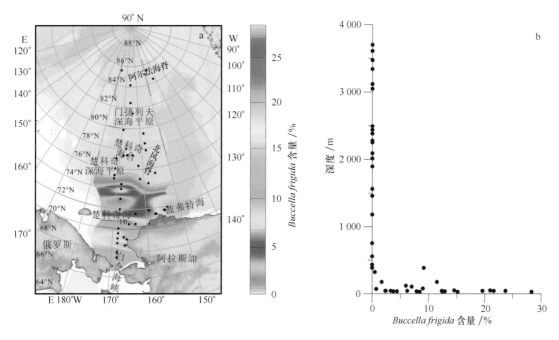

图 4-21　表层沉积物中底栖有孔虫 *Buccella frigida* 含量的平面分布和水深分布

m（图 4-22b）。

　　Cassidulina laevigata 仅出现在研究区的 15 个站位中，并且存在明显的区域分布特征。该种的含量为 0.4%～96.1%，其中含量大于 10% 的站位集中分布在楚科奇海台、北风海脊北部以及楚科奇海北部陆坡上（图 4-23a）。而楚科奇海、门捷列夫深海平原和阿尔法海脊其含量均低于 10%。在深度分布上，该种主要分布在水深 38.7～1 174 m 的范围内，其含量大于 10% 的站位主要分布在水深 38.7～1 174 m 的范围内，平均水深 524 m，其中含量大于 60% 的 5 个

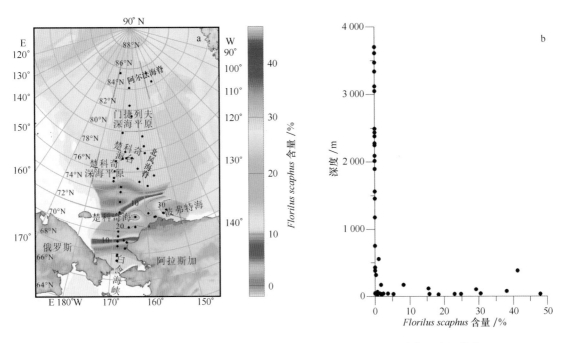

图 4-22　表层沉积物中底栖有孔虫 *Florilus scaphus* 含量的平面分布和水深分布

站位的水深分别为 320 m、384 m、562 m、434 m 和 752.4 m，平均水深 490 m（图 4-23b）。

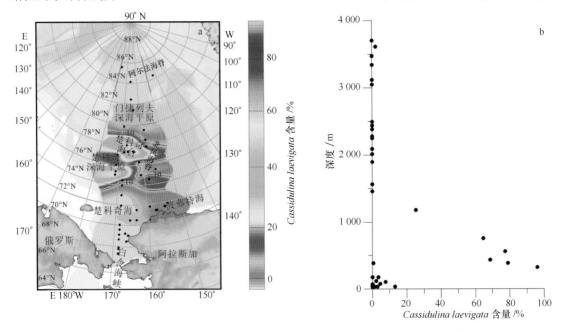

图 4-23　表层沉积物中底栖有孔虫 *Cassidulina laevigata* 含量的平面分布和水深分布

Cibicides wuellerstorfi 为研究区最常见属种之一，出现在研究区不同水深的 22 个站位中，其含量为 0.7%～100%。该种主要出现在楚科奇深海平原、楚科奇海台南部和北风海脊之间的深水盆地以及阿尔法海脊，其含量大于 20%（图 4-24a）。其中在阿尔法海脊东部、楚科奇深海平原以及楚科奇海台和北风海脊之间的深水盆地，其含量大于 60%；而在楚科奇海陆坡以南以及门捷列夫深海平原，其含量低于 20%。该种主要分布在水深 1 456～3 341 m 的范围

内, 其含量随深度的变化由水深 1 456~2 493 m 的 40%~100% 逐渐减少到水深 3 341 m 的
20% (图 4-24b)。

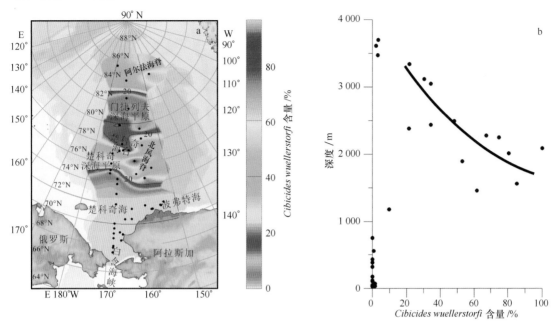

图 4-24 表层沉积物中底栖有孔虫 *Cibicides wuellerstorfi* 含量的平面分布和水深分布

Oridorsalis umbonatus 是西北冰洋研究区常见属种之一, 出现在 16 个站位中, 其含量为
1.7%~92.4%。其含量大于 30% 的站位主要出现在阿尔法海脊西部、门捷列夫深海平原、北
风海脊西部陆坡下部, 其中含量大于 60% 的站位出现在 79°N 以北的门捷列夫深海平原, 而
在阿尔法海脊东部、楚科奇海台和北风海脊及以南地区其含量小于 30% (图 4-25a)。该种主
要分布在水深 1 456~3 700 m 的范围内, 其含量的深度变化随着深度的增加而增加, 由水深
2 278~3 119 m 的 25%~47% 逐渐增加到水深 3 611~3 700 m 的 86.3%~92.4% (图 4-25b)。

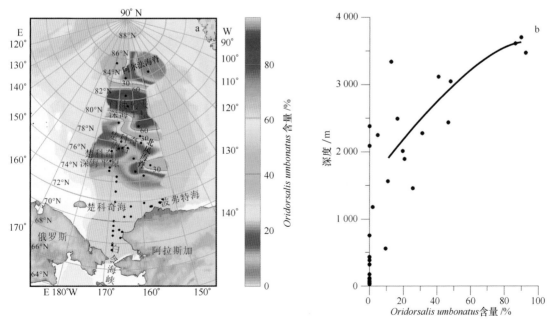

图 4-25 表层沉积物中底栖有孔虫 *Oridorsalis umbonatus* 含量的平面分布和水深分布

4.4.4 底栖有孔虫分布规律的古环境意义

4.4.4.1 底栖有孔虫丰度分布特征与环境因子的关系

底栖有孔虫的分布通常会受到水深、海冰、食物供给、碳酸盐溶解作用和陆源稀释作用以及温、盐等环境因素的影响。西北冰洋底栖有孔虫的分布特征十分明显，白令海峡、楚科奇海台和阿尔法海脊西部较高，而楚科奇海、加拿大海盆以及门捷列夫深海平原较低（图4-18）。Wollenburg 和 Mackensen（1998）认为季节性无冰区的底栖有孔虫丰度和多样性是随着食物供应的增加而增加的。楚科奇海底栖生物量和有机碳含量都较高，说明表层生产力较高（Grebmeier et al，2006；王汝建等，2007；孙烨忱等，2011），但是楚科奇海底栖有孔虫丰度却较低，可能受到楚科奇海陆架区通过河流以及近岸海冰融化输入的陆源物质的稀释作用的影响，资料显示北冰洋地区越靠近陆架物源区，沉积速率越高，与北冰洋其他海区沉积速率资料对比显示，楚科奇海陆架区沉积速率比门捷列夫深海平原、阿尔法海脊和加拿大海盆等地区沉积速率高一个数量级（梅静等，2012）。楚科奇海台和阿尔法海脊底栖有孔虫丰度较高，可能是由于其站位水深范围分别为 434～2 086 m 和 2 247～2 493 m，受碳酸盐溶解作用影响较小，并且受到了暖而咸的大西洋中层水的影响。在北冰洋中部营养贫乏的永久性海冰覆盖区，非常低的底栖有孔虫丰度和多样性反映了食物供应的限制，主要为沿岸浅水种，包括单一的胶结质壳和小的钙质壳种（Wollenburg and Mackensen，1998）。而加拿大海盆和门捷列夫深海平原底栖有孔虫丰度较低，是因为其站位水深范围为 3 050～3 700 m，受碳酸盐溶解作用影响较大。在加拿大海盆的站位 S26，水深 3 597 m，出现了似瓷质壳的 *Pyrgo williamsoni*（Silvestri）。似瓷质壳的建造需要 $CaCO_3$，因此对海水中 $CaCO_3$ 的含量要求较高，说明加拿大海盆的 CCD 较深，至少大于 3 600 m，与前人研究结果基本一致（孟翊等，2001）。

4.4.4.2 底栖有孔虫主要属种与环境因素的关系

根据 7 个底栖有孔虫优势种的百分含量和水深分布特征，可将西北冰洋表层沉积物中底栖有孔虫埋葬群划分为 5 个组合，分别代表不同的区域环境。

1）楚科奇海陆架-白令海峡组合

该组合的优势种 *E. excavatum* 和 *B. frigida* 主要分布在楚科奇海陆架以及白令海峡。常见种有 *E. albiumbilicatum*，*F. scaphus*，*Ammoscalaria tenuimargo*（Brady），*Eggerella* spp.，*Reophax scorpiurus* Montfort；稀少种有 *Ammosiphonia* spp.，*Haplophragmoides canariensis* Wiesner，*P. williamsoni*，*Recurvoides turbinatus*（Brady）。该区域的底栖有孔虫简单分异度在 3～12 之间，平均为 6，比其他区域的简单分异度要高，反映该区域的环境相对较为复杂。优势种 *E. excavatum* 主要分布在楚科奇海南部至白令海峡，平均水深 44 m（图4-19）。*E. excavatum* 在北极和亚北极地区的底栖有孔虫群中的含量大于 50%，主要在挪威沿岸、冰岛、阿拉斯加等周围海域，在第四纪晚冰期海洋沉积物中也有较高的含量（Feyling-Hanssen，1972）。该种也出现在温度 1～21℃、盐度 28～30 的半咸水的 Gardiners 湾中（Feyling-Hanssen，1972）。*E. excavatum* 能够适应的环境变化范围较大，能在底流活动强、环境多变的白令海峡地区成为优势种。该组合另一优势种 *B. frigida* 为典型的冷水种。在前人研究中，该种主要出现在楚科奇海陆架上，并且含量不高（1.6%～5.2%）（Osterman et al.，1999）。本次调查中它主要出现在楚科奇海南部至白令海峡，平均水深53 m（图4-21）。该组合水深较浅，平均水深小于50 m，主要分布在楚科奇海以及白令海峡，可能反映了受白令海陆架水影响的楚科奇海陆架-白令海峡浅水环境。

2）阿拉斯加沿岸-波弗特海组合

该组合的优势种 *F. scaphus* 和 *E. albiumbilicatum* 主要分布在阿拉斯加沿岸流流经的区域以及波弗特海陆架和陆坡。常见种有 *B. frigida*，*E. excavatum*；稀少种有 *R. scorpiurus*，*A. tenuimargo*，*C. laevigata*，*H. canariensis*。该区域的底栖有孔虫简单分异度在3～12之间，平均为7，比其他区域的简单分异度要高，反映该区域的环境相对较为复杂。优势种 *F. scaphus* 为内陆架浅海种（石丰登等，2007），主要分布在楚科奇海中部至阿拉斯加北部岸外的波弗特海陆架和陆坡区，平均水深117 m（图4-22）。另一优势种为 *E. albiumbilicatum*，其分布受盐度的影响大于受水深的影响（Alvea and Murray，1999）。在北极阿拉斯加沿岸埃尔松潟湖及其入湖河口中，该优势种栖息在主要离子含量和盐度偏离正常海水较大的河口底质中（李元芳等，1999）。在本次调查中，*E. albiumbilicatum* 主要分布在楚科奇海至阿拉斯加沿岸，平均水深53 m（图4-20）。故该组合可能反映了受季节性海冰融化，低盐的阿拉斯加沿岸流以及河流淡水输入影响的低盐环境。

3）大西洋中层水组合

该组合的优势种 *C. laevigata* 主要分布在楚科奇海台、北风海脊北部以及楚科奇海北部陆坡。常见种有 *Cibicides* spp.，*R. turbinatus*；稀少种有 *O. umbonatus*，*Quinqueloculina orientalis* sp. nov.，*C. wuellerstorfi*，*F. scaphus*。该区域的底栖有孔虫简单分异度在3～8之间，平均为5。Green（1960）指出其数量变化与水深相关，在北极地区的最大丰度是在 Ellesmere 岛附近水深500 m 的陆架区域，未出现在2 000 m 以深的区域。Osterman 等（1999）指出 *Cassidulina teretis* Tappan（本次调查中的 *C. laevigata*）大量（30%～80%）存在于楚科奇海台水深402～528 m 的范围内，并一直延续到门捷列夫海脊和罗蒙诺索夫海脊，这种现象与大西洋水影响的北极中层水有关。Saidova（2011）指出 *C. teretis*（本次调查中的 *C. laevigata*）为大西洋水团的特有种，出现在水深433～510 m 的范围内。在鄂霍次克海的杰留金盆地（Deryugin Depression）晚第四纪沉积物中，*C. teretis*（本次调查中的 *C. laevigata*）指示低温和高有机质的环境（Barash et al.，2008）。在本次调查中，*C. laevigata* 主要分布在楚科奇海台，北风海脊北部，以及楚科奇海北部陆坡上，含量大于60%的站位平均水深490 m（图4-23）。中层水的流动属于北极环极边界流，由于楚科奇海台的直接阻碍作用，主要部分绕过海台流动，进入波弗特海（赵进平等，2004），该组合所分布的区域与其影响范围一致。故该组合可能反映了高温高盐的大西洋中层水影响的区域。

4）北极深层水组合

该组合的优势种 *C. wuellerstorfi* 主要分布在楚科奇深海平原、楚科奇海台和北风海脊之间的深水盆地，北风海脊以及阿尔法海脊的深水区。常见种有 *O. umbonatus* 和 *Q. orientalis*；稀少种有 *P. williamsoni* 和 *R. turbinatus*。该区域的底栖有孔虫简单分异度在1～5之间，平均为3，与分布在其他区域的底栖有孔虫组合相比较低，反映环境较为单调。在不同深度分布着不同的水团，被不同水团占据的海底生活着不同属种组合的底栖有孔虫（张江勇等，2004）。Green（1960）报道了北冰洋与水深变化密切相关的4个重要的属种，其中 *C. wuellerstorfi* 在

500 m 水深数量很少，而随着深度的增加，在 2 760 m 丰度最大，指示深层水环境。Osterman 等（1999）发现北冰洋 *Fontbotia wuellerstorfi*（Schwager）（本次调查中的 *C. wuellerstorfi*）分布在水深 900 ~ 3 500 m 的范围内。北极 Yermak 高原的有孔虫组合中 *Planulina wuellerstorfi*（Schwager）（本次调查中的 *C. wuellerstorfi*）出现在 2 000 ~ 2 500 m 水深范围（Bergsten，1994）。在 Lagoe（1977）的研究中，北极深水有孔虫包括 *Stetsonia horvathi* Green 和 *P. wuellerstorfi*（本次调查的 *C. wuellerstorfi*）。在西北冰洋，*C. wuellerstorfi* 主要出现在阿尔法海脊、楚科奇深海平原以及楚科奇海台和北风海脊之间的深水区，水深在 1 456 ~ 3 341 m，其含量随深度的增加而逐渐减少（图 4 - 24）。根据 Scott 和 Vilks（1991）的报道，北冰洋深海（>3 600 m 水深）样品中 *S. arctica* 的平均含量达 44%，但这个典型北极深水种 *S. arctica* 并未在我们的样品中出现。该组合分布的平均水深为 2 334 m，可能反映了水深大于 1 500 m 的低温高盐的北极深层水环境，因为北极深层水的温度下降到约 0.96℃，盐度增加到 34.95（Saidova，2011）。

5）门捷列夫深海平原组合

该组合的优势种 *O. umbonatus* 主要分布在北风海脊西部陆坡下部，门捷列夫深海平原，以及阿尔法海脊西部。常见种只有北极深水区的优势种 *C. wuellerstorfi*；稀少种有 *P. williamsoni*，*Q. orientalis*。该区底栖有孔虫组合的简单分异度，平均为 4，缺失其他深海地区的常见种（Lagoe，1977）。Scott 等（1991）的北冰洋有孔虫研究发现，*O. umbonatus* 出现在北极 1 570 ~ 1 980 m 深的罗蒙诺索夫海脊附近以及 3 765 ~ 4 000 m 水深的相对平坦的格陵兰北部大陆隆。Osterman 等（1999）通过对北冰洋底栖有孔虫的研究指出，*O. umbonatus* 主要出现在 1 020 m 以深的地区（12% ~ 60%）。本次调查中，*O. umbonatus* 分布在水深 1 500 ~ 3 700 m 的范围内（图 4-25），与另一深水种 *C. wuellerstorfi* 不同的是前者含量随深度的增加而增加，而后者含量随深度的增加而降低。该组合主要分布于水深大于 1 500 m 的地区，受永久性海冰覆盖影响，表层生产力较低（王汝建等，2007），可能反映了低营养的底层水环境。

4.4.5　小结

通过西北冰洋 139 个表层沉积物中的底栖有孔虫属种的鉴定和统计，计算各属种百分含量，并根据优势属种的分布特征划分底栖有孔虫组合，综合研究了底栖有孔虫丰度及其组合分布特征与环境因素的关系，得出以下结论。

（1）楚科奇海低的底栖有孔虫丰度主要受较高的陆源物质输入的稀释作用影响；楚科奇海台和阿尔法海脊较高的底栖有孔虫丰度主要受到暖而咸的大西洋中层水的影响；受碳酸钙溶解作用影响的门捷列夫深海平原和加拿大海盆底栖有孔虫丰度较低。

（2）根据 7 个底栖有孔虫优势属种的百分含量分布特征，将底栖有孔虫埋葬群划分为 5 个区域组合。楚科奇海陆架-白令海峡组合的优势种为 *E. excavatum* 和 *B. frigida*，可能反映受白令海陆架水影响的浅水环境；阿拉斯加沿岸-波弗特海组合的优势种为 *F. scaphus* 和 *E. albiumbilicatum*，可能反映受季节性海冰融化，低盐的阿拉斯加沿岸流以及河流淡水输入影响的低盐环境；大西洋中层水组合的优势种为 *C. laevigata*，可能反映高温高盐的大西洋中层水影响的环境；北极深层水组合的优势种为 *C. wuellerstorfi*，可能反映水深大于 1 500 m 低温高盐的北极深层水环境；门捷列夫深海平原组合的优势种为 *O. umbonatus*，可能反映低营养的底层水环境。

4.5 表层沉积物浮游有孔虫稳定氧碳同位素分布特征

4.5.1 样品与数据

本研究的材料来自中国首次至第四次北极考察所采集的北冰洋西部和白令海北部表层沉积样品 149 个（0~2 cm）。为获得更大范围的样品覆盖，用俄罗斯 RUSALCA-2012 航次在楚科奇海西部采集的 28 个箱式样表层样品作为补充。所获得数据综合了多个国外北冰洋西部考察航次所获得的数据（Poore et al.，1999a；Hillaire-Marcel et al.，2004；Polyak et al.，2004，2009；Adler et al.，2009），以及前人发表的北冰洋东部数据（Spielhagen and Erlenkeuser，1994），使我们能够对绘制北冰洋表层沉积物中浮游有孔虫 *Neogloboquadrina pachyderma* 稳定氧碳同位素整体分布图，并研究其作为环境替代性指标的意义（图 4-26）。

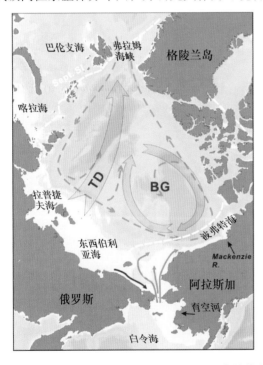
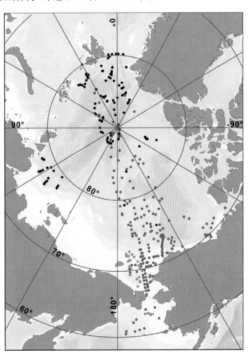

图 4-26　北冰洋洋流示意图及表层站位分布

注：白色虚线为夏季海冰边界，绿色虚线箭头表示次表层大西洋水的流向 . BG：波弗特环流；TD：穿极流 . 红点为中国首次至第四次北极样品；绿点为俄罗斯 RUSALCA-2012 样品；蓝点为美国 HOTRAX 航次和美国地质调查局样品；黑点来自 Spielhagen & Erlenkeuser，1994.

在总共 177 个样品中，只有 66 个样品能够挑出足够的 *N. pachyderma* 壳体。这些样品集中在北冰洋、楚科奇海东侧以及白令海陆坡区。在楚科奇海陆架区有孔虫含量通常只有不足 10 枚/g，且绝大部分都是底栖属种。这可能是由于陆架区硅质生物生产力和陆源输入物质的稀释作用造成的（Walsh et al.，1989）。另一重要原因是陆架区碳酸钙的强烈溶解作用（Chierici and Fransson，2009）。挑出的 *N. pachyderma* 壳体被压碎并经过超声清洁，之后用

Finnigan MAT 252 同位素质谱仪进行 $\delta^{18}O$ 和 $\delta^{13}C$ 测试。数据结果转换成 PDB 标准，$\delta^{18}O$ 和 $\delta^{13}C$ 的精度分别为 0.07‰和 0.04‰。为获得表层沉积物的年龄，我们对 23 个表层样进行了 *N. pachyderma* 的 AMS^{14}C 测年。并综合了其他所用样品的测年数据，获得较全面的表层沉积物年龄分布图。

4.5.2　表层沉积物年龄

北冰洋不同区域沉积速率差异很大，因此同样 1~2 cm 的表层沉积物所代表的沉积年龄可能不同。AMS^{14}C 测年结果显示（图 4-27），较老的年龄出现在北冰洋中央海区，而在陆坡区相对年轻。这个结果和前人研究的北冰洋沉积速率的分布一致。所测所有样品的年龄均在全新世，因此所获得的同位素数据可与现代环境作类比。

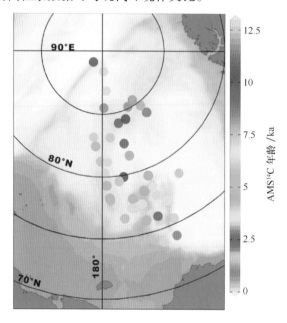

图 4-27　西北冰洋表层沉积物 AMS^{14}C 年龄

4.5.3　有孔虫氧同位素组成分布特征

楚科奇陆架和白令海北部，*N. pachyderma* 的 $\delta^{18}O$ 值为 1.5‰~2‰。在楚科奇陆架边缘，$\delta^{18}O$ 值出现 2‰~3.5‰的重值。在波弗特海，靠近麦肯锡河口的浮游拖网的样品显示约 1‰ 的 $\delta^{18}O$ 轻值；而在陆坡区约为 2.5‰。在楚科奇海台、北风海脊和加拿大海盆，$\delta^{18}O$ 值小于 1.5‰。在更北的北冰洋中央，马卡洛夫海盆、罗蒙诺索夫海脊，$\delta^{18}O$ 值为 1.6‰~2.3‰，平均为 1.9‰。在欧亚北冰洋，$\delta^{18}O$ 值从中央海盆的 1.9‰ 逐渐升高到巴伦支海和拉普捷夫海陆架边缘的 3.4‰（图 4-28）。

N. pachyderma 的 $\delta^{13}C$ 值在白令海北部、楚科奇海南部和东北部显示 0.8‰~1.1‰。在楚科奇中央靠近哈罗德浅滩的位置，$\delta^{13}C$ 显示 0.4‰~0.5‰的轻值。在楚科奇海陆坡以外，$\delta^{13}C$ 值为 0.6‰~0.9‰。美亚北冰洋，包括门捷列夫海脊和阿尔法海脊，加拿大海盆和马卡洛夫海盆呈现 0.8‰~1.5‰的重值。波弗特海靠近麦肯锡河 $\delta^{13}C$ 值为 0.4‰~0.7‰，而在波

弗特外海，出现了约 0‰的轻值。在罗蒙诺索夫海脊和欧亚海盆，$\delta^{13}C$ 为 0.75‰~0.95‰。在弗拉姆海峡东北部和叶马克海台出现小于 0.2‰的轻值。在巴伦支海陆架，$\delta^{13}C$ 约为 0.5‰；在拉普捷夫海陆架边缘向中央海盆区，$\delta^{13}C$ 从 0.4‰逐渐变重为 0.7‰。

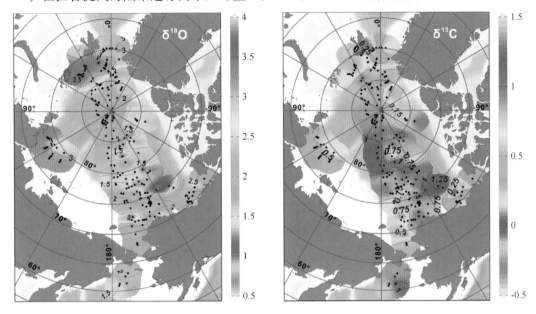

图 4-28　北冰洋表层沉积物 *N. pachyderma* 稳定氧碳同位素分布（‰）

4.5.4　有孔虫氧同位素与海水的对比

浮游有孔虫稳定氧同位素组成被认为记录了其生长的海水环境的 $\delta^{18}O$ 信号及海水温度和盐度的变化。分析北冰洋西部 *N. pachyderma* 的 $\delta^{18}O$ 分布特征，及与水体温盐分布的关系可了解其对水体环境变化的响应。在欧亚北冰洋的研究显示，*N. pachyderma* $\delta^{18}O$ 在各个水层都比正常的同位素平衡值差 1‰左右（Kohfeld et al.，1996），但这个系统差别不会对整体的分布情况造成偏差。

由于在北冰洋 *N. pachyderma* 壳体生长主要在夏季（Carsten and Wefer，1992），我们对比其壳体和夏季温盐的相关性。对比现代夏季表层海水温度，有孔虫氧同位素的分布规律与之不同。这说明温度不是北冰洋有孔虫氧同位素的主控因素。根据 1℃ 水温的变化对应于 0.25‰有孔虫碳酸钙壳体 $\delta^{18}O$ 的变化的相关性（Shackleton，1974），我们将有孔虫 $\delta^{18}O$ 中的温度信号去除（$\delta^{18}O_{norm}$），然后对比与水体氧同位素 $\delta^{18}O_w$ 的关系。$\delta^{18}O_{norm}$ 和 $\delta^{18}O_w$ 对比发现，在不同区域二者的相关性存在差异。这是由于各个海域携带不同 $\delta^{18}O_w$ 信号的不同水团的混合引起的。二者相关性最好是在 30~50 m 的水层（$R^2>0.4$），尤其在北冰洋中央海盆区。在更深的水层，相关性变弱，表现为水体 $\delta^{18}O_w$ 变重，而由于温度梯度很小，$\delta^{18}O_{norm}$ 变化很小。这个分布规律说明 *N. pachyderma* 在北冰洋中生活水深很浅。这个发现与前人在南森海盆的调查所一致（Carstens and Wefer，1992）。从欧亚海盆到美亚海盆 *N. pachyderma* $\delta^{18}O$ 的变轻，与盐跃层变深有关（图 4-29）。

在北冰洋边缘海，$\delta^{18}O_{norm}$ 和 $\delta^{18}O_w$ 相关性很弱。虽然 *N. pachyderma* $\delta^{18}O$ 值在楚科奇海中部和白令海北部相似，但与温盐的变化相关性很弱。这是与楚科奇海复杂的水团分布有关：

东部为温暖低盐的阿拉斯加沿岸流，西部为低温高盐的阿纳德尔流。

在波弗特海、楚科奇海、拉普捷夫海和巴伦支海陆架边缘，以及弗拉姆海峡，往中央海盆方向都显示出 *N. pachyderma* $\delta^{18}O$ 变轻的趋势。这显示了在陆架边缘该属种生活在相对较深水层，受次表层的高盐水的影响。往中央海盆区，其向表层水体迁移，受表层淡水的影响，反应为 $\delta^{18}O$ 轻值。这个分布规律与夏季海冰的分布有关。北冰洋夏季海冰边界在陆架边缘。*N. pachyderma* 在水体中丰度最大值是出现在叶绿素最大值的水层附近，与其食物的供给有关。叶绿素最大值在北冰洋陆架区一般在表层 50 m（Ardyna et al.，2013），但由于光照和营养盐分布的关系，在陆架边缘近海冰边界的区域叶绿素最大值的水深范围较广。在陆架边缘 50~100 m 水深，营养盐的再矿化作用为此水深提供了额外的营养，尤其是硝酸盐（Anderson et al.，2013）。在加拿大海盆，次表层叶绿素最大值与硝酸盐最大值有关（Martin et al.，2013）。这些营养供给可维持在透光层底部的浮游初级生产力，从而为 *N. pachyderma* 提供食物来源。而在被海冰覆盖的中央海盆区，叶绿素最大值被限制在表层的 50 m 水深范围（Griffith et al.，2012）。这个分布规律也和我们推测的 *N. pachyderma* 生活水深的迁移相一致。

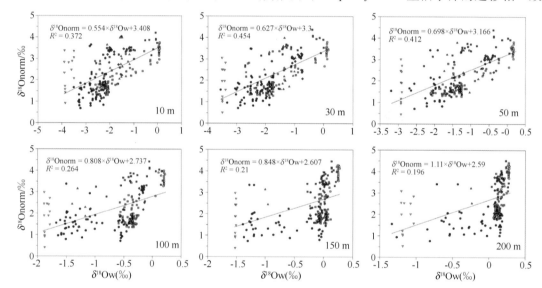

图 4-29　北冰洋 *N. pachyderma* $\delta^{18}O$ 和水体 $\delta^{18}O_w$ 的对比

（*N. pachyderma* $\delta^{18}O$ 根据不同水深的温度标准化为 -1℃）

4.5.5　有孔虫碳同位素与水团和营养盐的关系

有孔虫在生长过程中壳体的 $\delta^{13}C$ 与环境水体的 $\delta^{13}C$ 保持平衡，因此能反映周围海水的碳同位素状况（Ravelo and Hillaire-Marcel，2007）。有孔虫 $\delta^{13}C$ 重值通常解释为海水通风状况良好（Mulitza et al.，1999）。海-气交换会将大气中低 $\delta^{13}C$ 的 CO_2 吸收入表层海水，而低的海水温度对同位素的分馏作用会使得 $\delta^{13}C$ 变重（Lynch-Stieglitz et al.，1995）。按照现在大气 CO_2 的 $\delta^{13}C$ 值（-7.8‰）或工业化前的值（-6.4‰），表层海水若达到完全的碳同位素平衡，将得到溶解无机碳（DIC：dissolved inorganic carbon）$\delta^{13}C_{DIC}$ 值 2.5 和 4‰（Bauch et al.，2000）。然而，这个平衡不可能达到（Lynch-Stieglitz et al.，1995）。由于常年海冰覆盖，北冰洋中央海盆的海-气交换很弱。海-气交换主要发生在季节性海冰的陆架区。这个过程通过大西洋水的注入以及次表层、深层水通过卤水析出的方式输入对中央海盆也有影响，但其影响从源区至中央海盆递减（Bauch et al., 2000；Mackensen，2013）。另外，海水在海冰覆盖下的中央海盆区停留更长，有助于达到 $\delta^{13}C$ 的平衡，得到较重的 $\delta^{13}C$ 值。这个原理和我们观察到的陆架区轻值，中央海盆区重值相一致。

除了海-气交换，陆架区的 *N. pachyderma* $\delta^{13}C$ 还受到不同 $\delta^{13}C$ 信号的影响，例如淡水和海岸侵蚀。陆源 DIC 的 $\delta^{13}C$ 值一般为 -5‰ ~ -10‰（Alling et al., 2012）。陆源有机碳的降解得到 DIC 的 $\delta^{13}C$ 值为 -7.2‰ ~ 1.6‰，越靠近河口值越轻。携带轻 $\delta^{13}C$ 信号的 DIC 在陆架上迅速被初级生产力消耗（Alling et al., 2012）。低 $\delta^{13}C_{DIC}$ 出现在盐跃层下方是由于陆源有机碳降解以及初级生产力产生的有机碳的再矿化后，由富含盐卤水的陆架底层水输运到北冰洋内部（Bauch et al., 2011；Mackensen，2013）。而我们观察到的陆架边缘 *N. pachyderma* 的 $\delta^{13}C$ 轻值，可能与这个水团有关（图 4-29）。

在加拿大海盆，*N. pachyderma* 的 $\delta^{13}C$ 重值也与 DIC 的分布有关。DIC 含量最高的为太平洋冬季水，主要在 50 ~ 200 m 水深，其 $\delta^{13}C$ 信号为 0.3‰ ~ 0.5‰；而在表层混合层，$\delta^{13}C$ 信号为 1.5‰ ~ 1.6‰的重值。我们观察到的 *N. pachyderma* 的 $\delta^{13}C$ 重值，与所推测的中央海盆区较浅的生活水深相一致。

在楚科奇陆架，*N. pachyderma* 的 $\delta^{13}C$ 在中部/北部较之东北部和南部为轻。这个分布规律显示了生物生产力对碳同位素的分馏。卫星数据和实测数据显示，沿阿纳德尔流的楚科奇海西部，以及楚科奇海东北角为夏季高生产力区，与 *N. pachyderma* $\delta^{13}C$ 的分布规律一致。

4.5.6 有孔虫的生态迁移和同位素信号

根据以上讨论，我们可获得浮游有孔虫 *N. pachyderma* 在北冰洋不同区域生活习性的迁移以及同位素特征。在陆架区，受水深的限制，以及受到复杂水团的影响，*N. pachyderma* 呈现出多变的氧、碳同位素信号；在陆架边缘和海冰边缘，它追随较深的营养盐极大水层以获得食物供给，$\delta^{18}O$ 受次表层水影响显示重值，而 $\delta^{13}C$ 受到源自陆架的再矿化营养的影响，表现为轻值；在中央海盆区，它跟随叶绿素极大水层迁移到表层水，获得壳体中最轻的 $\delta^{18}O$ 和重 $\delta^{13}C$；往北大西洋，它逐渐迁移到较深的大西洋次表层水中，得到较重的 $\delta^{18}O$ 和轻 $\delta^{13}C$（图 4-30）。

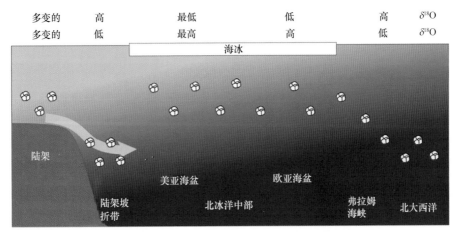

图 4-30 *N. pachyderma* 在北冰洋的生态迁移和氧碳同位素信号

4.6　表层沉积物四醚膜类脂物研究及其生态和环境指示意义

　　古气候研究和气候模拟表明，在几十年到几百万年的时间尺度上，北半球高纬过程和变化对驱动和增强全球气候变化都起到关键的作用（Stein et al.，2010a）。北极表层沉积物中的有机碳含量较高，在 0.14% ~ 2.3% 之间（Schubert et al.，1997；孙烨忱等，2011），其中包含了各种脂类化合物。尽管目前的检测技术还远远不能检测出有机质中全部的脂类，但已取得很大进展，烷烃、脂肪酸、醇类、酮类、醚类等多种有机化合物得到鉴定（Hummel et al.，2011）。这些化合物的含量或相对丰度，如同生物的分子"指纹"，可用以推断沉积环境和生态环境的变迁（卢冰等，2004b），即所谓的生物标记物。陆源和海洋自生的分子生物标记物能被保存下来作为替代性指标，用以研究水体过程、碳循环在数十年到地质年代的时间尺度上的变化，特别是在有机碳多源区的复杂体系中极为有用（Belicka et al.，2004；Yunker et al.，2005）。

　　北极的生物标记物蕴含现代初级生产力的分布及其对于气候变动的响应机制等重要信息，如果不对生物标记物进行研究，那么北极地区是如何响应全球气候变化的这一问题将无法完全解决（Yunker et al.，2005）。目前，北极生物标记物的研究已有很大进展（Belicka et al.，2004；Yunker et al.，2002；2009；2011；Yamamoto et al.，2008；2009）。对北极生物标记物的研究可揭示北极有机碳的搬运与保存状况（Belicka et al.，2004）。以烷烃、多环芳烃作为北极陆源有机碳示踪剂的研究表明，北极中央海盆沉积物在组分上与拉普捷夫海的相似，而与麦肯锡河/波弗特海或者巴伦支海大不相同（Yunker et al.，2011）。北冰洋中部长链烷烃和门捷列夫脊四醚膜类脂物（Glycerol Dialkyl Glycerol Tetraethers，简称 GDGTs）的研究揭示了晚第四纪冰期与间冰期旋回中环境的演变（Yamamoto et al.，2008；2009）。生物标记物记录也可以重建北极中部古近纪的有机碳来源、海表温度（Weller and Stein，2009）。但是表层沉积物中的类异戊二烯 GDGTs 能否记录北冰洋海水的温度信号？支链 GDGTs 与源区和海洋环境之间存在怎样的联系？并没有得出确切的结论。而近年来的研究发现，类异戊二烯 GDGTs 和支链 GDGTs 都有海洋原位产生和陆地输入的混合来源（Fietz et al.，2012），使得上述问题变得更为复杂。本次工作旨在研究白令海与西北冰洋表层沉积物中两种 GDGTs 的空间分布模式，探讨它们的分子组成特征，海域分布状况，及其与沉积环境和生态环境的联系。

4.6.1　GDGTs 的生态和环境指示意义

　　GDGTs（Glycerol Dialkyl Glycerol Tetraethers，即甘油-二烷基-甘油-四醚脂），一般简称为四醚膜类脂物，是古菌和细菌等原核生物细胞膜的组成部分。每个 GDGT 分子包含 86 个碳原子，两侧各一个甘油基（Sinninghe Damsté et al.，2002；Bechtel et al.，2010）。GDGTs 包含类异戊二烯 GDGTs 和支链 GDGTs 两种（图 4-31）。

4.6.1.1　类异戊二烯 GDGTs

　　类异戊二烯 GDGTs 主要由古菌的一个分支 Thaumarchaeota（早期曾命名为"Group 1 Cre-

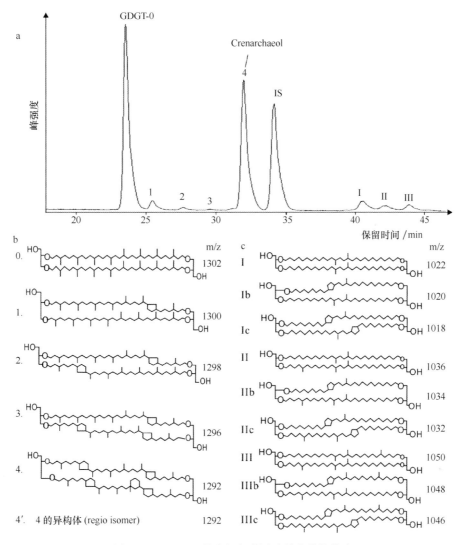

图4-31　GDGTs 的液相色谱图及其化学结构式

注：a. 加拿大海盆 10MS03 站位表层沉积物的液相色谱图（IS 为内部标志物，其化学成分为 C_{46}），数字 0~4 代表分子结构中五元环的个数，I-III 为支链 GDGTs；b. 类异戊二烯 GDGTs 化学结构图（据［Schouten et al., 2002］修改）；c. 支链 GDGTs 化学结构图（据［Weijers et al., 2007a］修改）.（a）中 0~4 与 b 中 0~4 的分子化学结构式对应；（a）数字 I-III 与（c）中 I-III 的分子化学结构式对应.

narchaeota—泉古菌类群 1"）所产生（Schouten et al., 2008）。20 世纪 70 年代末以来一直认为只在极端环境（如高盐、极热、极端厌氧等环境）下存在的古菌类，比如嗜热泉古菌（thermophilic archaea），到 90 年代，借助古菌的基因序列测试与细胞膜脂类检测（Sinninghe Damsté et al., 2002），发现非嗜热泉古菌大量存在于现代的常温海洋和湖泊环境中，且在生态系统中扮演着举足轻重的角色，尤其是在极地海域中（潘晓驹等，2001）。嗜热泉古菌和非嗜热泉古菌均能合成类异戊二烯 GDGTs，但是有所不同。嗜热泉古菌合成的类异戊二烯 GDGTs 包含 4 种，分别包含 0~3 个五元环（结构式见图 4-31b），而非嗜热泉古菌合成另外一种 GDGT，被称为 Crenarchaeol，除了 4 个五元环以外，还包含一个六元环（图 4-31b），及其异构体（regio-isomer）。在海洋沉积物中，Crenarchaeol 被认为是海洋 I 组泉古菌专有的产物（Sinninghe Damsté et al.，2002）。Schouten 等（2002）基于类异戊二烯 GDGTs 提出了一种重建海水表面温度（SST）的替代性指标 TEX$_{86}$（the TetraEther indeX of tetraethers consisting of 86 carbon atoms）。Kim 等（2010）区分了适用于高温与低温范围的 TEX$_{86}$，在低温海域适用的指标是 TEX$_{86}^{L}$＝log（［GDGT-2］／［GDGT-1］＋［GDGT-2］＋［GDGT-3］），校正方程为 SST＝67.5×TEX$_{86}^{L}$＋46.9（r^2＝0.86，n＝396，P<0.0001）（Kim et al.，2010），这也是本次研究中所使用的方程。TEX$_{86}$指标的应用，有赖于类异戊二烯 GDGTs 来源于海洋水体本身这一基本前提。而越来越多的研究表明，类异戊二烯 GDGTs 在土壤和泥炭中也都广泛存在（Weijers et al.，2006a），这使得 TEX$_{86}$的应用受到影响。

4.6.1.2　支链 GDGTs

支链 GDGTs 是 2000 年在德国的一个全新世泥炭沉积物中发现的，Sinninghe Damsté 等（2000）使用核磁共振确定了它的结构，随后的研究表明，支链 GDGTs 也广泛存在于土壤中（Sinninghe Damsté et al.，2000；Weijers et al.，2006b）。与前述的类异戊二烯 GDGTs 相比，支链 GDGTs 的结构中，联结在烷基链上的甲基数目以及所含的五元环，也即环戊基的数目都不相同。基于此，支链 GDGTs 分为 3 种，分别含有 4、5、6 个甲基支链，即图 4-31c 中的 I、II、III。这 3 种支链 GDGTs 各自有两个异构体（Weijers et al.，2006b），即 Ib、Ic、IIb、IIc、IIIb、IIIc，这种含有环戊基的异构体的浓度通常小于不含环的支链 GDGTs，以致其中一些异构体在某些地区的样品中检测不到。换言之，含有环戊基的异构体的浓度相对于不含环的支链 GDGTs 来说，在不同的土壤有着明显的变化（Weijers 2007a）。在湖泊、海洋沉积物中，上述的支链 GDGTs 早期的研究认为源于陆地环境的有机物质（Hopmans et al.，2004），主要由土壤和泥炭中的厌氧细菌产生（Weijers et al.，2006a；2007a）。支链 GDGTs 主要源于陆源泥炭和土壤，而 Crenarchaeol 则主要由海洋自生，据此 Hopmans 等（2004）建立陆源输入指数，即 BIT＝［I+II+III］／［I+II+III］＋［4］，用来指示海洋的沉积物中陆源有机质的贡献（Hopmans et al.，2004）。近年来对支链 GDGTs 的研究发现，其不同组分的相对丰度与陆地环境参数之间存在较高的相关性，比如甲基化指数 MBT（Methylation index of branched tetraether，MBT＝［I+Ib+Ic］／［I+Ib+Ic］＋［II+IIb+IIc］＋［III+IIIb+IIIc］）用以表征支链 GDGTs 中甲基的相对多少，MBT 值越高，表示甲基化的程度越低。该指数与年均气温 MAT（Annual Mean Air Temperature）成较高的正相关关系（R^2＝0.62）（Weijers et al.，2007b）。支链 GDGTs 环化率 CBT（cyclisation ratio of branched tetraethers，CBT＝［Ib］＋［IIb］／［I］＋［II］）用以表征支链 GDGTs 中环状分子的相对多少，主要与土壤的 pH 存在相关性（CBT＝0.33−0.38×pH，R^2＝0.70）（Weijers et al.，2007b）。年均大气温度 MAT 与上述的 CBT 和 MBT 存在如下关系 MBT＝0.122+0.187×CBT+0.02×MAT（R^2＝0.77），据此可计算出 MAT（Weijers et al.，2007b）。大气温度 MAT 的恢复标准偏差为 0.4℃（Weijers et al.，2007b）。但是，最近的研究发现，湖泊沉积物中的支链 GDGTs 不仅有周边土壤输入，还有湖泊原位产生的来源（Sinninghe Damsté et al.，2009；Bechtel et al.，2010）。Peterse 等（2009）和 Zhu 等（2011）指出，在海洋沉积物中，支链 GDGTs 也有海洋自生来源（Peterse et al.，2009；Zhu et al.，2011）。因此，基于类异戊二烯 GDGTs 与支链 GDGTs 的古气候指标，包括 TEX$_{86}$、BIT、MBT/CBT 都在应用方面受到限制（Fietz et al.，2012）。

4.6.2 样品和数据

本研究的材料是中国第三和第四次北极考察在白令海和北冰洋西部所采集的 65 个表层沉积物样品（图4-32），均为箱式取样器所采集。表层样品采集区域位于白令海、楚科奇海、波弗特海、加拿大海盆以及阿尔法脊，水深从 35 m 的陆架区到 3 850 m 的深水海盆不等。169°E—146°W，53°—85°N，涵盖了白令海到北冰洋西部的广阔区域。样品中的各组分依据色谱图中的保留时间以及先后的峰形确定其化学成分，定量采用内标法，根据目标峰和内标峰的面积比计算各种生物标记物的浓度。

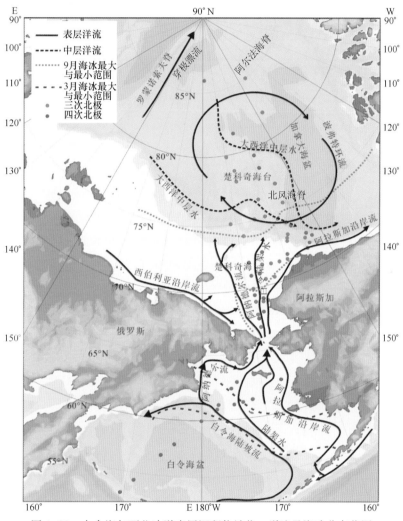

图 4-32 白令海与西北冰洋表层沉积物站位、洋流及海冰分布范围

4.6.3 生物标志物的分布特征

不论水体还是陆源的组分，GDGTs 与其有机质的来源、沉积和保存过程存在紧密的联系，总有机碳（TOC）归一化的 GDGTs 含量就最大程度地消除了沉积和保存过程中有机质总量在时间和区域上的变化带来的影响（Feitz et al.，2012），因此，将 GDGTs 的浓度用每克 TOC 的含量来表示。

图 4-31a 所示，GDGT-0 与 Crenarchaeol 是类异戊二烯 GDGTs 中相对丰度最高的组分，远高于 GDGT-1、GDGT-2 和 GDGT-3 的含量。在西北冰洋，类异戊二烯 GDGTs 含量为 0.16~124.15 μg/gTOC，平均值为 33.72 μg/gTOC。在楚科奇海，类异戊二烯 GDGTs 含量较高，在 16.33~130.79 μg/gTOC，平均值为 52.64 μg/gTOC。楚科奇海陆坡明显下降，含量在 9.76~14.29 μg/gTOC。在楚科奇海台、北风脊、阿尔法脊以及加拿大海盆，类异戊二烯 GDGTs 含量在 0.16~6.88 μg/gTOC，平均值为 1.83 μg/gTOC（图 4-33）。白令海表层沉积物中的类异戊二烯 GDGTs 的含量变化剧烈。在陆架区，类异戊二烯 GDGTs 含量在 13.20~225.66 μg/gTOC，且可以看出自圣劳伦斯岛向西南白令海方向呈现明显增加的趋势（图 4-33），平均值为 69.40 μg/gTOC，靠近阿留申群岛，降至最低。在白令海盆中，最高值与最低值分别为 237.31 μg/gTOC 和 13.55 μg/gTOC，平均值为 108.06 μg/gTOC。

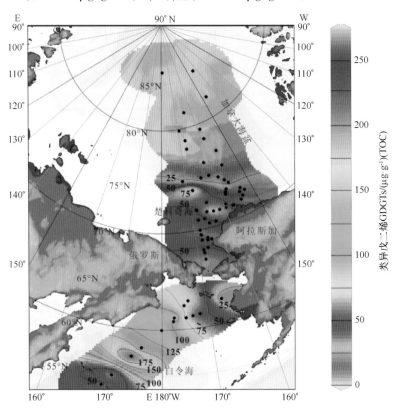

图 4-33　白令海与西北冰洋表层沉积物中类异戊二烯 GDGTs 含量分布

在整个研究区内，支链 GDGTs 含量（图 4-34）明显低于类异戊二烯 GDGTs 含量（图 4-33）。在图 4-31 中也可明显看出，类异戊二烯 GDGTs 的峰值明显较高。支链 GDGTs 含量最高与最低值分别为 9.11 μg/gTOC 和 0.02 μg/gTOC，平均值为 2.56 μg/gTOC。在西北冰洋，支链 GDGTs 同样是在楚科奇海陆架含量较高，在 1.84~7.96 μg/gTOC 之间，平均值为 3.74 μg/gTOC。在楚科奇海东侧阿拉斯加沿岸流的方向上支链 GDGTs 的含量也较高，为 4 μg/gTOC，往北到楚科奇海陆坡下降到 2 μg/gTOC，越过楚科奇海陆坡，大多数表层样站位沉积物中的的支链 GDGTs 含量降到 1 μg/gTOC 以下。在楚科奇海台、北风海脊、阿尔法海脊以及加拿大海盆较低，支链 GDGTs 含量在 0.48~2.03 μg/gTOC 之间，平均值为 0.92 μg/gTOC（图 4-34）。

在白令海陆架区表层沉积物中，支链 GDGTs 的最高与最低值为 6.31 μg/gTOC 和 1.63 μg/gTOC，平均值为 2.73 μg/gTOC。白令海盆的表层沉积物中，支链 GDGTs 浓度在 0.29~4.45 μg/gTOC 之间，平均值为 2.57 μg/gTOC。陆架区的支链 GDGTs 浓度总体略高于海盆区，内陆架区沉积物中的支链 GDGTs 浓度要略高于外陆架（图 4-34）。

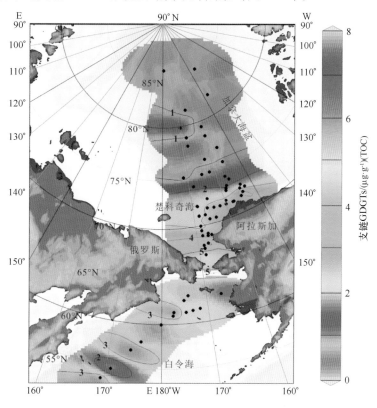

图 4-34　白令海与西北冰洋表层沉积物中支链 GDGTs 含量分布

在本研究区，陆源输入指数 BIT 的变化范围较大，为 0.03~0.88（图 4-35）。在广大的楚科奇海区，BIT 在 0.2 以下。仅在阿拉斯加北部，BIT 值达到 0.3。楚科奇海台、北风海脊 BIT 为 0.3~0.6，而到阿尔法海脊站位的表层沉积中的 BIT 为 0.6~0.8。在白令海，BIT 值均较低，大部分在 0.1 以下，陆架区由东向西其 BIT 值呈现降低的趋势。

4.6.4　TEX_{86}^{L}-SST 的估算

从 5 月持续到夏季后期，开阔海域面积的增加会驱动水柱中初级生产力增加（Grebmeier et al.，2006），这很可能将导致季节性海冰与终年海冰覆盖区的水柱中初级生产力存在较为明显的差异，因此将季节性海冰区与永久性海冰区区分开来（图 4-36）。再根据各个海区的纬度分布，从南到北区分出不同的海域。并应用 Kim 等（2010）建立的低温海域适用指标 $\mathrm{TEX}_{86}^{L} = \log\left([\mathrm{GDGT}\text{-}2]/[\mathrm{GDGT}\text{-}1]+[\mathrm{GDGT}\text{-}2]+[\mathrm{GDGT}\text{-}3]\right)$ 和温度方程 $\mathrm{SST} = 67.5 \times \mathrm{TEX}_{86}^{L} + 46.9$ 来计算白令海至西北冰洋表层沉积物中 SST。计算结果显示，阿留申群岛向北至白令海陆坡（60°N）的 5 个 SST 值呈现良好的线性变化趋势，估算的 SST 在 16.7~14.1℃之间。自白令海陆坡（60°N）向北至 63°N 的白令海陆架，估算的 SST 突然下降，SST 范围在 2.1~-3.9℃（图 4-36）。

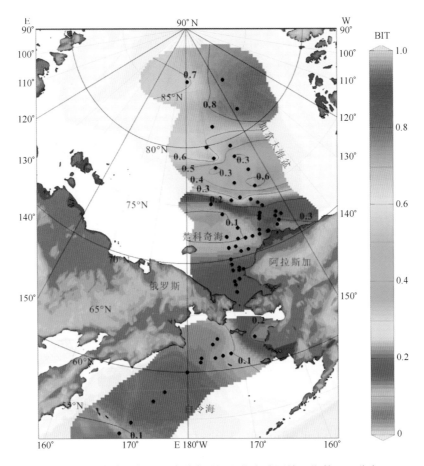

图 4-35　白令海与西北冰洋表层沉积物中陆源输入指数 BIT 分布

在楚科奇海陆架，估算的 SST 范围在 -5.7~3.3℃，平均值为 0.5℃，最低值与最高值相差高达 9℃，分布比较散乱，随着纬度的升高，估算的 SST 也未显示出明显的变化趋势（图 4-36）；并且多个估算的 SST 数据低于海水结冰临界值 -1.8℃，与真实海水温度明显不符。约 74°N 以北的永久性海冰区，估算的 SST 范围在 -0.4~6.7℃ 之间，平均值为 2.1℃，最低值与最高值相差达到 7℃，散布性较高，总体上高于楚科奇陆架沉积物估算的 SST 范围，并且大多也高于现代调查所获得的海水温度。

4.6.5　CBT/MBT 与陆地 MAT 和土壤 pH 值的估算

支链 GDGTs 环化指数 CBT 为 -0.04~1.13，平均值为 0.45。在 72°N 以南，CBT 集中在 -0.04~0.34，平均值为 0.28，而 72°N 以北的海域，CBT 为 0.65~1.13，平均值为 0.68（图 4-37a）。从 72°—75°N，CBT 呈现明显上升的趋势，75°N 以北的 CBT 呈现平稳下降的趋势。支链 GDGTs 甲基化指数 MBT 为 0.15~0.40，平均值为 0.26。从白令海到西北冰洋深水盆地 MBT 总体呈现喇叭状分布，以 72°N 为界线，72°N 以南则较为集中，MBT 在 0.18~0.26，平均值为 0.24，72°N 以北的海域 MBT 值则明显分散开来（图 4-37b），MBT 为 0.15~0.40，平均值为 0.28。土壤 pH 值的分布范围在 5.78~8.87，平均值为 7.59。在 72°N 以南的表层沉积物中，陆地源区土壤的 pH 值为 6.97~8.87，平均值 8.03。而 72°N 以北的海域，pH 值为 5.78~8.35，平均值为 6.92（图 4-37c）。与 CBT 的变化趋势相反，从 72°—75°N，pH 值呈

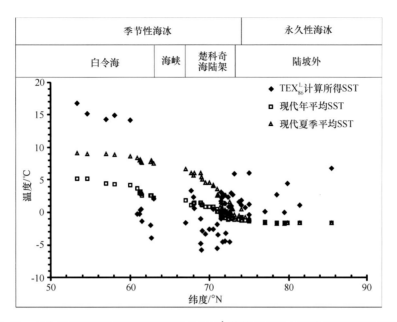

图 4-36　白令海与西北冰洋表层沉积物中 TEX_{86}^L 估算的 SST 与现代海洋调查温度比较

注：现代表层海水年均 SST 与夏季 SST 的数据来自于 World Ocean Atlas 2009（WOA09）：http：//www. nodc. noaa. gov/OC5/WOA09. 图中方点代表 TEX_{86}^L 值估算得到的表面海水 SST，方框代表现代年均表层海水 SST，三角代表现代夏季平均表层海水 SST.

现显著的下降趋势，75°N 以北的 pH 值趋于平稳。陆地年均气温 MAT 的范围在 -7.13 ~ 6.27℃ 之间，平均值为 2.38℃。在 72°N 以南，MAT 的范围在 -0.44~6.22℃ 之间；但是 72°N 以北的区域，MAT 明显分散，最高值与最低值分别为 6.27 和 -7.13（图 4-37d）。

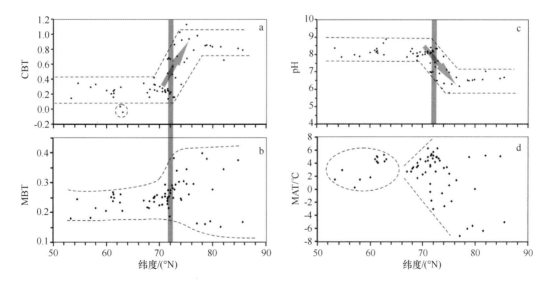

图 4-37　白令海与西北冰洋表层沉积物中 GDGTs 分子参数分布特征

注：（a）和（b）分别为支链 GDGTs 的环化指数 CBT 和甲基化指数 MBT；（c）为基于 CBT 所重建的陆源土壤的 pH 值；（d）为基于 MBT 和 CBT 估算的陆地年平均大气温度 MAT.

4.6.6　生物标志物含量影响因素分析

4.6.6.1　GDGTs 与初级生产力

类异戊二烯 GDGTs 的含量大致以楚科奇海、波弗特海的陆坡为界，明显存在南高北低的差异（图 4-33）。类异戊二烯 GDGTs 在西北冰洋表层物中的分布趋势与有机碳的分布（孙烨忱等，2011）存在一定的相似性，即在有机碳高的海域类异戊二烯 GDGTs 的含量较高，比如楚科奇海西部，同时也与现代海洋学调查所获得的水柱中叶绿素 a 浓度的分布趋势基本一致。水柱中初级生产力的最高区域为白令海北部和楚科奇海南部、其次为楚科奇海北部、波弗特海，并且陆架区高于海台区、海盆区和海脊区（Grebmeier et al.，2006；刘子琳等，2011）。沉积物中的类异戊二烯 GDGTs 含量取决于上覆水体中古菌的生产力大小。上述 GDGTs 分布特征表明，相比较于楚科奇海北部的海台和深海盆地，陆架区具有较高的古菌生产力，这可能与来自太平洋的阿纳德尔流密切相关。因为富营养盐并携带海源颗粒有机碳 POC 的太平洋水，从白令海西北部进入楚科奇海南部，使得这一区域的古菌生产力得以提高，但这股太平洋水只能到达楚科奇海北部边缘，影响不到楚科奇海以北的区域（Grebmeier et al.，2006），因而楚科奇海北部的古菌生产力较低。

西北冰洋支链 GDGTs 在分布上与异戊二烯 GDGTs 相同之处在于两者大致都存在南高北低的特点，但两者的值有 3 个数量级的差别（图 4-33 和图 4-34）。然而，早年的研究结果认为，支链 GDGTs 主要由陆源土壤中的细菌所产生（Hopmans et al.，2004；Weijers et al.，2006b；2007a）。因此，在楚科奇海南部和阿拉斯加沿岸较高的支链 GDGTs 值（图 4-34）可能是白令海峡两侧和阿拉斯加的陆源有机物质输入所造成的，因为在阿拉斯加西北部和西部有 3 条河流和水系注入楚科奇海和白令海峡（Hill et al.，2008）。而白令海陆坡，海盆和阿留申群岛相对较高的支链 GDGTs 值（图 4-34）可能与白令海陆坡流所携带的陆源物质和阿留申群岛陆源物质的输入有关。

4.6.6.2　BIT 与陆源有机物质输入

前文已述，陆源输入指数 BIT 用以指示近海环境中的陆源输入所占比例的多少。在所研究的白令海和楚科奇海，BIT 均较低，基本在 0.2 以下，表明沉积物中陆源输入有机质只占很小的比例。Belicka 等（2002）对烷烃、醇类和酮类分子标志物的综合研究表明，楚科奇海陆架沉积物以海洋自生有机质为主。西北冰洋表层沉积物中有机碳中 $\delta^{13}C$ 的研究也表明，楚科奇海中西部海域海源有机质含量超过 60%（陈志华等，2006）。

从楚科奇海北部到楚科奇海台、加拿大海盆以及阿尔法海脊，BIT 值逐渐增加，指示了陆源有机物质输入的增加（图 4-35）。这可能是由于这些区域终年被海冰覆盖，营养盐供应少，海洋生产力低，与受顺时针方向流动的波弗特环流影响，来自麦肯锡河和阿拉斯加北部的陆源有机质输入增多有关（陈志华等，2006）。而阿尔法海脊较高 BIT 值也可能与加拿大北极群岛的冰筏所携带的陆源有机物质的输入有关，因为 Schouten 等（2007）在北大西洋晚更新世 Heinrich 事件沉积层中发现 BIT 的值高达 0.4~0.6，认为代表了冰筏作用带来的陆源土壤。西北冰洋表层沉积物中有机碳中 $\delta^{13}C$（陈志华等，2006）和分子生物标记物的分布

（Belicka et al.，2002）都表明，楚科奇海以北的高纬度海区的陆源有机质逐渐增加，与 BIT 值的分布趋势一致，说明 BIT 用来指示陆源有机质的输入是可靠的。

4.6.6.3 CBT/MBT 的环境指示意义与土壤 pH 值和陆地 MAT 的变化

西北冰洋 72°N 以北海区，类异戊二烯 GDGTs 与支链 GDGTs 的浓度呈现明显的低值，而 BIT 指数为高值（图 4-35），表明在永久性海冰覆盖区的海洋生产力极低。同样的，支链 GDGTs 的环化率 CBT 在该区明显升高（图 4-37a），可能反映了 CBT 对海冰覆盖的敏感性。从长期的海冰浓度观测结果来看，永久性海冰的界限呈现带状移动，75°N 以南海域的海冰浓度变化范围超过 50%（Parkinson et al.，2008），而 CBT 在 72°—75°N 的带状区逐渐升高（图 4-37a），可能反映了 CBT 响应于海冰覆盖状况。Park 等（2012）在楚科奇-阿拉斯加边缘发现，全新世以来随着冷期海冰覆盖的增加，CBT 也随之明显升高。因此，西北冰洋永久性海冰覆盖区表层沉积物中 CBT 明显高于季节性海冰覆盖区，有力地支持了 Park 等的观点。然而，作为支链 GDGTs 的环化率 CBT 是如何响应海冰覆盖状况的机制依然还不清楚。Peterse 等（2009）和 Zhu 等（2011）指出，在海洋沉积物中支链 GDGTs 也有海洋自生来源。楚科奇海相对高的支链 GDGTs 说明其中部分可能源于海洋自身，但楚科奇海以北海区支链 GDGTs 逐渐降低对应于陆源输入指数 BIT 的逐渐增加。

基于支链 GDGTs 的环化率 CBT 和甲基化指数 MBT 估算的周边陆地年平均大气温度 MAT 变化范围在 -7.13~6.27℃（图 4-37d），而基于支链 GDGTs 的环化率 CBT 估算的土壤 pH 值在 5.78~8.87（图 4-37c）。但是，环化率 CBT 与土壤 pH 值的分布趋势呈现出明显的负相关。从前面的校正方程可以看出，与环化率 CBT 相比较，大气年均气温 MAT 很大程度上取决于甲基化指数 MBT 中甲基的相对多少，因此，MAT 的分布特征与 MBT 有一些相似（图 4-37b）。尽管支链 GDGTs 在重建古温度上有普遍适用的潜力（Loomis et al.，2012），但是 Sinninghe Damsté 等（2008）利用非洲东部坦桑尼亚乞力马扎罗山脉土壤中 MBT 和 CBT 重建 MAT 和 pH 的结果发现，区域性的校正方程比全球性的校正方程具有更为准确的 MAT 重建结果。但是，白令海和西北冰洋表层沉积物样品分布海域广阔，沉积物来源相对较复杂，陆地年均气温和土壤 pH 值可能存在较大差异，因而造成基于支链 GDGTs 的环化率 CBT 和甲基化指数 MBT 估算的 MAT 和 pH 值存在较大差异。另外陆源有机物质在搬运的过程中有可能发生混合，造成土壤的不均一性（Weijers et al.，2007b），从而可能导致 MAT 值相对分散，缺乏相关性。鉴于此，在应用这一指标重建陆地的温度时，最好采用来源明确而单一的沉积物，比如高径流量河口前的沉积物通常更好地记录陆地大气温度信号（Weijers et al.，2007b），以使重建的结果更为确切。因此，应用类异戊二烯 GDGTs 与支链 GDGTs 重建北极海洋和陆地环境有着不可估量的潜力，但是这两种 GDGTs 的来源有待更加深入的研究。

4.6.7 TEX_{86}^L-SST 在北极的应用

Sluijs 等（2006）利用 TEX_{86} 指标，重建了北冰洋新生代早期即古新世-始新世极热时期 PETM 的表层海水温度。除了这一特殊的地质时期外，目前还没有利用这一指标重建北冰洋表层海水温度的较多报道。因此，本研究试图利用白令海和西北冰洋表层沉积物中的 TEX_{86} 来重建北极地区近现代的表层海水温度变化，并与该区现代表层海水温度资料对比，检验

TEX$_{86}^L$-SST（Kim et al.，2010）是否适用于北极地区。

根据现代海洋调查的数据，图4-36中标明了每个沉积物站位的现代表层海水年均温度和夏季平均温度。从白令海南部至72°N，年均SST和夏季平均SST均呈现逐渐降低的趋势，年均SST的变化范围在5.19~0.07℃，夏季平均SST的变化范围在9.07~2.53℃，年均SST与夏季平均SST的温差大约为3~5℃。72°—75°N，夏季平均SST快速降低，接近年均SST。而75°—86°N，年均SST与夏季平均SST重合，两者几乎没有变化，都在0℃以下。然而，利用TEX$_{86}^L$（Kim et al.，2010）重建的白令海和西北冰洋的表面海水温度EX$_{86}^L$-SST与现代年均SST和夏季平均SST相比较，三者几乎没有相关性（图4-36）。尽管阿留申群岛至白令海陆坡（60°N）5个站位的TEX$_{86}^L$-SST呈现出较好的分布趋势和较高的相关性，但是它们明显地分别高出现代年均SST和夏季平均SST大约10~6℃。从白令海陆坡（61°N）至白令海峡入口的8个站位的TEX$_{86}^L$-SST突然从白令海陆坡（60°N）的14℃下降至1~-4℃，显示出快速下降的趋势，并具有一定的相关性，但是它们又明显地分别低于现代年均SST和夏季平均SST大约3~12℃。从白令海峡到楚科奇海陆架北部的永久性海冰区边缘，TEX$_{86}^L$-SST为3.5~-6℃，并且高度分散，相关性差，大部分TEX$_{86}^L$-SST值明显低于现代年均SST和夏季平均SST，部分TEX$_{86}^L$-SST值还低于海水的结冰临界值-1.8℃，三者之间几乎不相关。现代白令海表层温度长期观测结果显示，白令海北部陆坡存在北极-亚北极温度锋面，与白令海南部相比，白令海北部与楚科奇海有着更为紧密的连接（Grebmeier et al.，2006），这可能造成了白令海北部与楚科奇海TEX$_{86}^L$-SST相似的分布趋势。而74°N以北的永久性海冰区，TEX$_{86}^L$-SST在7~0℃之间，高度分散，相关性差，也高于年均SST和夏季平均SST大约2~9℃，可能与该区高的陆源有机质输入有关。

白令海北部和西北冰洋具有宽阔的陆架和巨大的河流径流量，来自陆源有机质的输入量大，尤其是楚科奇海台、加拿大海盆、波弗特海，陆源有机质超过了海洋自生的有机质（Naidu and Cooper，2000；陈志华等，2006）。如前文所述，Weijers等（2006）发现类异戊二烯GDGTs在土壤和泥炭中也都广泛存在。因此，白令海北部和西北冰洋来自陆源类异戊二烯GDGTs信号的干扰，可能导致了TEX$_{86}^L$-SST值的分散和较差的相关性，限制了TEX$_{86}^L$在北极的应用。

而74°N以北的永久性海冰区，终年海冰覆盖，古菌生产力极低，保存在表层沉积物中的GDGTs含量也极低，在液相色谱上显示具有多个峰或不规则形状等，导致积分时难以准确地计算相应GDGTs的含量，并且积分时的微小差异，经过一系列计算的放大效应，可能会造成TEX$_{86}^L$-SST产生严重的偏差。因此，永久性海冰覆盖海域的低古菌生产力，也可能限制了类异戊二烯GDGTs在重建TEX$_{86}^L$-SST的应用。

4.6.8 进一步的尝试

为进一步评估TEX$_{86}^L$-SST在北极海域的应用前景，对第五次北极科学考察获得的12个箱式表层沉积物样品进行了生物标记物分析。这些样品分布在白令海、楚科奇海和挪威海，纬度跨度54.0°—73.0°N，共11个站位，12个沉积物样品。除BB06站位于北冰洋大西洋扇区外，其余站位均位于太平洋扇区（图4-38）。

现代表层海水温度（SST）取自世界海洋图集及数据库（Word Ocean Atlas and data base，

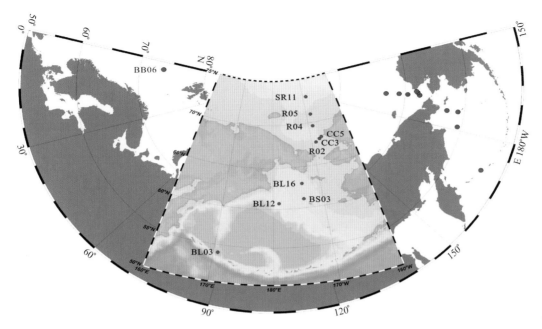

图 4-38　用于生物标记物分析的第五次北极科考表层沉积物站位分布

WOA 2013)，分辨率为 0.25° 网格。数据采集时间为 1955—2012 年。通过每个表层沉积物站位对应的上层水体 0 m，5 m，10 m，15 m，20 m，25 m 和 30 m 层的海水温度计算得到 0~30 m 水层平均温度。为了对比研究，分别计算了年平均 SST 和夏季平均 SST（7—9 月）。需要指出的是，北冰洋的夏季选择 7—9 月是根据其气候、海水表层温度与海冰分布范围决定的。每年的 9 月北冰洋海冰覆盖面积最小，3 月最大；一年中 9 月的海水表层温度高于 6 月。

针对研究区地理纬度跨越近 20°，取样站位年平均 SST 和夏季平均 SST 分别为 5.1~-1.14℃ 和 8.56~-0.34℃，变化范围较大，选取 Schouten 等（2004）经典公式、Wuchter 等（2005）在 Schouten 经典公式的基础上增加北极地区样品的改进公式，以及 Kim 等（2010）专门应用于极地海区的 TEX_{86}^L-SST 公式，对 TEX_{86}/TEX_{86}^L-SST 进行计算，并对计算结果进行评估。

图 4-39 是基于上述 TEX_{86}/TEX_{86}^L 公式计算出的 SST 与 WOA 数据库中 SST 对比图。从图 4-39 可以看出，Schouten 等（2004）和 Wuchter 等（2005）公式基于 TEX_{86} 计算出的 SST 具有相同的变化趋势，结果相近；而基于 TEX_{86}^L 计算出的 SST 则与前两者有较大的差别。处于白令海 61°N 以南的 ARC5-BL03 和 BL12 站适合用 Schouten 等（2004）和 Wuchter 等（2005）基于全球海洋沉积物得出的 TEX_{86}-SST 计算公式，Wuchter 等（2005）公式得出的 TEX_{86}-SST 误差更小；而处于 63°N 以北的白令海北部的 ARC5-BS03、BL16、R02、CC3、CC5、R04、R05、SR11 站及大西洋扇区 73.5°N 附近的 ARC5-BB06 站沉积物样品则更适用于 Kim 等 TEX_{86}^L-SST 计算公式。

分别以 ΔSST（TEX_{86}/TEX_{86}^L-SST 与 SST 之差）≤2.0℃ 和 ≤4℃ 的标准（Schouten 等，2013）对研究区内沉积物样品基于 TEX_{86}/TEX_{86}^L 计算出的 SST 进行评估，可以看出，在白令海区和楚科奇海的 ARC5-R02 站（即 68°N 以南）TEX_{86}/TEX_{86}^L-SST 与 WOA 夏季平均温度更为接近，ΔSST 除 BL12 站次表层样品为 1.9℃ 外，其余均小于 0.9℃。楚科奇海域 68°N 以北

的 ARC5-CC3、CC5、R04 和 R05 站 TEX_{86}^{L}-SST 与 WOA 年平均温度更为接近，与全球海洋沉积物 TEX_{86}-SST 数据库趋势一致。而 73°N 附近的 ARC5-SR11 站（楚科奇海）和 ARC5-BB07 站（大西洋扇区），TEX_{86}^{L}-SST 与夏季平均 SST 更为接近，但误差相对较大，分别高于夏季平均温度约 4℃和 2℃。

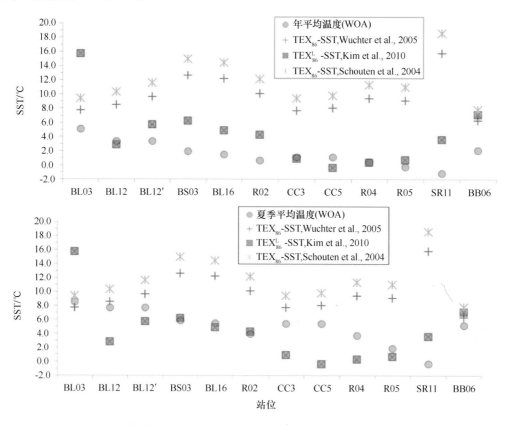

图 4-39　不同站位的 SST 温度与 TEX_{86}/TEX_{86}^{L}-SST 温度（站位号为 ARC5-）

白令海及大西洋扇区 ARC5-BB06 站沉积物的 TEX_{86}/TEX_{86}^{L}-SST 与夏季平均温度耦合更好，与该海区生产力季节性变化，提供 GDGTs 的古菌在夏季生产力更高，在全年生产力中所占比例大有关。海洋水色卫星反演的叶绿素 a 浓度显示，夏季是白令海陆架区的高生产力时期（Iida and Saitoh，2007）。Méheust 等（2013）利用长链烯酮参数 $U_{37}^{K'}$ 重建的 SST 在白令海区亦与夏季 SST 更接近。

4.6.9　小结

（1）西北冰洋表层沉积物中类异戊二烯和支链 GDGTs 的浓度分布大致以楚科奇海和波弗特海的陆坡为界线，呈现南高北低的分布特征，这一分布趋势与太平洋水的影响基本上限制在楚科奇陆架范围相一致，而影响不到楚科奇海和波弗特海陆坡以北的海区。楚科奇海高的类异戊二烯和支链 GDGTs 响应于该区高的初级生产力，但支链 GDGTs 的一部分可能来源于白令海峡两侧和阿拉斯加的陆源有机物质的输入。

（2）基于西北冰洋表层沉积物中陆源输入指数 BIT 估算的海源与陆源有机物质的相对比例显示，从楚科奇海至北部高纬度区的阿尔法海脊，BIT 值逐渐增加，反映陆源有机物质输入的增加，与前人通过有机碳稳定同位素 $\delta^{13}C$ 以及烷烃、醇类和酮类生物标记物的研究结果相一致，表明 BIT 可以用来指示北极陆源有机质输入量的变化。

（3）应用前人的 TEX_{86}^L-SST 方程估算的白令海和西北冰洋表面海水温度 TEX_{86}^L-SST 与现代年均 SST 和夏季平均 SST 的比较显示，前者与后二者的相关性较差，其主要原因可能与陆源输入的类异戊二烯 GDGTs 干扰有关，尤其在楚科奇以北的高纬度海区陆源有机质超过海洋自生有机质。而永久性海冰覆盖区较低的古菌生产力也可能造成表层沉积物中类异戊二烯 GDGTs 含量降低，导致实验分析中准确积分困难，限制了北极类异戊二烯 GDGTs 在重建 TEX_{86}^L-SST 的应用。

（4）从季节性海冰覆盖区到永久性海冰覆盖区，基于支链 GDGTs 的环化指数 CBT 明显升高，可能反映了环化指数 CBT 对海冰覆盖状况的响应，但是 CBT 如何响应海冰覆盖状况的机制依然还不清楚。基于支链 GDGTs 的环化指数 CBT 和甲基化指数 MBT 估算的北极陆地年均大气温度和土壤 pH 值差异较大，可能该区表层沉积物来源相对较复杂，陆源有机物质在搬运的过程中可能发生混合，从而导致 MAT 值相对分散，缺乏相关性。因此，在运用 MBT/CBT 指数重建陆地环境时，有必要选择沉积物源单一的区域，比如河口区。

4.7 表层沉积物磁化率特征初步研究

环境磁学分析具快捷、简单、成本低、不损毁样品等优点，而且，环境磁学还可以解决一些化学和其他物理学方法难以解决的问题（Oldfield，1991），这使得环境磁学自 20 世纪 70 年代以来迅速发展，现已广泛应用于气候变化、环境污染、生物矿化、沉积作用和成岩过程等领域（Thompson and Oldfield，1986；Verosub and Robert，1995；Dekkers，1997；Evens and Heller，2003；Liu et al.，2012）。

近年来，环境磁学技术应用于海洋沉积物（包括污染物）来源与输运的研究，尤其是大尺度沉积物源到汇的研究，如北大西洋（Watkins and Maher，2003；Kissel et al，2009）、墨西哥湾（Ellwood et al.，2006）、中国陆架边缘海等（Ge et al.，2003；Liu et al.，2003；Liu et al，2010；Wang et al.，2010；Horng and Huh，2011）。海洋沉积物中磁性矿物的种类和成因多样，既有铁氧化物，如磁铁矿、磁赤铁矿等，也有铁硫化物，如胶黄铁矿、磁黄铁矿等；既有经河流和大气陆源输入的，也有生物成因和早期成岩作用形成的（Thompson and Oldfield，1986；Yamazaki and Ioka，1997；Itambi et al.，2010；Horng and Chen，2006；Glasauer et al.，2002；Bleil，2000；Farine et al.，1990），利用环境磁学方法获得沉积物中磁性矿物的种类及含量变化，可辨别沉积物来源及成因。北冰洋海区，由于有孔虫等微体化石含量较低，且不易保存，致使古气候环境变化研究困难，但环境磁学却非常适用于该海区的研究（Brachfeld et al.，2009）。Stein 等（2004）利用磁化率研究了叶尼赛河和鄂毕河的入海泥沙来源及其在喀拉海陆架上的分布。Brachfeld 等（2009）研究了楚科奇-阿拉斯加陆架边缘早期成岩作用对磁学参数的影响。迄今为止，有关西北冰洋及白令海沉积物环境磁学参数在大尺度海域的变化研究鲜有报道。西北冰洋和白令海从陆架至海盆水深变化大，水动力环境复杂（Darby，2003；Grebmeier et al.，2006；Sellén et al.，2008），该海域表层沉积物磁学特征的研究，将有助于对该海区沉积物来源、输运、磁性矿物成因等的认识，进而为该地区古气候环境变化和古地磁研究中对磁学参数的解释提供基本信息。基于此目的，本次工作分析了白令海和西北冰洋表层沉积物的磁化率变化特征，并探讨了其反映的沉积物来源及成因。

4.7.1 样品与数据

研究样品为 2010 年中国第四次北极考察期间利用箱式取样器在白令海和西北冰洋采集的 61 个站位的表层沉积物（图 4-40，站位名见图 4-44）。61 个表层沉积物站位分布在白令海和西北冰洋，涵盖阿留申海盆、白令海陆架、楚科奇海陆架、加拿大海盆（包括楚科奇海盆、门捷列夫深海平原）、北风海脊、阿尔法海脊、马卡洛夫海盆等海域。白令海为半封闭海，其东北部为陆架区，水深向西和西南方向变深。白令海西南部的阿留申海盆，水深约 3 800~3 900 m。楚科奇海陆架中部的哈罗德浅滩和东北部的哈纳浅滩，使楚科奇海陆架形成 3 条向北的低地形，自西向东分别为哈罗德峡谷、中央水道和巴罗峡谷。

沿阿留申岛弧南侧向西流的阿拉斯加洋流经阿留申群岛间的海峡进入白令海后，沿岛弧北侧折向东流，受白令海陆坡的阻挡后，再折向西北沿陆坡形成逆时针环流。其中，部分洋流爬升至陆架并向北流动，经白令海峡进入楚科奇海。白令海陆架向北的洋流分为 3 支，东侧的为阿拉斯加沿岸流，中部的为白令海陆架流，西侧的为阿纳德尔流。这 3 股洋流在流经白令海峡时，未完全混合。阿拉斯加沿岸流仍沿阿拉斯加沿岸向北并经巴罗峡谷流入波弗特海。阿纳德尔流和白令海陆架流进入楚科奇海后，受地形的影响，一支经哈罗德峡谷向北流，另一支经中央水道向北流。在楚科奇海以北的西北冰洋海盆区，表层为波弗特环流，次表层为北大西洋流，这两股洋流的流动方向相反（Grebmeier et al.，2006）（图 4-40）。

本章 4.1 节的粒度分析结果显示，白令海陆架和楚科奇海陆架表层沉积物较粗，为粉砂质砂或砂质粉砂，阿留申海盆、楚科奇海陆坡及其前缘海盆区的表层沉积物为粉砂或泥。西北冰洋高纬度区的门捷列夫深海平源、阿尔法海脊和马卡洛夫海盆的表层沉积物为粉砂质泥。

4.7.2 沉积物磁化率分布特征

4.7.2.1 质量磁化率（χ_{lf}）

白令海和西北冰洋表层沉积物 χ_{lf} 在 $3.26 \times 10^{-8} \sim 40.08 \times 10^{-8}$ m³/kg，并在区域上变化明显（图 4-41）。白令海陆架圣劳伦斯岛以南、育空河口以西的陆架区，表层沉积物的 χ_{lf} 值整体较高，均大于 20×10^{-8} m³/kg，最高值达 40.08×10^{-8} m³/kg（NB-A 站），χ_{lf} 值向西和西南方向减小，至阿留申海盆的 B06 站位，χ_{lf} 减小为 6.43×10^{-8} m³/kg。由圣劳伦斯岛向北至白令海峡，χ_{lf} 也呈逐渐降低的变化趋势。经白令海峡进入北冰洋，表层沉积物的 χ_{lf} 值整体低于白令海陆架上的。在楚科奇海陆架，除靠近阿拉斯加沿岸个别站位，如 CC8、C05、C06、S21 站位等的 χ_{lf} 值低于 10×10^{-8} m³/kg 外，其他绝大部分站位表层沉积物的 χ_{lf} 在 $14 \times 10^{-8} \sim 18 \times 10^{-8}$ m³/kg 之间。西北冰洋水深大于 200 m 以深的陆坡、海盆和洋脊区，χ_{lf} 普遍低于 10×10^{-8} m³/kg。位于巴罗水道内的表层沉积物，如 Co1 和 Co10 站位，以及位于加拿大深海平原正对巴罗峡谷的表层沉积物，如 S25、S26 站位，其 χ_{lf} 值高于周边深海平原表层沉积物。

4.7.2.2 频率磁化率（χ_{fd}）

白令海和西北冰洋表层沉积物 χ_{fd} 值在 0.84%~7.25%，其在平面上的变化趋势和 χ_{lf} 的相

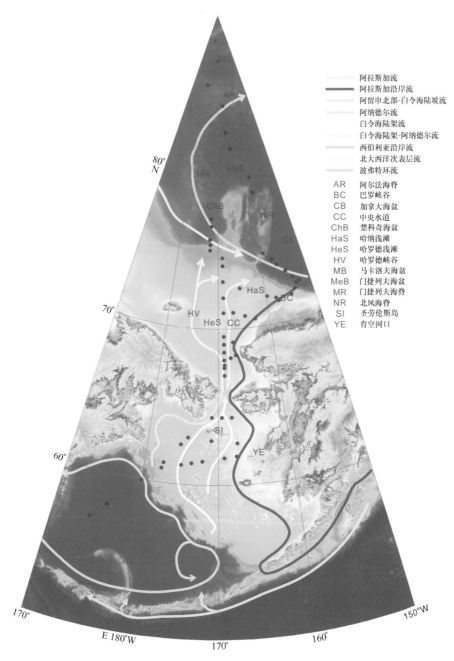

图4-40 白令海与西北冰洋地形、洋流及采样站位示意图

反（图4-41）。在白令海，育空河口外侧和圣劳伦斯岛以南海域表层沉积物的χ_{fd}最低，通常小于2.5%，向西、西南方向以及向北，χ_{fd}值增大。楚科奇海陆架上，表层沉积物χ_{fd}值在3%~4.5%。在西北冰洋海盆和洋脊区，χ_{fd}值普遍大于4.5%，最大达7.25%。

4.7.2.3 非磁滞磁化率（χ_{ARM}）

白令海和西北冰洋表层沉积物χ_{ARM}在$1.03\times10^{-6}\sim33.10\times10^{-6}$ m³/kg。圣劳伦斯岛以南的白令海陆架上表层沉积物的χ_{ARM}值全区最高，普遍大于16×10^{-6} m³/kg，白令海盆和楚科奇海陆架表层沉积物的χ_{ARM}值次之，楚科奇海陆坡和加拿大海盆的χ_{ARM}值最低，小于4×10^{-6} m³/

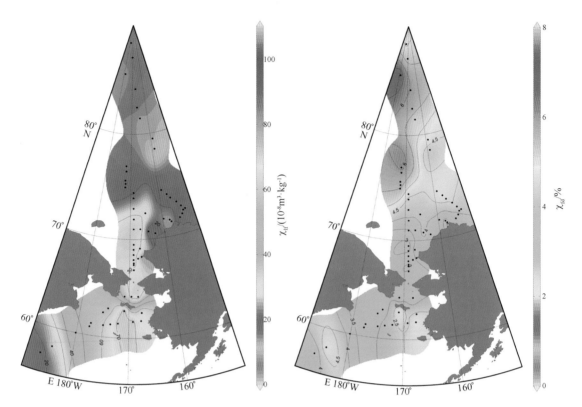

图 4-41 白令海和西北冰洋表层沉积物低频质量磁化率（左）和频率磁化率（右）分布

kg。西北冰洋高纬度区的阿尔法海脊和马卡洛夫海盆表层沉积物的 χ_{ARM} 值也较加拿大海盆中的高（图 4-42）。

4.7.2.4 磁化率–温度变化（k-T）

白令海和西北冰洋表层沉积物 k-T 分析结果显示，所有样品经过加热至 700℃，再冷却至室温后，磁化率值较加热前均有明显的增大，表明在升温和降温过程中有新的磁性更强的矿物生成。从磁化率在加热至 550~580℃ 后快速减小以及在降温过程中在 580℃ 之后的磁化率快速升高，表明新生成的磁性矿物以磁铁矿为主。不同的磁性矿物，因其解阻温度或居里点温度不同，导致加热过程中磁化率值在特定温度发生变化，由此反映出样品中所含的磁性矿物。白令海和西北冰洋表层沉积物的 k-T 曲线区域性特征明显，共可分为 6 种类型（图4-43），各类型的分布见图 4-44。

第一类 k-T 曲线，从室温加热至 300℃，磁化率值缓慢增加，300~700℃，磁化率值持续减小。降温曲线自 700~300℃，磁化率持续增大，降温至 300℃ 以下时磁化率减小（图4-43a）。此 k-T 曲线显示样品中的磁性矿物主要为磁赤铁矿（Oches and Banerjee，1996；Deng et al.，2000；Zhu et al.，2001）。磁化率值从 300℃ 开始随温度的增加而减小，可解释为亚稳定的磁赤铁矿（γ-Fe_2O_3）受热转变为赤铁矿（α-Fe_2O_3）（Deng et al.，2000，2001；Liu et al.，2007；Sun et al.，1995）。具此类 k-T 曲线的沉积物，分布在阿留申海盆中的 B06 站位和 B07 站位以及白令海陆架南部，如 NB01、NB02 和 NB05 站位。

第二类 k-T 曲线，除具有在 300℃ 开始磁化率降低的磁赤铁矿特征外，升温和降温过程

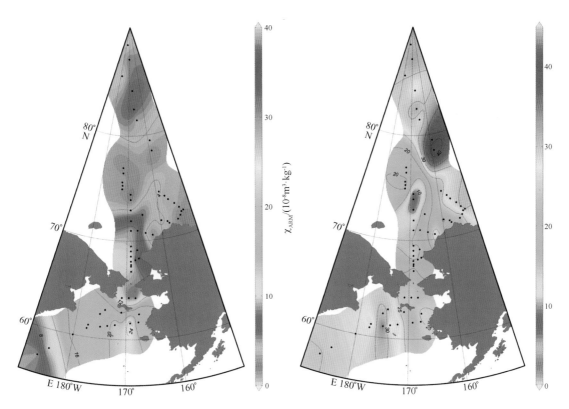

图 4-42 白令海和西北冰洋表层沉积物非磁滞磁化率（左）及其与低频质量磁化率的比值（右）分布

中在约 580℃磁化率急剧减小或增大（图 4-43b）。580℃为磁铁矿的居里温度，表明样品中含有一定量的磁铁矿。具此类 k-T 曲线的样品，分布在白令海靠近俄罗斯大陆一侧的陆架和陆坡上，如 B11、B14、BB01、BB05 和 BB06 站位，此外，还分布在远离阿拉斯加沿岸海域的楚科奇海陆架上，如 SR 断面上的 SR1-SR10 站位、C04、C05、C07、C09 等站位。位于加拿大海盆巴罗峡谷外侧的 S25 站位，其 k-T 曲线也属此类型。

第三类 k-T 曲线，在升温至 580℃前，磁化率值变化较小，580℃附近磁化率值急剧降低。降温曲线在 580℃附近急剧增大，580~300℃缓慢增大，之后缓慢减小（图 4-43c）。此类 k-T 曲线表明样品中磁性矿物主要为磁铁矿，样品加热至 450℃后磁化率缓慢下降至 580℃，表明其中含极少量磁赤铁矿。具此类 k-T 曲线的沉积物，分布在白令海陆架育空河口外侧、圣劳伦斯岛的南北两侧，如 NB08、NB-A、BS02、BS05、BS08 等站位。

第四类 k-T 曲线，样品加热前后磁化率值增大幅度较大。在升温至约 350℃前，磁化率值保持不变，自 350℃左右磁化率值开始增大，并在约 540℃时达到最大，然后快速降低（图 4-43d）。这种类型的 k-T 曲线表明沉积物中含黄铁矿，在升温过程中黄铁矿转变为磁性更强的磁铁矿（Tudryn and Tucholka，2004；Li and Zhang，2005）。具此类 k-T 曲线的沉积物，分布在楚科奇海阿拉斯加沿岸，如 CC8、C02、C06、Co1、S21、S23 等站位。

第五类 k-T 曲线，样品加热过程中磁化率值整体较低，降至室温后的磁化率值远大于加热前的。对升温曲线放大后可以看出曲线呈双峰或平台形。当温度低于 280℃，磁化率值保持稳定，然后，磁化率值突然升高，但从 320℃开始磁化率值又变小，至 400℃后又开始升高，加热至约 550℃之后，磁化率快速降至最低。从 700℃降温至 580℃附近时，磁化率值急剧增大（图 4-43e）。此 k-T 曲线表明沉积物中含胶黄铁矿和黄铁矿。280℃附近磁化率值的增高，是胶黄铁矿的典型特征（Roberts，1995；Torii et al.，1996；刘健等，2003）。胶黄铁矿在 280℃以下温度保持稳定，280℃开始，胶黄铁矿分解并形成少量的磁黄铁矿和硫化物蒸汽（Skinner et al.，1964），而新生成的磁黄铁矿的居里温度在 320~325℃（Torri et al.，1996；Dekkers，1989），这导致在 k-T 升温曲线上形成第一个峰。沉积物中的黄铁矿随着温度的继续升高，转化为磁铁矿，并在达到磁铁矿居里温度前形成第二个峰。有的样品，由于磁化率在 280℃附近增大后，因磁黄铁矿分解而导致的磁化率降低幅度相对较小，使得双峰特征不明显，k-T 升温曲线在 280~540℃形成平台形状的高值区。具此类 k-T 曲线的沉积物，分布在楚科奇海台以北的马卡洛夫海盆、阿尔法海脊、门捷列夫深海平原，如 BN03-BN12 等站位。

　　第六类 k-T 曲线，如同第五类一样，升温过程中磁化率值远低于降至室温后的磁化率值。但与第五类 k-T 曲线不同的是加热至 280℃时磁化率值仅有小幅度的增大，400℃以后磁化率值的增大更为明显（图 4-43f）。表明该类型样品中，尽管仍含胶黄铁矿和黄铁矿，但胶黄铁矿相对于黄铁矿的含量，与第五类 k-T 曲线的样品相比大为降低。具此类型 k-T 曲线的沉积物，分布在楚科奇海盆、北风海脊以及楚科奇陆坡外侧的加拿大海盆。

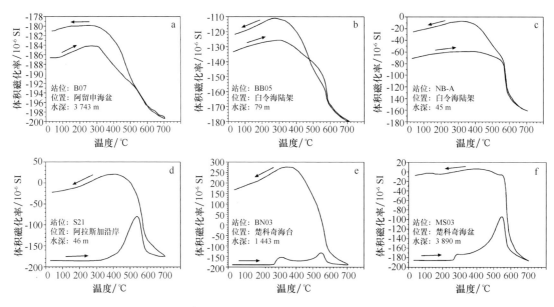

图 4-43　白令海和西北冰洋表层沉积物典型磁化率-温度曲线

4.7.3　沉积物磁化率特征的环境指示意义

　　磁化率主要反映了样品中亚铁磁性矿物的含量，此外，磁化率值还与磁性矿物的粒度和矿物种类有关（Liu et al.，2003；Peter and Dekkers，2003；Brachfeld et al.，2009；Zheng et al，2010）。通过对白令海和西北冰洋沉积物的 k-T 分析，研究区内表层沉积物中所含的磁性矿物，依其磁性强弱分别是：磁铁矿、磁赤铁矿、胶黄铁矿和黄铁矿（Thompson and Oldfield，1986）。表层沉积物中磁性矿物种类及其磁性强弱的差异，导致白令海和西北冰洋表层沉积物 χ_{lf} 的高低变化。白令海陆架育空河口外侧、圣劳伦斯岛南侧的表层沉积物，磁化率值为研究

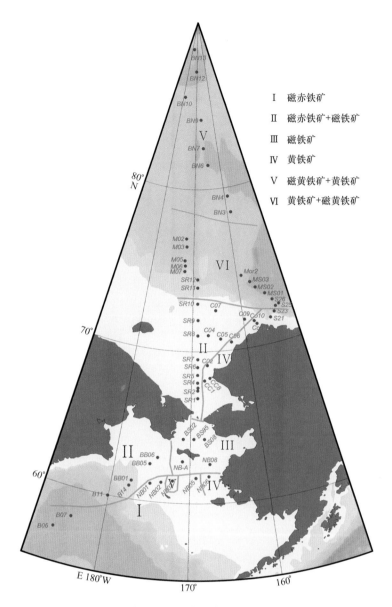

图 4-44 白令海和西北冰洋表层沉积物磁性矿物分区

区最高，其所含磁性矿物为磁铁矿，而位于圣劳伦斯北侧的 BS02、BS05 和 BS08 站位，尽管表层沉积物中的磁性矿物仍为磁铁矿，但其磁化率值明显小于育空河口和圣劳伦斯岛南侧陆架，表明沉积物中磁铁矿含量相对较低，含磁铁矿的沉积物在白令海陆架上是向北扩散和搬运的。

k-T 曲线特征表明白令海靠近俄罗斯大陆一侧表层沉积物中含磁赤铁矿。其中，位于阿留申海盆西部的 B06 和 B07 站位的 k-T 曲线反映其仅含磁赤铁矿，向 NE 方向，自陆坡向陆架区域，表层沉积物中的磁铁矿相对含量增大。该磁铁矿，应为育空河输入的来自阿拉斯加陆地的磁铁矿向西的扩散。对白令海陆架石英的 ESR 研究表明来自育空河的沉积物可扩散至白令海西部陆架和陆坡区（Nagashina et al.，2012）。而磁赤铁矿，应来自白令海西侧的亚洲大陆。磁赤铁矿是亚洲大陆粉尘沉积中最常见的磁性矿物之一（朱日祥等，2000；Deng et al.，2001）。亚洲粉尘可沉降至白令海（Maher et al.，2010），但也不排除该区域磁赤铁矿是通过东西伯利亚的阿纳德尔河输入白令海的，其他证据也表明白令海陆架西部，尤其是阿纳德尔河口外沉积物和育空河输入沉积物具明显不同的特征，表明白令海陆架西侧有阿纳德尔河输入的沉积物（Asahara et al.，2012；Nagashina et al.，2012）。

楚科奇海阿拉斯加沿岸，表层沉积物中含黄铁矿。沉积物中的黄铁矿可以是自生的或陆源输入的。在还原条件下，如果沉积物中有足够的 S^{2-}，则可生成稳定的铁硫化物-黄铁矿（Snowball and Torri，1999）。但根据前人对阿拉斯加沿岸沉积物中有机碳和生物耗氧量等的研究，阿拉斯加沿岸底质并非处于缺氧环境（Grebmeier et al.，2006）。在阿拉斯加西部，发育一些较小的河流，其向西北方向流入楚科奇海，如 Kukpowruk 河、Kokolik 河、Utukok 河等，这些河流流域出露岩石为中生代沉积岩，与流入白令海的育空河流域以变质岩和火山岩为主的岩石类型不同，因此，可以推断，阿拉斯加沿岸沉积物中的黄铁矿，可能来自阿拉斯加西北部沉积岩中的黄铁矿。流入楚科奇海的河流与流入白令海的育空河流域出露岩石的差异，也可解释为什么其输入的铁磁性矿物的种类差异，但也不排除该黄铁矿是早期成岩作用的产物。

k-T 曲线显示，除阿拉斯加沿岸的楚科奇海中东部陆架上，表层沉积物中磁性矿物为磁赤铁矿和磁铁矿，与白令海陆架西侧靠近俄罗斯大陆一侧的沉积物类似。因此，楚科奇海陆架上的磁赤铁矿和磁铁矿，一种可能的来源为来自白令海陆架。根据白令海和楚科奇海陆架上的洋流特征，位于白令海中西部的阿纳德尔流和白令海陆架流在白令海陆架上自南向北流经白令海陆架的磁赤铁矿和磁铁矿分布区，穿过白令海峡后在楚科奇海陆架上继续向北流。白令海颗粒物向楚科奇海的输运，已被沉积物中的 Sr、Nd 同位素（Asahara et al.，2012）以及水体颗粒物中的 ^{210}Pb 所证实（Chen et al.，2012）。另一种可能的来源为东西伯利亚海。西伯利亚内陆的黄土沉积物中含磁赤铁矿（朱日祥等，2000），这些磁性矿物经河流向北输入北冰洋后，再经如图 4-40 所示路径由东西伯利亚海输入到楚科奇海陆架。多种证据表明楚科奇海陆架沉积物有部分来自东西伯利亚海（Viscosi-Shirley et al.，2003a，b；Asahara et al.，2012）。至于楚科奇海陆架中部和阿拉斯加沿岸沉积物中磁性矿物的差异，除表明其物质来源不同外，还受楚科奇海陆架上洋流的控制。来自阿拉斯加陆地含黄铁矿的沉积物受阿拉斯加沿岸流的作用，没有向西侧陆架扩散，同时，受楚科奇海陆架上向北流的白令海陆架-阿纳德尔流的控制，也使得陆架中东部含磁赤铁矿和磁铁矿的沉积物没有进一步向阿拉斯加沿岸扩散。

在楚科奇海陆架以北深水区的表层沉积物中，含胶黄铁矿和黄铁矿等铁的硫化物，而且，在更高纬度的马卡洛夫海盆区、阿尔法海脊以及门捷列夫深海平原，沉积物中胶黄铁矿的含量较南部的楚科奇海盆、靠近陆坡的加拿大海盆区的高。此深水区与陆架浅水区沉积物中磁性矿物的差异，与北冰洋洋流的作用有关。在楚科奇海陆坡处，向北流的白令海陆架-阿纳德尔流受表层顺时针方向流动的波弗特环流和次表层逆时针方向流动的大西洋水团的影响，阻碍了楚科奇陆架上的沉积物进一步向高纬度的海盆区的扩散，表层沉积物质量磁化率值在高纬度区很低，也证实了陆架上磁性较强的磁赤铁矿和磁铁矿等铁的氧化物在西北冰洋深水区不存在或含量极低。此外，随着水深的增大，海底的氧化-还原环境发生变化。在还原环境下，碎屑成因的亚铁磁性氧化物（如磁铁矿）按粒级先小后大的顺序有选择性地被溶解（刘健，2000；Karlin and Levi，1983）。沉积物中有机质降解和细菌硫酸盐还原作用，也可生成亚铁磁性的铁硫化物（Farine et al.，1990；Mann et al. 1990；

Snowball and Torri，1999；Bleil，2000；Glasauer et al.，2002）。频率磁化率值的变化表明高纬度深水区沉积物中磁晶粒度位于 SP/SD 界线附近的磁性矿物含量显著增高，显示了陆架和深水区磁性矿物成因上的差异。沉积物中胶黄铁矿的成因，除早期成岩作用外，还多与微生物成因有关（Mann et al.，1990）。高纬度深水区表层沉积物中胶黄铁矿含量增加的原因，还有待进一步的深入研究。

值得注意的是，位于加拿大海盆巴罗峡谷外侧的 S25 站位，其表层沉积物中的磁性矿物特征与楚科奇海陆架上的一致，与周围其他富含铁硫化物的沉积物显著不同，这说明楚科奇海陆架上含磁赤铁矿和磁铁矿的沉积物，可通过巴罗峡谷输运到加拿大海盆中。

χ_{fd} 和 χ_{ARM} 分别对磁性矿物中的 SP/SD 和 SD/PSD 颗粒敏感。白令海和西北冰洋表层沉积物 χ_{fd} 值的分布表明，加拿大海盆、阿尔法海脊和马卡洛夫海盆区，表层沉积物中 SP/SD 磁性颗粒含量最高，楚科奇海陆架和白令海陆架西部 SP/SD 磁性颗粒含量次之，而白令海陆架东部育空河口外和圣劳伦斯岛南部陆架区，表层沉积物中 SP/SD 磁性颗粒含量最低。相对于多畴磁性颗粒，单畴颗粒能获得很强的 ARM。一般磁性颗粒越大，χ_{ARM}/χ 越小。白令海和西北冰洋表层沉积物 χ_{ARM}/χ 比值变化显示（图 4-42），白令海陆架东部和楚科奇海陆架、楚科奇海盆表层沉积物中的磁性颗粒相对较粗，而白令海陆架西部、阿留申海盆、加拿大海盆、阿尔法海脊和马卡洛夫海盆区表层沉积物磁性颗粒相对较细。χ_{fd} 和 χ_{ARM} 均反映出陆架上表层沉积物的磁性矿物颗粒较海盆中的粗，这与物质来源相关的沉积物颗粒的粗细、前述磁性矿物的成因有关。χ 与 χ_{fd} 反相关，表明陆架上强磁性矿物的磁晶粒度较粗，而海盆区弱磁性矿物的磁晶粒度较细。

白令海和西北冰洋不同区域表层沉积物中的磁性矿物种类和磁晶粒度不同，表明沉积物及其磁性矿物的来源、成因差异及其扩散范围。利用白令海和西北冰洋沉积物柱样的环境磁学参数进行古气候、古环境变化研究时，需根据磁性矿物来源及成因变化，分区域对环境磁学参数进行解释，这样才能更准确地获得过去气候环境变化的信息。

4.7.4 小结

（1）白令海陆架表层沉积物质量磁化率值整体高于楚科奇海陆架。在白令海，表层沉积物质量磁化率值在育空河口外侧和圣劳伦斯岛南侧的陆架上最高，向北和西南方向变小。西北冰洋楚科奇海陆架中东部表层沉积物的质量磁化率高于阿拉斯加沿岸和高纬度深海平原和洋脊区。白令海和西北冰洋表层沉积物的频率磁化率变化趋势与质量磁化率的相反，非磁滞磁化率的变化趋势与质量磁化率的相似。

（2）白令海和西北冰洋表层沉积物中的磁性矿物种类具明显的区域性分布。白令海圣劳伦斯岛南北两侧和育空河口外侧沉积物中的磁性矿物为磁铁矿，靠近俄罗斯陆地一侧和楚科奇海中东部陆架上的为磁赤铁矿和磁铁矿。楚科奇海阿拉斯加沿岸表层沉积物中含黄铁矿。楚科奇海陆坡区及其以北的深海平原与洋脊区，表层沉积物中含胶黄铁矿和黄铁矿，并且胶黄铁矿在高纬度区含量增。

（3）沉积物中的磁性矿物种类差异表明，白令海陆架东部以磁铁矿主的表层沉积物是育空河输入的，并向北和西南方向扩散。阿拉斯加沿岸含黄铁矿的沉积物，是阿拉斯加西北部中小河流输入的，并受阿拉斯加沿岸流的控制。楚科奇海陆架上的沉积物，来自白令海或东

西伯利亚海。楚科奇海陆坡及其以北的深海平原和洋脊区的胶黄铁矿，为自生成因的。

（4）受物质来源、洋流、沉积环境等因素的控制，白令海和西北冰洋沉积物中的磁性矿物种类和成因具区域性特征。在利用环境磁学参数进行沉积物柱样古气候环境变化的研究中，需考虑不同区域磁性矿物的来源和变化等因素。

第 5 章　白令海沉积记录与古环境演化特征

5.1　白令海西部近百年来有机碳的地球化学特征与埋藏记录

5.1.1　研究背景分析

近几十年来，北极地区海洋环境已经发生了明显变异，主要表现为北极海冰退化、海平面上升及水温升高、冻土层融化、海岸侵蚀加剧、海洋酸化和混合层厚度的改变等（Dahl et al.，2004；Hays et al.，2005；Raven et al.，2005；Guo et al.，2007）。这些生态环境的变异对海洋浮游植物初级生产力和生态群落结构的变化有直接的影响，并可能影响或改变区域乃至全球尺度海洋碳循环的生物地球化学过程（陈建芳等，2004；McGuire et al.，2009）。白令海是亚北极纬度最高和面积最大的北太平洋边缘海，是连接北冰洋和太平洋的重要通道，西部和北部以宽阔的陆架为特征，南部有 3 个深海盆。陆架水经白令海峡向北流入北冰洋，表层环流为气旋型环流（Stabeno et al.，1999；Wang et al.，2009）。由于白令海峡水深较浅，其垂直水团结构主要受太平洋水团的影响。由于特殊的区域地理位置、季节性的海冰形成过程和较高的初级生产力，白令海在全球碳循环过程和气候变化中起着重要作用（Tsyban，1999），对全球气候和环境变化具有很高程度的敏感性，并存在明显的作用和反馈（陈立奇，2002）。研究表明，白令海生物泵作用活跃，是大气 CO_2 的"汇"（Takahashi et al.，2002；Chen et al.，2007）；其水团交换过程对大洋环流、物质热量平衡方面起着重要作用，并对全球气候变化有十分重要的意义（Takahashi et al.，2002；Rodger Harvey et al.，2013）。

近期，有关白令海沉积有机碳及相关有机分子标志物的研究已有一些报道。例如，有研究报道了白令海或北极周边陆架表层沉积物中的有机碳、典型有机分子的组成分布特征及其生态环境意义（Guo et al.，2004；张海峰等，2011；王寿刚等，2013；Méheust et al.，2013；Goñi et al.，2013；Park et al.，2014）；还有研究发现白令海颗粒有机碳的输出通量较高（马豪等，2009）。此外，也有研究从更长时间尺度建立了全新世乃至末次冰消期以来的沉积有机质记录及其对古海洋、古环境演变的响应（邹建军等，2012；张海峰等，2014；陈志华等，2014）。上述工作多是针对表层沉积物中有机质组分的组成分布及其影响因素，或是更长时间尺度的有机地球化学记录研究。基于陆坡有机分子标志物的百年沉积记录，卢冰等（2004）对白令海近百年的海洋环境变异进行了系统研究，但由于样品采集时间较早，对近十几年沉积有机质的埋藏记录及其环境响应过程尚不清楚。有关白令海东部陆架区的现代沉积过程也有一些研究（Knebel and Creager，1973；Naidu and Mowatt，1983），但对中部陆架、陆坡和西部陆架的沉积记录还较少有见报道。最新研究则表明，白令海中、东部陆架的现代沉积速率较高，能够获得5~10年的高分辨率的地层序列（Oguri et al.，2012）。

据此，本次工作依据第五次北极科学考察在白令海中、西部陆架-陆坡区获得的多管柱样，重点探讨了百年来白令海沉积有机碳的地球化学特征与埋藏保存记录，并与周边已有的工作进行对比，这对于认识和了解该区百年来沉积有机质的输入、来源、埋藏保存及沉积环境演变等方面具有重要的科学意义，还可为评价北极周边近海生态环境变异及其影响提供必要的科学依据。

5.1.2　样品与数据

研究涉及的两根多管短柱样品为第五次北极科学考察所采集。沉积柱由自制多管取样器采集获得，样品长度约30 cm。其中，BL16柱样位于陆架区，在圣劳伦斯岛西南方向，水深为68.2 m；BL10站位于上陆坡区，水深2 611 m。采样站位如图5-1所示。沉积柱采集后现场按照1 cm间隔进行分样，样品放入冰柜于-20℃下冷冻保存。实验室内完成了沉积柱^{210}Pb测年分析、沉积物有机碳含量和粒度分布分析，碳酸钙的含量按如下公式进行计算：$CaCO_3 = (TC-TOC) \times 8.33$。

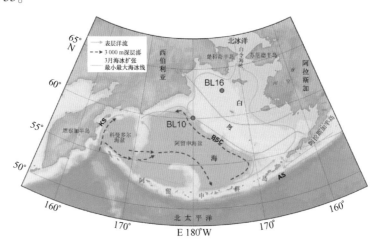

图5-1　研究区水深、环流与多管柱样站位

注：AS—阿拉斯加流；BSC—白令海陆坡流；KS—堪察加流

（改绘自陈志华等 2014.）

5.1.3　沉积物粒度特征与^{210}Pb沉积速率

如图5-2所示，白令海BL16和BL10两柱样的粒度组成有一定差异，BL16柱样整体为粉砂，而BL10则为砂质粉砂。其中，BL16柱样黏土含量相对较高，介于11.8%~15.6%，平均含量为14.2%；粉砂为76.3%~81.9%，平均含量为79.4%；砂含量介于3.4%~9.5%，平均含量为6.4%。BL10柱样砂含量相对较高，平均为14.1%（11.5%~21.1%），黏土和粉砂的平均含量分别为10.2%（8.6%~11.4%），75.7%（70.3%~78.3%）。相比之下，BL10柱样的粒度相对偏粗，这可能与采样站位的空间地理位置和沉积水动力条件有关。BL10柱样处于白令海陆架坡折处，地形复杂，水深变化大，并受白令海陆坡环流影响，该区沉积水动力条件相对较强，易发生浊流搬运（Carlson and Karl，1984；黄元辉等，2014）。垂向上，两

柱样不同粒径组分随深度基本保持不变（图5-2），整体上反映了相对稳定的现代沉积环境。BL16上部10 cm以内层位，砂含量略有降低，粉砂含量则稍有增加；而BL10短柱样品中砂含量在22 cm以下略有增加。

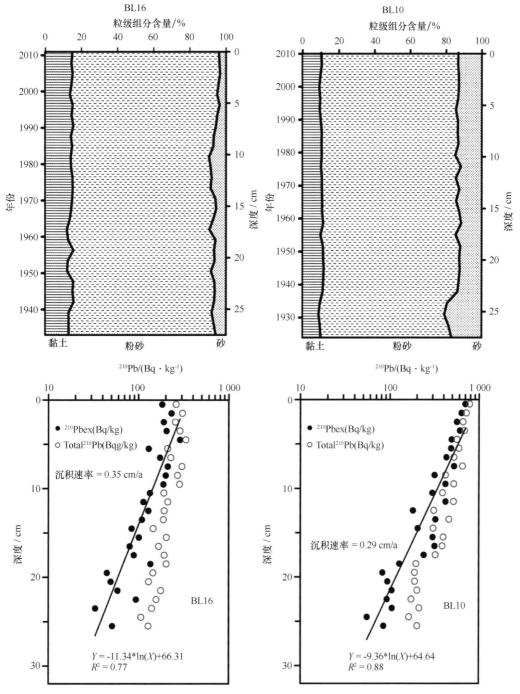

图5-2 BL16和BL10站位沉积柱样粒度组成的垂向分布

^{210}Pb的分析结果如图5-2所示，两柱样总^{210}Pb比活度和过剩^{210}Pb比活度的垂向变化趋势基本相同，两者都表现为随深度的增加而呈现出指数衰减的分布特征，过剩^{210}Pb比活度在20 cm以下较为稳定，可认为达到本底值。据此，采用常量初始浓度（CIC）模式计算出它们的平均沉积速率分别约为0.35 cm/a（BL16）和0.29 cm/a（BL10）。该结果与近期Oguri等

（2012）利用^{210}Pb和^{137}Cs对白令海陆架多管柱样测出的沉积质量速率结果相当（0.11~0.44 g/（cm·a）），并发现白令海中、东部陆架的现代沉积速率较高，可获得5~10年分辨率的地层序列；南部陆架水深大于2 000 m，以细颗粒沉积为主；育空河物质主要集中在北部近海区，对陆架沉积物的贡献较小（Oguri et al.，2012）。此外，卢冰等（2004）对白令海陆坡多管沉积柱也进行了^{210}Pb定年，结果为0.04~0.21 cm/a，平均为0.11 cm/a，这与90年代Iwata等（1994）的测定结果0.1 cm/a相一致。

对比发现，不同层位的过剩^{210}Pb$_{ex}$比活度与深度之间具有较好的相关性（图5-2），这表明该区沉积水动力环境相对稳定。位于陆坡区的BL10短柱上层则没有明显的扰动现象，^{210}Pb$_{ex}$比活度与深度的相关性也更显著。基于^{210}Pb的平均沉积速率和柱子长度，大体可获得两沉积柱约70年以来的连续海洋沉积环境序列（图5-2）。不过，也发现BL16柱样上层10 cm以内过剩^{210}Pb$_{ex}$比活度的衰变趋势并不明显，这可能与上层沉积物受物理混合扰动的影响有关。研究发现，白令海陆架不同地区短柱的上层样品确有不同程度（几厘米至几十厘米）的混合现象，这主要跟底栖生物和冬季沉积物再悬浮作用有关（Grebmeier et. al.，1989；Broerse et al.，2003；Oguri et al.，2012）。此外，发现不同区域沉积物中过剩^{210}Pb$_{ex}$比活度差别很大，BL10柱样明显高于陆架区的BL16柱样。陆架区水深较浅，沉积物中^{210}Pb$_{ex}$可能尚未完全衰变，但陆坡区的BL16含明显偏高的^{210}Pb$_{ex}$比活度（图5-2），这主要可归因如下：一方面可能跟陆坡区底部雾状层（benthic nepheloid layer）对细颗粒的汇聚作用有关（Buscail et al.，1997；Chung et al.，2004）；另一方面，这也跟白令海"绿带"的陆架边缘区具有较高的初级生产力和有机碳输出有直接的关系（Springer et al.，1996；Mizobata and Saitoh，2004；Okkonen et al.，2004），从而加大了对水体中过剩^{210}Pb$_{ex}$的清扫作用（Moore and Dymondt，1998）。

5.1.4 沉积物中有机碳、氮和碳酸钙的分布及影响因素分析

BL16柱样TOC平均含量为1.49%（1.20%~1.87%），TN平均含量为0.25%（0.11%~0.32%）；BL10柱样TOC平均含量为1.39%（1.24%~1.52%），TN平均含量为0.22%（0.20%~0.27%）。总体来说，这两根短柱的TOC含量比较高，这与前人在本区的研究结果相一致（张海峰等，2011；Méheust et al.，2013；Goñi et al.，2013）。事实上，相对较高的沉积有机碳含量在北极周边海域也多有报道，如楚科奇海、波弗特海陆架等（Stein and Macdonald，2004）。本区沉积物相对较高的TOC含量主要受上层水体相对较高的初级生产力和沉积物中较有利的TOC埋藏保存条件所控制（Springer et al.，1996；Goñi et al.，2013；张海峰等，2011）。研究表明，白令海区域尺度上较高的沉积有机碳含量分布与具有较高初级生产力的上部水体（即"白令海绿带"）有直接的关系，沉积物有机碳最高可达2%（Springer et al.，1996），这也可从与初级生产力密切相关的叶绿素a的空间分布特征上得到体现（Mizobata et al.，2002；Méheust et al.，2013）。研究发现，基于叶绿素a的空间分布资料，白令海陆架（包括陆架坡折带）在5月会出现浮游植物的勃发，并在夏季叶绿素a大于2 mg/m^3，相比之下，阿留申海盆区全年叶绿素a都偏低（小于1 mg/m^3）（Iida and Saitoh，2007）。此外，在陆架-陆坡区由于春季海冰消融也会对浮游植物的勃发和沉积有机质的富集有一定的贡献，与海冰消融过程相关的初级生产力可高达60%以上（Niebauer et al.，1990；Gosselin et al.，1997）。对比发现，BL16 和 BL10 柱样沉积物中 CaCO₃ 含量具有较大的区域差异，陆架区 BL16 短柱中 CaCO₃ 平均含量为 1.84%（0.19%~6.68%），而上陆坡区的 BL10 的 CaCO₃ 平均含量普遍都低于 2%。这与前人对白令海北部表层沉积物中 CaCO₃ 的空间分布趋势相一致，陆架区相对较高的 CaCO₃ 含量主要与陆架区上层水中钙质的颗石藻及与水深相关的 CaCO₃ 的保存和溶解作用有关（Merico et al.，2004；张海峰等，2011）。

垂向上，BL16 柱样中 TOC 从下向上表现为不断的增加趋势，并与沉积物粒径具有较好的一致性（图 5-3a），反映了粒度对沉积有机碳的控制作用。

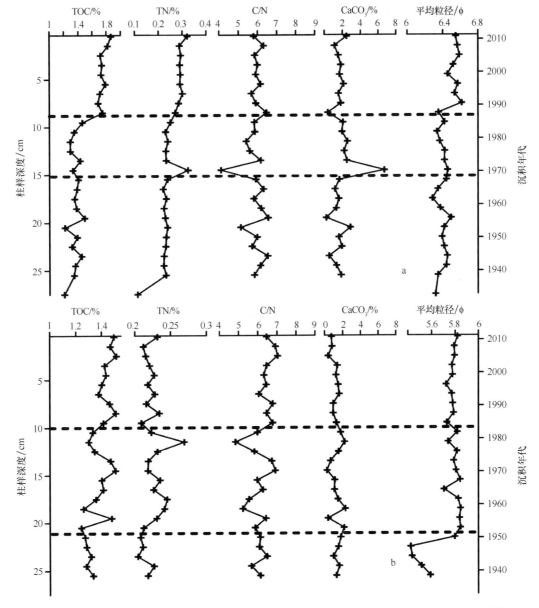

图 5-3 BL16（a）和 BL10（b）柱样中 TOC、TN、TOC/TN、CaCO₃ 和平均粒径的垂向分布

该柱样大体分为 3 个阶段：①15 cm 以下，TOC 含量偏低，平均为 1.36%（1.20%~1.49%），但具有一定的波动。最低值（1.20%）出现在最底层的样品（对应于 30 年代中

期）。该段 C/N 比值和 CaCO$_3$ 具有一定波动，但变化幅度较小，C/N 比值平均为 6.0。②15～9 cm，TOC 表现为随深度减少而逐渐增加的趋势，整体含量略有上升，平均为 1.36%；该段 C/N 比值和 CaCO$_3$ 具有一定波动。③9 cm 以上，即从 20 世纪 80 年代后期开始，TOC 整体呈现不断增加的趋势，有机碳平均含量为 1.76%。该段 C/N 比值相对稳定，但是 CaCO$_3$ 含量较下层有一定的降低（图 5-3a），这可能部分受到粒度变细的影响。

另一方面，结合 BL10 柱样平均粒径和有机碳等的垂向分布，同样可大体分为 3 段（图 5-3b）：①在 22 cm 以下的层位，TOC 含量偏低，样品中砂含量有明显的增加，粒度变粗，但 TOC 无明显变化。②22～10 cm，该段 TOC 整体含量略有上升，平均为 1.40%；C/N 比值和 CaCO$_3$ 具有一定波动，但粒度变化不大。③从 10 cm 深度向上，对应于 20 世纪 80 年代初期开始，TOC 阶段性增加，但 TN 却表现出明显的下降（图 5-3b）。这可能与该区上层沉积物在缺氧环境条件下受异养细菌等微生物活动的影响，反硝化作用较强有关（Lehmann et al.，2005）。如图 5-4 所示，对两柱样的 TOC 和平均粒径进行相关性分析，发现陆架区 BL16 柱样中 TOC 与平均粒径（Mz）具有较好的正相关关系（$R^2 = 0.60$，$P < 0.05$），反映了细颗粒的表面吸附作用可能对本区 TOC 的分布有重要影响（Tanoue and Handa，1979）；而陆坡区 BL10 柱样中两者则基本没有相关性，这也说明存在其他因素（如细菌对有机质富集的贡献）可能对陆坡区 TOC 的分布起主导作用（Thompson and Eglinton，1978）。最新研究表明，在上陆坡区来源于微生物贡献的 GDGTs 有机分子含量明显偏高，反映了该区海底较强的微生物作用对沉积有机质的贡献（Park et al.，2014）。

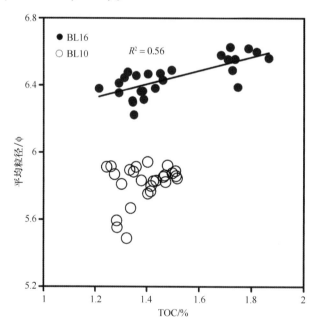

图 5-4　两柱样沉积物平均粒径与 TOC 的相关性分析

值得注意的是，对于两柱样上层样品，尤其是近 20 年以来，与下层相比，都表现出较明显的 TOC 含量增加和 CaCO$_3$ 含量的下降，除去粒度的部分影响外，这也可能与近期北极变暖和海洋酸化的加剧有一定联系。研究证实，白令海陆坡沉积物中有机分子标志物（如甾醇）的组成对近期气候变暖有较好的响应关系，而变暖在一定程度上会对海洋初级生产力的增加有促进作用（卢冰等，2004），这就可能导致了上层沉积物中 TOC 的含量增加。此外，研究也发现，由于大气二氧化碳浓度的增加和极地较低的水温，该区更易受海洋酸化的影响（祁第，2014），白令海近期表层海水中文石饱和度已经出现不饱和（Yamamoto-Kawai et al.，2011），这将对相应的钙质生物及碳酸盐矿物的埋藏保存产生不利的影响（McNei and Matear，2008）。

5.1.5 白令海不同区域沉积有机碳来源的初步分析

如图 5-5 所示，对两柱样中 TOC 和 TN 进行相关性分析，发现不同柱样沉积物中 TOC 和 TN 的相关性差异较大，BL16 不同层位 TOC 和 TN 的相关性更加密切（$R^2 = 0.84$，$P < 0.01$），而 BL10 柱样 TOC 和 TN 则没有明显相关性，这表明不同站位之间 TOC 的来源及其影响因素可能有明显的差异，陆架区 BL16 柱样中 TOC 和 TN 的来源较为一致，而陆坡区 BL10 站样品中 TOC 和 TN 的来源则较为复杂，可能受到其他因素的影响。事实上，之前研究也发现，处于白令海陆坡环流影响区的柱样中 TOC 和 TN 的相关性也较差，并推测这可能与沉积物中氮的反硝化作用有关（邹建军等，2012）。BL10 站水深较大，水体中的颗粒有机质需要经过较长的沉降时间，这将会加大有机质的降解程度和促进底层水体的缺氧。研究指出，在白令海水深大于 2 000 m 的海底沉积物的反硝化速率远高于全球相同水深的沉积物（Lehmann et al.，2005）。

沉积物中有机质 C/N 比值是判别有机质物源的经典指标。一般认为，海洋生物来源的有机质的 C/N 比值为 5~7（Redfield et al.，1963），陆源高等植物贡献的有机质 C/N 则一般大于 15（Meyers，1997）。不过，研究也发现，很多因素会限制 C/N 比值对沉积有机质的指示作用，比如矿物对无机氮的吸附、土壤有机质输入、水动力分选、微生物作用及早期成岩作用等（Müller，1977；Schubert，and Calvert，2001；O'Leary，1985；Ruttenberg and Goñi，1997；Hedges and Oades，1997；Bianchi et al.，2002），这些因素尤其是在大河输入影响和沉积动力活跃的陆架-边缘海地区，都将不同程度的降低沉积物中 C/N 值（Ramaswamy et al.，2008；Blair and Aller，2012；Hu et al.，2012，2013），从而使得它对沉积有机质来源的指示作用不够敏感。由图 5-3 可知，两柱样沉积物中 C/N 随深度的变化相对稳定，BL16 柱样 C/N 比值介于 4.1~6.5 之间，平均为 5.9，BL10 柱样 C/N 比值介于 4.8~7.0 之间，平均值为 6.2，表明沉积物中有机碳的来源主要以海洋源有机质贡献为主，这与该海区表层沉积物中来自海洋生源贡献的典型生物标志物（菜籽甾醇）高浓度的分布一致（Volkman，2006；Méheust et al.，2013）。前人报道本区沉积有机质的 $\delta^{13}C$ 的值处于 $-21‰ \sim -22‰$ 之间，同样指示了海洋源有机质贡献占主导（Naidu et al.，1993）。最新研究则发现，处于白令海陆架边缘和上陆坡地区表层沉积物中来自海洋古菌（Thaumarchaeota）贡献的特征有机分子标志物四醚膜类脂物（GDGTs）的含量很高，而较高的海洋初级生产力是维持水柱中这类古菌进行生命活动的基础和前提（Park et al.，2014）。

另一方面，尽管前人通过各种有机质和典型有机分子标志物都表明白令海陆架和陆坡区沉积有机质以海洋浮游植物贡献为主，但 Goñi 等（2013）最近基于典型的陆源生物标志物（木质素酚）的组成特征，发现白令海不同区域沉积有机质中都具有不同程度的陆源有机质混合，而且不同地区陆源有机分子标志物的信号不同：例如，陆架区沉积的陆源有机质表现出更强的木质素和角质贡献的有机分子信号，其来源主要是有机质含量较高的土壤和泥炭贡

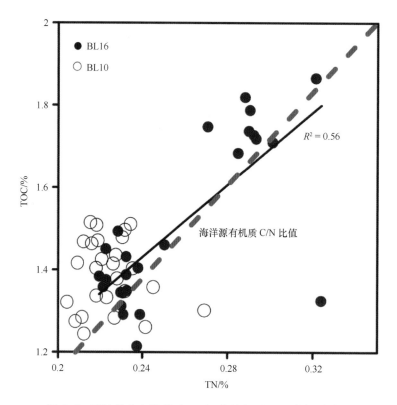

图 5-5　两柱样总有机碳（TOC）和总氮（TN）的相关关系

献；而陆坡区的这种信号明显偏弱，主要来源于矿物质土和基岩中的古老有机质（Goñi et al.，2013），这表明陆架和陆坡地区的陆源有机质的组成、来源及输运方式可能具有明显的区域差异，并可能与海流的水平输送、海岸侵蚀及海冰活动导致的沉积物输运等过程有直接的关系（Eicken，2004；Ping et al.，2011；Macdonald and Gobeil，2011）。

5.1.6　白令海沉积有机碳的埋藏保存及区域对比

基于 BL16 和 BL10 的 ^{210}Pb 沉积速率和表层沉积物的干密度（取 0.65 g/cm^3）（卢冰等，2004），可大体估算出陆架区和陆坡区表观沉积质量的埋藏通量 F_m（kg·m^{-2}/a），其中 BL16 的表观沉积质量通量约为 2.3 kg·m^{-2}/a，BL10 的表观沉积质量通量约为 1.9 kg·m^{-2}/a。再结合沉积物中有机碳含量 OC%（mol/kg）（以碳计），可得到各自有机碳的埋藏通量 F_{OC}（mmol·m^{-2}/a）（以碳计），公式如下：$F_{oc} = F_m \times OC\% \times 1\,000$。

据此，可计算出 BL16 和 BL10 的沉积有机碳埋藏通量分别为 4 140 mmol·m^{-2}/a（以碳计）和 2 850 mmol·m^{-2}/a（以碳计）。与北极周边海域对比发现，该结果与楚科奇海陆架西部的结果（3 141 mmol·m^{-2}/a（以碳计），杨伟锋等，2002）相当，但整体明显高于楚科奇海（358 mmol·m^{-2}/a（以碳计），Stein and Macdonald，2004）和拉普捷夫海陆架地区（517 mmol·m^{-2}/a（以碳计），余雯等，2012）。如前所述，白令海这一区域较高的沉积有机碳埋藏通量主要受控于该区较高的水体初级生产力、较高的真光层有机碳输出效率、较为有利的有机碳保存环境以及较高的沉积速率等因素的共同作用。除表层生产力较高外，研究指出，由于高纬度海区以硅藻等较大个体的浮游植物为主，导致相对较高的颗粒有机碳从真光层向下输出（约50%）（Buesseler，1998；马豪等，2009），加上本区沉积速率较高，从而保证了对该区沉积物中较高的TOC供给。

根据颗粒单位面积吸附的有机碳量可大体评估沉积有机碳的埋藏效率（Mayer，1994；Hedges and Keil，1995），研究指出，白令海陆架区和楚科奇海的TOC埋藏效率普遍较高，大于0.5 mg/m²（以碳计）（Goni et al.，2013），这除了与较高的初级生产力对沉积有机碳的供给外，也跟有机质的代谢机制有直接的关系。沉积物中的氧化还原环境及其对TOC保存或代谢的影响机制可通过表层氧化锰MnO₂的厚度（即氧气穿透深度）的大小来表征（Hartnett et al.，1998；Goñi et al.，2013）。一般来说，海水中的颗粒有机质作为重要的还原剂，在沉降过程中将不断消耗底层水中的氧气，使之趋向还原（Hartnett et al.，1998；Schulz and Azbel，2000），锰（Mn）在水体中受富氧海水等氧化剂作用，易形成MnO₂而赋存在表层沉积物中，而在氧气穿透面以下，缺氧的沉积环境将导致MnO₂代替氧气成为重要的二级氧化剂，使其易被有机质还原为易溶的Mn²⁺，从而导致下层沉积物中锰含量迅速降低。因此，表层沉积物中的锰富集层（MnO₂）的厚度可作为指示沉积物原位的氧化还原状况和氧气穿透深度，即锰富集层越薄，说明沉积环境越还原，就更有利于沉积有机质的埋藏保存（Goñi et al.，2013）。对北极周边海域底质沉积物中的有机碳埋藏效率和锰富集层厚度的分析发现，对于有机碳埋藏保存效率（0.5~1 mg/m²（以碳计））较高的地区（如巴罗海峡、楚科奇海和白令海陆架等），其沉积物中的锰富集层厚度（即氧气穿透深度）都很浅（<2 cm），有利于有机碳的埋藏保存；而对于锰富集层厚度较大（>5 cm）的地区（如加拿大半岛北部近海），沉积有机碳的埋藏保存效率一般都低于0.5 mg/m²（以碳计）（Goñi et al.，2013）。除上述因素外，沉积有机碳的埋藏保存还与沉积物传输过程中不同类型有机质分异以及矿物颗粒的性质和种类有关（Keil et al.，2004；Goñi et al.，2005；Connelly et al.，2012）。总之，随着北极周边海冰的日益减少，冻土的退化以及海岸侵蚀的加剧，这些过程将会显著改变海洋初级生产力和陆源物质（包括营养盐和有机质）的入海通量（Stein and Macdonald，2004；Goñi et al.，2005；Dunton et al.，2006；Vonk et al.，2012），这将对本区沉积有机碳的供给、代谢和埋藏保存等过程产生重要的影响，需要进一步关注和研究。

5.2 白令海北部陆坡全新世以来的生物标志物记录

5.2.1 研究背景分析

前人研究表明，白令海是一个受风、海流和海冰综合控制的高生产力生态区系，其显著特征就是具有很高的表层生产力，存在"白令海绿带"（Bering Sea Green Belt）（Springer，et al.，1996；Wang，et al.，2006）。而其北部为宽阔的陆架，东、西两侧发源于阿拉斯加和西伯利亚的几条河流搬运来大量陆源物质，记录下丰富的海陆气候变化信息。前人研究发现，晚更新世以来白令海的海洋环境与全球气候变化关系密切（Gorbarenko，1996；Gorbarenko et al.，2005；Cook，et al.，2005；Okazaki，et al.，2005a；Brunelle，et al.，2007），其沉积物记录的古海洋学信息可以提供与米兰柯维奇轨道周期相关的北半球冰盖演化及高频率的Heinrich

和 D/O（Dansgaard/Oeschger）事件的记录，使其成为国际古海洋学和古气候学研究的热点之一（Takahashi，1998；Takahashi et al.，2002；Gorbarenko，et al.，2010）。

随着分析测试技术的发展，生物标志物（Bio-marker，或称生物标记物）分析方法已经广泛应用于海洋地质学以及古环境和古气候演变的研究中（Zhao，et al.，2006；Martnez-Garcia，et al.，2009）。海洋沉积物中的生物标志物有两种组分，其中，甾醇、烯酮类组分是研究海洋初级生产力和表层生物结构的一种较为实用而有效的指标。研究表明，沉积物中这些生物标志物的含量可以反映特定藻类的生产力，例如，菜子甾醇和岩藻甾醇可指示硅藻（Volkman，1986；Meyers，1997），甲藻甾醇可以反映甲藻（Volkman，1993），直链烯酮可以指示颗石藻（Marlowe et al.，1984a，b），nC_{30}-diol 则代表黄绿藻（Volkman，et al.，1992，1999），这些藻类是目前大洋初级生产力的主要代表，其产生的类脂化合物具有不溶于水、不易挥发、化学性质稳定、抗生物降解能力强的特点，在沉降和成岩过程中依然保存有碳骨架，在许多地质环境中都可长期保存，因此可用于海洋浮游植物生产力和群落结构的重建，为研究地质历史时期的古生产力提供了重要的信息（南青云等，2008；黄小慧等，2009a；Eglinton et al.，2008）。而烷烃类和醇类组分来自于陆地植被和海洋浮游藻类，但其中的长链正构烷烃和正构醇主要来自陆地高等植物的叶蜡表皮部分，可以通过河流和风搬运到海洋中。研究表明，高等植物叶蜡的长链正构烷烃主要分布在 $nC21-nC35$，具有明显的"奇高偶低"的奇碳数优势（即主要合成含奇数个碳原子的烷烃），通常是 nC_{29}，nC_{31} 或 nC_{33} 最高；而菌藻类的正构烷烃主要分布在低碳数 $nC_{11}-nC_{25}$，以 nC_{17} 或 nC_{19} 占优势，没有明显的奇偶优势（Meyers and Ishiwatari R，1993），前人也据此将 $nC_{25}-nC_{33}$ 之间奇碳数的长链奇数正构烷烃含量的总和（表示为 ΣOdd（$nC_{25}-nC_{33}$），简称烷烃总量），作为研究陆源物质输入的替代性指标（Eglinton et al.，1967）。此外，还有一类沉水植物比较特殊，如狐尾藻和眼子菜等，其烷烃主要分布在 $nC_{21}\sim nC_{25}$ 之间，主碳峰则是 nC_{23}（Meyers，2003），明显区别于陆生植物（Ficken et al.，2000）。

另外，长链正构烷烃的分子组组合特征，如碳优势指数（CPI）、平均链长指数（ACL）、烷烃指数（A.I.）以及 nC_{31}/nC_{27} 比值等，也常被用来进一步研究海洋沉积物中陆源物质的来源，恢复源区的植被特征和环境气候演变（贺娟，2008）。其中，CPI 可指示烷烃的成熟度和来源，因为高等植物烷烃显著的奇偶优势在经历成岩、降解等作用后会降低，以此区别于化石烷烃（Maffei et al.，1996；Zhang et al.，2006）；ACL，A.I. 以及 nC_{31}/nC_{27} 指标的建立则是基于现代植被的观测结果，即：草本植物和木本植物都产生 nC_{27}，nC_{29} 和 nC_{31}，但前者常以 nC_{31} 为主峰，后者主要以 nC_{27} 或 nC_{29} 为主峰，因此这几个参数升降可代表草本植物相对贡献的增减，反映源区植被类型的变化（Maffei et al.，1996；Zhang et al.，2006）。

然而，生物标志物分析方法在白令海海洋地质学和古环境、古气候学研究工作中的实际应用却并不普遍（卢冰等，2001，2004a，b；张海生等，2007），至于将该方法应用于该海区上层海洋环境和植物群落结构的变化以及陆源输送量的研究则更为缺乏。本课题在前人有限的工作基础上，利用 AMS[14]C 测年方法建立的高分辨率年龄框架，对在白令海北部陆坡采集到的沉积物柱状样进行了生物标志物分析，恢复了该区全新世以来初级生产力和浮游植物群落结构的变化，探讨该区陆源输入量的变化及其源区植被和气候演化，以期进一步丰富白令海全新世以来高分辨率的古海洋学和古气候学研究。

5.2.2 样品与年龄框架

本次研究利用中国首次北极科学考察在白令海用重力活塞取样器钻取的 ARC1B2-9（以下简称 B2-9）站位沉积物柱状样样品。该站位位于 59°17′32″N、178°41′50″W，水深 2 200 m，处在白令海北部陆坡区（图 5-6），柱状样长度 231 cm。柱状样的岩性单一，为一套深灰色的硅质生物软泥。采样间隔为 2 cm，共获得 115 个样品。

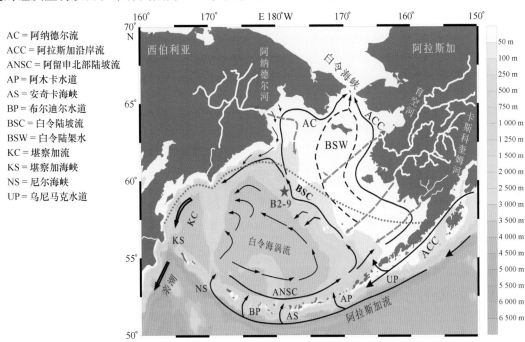

AC = 阿纳德尔流
ACC = 阿拉斯加沿岸流
ANSC = 阿留申北部陆坡流
AP = 阿木卡水道
AS = 安奇卡海峡
BP = 布尔迪尔水道
BSC = 白令陆坡流
BSW = 白令陆架水
KC = 堪察加流
KS = 堪察加海峡
NS = 尼尔海峡
UP = 乌尼马克水道

图 5-6 白令海现代海洋环境及 B2-9 站位示意图

注：黑色单箭头实线为表层环流系统，据文献（Katsuki et al.，2003）重绘；白色实线为入海河流，据文献（Nagashima et al.，2012；Brabets et al.，2000；Sancetta et al.，1984）重绘；灰色虚线为 1970—1987 年海冰覆盖南部边界，据文献（Nagashima et al.，2012；Niebauer and Schell，1993）重绘；绿色单箭头虚线示意河流输入方向，据文献（Nagashima et al.，2012）重绘.

B2-9 岩心的年龄框架是根据 10 个样品的有机碳 AMS[14]C 测年数据建立的，校正程序为 Calib6.0 程序，校正曲线选用 mixed Marine & NH Atomsphere 混合曲线，经多次校正对比，认为海源有机碳平均含量选取 75% 最合理。校正后得到顶部年龄约 980 a，底部年龄 9 590 a（图 5-7），平均取样分辨率达到 75 a/样。

5.2.3 生物标志物分析结果

5.2.3.1 浮游植物群落的变化

B2-9 站位沉积物中甾醇、烯酮类生物标志物的含量反映特定藻类的生产力（菜子甾醇—硅藻、甲藻甾醇—甲藻、长链烯酮—颗石藻、nC_{30}-diol—黄绿藻），而以硅藻、甲藻、颗石藻和黄绿藻为代表的浮游藻类是目前大洋初级生产力的主要贡献者，同时本文参考前人的研究结果（Zhao et al.，2006；Martnez-Garcia et al.，2009；Volkman，1986；Meyers，1997；Volk-

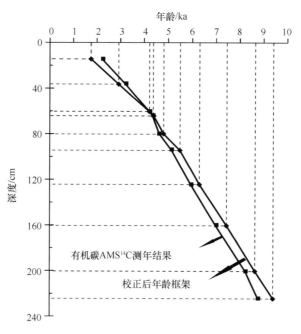

图 5-7 白令海北部陆坡 B2-9 孔年龄框架

man et al.，1992，1993，1999；Marlowe et al.，1984a，b），以这 4 种藻类反映浮游植物群落结构的变化，并将其含量总和记为浮游植物总量，作为初级生产力的替代性指标。

数据显示，近 10 ka 以来，B2-9 站位沉积物中 4 种浮游藻类一致呈现出"S"形的变化趋势（图 5-8a～d），虽然颗石藻的这种变化趋势稍弱，但整体上仍呈现出升高—降低—再升高的趋势（图 5-8d），浮游植物总量也相应呈现出十分明显的"S"型变化趋势（图 5-8e）。同时，这种变化趋势也具有明显的阶段性特点（图 5-8a～e）：9.6～6.9 ka BP，4 种藻类的含量和浮游植物总量都处于高值期；6.9～3.5 ka BP，浮游植物生产量都有所降低，波动幅度较小，4.4～3.5 ka BP 期间达到全新世以来的最低水平；3.5～1.0 ka BP，浮游植物的生产量逐渐增加，至 1.0 ka BP 几乎达到全新世以来的最高值。值得特别注意的是，在早全新世的生产力高值期，4 种藻类的生产力以及浮游植物总量都经历了两次显著的降低过程，分别出现在 9.4～9.1 ka BP 和 8.0～7.7 ka BP 期间。

就浮游藻类的组合结构来看，几乎每个样品中硅藻的含量都是最高的，4.4～3.5 ka BP 期间降幅最明显（图 5-8a）；其次是甲藻，其生产量与硅藻在同一个数量级，个别样品中甚至高于硅藻（图 5-8b）；颗石藻和黄绿藻的生产量都比硅藻和甲藻低一个数量级（图 5-8c、d）。为进一步研究浮游植物之间的共生组合关系，分别计算 4 种藻类生产量占浮游植物总量的百分比，发现硅藻和甲藻具有十分明显的"此消彼长"的竞争关系（图 5-8f）。同时，硅藻对浮游植物总量的贡献率存在阶段性的变化，以 5.6 ka BP 为界，此前低于 50%，此后几乎都高于 50%，与此相应，甲藻的贡献率整体降低（图 5-8f）。

5.2.3.2 长链正构烷烃的变化

白令海陆坡 B2-9 站位沉积物样品中检测出的长链正构烷烃的碳数主要分布在 $nC_{21}-nC_{35}$ 之间，奇数碳优势明显，但与其他海区相比（Ratnayake et al.，2006），其主要碳数分布特征

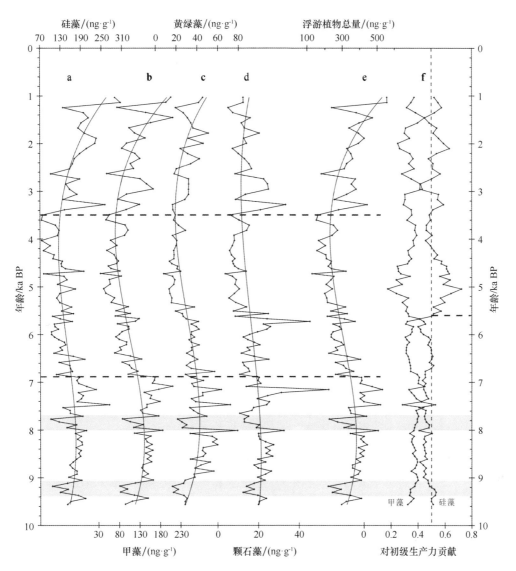

图 5-8　白令海北部陆坡 B2-9 站位全新世以来浮游植物群落结构及其变化

注：横向虚线标示变化的时间界限，竖向虚线标示 50% 贡献率，实线显示数据的 S 型变化趋势，灰色阴影标示早全新世快速气候变化事件.

略有不同：首先，几乎所有样品的主碳峰都是 nC_{27} 而非 nC_{29} 或 nC_{31}，相比之下，虽然 nC_{25}、nC_{29} 和 nC_{31} 也都是较高的碳峰，但都低于 nC_{27}，这与卢冰等的研究结果是一致的（卢冰等，2004a，b）；其次，在其他海区沉积物中含量较高的 nC_{33} 在本区较低（贺娟，2008），与此相反的是 nC_{23} 的含量较高，几乎在每个样品中都高于 nC_{33} 的含量。采用 ΣOdd（nC_{25}-nC_{33}）计算烷烃总量，作为陆源物质输入的替代性指标，并单独对 nC_{23} 加以讨论。另外，通过 CPI，ACL，nC_{31}/nC_{27} 以及 A. I. 这几个参数进一步分析海洋沉积物中烷烃的来源，重建其源区的植被特征和气候与环境的演变。相关参数的定义公式及在本研究中的指示意义见表 5-1。

表5-1 烷烃各参数公式及其环境指示意义

参数	公式	指示意义
$\sum odd$ ($nC_{25}-nC_{33}$)	$\sum odd\,(nC_{25}-nC_{33})=nC_{25}+nC_{27}+nC_{29}+nC_{31}+nC_{33}$	陆源输入（高等植物）替代性指标
CPI（碳优势指数）	$CPI=\dfrac{1}{2}\left[\dfrac{\sum nC_{25}\cdot nC_{33}\,(odd)}{\sum nC_{24}\cdot nC_{32}\,(even)}+\dfrac{\sum nC_{25}\cdot nC_{33}\,(odd)}{\sum nC_{26}\cdot nC_{34}\,(even)}\right]$	常作为成熟度指数，在此指示烷烃来源于高等植物还是经成岩后的化石烷烃，陆源高等植被一般大于3，越小成熟度越高
ACL（平均链长指数）	$ACL=\dfrac{[nC_{25}]\times25+[nC_{27}]\times27+[nC_{29}]\times29+[nC_{31}]\times31+[nC_{33}]\times33}{[nC_{25}]+[nC_{27}]+[nC_{29}]+[nC_{31}]+[nC_{33}]}$	指示陆源植被种类，增高代表草本植被增加；反之，木本植被增加
A.I.（烷烃指数）	$A.I.=nC_{31}/(nC_{31}+nC_{29})$	反映植被种类，增高代表草本植被增加；反之，木本植被增加
nC_{31}/nC_{27}	nC_{31}/nC_{27}	同 A.I. 指数

　　白令海 B2-9 站位近 10 ka 年以来烷烃总量的变化范围在 275.3~3 694.8 ng/g，平均 1 681.2 ng/g，其中最高值出现在约 8.9 ka BP，最低值出现在约 1.2 ka BP，这种显著的差别与烷烃总量整体降低的趋势是一致的（图 5-9a）。同时，烷烃总量的变化也具有明显的阶段性：第一阶段，9.6~7.8 ka BP，烷烃总量波动较快，变化幅度也较大，但总体上较为稳定，平均值较高，达 2 657.3 ng/g；第二阶段，7.8~6.7 ka BP，烷烃总量变化的频率和波动幅度都有所降低，呈略有增加的趋势，但整体水平都低于第一阶段，平均值为 1 948.7 ng/g；第三阶段，6.7~5.4 ka BP，烷烃总量进一步降低，平均值为 1 304.6 ng/g，变化趋势与第二阶段相似，但更为平稳；第四阶段，5.4~1.0 ka BP，烷烃总量总体上变化较为平稳，平均值为 4 个阶段的最低，但也达到 814.2 ng/g，仍然属于全新世陆源烷烃输入水平较高的海区，明显高于其他海区，如南海北部（贺娟，2008）。

　　与烷烃总量呈阶梯状降低的变化模式相较，CPI 等指标的变化略有不同。CPI 值整体呈下降趋势，但无明显的阶段性变化，其值在 1.47~5.19，平均 3.63，且绝大部分都大于 3，只有极少几个值小于 2（图 5-9b）。ACL、A.I. 和 nC_{31}/nC_{27} 的变化相对都比较稳定，其中：ACL 的变化范围在 27.81~28.93，平均值 28.18，除个别时期外，ACL 的变化都相对稳定（图 5-9c）；nC_{31}/nC_{27} 变化范围介于 0.39~0.82，平均值 0.58，除个别时期外，其变化与 ACL 相似（图 5-9d）；A.I. 的变化范围在 0.38~0.49，平均值 0.44，除个别时期外，其变化趋势最为稳定，波动幅度最小（图 5-9e）。

　　如前所述，B2-9 站位沉积物中检出的长链正构烷烃有两个显著的特点：①nC_{27} 的含量最高，其变化范围介于 90.5~1 187.3 ng/g 之间，平均含量达 494.2 ng/g，其变化趋势也与烷烃总量十分一致（图 5-10a、b），相关性 $R^2=0.98$，对烷烃总量的贡献率介于 26%~44% 之间，贡献最大且总体上较为稳定（图 5-10c）；②几乎每个样品中的 nC_{23} 含量都比 nC_{33} 含量高，前者含量介于 57.3~627.3 ng/g 之间，平均值 234.8 ng/g（图 5-10d），明显高于后者 95.6 ng/g 的平均值。nC_{23} 含量的阶段性变化的特点也很明显，在 8.2~7.8 ka BP 期间经历了降低后略

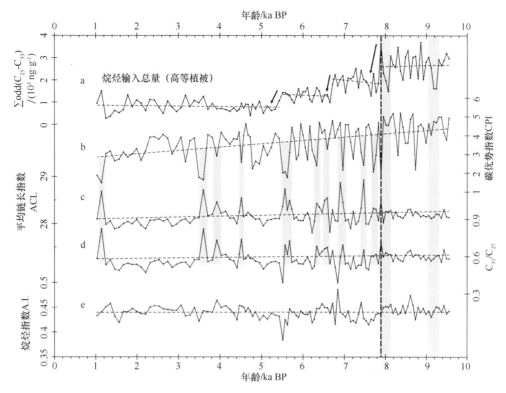

图 5-9　白令海北部陆坡 B2-9 站位全新世以来烷烃总量及其分子组合特征的变化

注：实线单箭头和横向虚线显示数据变化趋势，竖向虚线和灰色长阴影区标示各参数对早全新世两次快速气候变化事件的响应，灰色短阴影区标示 CPI、ACL 及 C_{31}/C_{27} 变化的对应性．

升高，但并未再达到之前的水平，而在 7.3~7.1 ka BP 间，nC_{23} 含量达到全新世的最高值。

5.2.4　全新世以来白令海陆坡区环境变化及其对生态环境的影响

5.2.4.1　初级生产力与浮游植物群落结构的变化

前文已详述了 B2-9 站位 10 ka 以来浮游植物的变化特点，这种几乎一致的"S"形的变化趋势表明，全新世以来白令海北部陆坡区浮游植物群落的结构较为稳定，主要藻类成员对于上层海洋环境的变化具有相似的响应过程。在站位所处的"白令绿带"高初级生产力的背景下，对初级生产力和浮游植物群落结构的变化模式进行深入分析具有重要意义。

季节性海冰作为白令海的一个重要的特征，对其上层海洋环境的影响是显而易见的。有研究指出，11 ka BP 海冰已经退却到白令海东南部乌尼马克海台（Umnak Plateau）的北部（Caissie et al., 2010）。进入早全新世，随着海平面的快速上升，白令海峡重新打开（Fleming et al., 1998）。到 8 ka BP，白令陆桥的海岸线达到或接近现代的界限（Lambeck et al., 2002），白令海已经达到现代的海洋学条件（Sancetta, 1979）（图 5-6），与北太平洋之间的所有通道都被打开，海冰已经有好几千年没有在阿留申海盆中形成（Caissie et al., 2010）。Katsuki 等（2009）的研究指出，全新世白令海海冰的分布主要受控于阿留申低压的位置，海冰的进退据此分为 3 个阶段：早全新世（7 ka BP 以前），受位于白令海西部的阿留申低压及位于阿拉斯加湾的小型低压系统的控制，海冰扩张；中全新世（7~3 ka BP 期间），阿拉斯加

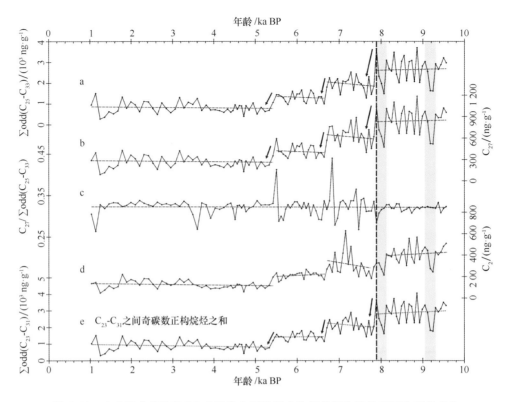

图 5-10　白令海北部陆坡 B2-9 站位全新世以来烷烃总量和单体碳同位素的变化

注：实线单箭头和横向虚线显示数据变化趋势，竖向虚线和灰色阴影区标示早全新世期间烷烃总量和单体碳同位素的两次显著的快速变化事件.

湾上空的低压系统减弱，引起整个白令陆架上的海冰消退；晚全新世（3 ka BP 以来），由于阿留申低压发育引起的西南盛行风导致白令陆架上的海冰覆盖面积进一步减小。这些研究结果说明早全新世（7 ka BP 之前）白令海海冰在陆架上扩张，但并未到达阿留申海盆区域，海冰的南部边缘就在白令陆架坡折至陆坡一线，7 ka BP 以来就一直分布于白令海东部和北部陆架浅水区域（Max et al.，2012）。

根据 Caissie 等（2010）的研究结果，11.3 ka BP 以来，白令海东南部硅藻组合从以海冰种为主转变为以北太平洋的暖水种为主，与此同时，表层海水温度（SST）较此前上升了 3℃，白令海南部终年无冰，进入全新世后，SST 也经历了升高—降低—升高的变化模式。Max 等（2012）的相关研究也指出，进入早全新世，白令海西部经历了 SST 上升的过程，自 9 ka BP 以来则逐渐降低，但在约 3.5 ka BP 以来，SST 开始升高。

据此，可以解释全新世以来 B2-9 站位沉积物中浮游植物含量和初级生产力的变化：早全新世（9.6~6.9 ka BP），海冰最远扩张到陆架-陆坡边缘一线，与此同时，白令陆坡流的上升带来了下层海水中的营养物质，引起了硅藻、甲藻等的春季勃发，这为初级生产力的升高做出了巨大贡献，而喜海冰的属种有可能在其中起到了主要作用。到了夏季，较高的 SST 和太阳辐射量（图 5-11b）促进了颗石藻等的勃发，进一步提高了初级生产力；中全新世（6.9~3.5 ka BP），由于阿留申低压系统向白令海西南方向迁移、阿拉斯加湾上空的低压系统减弱甚至消失（Katsuki et al.，2009），导致海冰消退至白令陆架上，白令陆坡区早春季节与海冰相关的生物勃发减弱甚至消失，导致浮游植物的生产量和初级生产力都逐渐降低。同时，由于区域温度的降低（Caissie et al.，2010），尤其是约 4.7 ka BP 前后开始的所谓新冰期冷事件（Crockford et al.，2009），导致海洋表层海水变冷，上层海洋环境恶化，甚至有可能影响富营养盐的太平洋暖水的输入，进一步阻碍了浮游藻类的繁殖；晚全新世（3.5~1.0 ka BP），阿留申低压系统继续发育，盛行西南风导致海冰被限制在陆架之上，陆坡区未再受到海冰的影响，营养盐的供给成为控制初级生产力的主要因素，白令陆坡流源源不断地把富营养盐的海水输送到北部陆坡区，为浮游植物带来大量的营养物质；SST 和太阳辐射量都呈现出上升的趋势，表层海洋环境趋于温暖，促进了浮游植物的生产；同时在沿白令海陆坡转折带，潮汐混合作用和横向环流导致海水分层较差，300~800 m 水深的营养盐得以到达表层水体，使表层生产力增加甚至可以达到热带的高生产力水平（Springer et al.，1996）。

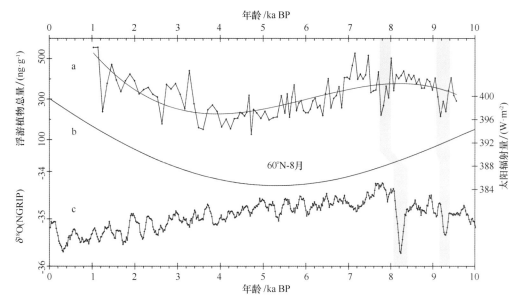

图 5-11　全新世以来白令海北部陆坡 B2-9 站位浮游植物总量与 60°N
8 月太阳辐射量以及 NGRIP 冰心 δ¹⁸O 的对比

注：灰色阴影为早全新世快速气候变化事件，60°N 8 月太阳辐射量，数据来自 Laskar et al.，2004；
δ¹⁸O 数据来自 Vinther et al.，1996，并对数据进行了 7 点平滑处理.

值得注意的是，浮游藻类含量和浮游植物总量所指示的初级生产力在早全新世都经历了两次幅度较大的降低过程，分别出现在 9.4~9.1 ka BP 和 8.0~7.7 ka BP 期间（图 5-8a~e 和图 5-11a）。与格陵兰 NGRIP 冰心中 δ¹⁸O 记录的对比后发现：这两次初级生产力降低的过程之前，冰心中的 δ¹⁸O 也记录两次快速降温事件，分别出现在 9.4~9.2 ka BP 和 8.4~8.1 ka BP 期间（图 5-11c），但前者比后者分别滞后约 100 a 和约 300 a（图 5-11a、c）。这表明白令海是全球气候变化的一个良好的响应区域，甚至是一个放大器。这种滞后现象可能受控于气候变化信号的传播，同时由于海水的热容比较高，对气候变冷的响应幅度变小、响应过程略有滞后，而浮游藻类突然降低是其对表层海洋环境变化的敏感响应。

浮游藻类几乎一致的变化表明，全新世以来白令海北部陆坡区表层浮游植物群落结构较为稳定，这可能与营养盐的浓度或分布结构有关。其次可以直观地看出硅藻是白令海区初级生产力的最主要贡献者，甲藻次之，而黄绿藻和颗石藻则低一个数量级，这可能反映硅藻、甲藻是白令海春季勃发的主要成员，而颗石藻、黄绿藻的勃发则是在夏末季节（Max et al.，

2012)，表层水体中的营养盐浓度低甚至被耗尽（陈立奇等，2003），导致浮游藻类生产量显著降低。此外，硅藻勃发吸收大气中的二氧化碳，形成有机质，沉降到海底并被埋藏在沉积物中，而颗石藻在吸收二氧化碳的同时其钙质的壳体又会被溶解而释放出二氧化碳，因此，较高的硅藻生产力和较低的颗石藻生产力表明，白令海是较强的二氧化碳汇区。

另外，硅藻和甲藻之间明显的竞争关系表明二者的生活环境较为相似，对营养物质的摄取具有竞争性（图 5-8f），由于白令海水体中硅质的含量很高（Takahach，1998；Takahach et al.，2002），硅藻在竞争中占优势，同时，可能由于某些海冰种对较冷的生活环境也更加适应，因此其生产量居于主要地位，这与在本区开展的研究工作和现代观测结果是一致的（陈荣华等，2001；杨清良等，2002）。5.4 ka BP 前后二者对浮游植物总量贡献率的变化是对上层海洋环境变化的响应：烷烃总量在 5.4~5.0 ka BP 下降至进入全新世以来的最低水平，表明陆源物质输入经历一次较大的降低过程，表层海水中陆源有机质的供应量降低，在一定程度上限制了甲藻的生产，而海水中硅质含量受影响较小，足以保障硅藻的生命活动，因此出现了硅藻贡献增加而甲藻贡献降低的现象。

不过，也有学者指出，由于沉积物中生物标志物的含量低，容易受到陆源物质输入"稀释"作用的影响，因此严格上讲不宜用来指示初级生产力的变化（邢磊等，2008）。但通过与烷烃总量变化趋势的对比发现，早全新世的烷烃总量最高，同期浮游植物的生产量也处于高值，并没有降低；晚全新世二者相反的变化趋势也并不具有内在的相关性，因此，陆源物质输入的"稀释"作用对生物标志物相对含量的影响较小，生物标志物的相关参数仍然可以作为浮游植物群落结构和初级生产力的替代性指标。

5.2.4.2 高等植被输入与源区的气候变化

一般来说，海洋沉积物中保存下来的烷烃总量受控于两个因素：高等植物源区烷烃的生产量及其向海洋中输送的环境条件，这二者都主要取决于气候和环境的变化。陆源物质输送到海洋中主要有两种方式：河流直接输入以及经空气和风尘的搬运输入（胡建芳等，2003；Bird et al.，1995；Pelejero et al.，1999；Gagosian et al.，1981；Huang et al.，1993），这也是陆地高等植物生产的长链正构烷烃输入海洋、沉降、并保存在沉积物中的主要方式（贺娟，2008）。贺娟（2008）在南海北部的研究指出：最有利于烷烃输送和保存的环境条件是温暖潮湿环境和低海平面时期。白令海地区虽处亚北极高纬地区，但其东西两侧紧邻广袤的陆源植被区，其接受烷烃输入、保存的条件与南海北部相似。温暖潮湿的环境有利于源区植被生长，可以生产大量的烷烃；而低海平面不仅增加了陆源植被生产源区的分布面积，也缩短了河口到陆坡沉积区的距离，有利于烷烃输送到此。另外，在偏北的东/西风盛行的年份，通过大气的传播，也有利于把阿拉斯加和东西伯利亚广大地区的烷烃输送到白令海。

由于 B2-9 站位所处的白令海北部陆坡区位置较为特殊，既会受到白令海陆坡流的影响，也受到育空河、卡斯科奎姆河以及阿纳德尔河淡水输入的影响，甚至还受到西伯利亚高压和阿留申低压系统耦合消长的影响（Caissie et al.，2010）。末次冰期以来，海冰进退的锋面也基本上沿陆坡边缘一线分布（Max et al.，2012），进入全新世以后，海冰则沿此线逐渐消退至陆架内部（Katsuki et al.，2009）。尽管在早全新世冬季海冰前缘分布在陆坡边缘一线，可能封锁了育空河等河流向白令海输送的表层通道，但是冬季可能并非烷烃生产和输出的主要时期；到了夏季海冰全面消退，烷烃得以通过河流和大气输送，因此，海冰对陆源烷烃的输入可能有一定的限制作用。中晚全新世，海冰消退至白令陆架内部，最远推进距离也很少能够到达陆坡边缘（Katsuki et al.，2009），海冰对于陆源烷烃的输入几乎可以忽略。

全新世海平面变化是陆源物质输入的一个非常重要的影响因素。11 ka BP，全球海平面比现在低 50~60 m，之后逐渐上升，到 6 ka BP 达到现代海平面的高度，之后基本保持不变（黄小慧等，2009b；Bard et al.，1996；Chen and Liu，1996；Waelbroeck et al.，2002）。海平面持续上升的结果是导致海岸线向内陆方向收缩，白令海东西两侧沿岸地区出露的大片陆架被海水淹没，导致陆架上的陆生植物死亡，植物残体在海平面上升过程中会被洋流输送到陆坡区，甚至海盆当中。同时，海平面上升也导致育空河等河流入海口向内陆退移，增加了陆源物质从河口到陆坡区的搬运距离，进而致使随河流输送到陆坡区的陆源物质减少，导致 9.6~5.4 ka BP 烷烃输入量阶段性的下降（图5-9a）。自 5.4 ka BP 以来，海平面趋于稳定，陆源烷烃输入总量减少。Hopkins（1967）指出，6~5 ka BP 期间白令海地区又发生了一次海侵，B2-9 站位沉积物记录了这次海侵过程，烷烃总量在约 200 a 的时间里下降了近一半，这也是全新世烷烃总量的最后一次阶段性的降低，此后烷烃总量保持一个较为稳定的水平（图5-9a）。

持续性的海平面上升对烷烃输入的影响是渐变的，因此对于约 6.7 ka BP 和 7.8 ka BP 前后烷烃总量的阶段性降低过程来说，可能主要受控于源区气候与环境的变化。Katsuki 等（2009）指出，早全新世由于阿拉斯加湾上空低压系统的影响，阿拉斯加南部地区总体上是温暖、湿润的气候。但 7.0 ka BP 以来，阿拉斯加湾上空的低压系统消散，导致阿拉斯加南部地区的气候由暖湿变为湿冷，这样的气候转变可能导致了植被分布范围的收缩，同时由于大气压力系统的改变，风向也发生变化，导致陆源烷烃的输送主要依靠河流，而风力搬运减弱，致使研究区 6.7 ka BP 以来烷烃总量的阶段性下降（图5-9a）。与此相较，烷烃总量在 7.8 ka BP 的阶段性降低的特点及其控制因素又稍有不同。由图5-9a可以看出，约 8.0 ka BP 前后的 200 年里，烷烃总量处于第一阶段的低值期，甚至低于第二阶段烷烃总量的平均水平，但在约 7.9 ka BP 年重新恢复到最高值，此后进入一、二阶段的阶梯式下降过程。这种变化可能是对 8.2 ka BP 冷事件的响应，这次气候变冷事件虽然持续时间只有约 400 年，但其降温幅度较大，甚至可达 YD 事件的一半（Alley et al.，1997；Mayewski et al.，1997）。在早全新世较为温暖湿润的气候条件背景下，这种突然的剧烈降温事件对陆生植被的破坏是十分严重的，Hu 等（1996）的研究也表明，在 11~8.0 ka BP 的最后时期，阿拉斯加西南部地区植被群落的丰度都降低了，而这对白令海陆源烷烃输入量的影响是不可逆转的，直接导致烷烃总量从第一阶段下降到第二阶段。结合 C_{27} 含量以及 CPI 和 ACL 的变化（图5-9b、c 和图5-10b）可以发现，化石烷烃和 nC_{27} 的含量在约 7.9 ka BP 时期都增加了，但是 nC_{27} 对烷烃总量的贡献量却下降了（图5-10c）。因此，在 7.9 ka BP 烷烃总量的回升有可能是化石烷烃贡献量的增加造成的，而不是陆源植被烷烃的增加。而 9.3~9.1 ka BP 烷烃总量的降低明显响应于格陵兰冰心中记录的 9.3 ka BP 冷事件。

碳优势指数 CPI 平均 3.63，且在大部分样品中都大于 3，极少数小于 2，表明沉积物中长链正构烷烃基本上都来自于陆源植被，而不是高成熟度的化石烷烃。CPI 整体持续下降的趋势表明，陆源植物烷烃对烷烃总量的贡献逐渐降低，这可能是由于全新世以来海平面的持续上升，逐渐淹没了陆源植被区，陆源植物烷烃对烷烃总量的贡献逐渐减少，而 CPI 的持续下降可能意味着化石烷烃输入量的逐渐增加。结合 nC_{27} 对烷烃总量的贡献（图5-10c），ACL、

nC_{31}/nC_{27}以及 A. I. 的变化特点表明，全新世以来源区植被结构较为稳定，并以木本植物占据优势。中晚全新世几个 ACL 峰值与 CPI 的低值具有较好的对应性（图5-9b~d），可能并不是陆源植被中草本植物的比例增加，而是木本植物的生产力相对降低，烷烃供应量相对减少，化石烷烃的贡献相对增加。不过，CPI 等参数在早全新世的两次快速降温期间却并无相应的大幅度变化，这可能与海陆气候之间信号传递和沉积物早期成岩作用有关。

全新世以来，nC_{27}含量对烷烃总量的平均贡献率达到32%，其变化趋势几乎与后者完全一致（图5-10a~c），甚至可以直接替代后者作为烷烃输入总量的指标，这可能是因为源区植被中木本植物对气候变化的响应。有学者认为白令海地区的气候最适宜期大致开始于 8 ka BP 或 10 ka BP 以前，杨属植物的界线比现在广，早全新世海侵以来，阿拉斯加东岸的森林在 6~5 ka BP 扩展到现在的位置（Lozhkin et al.，1993；刘焱光等，2004）。大约 6 ka BP 以来，黑云杉到达阿拉斯加山脉以北的广大地区，并随之成为森林生态系统中的优势树种，这种变化是森林生态系统对晚全新世较冷和较湿的气候环境的综合响应（Hu et al.，1996）。而 nC_{27}含量对 9.3 ka BP 和 8.2 ka BP 的快速降温事件的响应都十分明显，表明木本植物的生长受到了寒冷气候的限制。

在 B2-9 站位沉积物中，高含量的 nC_{23}与 nC_{27}及其他们与烷烃总量的相关性都较高，若计算 $nC_{23}-nC_{31}$之间奇碳数正构烷烃的总和$\sum$odd（$nC_{23}-nC_{31}$），可以看出其变化趋势与$\sum$odd（$nC_{25}-nC_{33}$）十分相似（图5-10a，e），这些都表明 nC_{23}与 nC_{27}等其他长链正构烷烃受到某种相同因素的影响。然而，nC_{23}主要产自沉水植物（Ficken et al.，2000），在本研究区其主要可能来自于北半球沿海分布最广泛的一类海草（其典型代表是大叶藻）（叶春江等，2002），是一种较为特殊的高等植物，可以在海洋中进行沉水生活，并能在海水中完成开花、结种和萌发这一生命史（Nejrup et al.，2008）。因此，为了保持正构烷烃总量计算与 CPI 等参数计算上的一致性，减小其他不确定因素的影响，本研究仍采用$\sum$odd（$nC_{25}-nC_{33}$）作为烷烃总量的计算公式，而将 nC_{23}排除在外。不过，nC_{23}的变化趋势在一定程度上也可以反映源区的气候变化。Hu 等（1996）对阿拉斯加西南部地区 Farewell 湖沉积物中孢粉的研究发现，该区的植被结构与阿拉斯加中-北部地区的植被分布颇为相似（Anderson et al.，1988；1994），都显示 11-8.0 ka BP 夏季温度比现代高（Anderson et al.，1994；Ritchie et al.，1983；Barnosky et al.，1987），温暖干燥的夏季气候以及北半球高纬地区太阳辐射量达到最大值引起了湖水变深、水生生产力增加（Hu et al.，1996），这促进了 nC_{23}生产量的增加。同时，其含量在约 9.3 ka BP 和 8.1 ka BP 快速下降（Hu et al.，1996），是对早全新世两次冷事件的响应（图5-11c），可以推测气温降低直接导致海洋沉水植物生长衰退；但此后与烷烃总量和 nC_{27}不同的是，nC_{23}含量在 7.2~6.7 ka BP 达到了早全新世的水平，这可能主要是由湖泊、海洋生产力增加造成的，也反映了 nC_{23}与陆生植被生产的烷烃在指示意义上的差异。

5.3 阿留申海盆的冰筏碎屑事件与古海洋学演变记录

由于白令海位于亚北极海域，碳酸盐补偿深度浅，海底沉积物中普遍缺乏钙质生物壳体，长期以来古海洋学的研究甚少。只是在近 10 多年来，随着北极研究的逐渐深入，古海洋学方面的研究才有了长足的发展，国内外众多学者从硅藻、放射虫、有孔虫以及地球化学等角度来探讨海区的古环境和古气候问题，包括晚第四纪海冰扩张与消退、古生产力、表层环流与水团结构等，但这些记录多局限于北部陆坡区以及希尔绍夫海脊（Shirshov Ridge）和鲍尔斯海脊（Bowers Ridge）等海脊上（Caissie et al.，2010；Katsuki and Takahashi，2005；Okazaki et al.，2005；Tanaka and Takahashi，2005；王汝建和陈荣华，2005；王汝建等，2005；何沅澎等，2006；邹建军等，2012；Nakatsuka et al.，1995；Cook et al.，2005；Khusid et al.，2006），有关深水海盆区的记录较少也较粗略。本次工作基于对阿留申海盆 ARC3-BR02（以下简称 BR02）岩心高分辨率的颜色反射率、粒度和元素地层学研究以及精细的年代地层对比，综合探讨了末次盛冰期结束以来该海盆的冰川与底层水演化记录。

BR02 岩心是中国第三次北极科学考察期间在阿留申海盆中部获取的（图 5-12），岩心坐标为 56°57.874′N、174°38.740′E，水深为 3 805 m。岩心原长 194 cm，各学科综合分析数据统一至 191 cm。完成的分析测试工作包括 AMS^{14}C 测年、颜色反射率测量、粒度分析、XRF 及 ICP-AES 元素分析等。

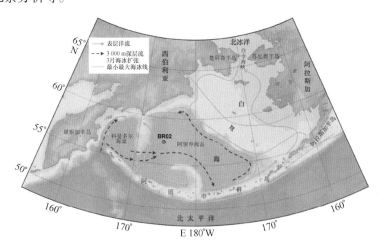

图 5-12 BR02 岩心位置示意图

5.3.1 岩心地层特征与年代框架

岩心岩性地层自上而下划分为 5 个大层，13 个小层（图 5-13）。结合岩心的 5 个 AMS^{14}C 测年数据（表 5-2）、岩心颜色反射率和粒度变化曲线以及与北格陵兰冰心（NGRIP）氧同位素曲线（Andersen et al.，2004a）和白令海东部海域的年平均气温变化曲线（Viau et al.，2008）的对比，综合确定岩心的年代框架（图 5-13 和表 5-3）。各层段基本特征简述如下。

表 5-2 BR02 岩心 AMS^{14}C 测年数据与年龄校正

岩心深度 /cm	测年材料	AMS^{14}C 年龄 /a	当地碳储库年龄 /a	日历年/a（1950 年以前）	备注
16~18	有机碳	5 590±30	467	6 175±45	Beta 实验室
42~44	有机碳	8 190±40	467	8 835±110	伍兹霍尔海洋研究所
72~74	有孔虫	11 050±50	467	12 734±50	Beta 实验室
84~86	有机碳	12 350±60	467	13 913±73	伍兹霍尔海洋研究所
190~191	有机碳	14 110±60	467	16 176±134	Beta 实验室

表 5-3　BR02 岩心各层段年龄与沉积速率估算

岩心深度/cm	持续时间/ka BP	沉积速率/(cm·ka⁻¹)	沉积期
0~17	3.9~6.0	8.10	全新世亚北方期正常深海沉积
17~25	6.0~7.0	8.00	全新世高海面期氧化沉积
25~45.5	7.0~10.0	6.83	全新世大暖期正常深海沉积
45.5~52	10.0~11.0	6.50	全新世北方2期冰-海混合沉积
52~57	11.0~11.5	10.00	全新世北方1期正常深海沉积
57~83	11.5~13.0	17.33	新仙女木期富冰筏碎屑沉积（YD）
83~118	13.0~15.0	17.50	Bölling-Older Dryas-Allerød 深海沉积（B-OD-A）
118~188	15.0~16.2	58.33	H1期富冰筏碎屑沉积
188~191	16.2~16.3	30.00	末次盛冰期末小暖期正常深海沉积（End of LGM）

第一大层：0~45.5 cm，总体为浅绿色黏土质粉砂，以粉砂为主，黏土次之，砂含量小于5%。中部17~25 cm段呈灰色-褐灰色，粉砂含量略有增加，分选较好，沉积物颜色反射率参数 L^*、a^*、b^* 均显著增大，沉积物显褐色调，氧化性明显，其中的硅藻含量也较高。从综合地层年代框架来看，该层总体属于全新世冰后期沉积，对应年龄为3.9~10 ka BP，可分为3个小层：① 0~17 cm 为全新世亚北方期沉积，对应年龄为3.9~6.0 ka BP；② 17~25 cm 为全新世高海面期氧化型沉积，对应年龄为6.0~7.0 ka BP；③ 25~45.5 cm 为全新世大暖期（Holocene Thermal Maximum）沉积，对应年龄为7.0~10.0 ka BP。全新世大暖期在中高纬度地区记录明显，但各地出现时间不一（Kaufman et al.，2004），从白令海东部海区年平均气温变化曲线（Viau et al.，2008）来看，尽管该地区年平均气温在12 ka BP 左右就已接近现在的水平，但气温的最高值大体出现在10~7 ka BP 之间（图5-13）。

第二大层：45.5~57 cm，该层上部为深灰色粉砂或砂质粉砂，下部为灰色黏土质粉砂，属全新世早期北方期过渡沉积，可分为两个小层：①45.5~52 cm 段沉积物含10%~20%的砂，对应年龄为10.0~11.0 ka BP，属北方2期冰-海混合沉积；②52~57 cm 段沉积物基本不含砂，对应年龄为11.0~11.5 ka BP，属北方1期正常深海沉积（图5-13）。

第三大层：57~83 cm，为黑色粉砂质砂或粉砂，对应年龄为11.5~13.0 ka BP，属冰消期新仙女木冷期（Younger Dryas Stadial，YD）富冰筏碎屑沉积；沉积物以粉砂为主，含10%~70%的砂，砂的平均含量达29%（图5-13）。新仙女木冷期在白令海（Rella et al.，2012）和阿拉斯加（Young et al.，2009）等地均有记录，是该地区冰川扩张并崩解入海的一个重要时期。

第四大层：83~118 cm，总体为灰色黏土质粉砂，局部粒度较粗，属冰消期B/A间冰阶夹中仙女木旋回沉积（Bölling-Older Dryas-Allerød，B-OD-A），可分为3个小层（图5-13）：①83~96 cm 为灰色黏土质粉砂，砂含量小于5%，对应年龄为13.0~4.0 ka BP，属 Allerød 间冰阶（Allerød Interstadial，A）正常深海沉积；②96~101 cm 为黑色含砂质粉砂或粉砂，砂含量在5%~15%之间，对应年龄为14.0~14.3 ka BP，属中仙女木冰阶（Older Dryas Stadial，OD）冰-海混合型沉积；③101~118 cm 为灰色黏土质粉砂，砂含量极少，对应年龄为14.3~15.0 ka BP，属 Bölling 间冰阶（Bölling Interstadial，B）正常深海沉积。

第五大层：118~191 cm，该层以 Heinrich 1 期富冰筏碎屑沉积为主，底部188~191 cm 大致对应于末次盛冰期（Last Glacial Maximum）的结束。Heinrich 1（H1）期沉积不均匀，自

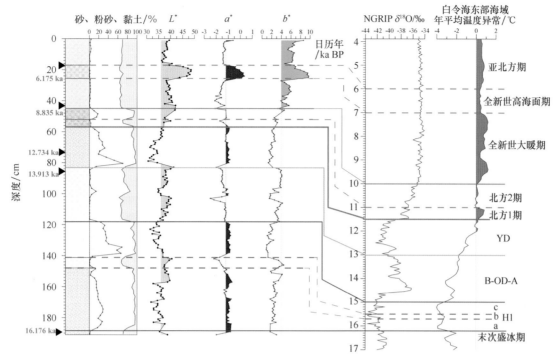

图 5-13　BR02 岩心岩性地层及年代框架

图右侧为北格陵兰冰心（NGRIP）氧同位素曲线（Andersen et al., 2004a）和白令海东部海域的年平均气温变化曲线（Viau et al., 2008）。YD：新仙女木冰阶（Younger Dryas Stadial）；B‑OD‑A：Bölling 间冰阶（Bölling Interstadial, B）、中仙女木冰阶（Older Dryas Stadial, OD）和 Allerød 间冰阶（Allerød Interstadial, B）旋回；H1：Heinrich 1 期（Heinrich event 1），LGM：末次盛冰期（Last Glacial Maximum）.

下而上可分为 3 层：ⓐ188～148 cm 为黑色砂质粉砂，砂含量为 2.3%～29.3%，平均值达18.3%，对应年龄为 16.2～15.7 ka BP，为早期富冰筏碎屑快速沉积层；ⓑ148～141 cm 为灰色黏土质粉砂，砂含量小于 5%，对应年龄为 15.7～15.5 ka BP，为中期正常深海沉积，从白令海东部海区的年平均气温变化曲线来看，该时段温度约高 0.6～0.8℃（Viau et al., 2008），类似特征在 NGRIP 氧同位素曲线上亦有所反映（图 5-13）；ⓒ141～118 cm 为黑色砂质粉砂，其中砂的含量范围为 25%～68%，平均值达 41.8%，对应年龄为 15.0～15.5 ka BP，为晚期富冰筏碎屑沉积。岩心底部 188～191 cm 为灰色粉砂或黏土质粉砂，年龄在 16.2 ka BP 左右，推断为末次盛冰期结束后的一个小暖期；据白令海东部海域的年平均气温变化曲线，16.2～20 ka BP 为一段相对温暖的时期，其年平均气温比现在约低 1.7～3℃（Viau et al., 2008），较 H1 期温度略高。

从综合地层年代来看，BR02 岩心顶部年龄在 3.9 ka BP 左右，底部年龄在 16.3 ka BP 左右，岩心平均沉积速率为 15.4 cm/ka 左右，期间记录了多期冷暖变化和多次冰筏碎屑事件。总体来说，冰筏碎屑事件期间的沉积速率要高于暖期和冰后期正常深海沉积速率（表 5-3）。

5.3.2　沉积物粒度特征

岩心沉积物的粒度组成及特征参数随年龄的变化曲线见图 5-14。砂含量变化范围为2.33%～36.82%，平均值为 18.49%；粉砂含量范围为 27.07%～91.92%，平均值为 67.55%；

黏土含量范围为 0.37%~70.28%，平均值为 13.95%。沉积物以粉砂为主，砂次之，黏土最少，砂的成层出现使之明显有别于一般深海黏土沉积，反映出高纬度地区海冰-冰山对沉积物搬运的特殊贡献。如图 5-14 所示，岩心沉积物中砂含量的峰值主要出现在 16.2~15 ka BP（H1）、13~11.5 ka BP（YD）和 11~10 ka BP（北方 2 期）等时段，大体与北大西洋冰筏碎屑事件和全球性的冷事件（Andersen et al.，2004b）相对应，说明区域性冰川扩张或水温下降等是阿留申海盆冰筏碎屑记录的重要前提。除个别层位受砂的稀释作用影响外，粉砂含量的变化与砂的变化大体一致，由于冰筏碎屑通常粗细混杂，砂和粉砂在一定程度上表现出同源性。黏土含量的变化与砂正好相反（图 5-14），它们在 10~4 ka BP（全新世大暖期、高海面期和亚北方期）、13.0~15.0 BP（B/A）等时段沉积物中含量高，其时砂含量均小于 5%，说明当时的阿留申海盆很少受海冰和冰山的影响，其环境与现在基本相似。

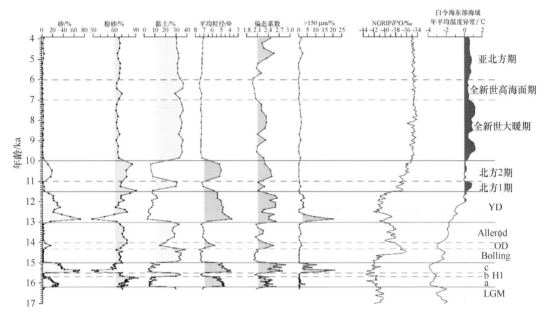

图 5-14　BR02 岩心粒度组成及特征粒度参数的变化

注：图右侧为 NGRIP 氧同位素曲线（Andersen et al.，2004a）和白令海东部海域的年平均气温变化曲线（Viau et al.，2008），有关字母代表的含义同图 5-13.

除砂、粉砂和黏土组分外，沉积物平均粒径和偏态系数的变化亦较为明显。如图 5-14 所示，岩心沉积物平均粒径的变化范围为 3.79Φ~7.57Φ（5.52~72.14 μm），平均值为 6.12Φ（19.89 μm）；平均粒径在 10~4 ka BP（全新世大暖期、高海面期和亚北方期）、13.0~15.0 ka BP（B/A）等时段基本处于同一水平，在 7Φ 左右变化，仅在 14.0~14.3 ka BP（OD）出现了短暂的粗化（图 5-14）。与平均粒径不同的是，沉积物偏态系数 Ku 除了在各冰筏碎屑沉积层较大外，在全新世大暖期和亚北方期也有明显的正偏效应，唯独全新世高海面期氧化沉积物（7.0~6.0 ka BP）的偏态系数较小，暗示该时期阿留申海盆沉积物搬运方式单一，冰筏搬运可能完全中止。

如图 5-14 所示，采用不同的粒级组分来指示冰筏碎屑，其结果差异较大。如用北极地区冰筏碎屑的经典指示粒级大于 150 μm 来反映本岩心冰筏碎屑的变化情况，结果发现大于 150 μm 粒级基本上局限在 H1c 段（15.5~15 ka BP）和 YD 期（13~11.5 ka BP），即使在砂含量很高的 H1a 段（16.2~15.7 ka BP）也可以忽略不计，说明不同海区海洋环境及周边陆地冰川环境不同，冰筏碎屑的特征粒级会发生变化。由于 BR02 岩心位处阿留申海盆的中部，海域气温和水温南高北低，冰山的大小和负载能力会随着离岸距离的增大而减小，来自北部的冰山只有足够大才能维持自身的存在，并将粗颗粒碎屑物质带往离岸较远的深水盆地沉积下来。

5.3.3 沉积物元素地球化学特征

BR02 岩心沉积物典型常量元素（氧化物）和微量元素含量随年龄的变化曲线见图 5-15 和图 5-16。

第一组：包括 Fe_2O_3、MgO 和微量元素 Li 等，它们的含量变化与黏土、沉积物平均粒径等的变化相似，在 10~4 ka BP、11.5~11 ka BP 和 15.0~13.0 ka BP 等时段富黏土型正常深海沉积物中含量较高，在 16.2~15 ka BP（H1）、13~11.5 ka BP（YD）和 11~10 ka BP（北方 2 期）等时段富砂、富冰筏碎屑沉积物中含量较低。

第二组：包括 CaO 及微量元素 Sr、Zr 等，其含量变化与砂含量变化基本一致，在 16.2~15 ka BP（H1）、13~11.5 ka BP（YD）和 11~10 ka BP（北方 2 期）等时段的富砂沉积物中含量高，唯一的例外是在 7.6~7.4 ka BP 附近有一个小峰。Ca、Sr 的同步富集通常与碳酸盐有关，包括海洋生物成因碳酸盐和陆源碎屑成因碳酸盐，从它们的富集层位来看，应以冰筏碎屑成因的陆源碳酸盐为主，并可能来自富碳酸盐的育空河流域。该流域沉积物中碳酸盐含量可达 15 %~20 %（Muhs et al.，2006）。Zr 为高场强元素，在海洋沉积物中易为黏土矿物、铁锰氧化物-氢氧化物等吸附，也常以锆石等重矿物形式富集于粗碎屑沉积物中（赵一阳等，1994），Zr 在 BR02 岩心沉积物中的选择性富集说明粗颗粒冰筏碎屑对 Zr 的分布起主导作用。

第三组：包括 Al_2O_3、K_2O 及一些黏土吸附性元素，它们的含量变化介于上述两组元素之间，既偏向于在富黏土沉积物中富集，亦与海洋生源组分的稀释作用以及冰筏碎屑的物质组成等有关，它们在 7~4 ka BP 段沉积物中含量较低，在 11.5~11 ka BP、15.0~13.0 ka BP 等时段的富黏土和粉砂沉积物中含量较高。

第四组：包括 MnO 和微量元素 Ba，其显著特征是在全新世氧化型沉积物中（6.0~7.0 ka BP）含量特别高。Mn 为典型的变价过渡金属元素，在底层海水、沉积物、孔隙水之间的循环很大程度上受控于海底的氧化还原条件，并趋向于在氧化型沉积物中富集（Schulz et al.，2000）。海洋沉积物中 Ba 的异常通常与海洋生产力有关，沉积物中的过剩 Ba 或重晶石被视为海洋生产力的替代指标和指示矿物（Bishop et al.，1988）；在高纬度地区，重晶石的形成与硅藻的生长有着密切的关系，多出现在富含有机质和硅质生物壳体的沉积物中，重晶石内部也常常含有少量的有机质或生物碎片（Robin et al.，2003）。从 BR02 岩心中 MnO、Ba 富集的一致性来看，7.0~6.0 ka BP 在阿留申海盆应该是一个海洋生产力高、底层水富氧的特殊时段。

除上述元素外，如图 5-15 和图 5-16 所示，岩心沉积物中 Na_2O 及 Na_2O/K_2O 比值的变化比较特殊。Na_2O 在岩心下部 16.2~15 ka BP 段沉积物中含量较高，在上部 11.5~4 ka BP 段沉积物中有向上递增的趋势；与 Na_2O 相比，Na_2O/K_2O 比值在 10 ka BP 以前沉积物中的旋回变化明显，其高值区间与富砂的冰筏碎屑层基本一致。Na 是典型的亲石性元素，在海洋沉

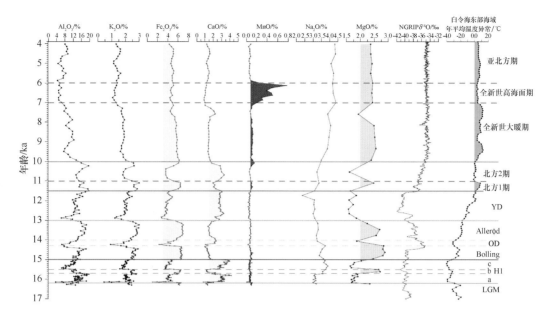

图 5-15　BR02 岩心沉积物中常量元素含量变化

注：图右侧为 NGRIP 氧同位素曲线（Andersen et al.，2004a）和白令海东部海域的年平均气温变化曲线（Viau et al.，2008），有关字母代表的含义同图 5-13.

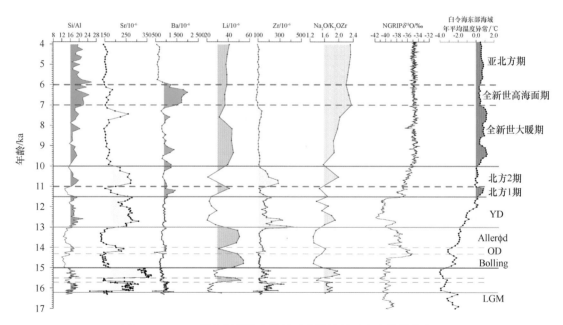

图 5-16　BR02 岩心沉积物中微量元素及特征元素比值的分布

图右侧为 NGRIP 氧同位素曲线（Andersen et al.，2004a）和白令海东部海域的年平均气温变化曲线（Viau et al.，2008），有关字母代表的含义同图 5-13.

积物中 Na 的分布受长石、蒙皂石、辉石等火山成因矿物影响，并趋向于在化学风化作用较弱的沉积物中富集（赵一阳等，1994）。白令海位于太平洋板块、欧亚板块和北美板块的结合部，其周边的阿留申群岛、阿拉斯加半岛、堪察加半岛等地火山岩和现代火山活动分布十分普遍。从 BR02 岩心 CaO、Na_2O、K_2O、Sr、Zr 以及 Na_2O/K_2O 比值的分布综合来看，火山源物质可能对冰消期富冰筏碎屑沉积和冰后期正常深海沉积均有影响,但对后者的影响更为明显。16.3~10 ka BP 段沉积物中 Na_2O/K_2O 比值的旋回变化一方面反映了冰筏碎屑沉积物风化程度较弱;另一方面也说明它们可能含有较多的火山物质,如来自阿留申群岛甚至堪察加半岛等火山岩区。10 ka BP 以来 Na_2O/K_2O 比值的逐渐增大则暗示该时期火山物质的影响增大,是受该地区火山喷发活动影响还是沉积物搬运动力发生了改变?从岩心沉积物特征来看,应该更偏向于后者。随着冰后期海平面的上升,自北太平洋进入白令海的入流增加,入流(阿拉斯加流)绕阿留申群岛流动,携带来的火山物质也会增加。

5.3.4 末次冰消期以来阿留申海盆的冰筏碎屑事件与元素地层学特征

5.3.4.1 末次冰消期以来阿留申海盆冰筏碎屑事件与海冰/冰山状况

白令海地处副极地气候带,西伯利亚和阿拉斯加两大干冷气候区之间,该地区晚第四纪冰川历史记录十分有限,并存在很大争议,特别是有关堪察加地区和西伯利亚东北部地区的冰川以及低海面时期白令海出露区的记录知之甚少(Grosswald,1998;Glushkova,2001)。比较流行的观点认为,晚更新世冰期(晚威斯康星冰期),包括白令海峡在内的白令海东北部陆架几乎全部暴露成陆地,气候干冷,大陆冰川主要局限在阿拉斯加和西伯利亚东北部山区,但没有足够证据表明当时的白令海陆架也被冰川覆盖(Nechaev et al.,1994;Ager,2003)。另一类观点认为,晚威斯康星冰期白令海周边地区曾形成巨厚的东西伯利亚冰盖和白令海洋冰盖;其中,白令海洋冰盖以楚科奇海、白令海和波弗特海陆架为基底,从北部跨越楚科奇半岛(Chukchi Peninsula)和苏厄德半岛(Seward Peninsula),穿过白令海峡进入白令海,然后与阿留申-司令脊(Aleutian-Commander Ridge)支撑的厚层漂浮冰架相连(Grosswald,1998;Hughes and Hughes,1994)。

与西岸的西伯利亚相比,白令海东岸的阿拉斯加地区晚更新世及全新世的冰川发育历史相对较为清晰。该地区现代山岳冰川发育,覆盖面积达 75 000 km^2,是北美现存最大的山岳冰川(Molnia,2007);而在末次盛冰期,冰盖面积大约是现在的 10 倍,且冰川多扩展到海拔较低的沿海地区(Kaufman et al.,2004)。从阿拉斯加海岸山脉向南、横跨育空和加拿大不列颠哥伦比亚省的大部分区域,众多冰帽和山麓冰川拼接起来,构成巨大的科迪勒拿冰盖(Cordilleran ice sheet)的西北部延伸体,一些地方冰盖最大时厚度超过 2 km(Hidy et al.,2013)。尽管各地记录不一,末次冰期最盛期大致出现在 25~22 ka BP(Zech et al.,2007);在 23 ka BP 左右,曾发生了较大的跨陆架冰进事件,冰川从山谷流下,进入陆架,在一些地方聚合形成大的跨陆架冰川集合体,但并未形成海洋冰盖;一个例外是在阿拉斯加半岛的西南部,冰平衡线接近海平面,使得源于山峰的冰川能够覆盖较窄的陆架(Mann et al,1994)。

在阿拉斯加中部的鱼湖谷(Fish Lake valley)等地,末次盛冰期初始冰碛物大致形成于 22.4 ka BP 前后,意味着该地区末次盛冰期的结束大致与中纬度地区同步(Young et al.,2009)。依据孢粉重建的古气温曲线表明,白令海东部海域末次盛冰期最冷气候大致出现在 23~20 ka BP 之间,其时年平均气温比现在低 2~4℃,7 月份平均温度比现在低 4℃左右,1 月份平均气温比现在低 2℃左右;随后的 20~16.2 ka BP 是一个相对暖期,年平均气温较现在低 1.7~3℃(Viau et al.,2008),大致对应于阿留申海盆 BR02 岩心的底部沉积记录,其沉积物较细，砂含量小于5%，说明当时的阿留申海盆中部已很少有冰山，基本为开阔水域。从阿拉斯加地区的冰川记录来看，该时期冰盖有进有退，比较复杂（Briner et al.，2009）。

从BR02岩心沉积物记录来看，16.2~15.0 ka BP的H1期是该地区海冰扩张、冰筏碎屑沉积的一个重要时期。该时期沉积速率大，沉积物中砂含量高，>150 μm粗碎屑组分含量高。类似的冰筏碎屑沉积与海冰扩张现象在鄂霍次克海和北太平洋等地均有发现，不过在时间上的界定稍有差别，如在鄂霍次克海的发生时间为16.5~15.3 ka BP（Sakamoto et al.，2005），在北太平洋的发生时间为19~15 ka BP（Gebhardt et al.，2008）。从白令海北部陆坡和南部的鲍尔斯海脊等地的放射虫和有孔虫等记录来看，H1期的表现似乎不太一致，但该时期总体为冷期（王汝建等，2005；Gorbarenko et al.，2010；Andersen et al.，2004a）；寒冷气候为白令海海冰扩张、周边陆地冰川扩张与崩解入海、冰山的远距离搬运等创造了条件。从BR02岩心沉积物记录以及白令海东部海域的年平均气温变化曲线（Viau et al.，2008）来看，即使在H1期，白令海气候亦存在明显波动，早期（16.2~15.7 ka BP）和晚期（15.5~15 ka BP）相对较冷，推测阿留申海盆中央常年有较多的海冰和冰山；中期（15.7~15.5 ka BP）则较为暖和，年平均气温要高0.6~0.8℃（Viau et al.，2008），海冰和冰山急剧减少，与现代开阔的边缘海沉积环境相似。

H1冷期以后，白令海地区气温明显回升，进入了一个长约2 ka的B/A间冰阶暖期（15~13 ka），期间夹杂一小段长约300 a的气温回落，即出现短暂的中仙女木冰阶（14.3~14.0 ka BP）。从BR02岩心记录来看，Bölling间冰阶大约出现在15.0~14.3 ka BP，Allerød间冰阶大约出现14.0~13.0 ka BP，两者均属于正常深海沉积，砂含量小于5%；但期间的14.3~14.0 ka BP出现了一小段的富砂沉积，推断为中仙女木冰阶冰-海混合型沉积。类似事件在白令海北部陆坡亦有记录，王汝建和陈荣华（2005）依据放射虫 Cycladophora davisiana 记录将B/A暖期的起点定在14.6 ka BP，末点定在12.8 ka BP，14.5 ka BP左右的低值区间界定为D/O1事件。从总体来看，白令海区Bölling间冰阶-中仙女木冰阶-Allerød间冰阶的发生时间均略早于北格陵兰冰心记录。

B/A暖期以后，北半球气候出现了一次显著的降温事件，即新仙女木冷期，其发生时间大致在12.9~11.5 ka BP，新仙女木冷期的形成被认为与劳伦冰盖的大规模解体融化有关。从BR02岩心记录来看，新仙女木冷期大致出现在13.0~11.5 ka BP，该时期沉积物以粉砂为主，含10%~70%的砂，砂的平均含量达29%，>150 μm的粒级组分在前期达到20%，可见新仙女木冷期在阿留申海盆区是继H1以后的又一个海冰、冰山的重要发育期，尽管从白令海东部海区年平均气温变化曲线来看，该地区新仙女木期降温幅度不大（Viau et al.，2008）。在白令海北部陆坡等地，新仙女木期表现为沉积物中冰筏碎屑含量高、碳酸盐含量低，底栖有孔虫碳/氧同位素偏重，是一个明显的冷期（Rella et al.，2012）；而在阿拉斯加地区，新仙女木期冰川以扩张或静态为主（Young et al.，2009；Briner et al.，2009）；海陆环境的变冷，局部冰川扩张和海冰扩张，是阿留申海盆冰筏碎屑事件的主要成因。

新仙女木事件后，北极地区进入了一段数千年的相对现今还要温暖、潮湿的阶段。高纬度地区夏季日照强度在全新世初期达到鼎盛点（10.9 ka BP），大约比现今辐射强度高出8%（Viau et al.，2008）。虽然北极大部分地区都经历了该暖期，但各个地区暖期的发生出现了穿时性，这可能是由于冰层覆盖状况以及表层海水温度的地域性差异造成的。Kaufman等（2004）收集了北极西部地区140个全新世大暖期的站位资料，发现各地区全新世大暖期出现时间也存在着明显的地域差异，如阿拉斯加和加拿大西北区域出现在 11~9 ka BP，而加拿大东北部则晚了 4 ka。从孢粉重建的古气温曲线来看，尽管白令海东部海域年平均气温在 12 ka BP 左右就已接近现在的水平，但气温的最高值大体出现在 10~7 ka BP 之间（Viau et al.，2008）。从 BR02 岩心记录来看，在新仙女木事件之后、全新世大暖期到来之前，白令海还经历了一个短暂的升温期和低温期，即北方 1 期和北方 2 期；其中北方 1 期为正常深海沉积，对应年龄为 11.0~11.5 ka BP；北方 2 期为冰-海混合沉积，沉积物中含 10%~20% 的砂，对应年龄为 10.0~11.0 ka BP。尽管 11.5 ka BP 新仙女木冷期结束，全新世开始，但北美和亚欧大陆的一些大冰盖在其后还持续了数千年，其中的劳伦冰盖直到大约 7 ka BP 才消失。作为北美冰盖的一部分和科迪勒拿冰盖的西北部延伸体，阿拉斯加地区局部冰川扩张和退缩贯穿整个全新世，尽管在阿拉斯加及其海岸地区，迄今发现的早到中全新世冰川扩张记录较少，而晚全新世的扩张记录相对较多。

5.3.4.2 元素地球化学地层的古海洋学指示意义

白令海是一个局部季节性海冰发育、海水层化明显、海洋生产力很高的半封闭式亚北极边缘海，晚第四纪该地区古海洋学的变化与海面波动、北太平洋-白令海-北冰洋之间的水体交换等密不可分，并通过海水-沉积物界面的某些生物地球化学过程记录下来。Gardner 等（1982）研究发现，在白令海深水海盆区特别是阿留申海盆的中部和南部，广泛分布着一层氧化型沉积物，它们以褐色硅藻软泥夹绿灰色-橄榄色硅藻软泥为主，富 Mn、Ba、Co、Mo、Ni，贫 Fe 和 C；该层厚约 8~10 cm，大致出现在海水-沉积物界面以下 0~8 cm，形成年代在 6 ka BP 前后，大体与阿留申海盆中部 BR02 岩心 17~25 cm 氧化层相对应，后者的形成时间大致在 6.0~7.0 ka BP。如何解释该氧化型沉积层的形成？显然不能用简单的海水-沉积物界面过程来解释，因为该氧化层位处界面以下一定深度。于是，Gardner 等（1982）在考量北太平洋底层水对流加强导致富氧、海冰形成导致底层水充氧、以及冰融水透镜体的出现导致海洋生产力降低 3 种生物地球化学模式后，最终提出了冬季海冰形成导致底层水充氧、（春夏季）海冰融化形成低生产力淡水透镜体的观点。该观点面临两个方面的挑战：①在全新世中后期海冰为什么大面积出现在阿留申海盆的中部和南部，而在北部陆坡区却没有出现？因为陆坡区在末次冰消期以来发生了底层水缺氧事件（邹建军等，2012；Cook，et al.，2005；Viau et al.，2008）。②该氧化型沉积富硅藻而贫有机质并不代表当时的海洋生产力低。因此提出了"阿留申海盆中部特殊氧化层是全新世高海面期沉积产物"的观点。

从生物地球化学的角度来看，表层海水中形成的颗粒有机物是海水和浅表层沉积物中最主要的还原剂，不断加入的颗粒有机物消耗底层水中的氧气，使之向还原状态发展（Schulz et al.，2000）。在富氧海水中，Mn 很快以 MnO_2 形式沉积下来，并在氧气能够穿透的沉积物表层大量富集；但在氧气穿透面以下沉积物中，MnO_2 成为最重要的二级氧化剂，替代氧气继续氧化分解有机质，而自身则被还原为易溶的 Mn^{2+} 而使沉积物中的 Mn 含量降低。大约在 7 ka BP 左右，全新世大暖期结束，北半球冰盖包括北美的劳伦冰盖和科迪勒拿冰盖等基本上融化殆尽，全球海平面处于最高位，白令海地区海平面可能比现在高，如 Shennan（2009）发现在阿拉斯加白令冰川地区 9.2~5 ka BP 之间的相对海平面比现在要高很多，甚至达到数米量级。海平面的大幅度上升使得当时白令海与北太平洋、北冰洋之间的水体交换显著增加并达到某种极值状态，大量的太平洋水通过白令海峡进入北冰洋，同时更多的北太平洋水包括富氧的底层水和中层水通过阿留申群岛之间的水道进入阿留申海盆,使阿留申海盆环流加强,海水的层化减弱,海盆底层水更新加快,含氧状况明显改善,并支持和引发了海洋生产力的显著增加。BR02 岩心 17~25 cm 富 Mn 氧化层的形成正是因为高海面时期(6.0~7.0 ka BP)阿留申海盆中部底层海水极其富氧,生成的 MnO_2 比较多,抵抗被有机质还原分解的能力较强,才最终在沉积物中长期保存下来。沉积物中的有机质和生源 Ba(或重晶石)虽然同为海洋生产力的替代指标,但它们在早期成岩作用中的地球化学行为不同,结果前者多被海水-沉积物中的 O_2 和 MnO_2 等氧化分解,后者则在特殊的氧化环境中被保存下来,从而形成了该时期阿留申海盆特殊的富 Mn、富 Ba 氧化沉积层。全新世高海面期以后,伴随着全球性的气候变冷和海面回落,白令海环流及与外部海洋之间的水体交换在某种程度上减弱,底层海水中的氧更新不足,难以抵挡有机质的还原,海水-沉积物界面再次转为以缺氧和还原性为主。与此同时,从 BR02 岩心沉积物中 Na_2O/K_2O 比值的分布来看,伴随着冰后期海平面的上升,与火山物质输运关系密切的北太平洋入流(阿拉斯加流等)可能增加。上述两者均说明冰后期白令海环流和水团结构发生了变化。

5.4 小结

5.4.1 白令海西部近百年来有机碳的地球化学特征与埋藏记录

(1)陆架区 BL16 柱样以粉砂为主,而陆坡区 BL10 则主要为砂质粉砂,整体上两柱样粒度组成的区域差异可能与空间地理位置和沉积水动力条件有关。基于 $^{210}Pb_{ex}$ 的 CIC 模式可估算得到两柱样百年来的平均沉积速率分别为 0.35 cm/a(BL16)和 0.29 cm/a(BL10)。BL16 柱样上层样品可能受到底栖生物活动和沉积物再悬浮等混合作用的影响。

(2)BL16 柱样 TOC 的垂向分布与沉积物粒度具有较好的一致性,反映了粒度对沉积有机碳的控制作用;而 BL10 柱样中两者则没有明显的相关关系,可能受陆坡区较高的有机碳输入和细菌微生物作用对有机碳埋藏保存的影响。两柱样的 C/N 比值指示沉积有机碳的来源以海洋源有机质为主。近 20 年以来,两柱样上层样品中 TOC 和 $CaCO_3$ 含量出现较明显的变化,这可能与近期北极地区变暖和海洋酸化加剧有一定联系。

(3)结合沉积物质量埋藏速率和有机碳含量,可计算出 BL16 和 BL10 的沉积有机碳埋藏通量分别为 4 140 mmol·m^{-2}/a 和 2 850 mmol·m^{-2}/a(以碳计)。对比发现,调查区域较高的沉积有机碳埋藏通量可能主要受控于该区水体较高的初级生产力和真光层有机碳输出效率、较有利的有机碳保存代谢机制以及较快的沉积速率等因素的共同作用。

5.4.2 全新世以来白令海陆坡初级生产力的变化特征

通过白令海北部陆坡 B2-9 站沉积物样品的 AMS^{14}C 测年和生物标志物分析,获取了近 10 ka 来高分辨率的浮游植物群落和初级生产力记录,以及陆源烷烃的输入及其源区植被与气候和环境等特征,得出如下认识。

(1)白令海北部陆坡区全新世以来的表层浮游植物和初级生产力都经历了"高-低-高"

的变化过程，具有明显的阶段性，9.6~6.9 ka BP 初级生产力的升高，6.9~3.5 ka BP 初级生产力下降，3.5~1.0 ka BP 初级生产力再次升高，这种变化模式受控于陆架坡折处海冰的分布、上层海洋营养盐供应和早全新世 9.3 ka BP 和 8.2 ka BP 快速降温事件的影响。

（2）白令海北部陆坡区全新世以来的浮游植物群落的结构基本上是稳定的，硅藻是初级生产力的主要贡献者，甲藻次之，而颗石藻和黄绿藻比前两者低了一个数量级，这是由于表层海洋环境不同导致浮游藻类生产力不同；同时硅藻和甲藻存在明显的竞争关系，但由于海水中硅质供给充足，硅藻在竞争中明显占据优势，成为白令海有机碳汇的主要贡献者，与现场实测结果吻合。

（3）白令海北部陆坡区全新世以来的烷烃总量变化经历了 3 次阶梯状的下降过程，分别出现在 7.8 ka BP，6.7 ka BP 和 5.4 ka BP，烷烃总量变化呈现出 4 个相对稳定的阶段，烷烃的输入主要受控于早全新世海平面上升以及周边陆地植被源区的气候与环境变化；CPI 指数表明烷烃主要来自于陆源高等植物，并呈现出下降的趋势，而 ACL 等相关参数表明烷烃源区的植被结构较为稳定，以木本植物占据优势。

（4）白令海北部陆坡区全新世以来的单体碳同位素研究发现，正构烷烃具有两个显著的特征，主碳峰是 nC_{27}，并且 nC_{23} 含量较高。nC_{27} 含量对烷烃总量的贡献最大，平均可达 1/3，甚至可以代替烷烃总量作为陆源烷烃输入的指标，这可能与陆地繁盛的木本植物及其分布有关；含量较高的 nC_{23} 则可能主要来源于北半球沿海广泛分布的海生沉水植物，其次可能是陆地湖泊水生植物。

5.4.3 阿留申海盆的元素地层学特征

通过对阿留申海盆中部 BR02 岩心高分辨率颜色、粒度和元素地球化学地层的研究，获得如下结论。

（1）该岩心较为完整地记录了末次盛冰期结束（16.3 ka BP）以来的多期冰筏碎屑事件，包括 H1、OD、YD 和北方 2 期，其中以 H1 和 YD 最为显著，其发生大体与北大西洋冰筏碎屑事件和全球性的冷事件相一致，反映了末次冰消期以来白令海地区海冰/冰山以及区域性大陆冰川的消长变化。

（2）岩心上部 17~25 cm 段出现富 Mn、富 Ba 的氧化型沉积，说明在全新世高海面时期（6.0~7.0 ka BP），海平面的大幅度上升使得白令海与北太平洋、北冰洋之间的水体交换显著增加并达到某种极值状态，大量的太平洋水通过白令海峡进入北冰洋，同时更多的北太平洋水包括富氧的底层水和中层水通过阿留申群岛之间的水道进入阿留申海盆，使阿留申海盆环流加强，海水的层化减弱，海盆底层水更新加快，含氧状况明显改善，并支持和引发海洋生产力的显著增加。

（3）岩心中 CaO、Na_2O、Sr、Zr 与 Na_2O/K_2O 比值的分布说明，阿留申海盆的冰筏碎屑沉积主要来自富碳酸盐的育空河流域，其次为阿拉斯加半岛和阿留申群岛等火山岩区物质；而 10 ka BP 以来 Na_2O/K_2O 比值的明显变大进一步说明随着冰后期海平面的上升，自北太平洋进入白令海的入流通量增加，从阿留申群岛地区携带来的火山物质也逐渐增加。

第6章　楚科奇海沉积记录与古环境演化研究

我国北极科学考察在楚科奇海及其周边海域开展了大量的工作，取得了丰富的研究材料。由于陆架区沉积记录的年代框架难于确定，因此本次研究针对楚科奇海边缘地（Chukchi Borderland，CB）海域的典型柱状沉积物样品开展了 XRF 元素扫描、粒度组成、黏土矿物组成、冰筏碎屑含量及组成、有孔虫含量及其稳定同位素组成测定、有孔虫 AMS[14]C 定年、有机碳（TOC）含量及其同位素组成以及主、微量元素含量等指标的分析测试，并据此对沉积物来源与古环境演化进行了探讨。

6.1　样品与方法

楚科奇边缘地位于北冰洋西部，包括楚科奇海台和北风海脊，是太平洋水进入北冰洋的必经通道（史久新等，2004），能较好地反映北冰洋西部的沉积环境，以及冰期-间冰期旋回中白令海峡的开闭对于该地区沉积过程的影响。楚科奇海边缘地包括楚科奇海台、楚科奇海盆、北风海脊等地貌地理单元，东与加拿大海盆相邻，西部为门捷列夫海脊。研究对象为中国第第三、第四和第五次北极海洋科学考察所取得的重力柱状沉积物样品 ARC3-P23、ARC3-P37、ARC4-BN03、ARC4-MOR02、ARC5-M04 和 ARC5-M06（图6-1），其中 ARC5-M04 位于楚科奇海盆，ARC5-M06 位于楚科奇海陆坡，ARC3-P23 和 ARC4-BN03 位于楚科奇海台，ARC3-P37 和 ARC4-MOR02 位于北风海脊（表6-1）。

表 6-1　本次工作涉及的楚科奇边缘地重力柱状样品站位信息

站位	海区	纬度（N）	经度（W）	水深/m	长度/cm
ARC3-P23	楚科奇海台	76°20.14′	162°29.16′	2 089	294
ARC4-BN03	楚科奇海台	78°30′	158°54′	3 044	145
ARC3-P37	北风海脊	76°59.917′	156°0.917′	2 267	246
ARC4-MOR02	北风海脊	74°33′	158°59.4′	1 174	218
ARC5-M04	楚科奇海盆	75°58.918′	172°11.955′	2 003	551
ARC5-M06	楚科奇陆坡	75°13.620′	172°11.418	491	196
ARC2-M03 *	楚科奇海盆	171°55.867′	76°32.217′	2 300	347
ARC3-P31 *	楚科奇海台	77°59.864′	168°0.716′	435	59
PS72-340-5 *	楚科奇海盆	77°36.6′	171°28.8′	2 349	350
P1-92-AR-P25 *	北风海脊	74°49.2′	157°22.2′	1 625	542
P1-92-AR-P39 *	北风海脊	75°50.4′	156°1.8′	1 470	150

注：本研究所引用的岩心：ARC2-M03（Wang et al.，2013），ARC3-P31（梅静等，2012），PS72-340-5（文中简称340-5）（Stein et al.，2010），P1-92-AR-P25（文中简称P25）（Yurco et al.，2010），P1-92-AR-P39（文中简称P39）（Polyak et al.，2013）.

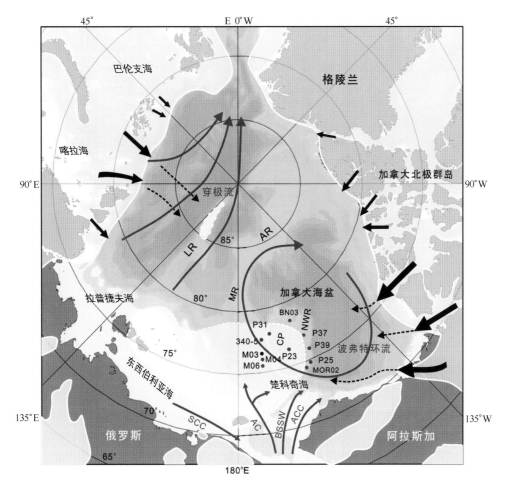

图 6-1 西北冰洋楚科奇边缘地柱状沉积物站位分布以及表层洋流分布

注：图中红色实线表示表层洋流，白色实线表示过去认为的冰期大陆冰盖的范围（Jakobsson et al.，2010）；白色粗虚线表示北冰洋海洋冰盖范围，白色点线表示冰期北冰洋海洋冰盖的范围（Niessen et al.，2013）；蓝色箭头表示冰流方向，红色点表示本文研究站位，蓝色点为引用站位，其信息可见表6-1. 图中 CP：楚科奇海台；NWR：北风海脊；MR：门捷列夫海脊；LR：罗蒙索诺夫海脊；AR：阿尔法海脊；AC：阿纳德流；BSSW：白令海陆架水；ACC：阿拉斯加沿岸流；SCC：西伯利亚沿岸流.

ARC3-P23（简称 P23）柱状样总长 294 cm，沉积物颜色呈现出褐色，黄褐色与灰色黏土组成的沉积旋回变化。该孔深度 0~8 cm，132~156 cm 和 210~232 cm 为深褐色粉砂质黏土；深度 8~61 cm 为棕黄色-浅棕黄色粉砂质黏土；深度 61~132 cm，156~210 cm 和 232~294 cm 为灰色黏土。按照 2 cm 间隔取样，共获得 147 个样品。对取得的样品完成了颜色反射率、XRF 元素扫描、冰筏碎屑（IRD）含量统计、有孔虫丰度统计、浮游有孔虫 *Neogloboquadrina pachyderma*（sin.）（Nps）稳定氧和碳同位素测定、AMS ^{14}C 测年和碳酸钙含量等分析和鉴定工作。

位于楚科奇海台的 ARC4-BN03（简称 BN03）岩心长度为 145 cm，位于北风海脊的 ARC3-P37（简称 P37）和 ARC4-MOR02（简称 MOR02）岩心长度分别为 246 cm 和 218 cm，3 个岩心均以 2 cm 间隔取样，总计共获得 301 个样品。分别完成了 XRF 元素扫描，IRD 含量统计，浮游和底栖有孔虫属种鉴定与统计，浮游有孔虫 Nps 稳定氧碳同位素测试，浮游有孔虫 Nps 的 AMS ^{14}C 测年等分析测试。

　　ARC5-M04（简称 M04）位于楚科奇海水深 2 003 m 的海盆区，岩心长 551 cm。沉积物以粉砂质黏土为主，表层棕黄色，半流动状，弱粘性。底部呈灰色，结构均一，强粘性，致密状，含少量有机质和生物碎屑。上部 0~200 cm 粒度分析按 1 cm 间隔取样，IRD 含量统计、黏土矿物分析按 2 cm 间隔采样；200~551 cm 的粒度、IRD 含量统计、黏土矿物分析按 10 cm 间隔取样。

　　ARC5-M06（简称 M06）位于北极楚科奇海水深 491 m 的陆坡区，柱长 196 cm，沉积物以粉砂质黏土为主，表层棕黄色，底部灰绿色，结构均一，强黏性。按 2 cm 间隔采样，获得 98 个样品。分别完成了粒度、XRF 元素扫描、IRD 含量统计、黏土矿物等分析和鉴定工作。

6.2　地层年代框架建立

　　北冰洋深海沉积物的地层划分和对比与其他海区相比困难得多，低纬地区的地层划分和对比广泛运用的有孔虫氧同位素记录在这里往往并不适用。一方面由于海冰大面积覆盖导致北冰洋生物生产力较低，同时碳酸盐补偿深度变浅使得深海沉积物中钙质生物壳体保存较少，得到的有孔虫壳体氧同位素曲线常常出现不连续的情况；另一方面，北冰洋的海水氧同位素会被氧同位素偏轻的融冰水和结冰时形成的轻同位素卤水改造，并被有孔虫壳体记录，与主要反映冰量变化的全球信号有很大差异。因此，在北冰洋深海沉积物的地层学研究中大多采用多种地层学与测年相结合的方法（Smith et al.，2002；Backman et al.，2004；Wang et al.，2013）。

　　另外，北冰洋深海沉积物的研究表明，许多沉积物柱状样的颜色与 Mn 元素含量具有明显的旋回性，可以结合沉积物中 Mn 元素含量和颜色旋回的变化建立地层年代框架（Jakobsson et al.，2000；Löwemark et al.，2008）。控制 Mn 元素在北冰洋的沉积主要有两个因素。首先，北冰洋中深层水体的通风作用强弱影响水体氧化还原环境。间冰期通风作用强，水体呈现出氧化的环境，有利于 Mn 元素的沉淀；相反，冰期通风作用弱，不利于 Mn 元素的沉淀。其次，北冰洋沉积物的棕色是由于 Mn 的氢氧化物造成，可能因沉积物表层被氧化以及欧亚大陆边缘河流物质输入引起（Macdonald and Gobeil，2011）。冰期-间冰期旋回影响了河流的排泄，从而影响 Mn 元素在沉积物中的富集。北冰洋沉积物中黄褐色与灰色的旋回被认为代表间冰期/间冰段与冰期/冰段的旋回（Spielhagen et al.，2004；Stein et al.，2010）。褐色沉积物反映较高的生产力以及开放的海洋环境，指示间冰期或者冰消期的环境。而灰色沉积物指示冰期环境，冰期北冰洋被海冰或冰架覆盖，受到来源于冰盖的大规模的冰川和冰融水输入影响，生物生产力低（Backman et al.，2004；Polyak et al.，2004；Stein et al.，2010；刘伟男等，2012）。因此，有孔虫丰度以及 IRD 含量变化也是北冰洋区域性地层框架对比的重要指标（Adler et al.，2009；Darby and Zimmerman，2008）。

6.2.1　P23 岩心

　　P23 岩心上部沉积物中 Nps 的 AMS ^{14}C 测年结果显示，顶部 0~2 cm 的年龄为 2.8 ka，4~6 cm 的年龄为 5.9 ka，8~10 cm 的年龄为 8.6 ka，12~14 cm 的年龄为 11.3 ka（表 6-2）。

该岩心上部深度 0~8 cm 为深褐色黏土，深度 8~14 cm 为棕黄色粉砂质黏土，Mn 元素含量较高，对应于较高的有孔虫丰度和少量的 IRD，指示全新世的沉积环境；深度 14~60 cm 为棕黄色粉砂质黏土，Mn 元素含量降低，有孔虫几乎缺失，IRD 含量增加；深度 61~132 cm 为浅黄色-灰色黏土，Mn 元素含量降至最低值，有孔虫缺失，IRD 含量仅在深度 60~80 cm 增加；深度 132~156 cm 为深褐色粉砂质黏土，Mn 元素含量较之前明显升高，有孔虫丰度和 IRD 含量都升高，其中在 138 cm 处出现一个 15 g 的砾石；深度 156~210 cm 以及深度 232~294 cm 为灰色黏土，Mn 元素含量小幅波动，有孔虫丰度几乎降至最低值，IRD 含量仅在深度 235~245 cm 略微增加；深度 210~232 cm 为深褐色粉砂质黏土，Mn 元素含量达到最高值，有孔虫丰度和 IRD 含量都升高，但其高峰明显滞后于 Mn 元素含量高峰（图 6-2）。

表6-2 楚科奇海台 P23 岩心 Nps-AMS ^{14}C 测年数据及其日历年校正结果

样品编号	深度/cm	AMS ^{14}C 年龄/a BP	碳储库校正年龄/a BP (Coulthard et al.，2010)	校正年龄/a BP (Fairbanks et al.，2005)
UCIT24020	0~2	3 455±15	2 665±15	2 761±8
UCIT24022	4~6	5 915±15	5 125±15	5 897±18
UCIT24024	8~10	8 650±20	7 860±20	8 621±21
UCIT24026	12~14	10 680±20	9 890±20	11 261±19

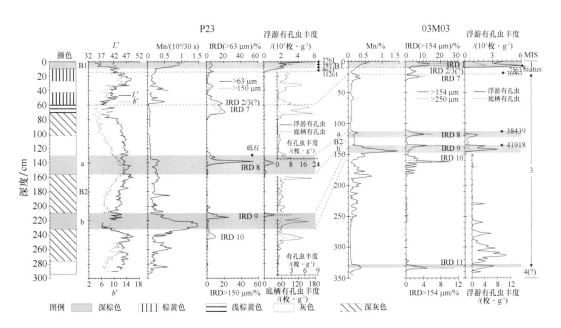

图 6-2 楚科奇海台 P23 孔沉积物岩性，颜色反射率，Mn 元素相对含量，IRD（>63 μm 和 150 μm）含量和有孔虫丰度等指标与楚科奇海盆 03M03 孔地层对比以及氧同位素分期

资料来源：Wang et al.，2013

为了建立 P23 的地层年代框架，我们将 P23 与楚科奇海盆 ARC2-M03（简称 03M03）的地层划分指标（Wang et al.，2013）进行对比（图 6-2）。两个岩心的沉积物对比显示，岩心 P23 的 3 个褐色层 B1、B2a 和 B2b 分别对应于 03M03 孔中的 3 个褐色层（Wang et al.，2013），也可以对比该地区 P25，HLY0503-8JPC，NP26，340-5 和 P31 孔中的褐色层 B1 和 B2（Adler et al.，2009；Polyak et al.，2004，2009；Stein et al.，2010；梅静等，2012）。根据

03M03 孔沉积物有机质 AMS ^{14}C 测年数据，B2a 与 B2b 的年龄分别为 38 ka 和 42 ka（图 6-2），为氧同位素（MIS）3 沉积。P23 的 Mn 元素含量变化几乎与 03M03 孔的 Mn 元素含量变化一致，高峰位于褐色层 B1 和 B2b 层，其余层位 Mn 元素含量小幅波动。IRD 对比显示，P23 与 03M03 的 IRD 高峰位于沉积物上部以及褐色层 B2a 和 B2b，其中两孔褐色层 B2b 的 IRD 高峰，都滞后于 Mn 元素最高峰。两岩心有孔虫丰度对比显示，有孔虫 3 个高峰均位于褐色层中。其余层位有孔虫含量很低。综合该岩心沉积物颜色，Mn 元素旋回，IRD 含量，有孔虫丰度以及 AMS ^{14}C 测年结果与楚科奇海盆 03M03 的地层对比，初步建立了 P23 的地层年代框架，深度 0~14 cm 为 MIS 1 期，深度 14~60 cm 为 MIS 2，深度 60~294 cm 为 MIS 3（图 6-2）。推测 P23 中 MIS 2 与 MIS 3 之间也可能存在沉积间断，而 IRD 4-6 可能缺失在这个沉积间断中，这可能是由于末次冰盛期厚厚的冰层覆盖所致，有待于测年数据的验证。

6.2.2　BN03 岩心

楚科奇海台 BN03 岩心的浮游有孔虫丰度变化显示，在深度 0~4 cm、30~38 cm、40~66 cm 和 88~98 cm 处出现高峰，这些层位平均浮游有孔虫丰度分别为 6 412 枚/g，1 608 枚/g，3 874.28 枚/g 和 1 656. 枚/g。其余层位的浮游有孔虫丰度较低，平均丰度为 60 枚/g。浮游有孔虫丰度变化形式与底栖有孔虫丰度基本一致（图 6-3）。

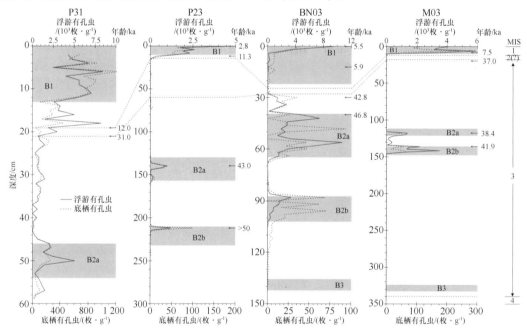

图 6-3　楚科奇海台 BN03 岩心沉积物褐色层、有孔虫丰度、AMS ^{14}C 测年结果与该地区的 P23，P31（梅静等，2012）和 03M03（Wang et al.，2013）的地层对比

该岩心 IRD（>1 mm）含量的变化范围是 0~56.5%，平均值为 5.6%。IRD 高峰出现于深度 12~14 cm，26~34 cm，40~42 cm，92~96 cm，108~118 cm 和 142~145 cm，其余深度 IRD（>1 mm）含量较少。IRD（>154 μm）含量变化范围是 0.07%~58.7%，平均值为 10.3%，其变化形式与 IRD（>1 mm）含量基本一致（图 6-4）。

楚科奇海台 BN03 岩心沉积物中 Nps 的 AMS ^{14}C 测年结果显示，沉积物顶部深度 0~2 cm

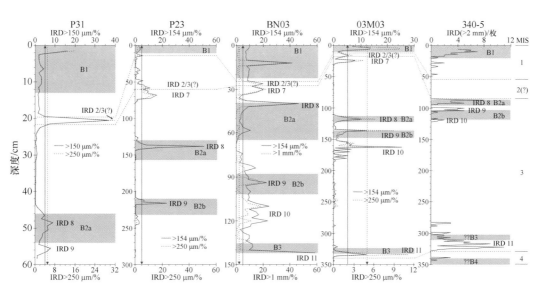

图 6-4 楚科奇海台 BN03 岩心的 IRD 含量与该地区的 P23，P31（梅静等，2012），03M03（Wang et al.，2013）和 340-5 岩心（Stein et al.，2010）的 IRD 含量对比

的年龄为 5.5 ka，深度 12~14 cm 的年龄为 5.9 ka，深度 30~32 cm 的年龄为 43.2 ka，深度 40~42 cm 的年龄为 46.7 ka（表 6-3）。为了建立 BN03 岩心的地层年代框架，我们将 BN03 岩心与附近的 03M03（Wang et al.，2013），P23 和 P31（梅静等，2012），340-5 岩心（Stein et al.，2010）的褐色层，有孔虫丰度，IRD 含量以及沉积物岩性特征进行对比。BN03 岩心深度 0~22 cm、29~65 cm、92~105 cm 和 136~142 cm 分别为褐色层，根据地层对比以及 BN03 岩心褐色层中浮游有孔虫 Nps 的 AMS ^{14}C 测年结果，这 4 个褐色层分别对应于邻近岩心中的褐色层 B1，B2a，B2b 和 B3（图 6-3）。以 IRD（>1 mm）含量 2% 为界，BN03 岩心可以识别出 6 个明显的 IRD 事件：其中为深度 25~28 cm 的 IRD 事件对应于 P23 和 M03 岩心中的 IRD 2/3（？）事件；深度 29~34 cm，40~42 cm，92~96 cm，106~126 cm 和 144~145 cm，分别对应于 P23 和 03M03 岩心中的 IRD 7-11 事件（图 6-4）。

表 6-3 BN03 和 MOR02 岩心 Nps-AMS ^{14}C 测年数据及其日历年校正结果

样品编号	深度/cm	AMS^{14}C 年龄/a BP	碳储库校正年龄/a BP*	日历年龄/cal a BP**
UCIT27337	BN03/0~2	5 450±15	4 750±15	5 524±35
UCIT27340	BN03/12~14	5 860±20	5 160±20	5 938±30
UCIT27341	BN03/30~32	40 310±640	38 910±640	42 794±453
UCIT27343	BN03/40~42	44 910±1 130	43510±1130	46 782±1 150
UCIT27354	MOR02/138~140	41 320±730	39 920±730	43 592±606
UCIT27355	MOR02/152~154	44 350±1 060	42950±1060	46 220±1 039

*碳储库年龄选择参照 Coulthard 等（2010）；＊＊日历年校正方法参见 Reimer 等（1993）和 Stuiver 和 Reimer（1993）.

根据 Nps 的 AMS ^{14}C 测年结果以及该区域地层的对比，BN03 岩心深度 0~25 cm 为 MIS1 期；深度 25~28 cm 为 MIS 2；深度 28~145 cm 的沉积物，其年龄大于 42.8 ka，褐色层 B2a，B2b 和 B3 以及 IRD 8-11 事件与邻近的 P23 岩心和 03M03 岩心有较好的对应关系，为 MIS 3 的沉积（图 6-3）。

6.2.3 MOR02 岩心

北风海脊 MOR02 岩心的浮游有孔虫丰度变化显示（图 6-5），有孔虫丰度仅在深度 132~142 cm 和 150~162 cm 处出现高峰，这两个层位平均浮游有孔虫丰度分别为 1 241 枚/g 和 1 230 枚/g。其余层位的浮游有孔虫几乎缺失，其平均丰度为 1 枚/g。浮游有孔虫丰度变化形式与底栖有孔虫丰度完全一致。

该岩心 IRD（>1 mm）含量的变化范围是 0~10.5%，平均值为 0.98%。高峰出现在深度 42~44 cm，68~74 cm，124~140 cm 和 150~162 cm。其余深度 IRD（>1 mm）含量较少。IRD（>154 μm）含量变化范围是 0.04%~17.7%，平均值为 3.7%，其变化形式与 IRD（>1 mm）含量基本一致（图 6-6）。

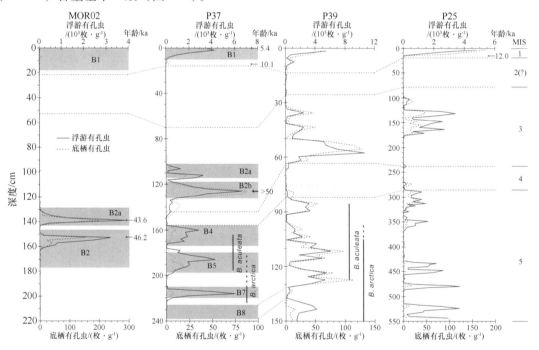

图 6-5　北风海脊 MOR02 和 P37 岩心有孔虫丰度、AMS ^{14}C 测年结果与 P39（Polyak et al.，2013）和 P25（Yurco et al.，2010）岩心的对比

MOR02 岩心沉积物中 Nps 的 AMS ^{14}C 测年结果显示，沉积物深度 138~140 cm 的年龄为 43.9 ka，深度 152~154 cm 的年龄为 46.1 ka（表 6-3）。为了建立 MOR02 岩心的地层年代框架，我们将 MOR02 岩心与北风海脊的 P37，P39 和 P25 岩心的有孔虫丰度和 IRD 事件进行对比（图 6-5 和图 6-6）。由于该岩心顶部沉积物有孔虫缺失，缺乏 AMS ^{14}C 测年数据，因此通过 MOR02 岩心与北风海脊其他岩心的 IRD 事件对比，以及北风海脊区域沉积速率建立地层年代框架。北风海脊地区沉积速率的研究表明，除少数站位以外，一般沉积速率较高，为 1.5~3.1 cm/ka（Stein et al.，2010）。根据 MOR02 岩心的 IRD 含量，以 IRD（>1 mm）含量 2% 为界，可以识别出 5 明显的 IRD 事件，分别为 IRD 2/3（?），IRD 6-10 事件。其中深度 42~44 cm 的 IRD 2/3（?）事件出现在 MIS 2；深度依次为 62~74 cm，80~86 cm，124~140 cm 和 150~160 cm 的 IRD 6~9 事件出现在 MIS 3（Darby and Zimmerman，2008）。因此，推测 MOR02 岩心可以分为 MIS 3~MIS 1 的沉积序列，其中深度 0~20 cm 为 MIS 1，深度 20~52 cm

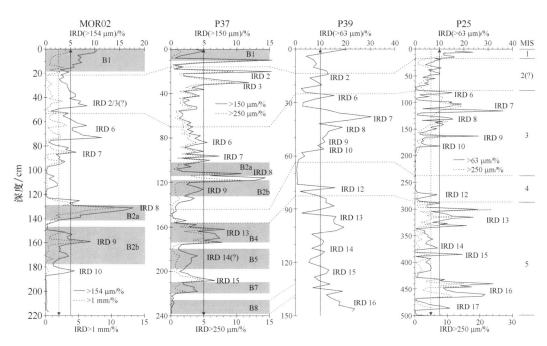

图6-6 北风海脊 MOR02 和 P37 岩心 IRD 含量以及 IRD 事件与 P39（Polyak et al.，2013）
和 P25（Yurco et al.，2010）岩心的对比

为 MIS 2，深度 52~218 cm 为 MIS 3（图6-5）。

6.2.4　P37岩心

对 P37 岩心 12 个层位的 Nps 壳体进行 AMS ^{14}C 测年（表6-4），并对 ^{14}C 年龄利用 CALIB 软件（Stuiver and Reimer，1993）进行日历年计算，使用的碳储库年龄分别为全新世 700 年和冰期 1400 年（Hanslik et al.，2010）。顶部 0~14 cm 深度的 8 个样品的年龄存在倒转现象，可能是由于生物扰动造成的，但均属于全新世范围。124~126 cm、158~160 cm、184~186 cm 及 214~216 cm 这 4 个样品的测年结果均超过 ^{14}C 年龄的日历年矫正范围，年龄大于 50 ka。

表6-4　西北冰洋北风海脊 P37 岩心 AMS ^{14}C 测年数据及其日历年校正结果

样品编号	深度/cm	AMS ^{14}C 年龄/a BP	碳储库校正后年龄/a BP	日历年龄/cal a BP
UCIT24012	0~2	5 300±15	4 600±15	5 350±47
UCIT24013	2~4	7 875±20	7 175±20	8 025±48
UCIT24014	4~6	8 845±20	8 145±20	9 185.5±58.5
UCIT24015	6~8	7 935±20	7 235±20	8 097.5±47.5
UCIT24016	8~10	7 410±20	6 710±20	7 587.5±30.5
UCIT24017	10~12	10 590±25	9 190±25	11 249.5±35.5
UCIT24018	12~14	8 995±30	8 295±30	9 378.5±50.5
UCIT24019	14~16	9 580±35	8 880±35	10 143±51
UCIT27356	124~126	49 130±1 920	47 730±1 920	n/a
UCIT27357	158~160	48 870±1 850	47 470±1 850	n/a
UCIT27358	184~186	50 020±2 140	48 620±2 140	n/a
UCIT27359	214~216	52 840±3 020	51 440±3 020	n/a

P37 岩心共有 5 个褐色层，顶部 0~10 cm 为 B1，深度 104~114 cm 和 118~132 cm 分别为 B2a 和 B2b，深度 156~174 cm 为 B4，深度 180~198 cm 为 B5，深度 210~220 cm 为 B7a，深度 226~246 cm 为 B7b。P37 岩心顶部的褐色层 B1 中 Nps 壳体的 AMS ^{14}C 测年范围在 5.4~11.2 ka，为 MIS 1 期的沉积序列，与 03M03 岩心的 B1 层相对应。P37 岩心的褐色层 B2a 和 B2b 中的有孔虫高峰，分别与 03M03 岩心的褐色层 B2a 和 B2b 相对应，03M03 岩心的褐色层 B2a 和 B2b 之间深度 134~136cm 的沉积物年龄为 42 ka，属于 MIS 3 期（Wang et al，2013），因此，P37 岩心的褐色层 B2a 和 B2b 也划为 MIS 3 期。对于褐色层 B4 的年代划分则存在争议，Adler 等（2009）和 Polyak 等（2009）都认为褐色层 B4 属于 MIS 5 期的沉积序列，而 Stein 等（2010）则将其划为 MIS 3.3 期的沉积序列。北冰洋西部包括北风海脊、门捷列夫海脊和罗蒙诺索夫海脊在内的有孔虫和介形虫生物地层研究指出：底栖有孔虫 *Bulimina aculeata* 仅出现在氧同位素 MIS 5.1 期，*B. arctica* 主要出现在 MIS 11~5.5 期（Cronin et al.，2014；Polyak et al.，2004）。在 P37 岩心的褐色层 B3~B6 中出现 *B. aculeata*，褐色层 B7a 中大量出现 *B. arctica*，分别对应于 MIS 5.1 和 MIS 5.5 期的沉积序列，在 P39 岩心中也存在相同的有孔虫地层事件。MIS 5.4 期，在西北冰洋的沉积物中普遍存在一个粉白层（PW2），位于褐色层 B7a 之上，其特征是 Mn 元素含量及有孔虫丰度降低，出现 IRD 和 Ca 元素含量的高峰，Ca 元素含量的高峰源自陆源碎屑碳酸盐岩的输入（Polyak et al.，2004；Polyak et al.，2009；Stein et al.，2010）。在 P37 岩心中没有出现明显的粉白层沉积，但在褐色层 B7a 之上 198~200 cm 处出现明确的 IRD 和 Ca 元素含量的高峰，且 Mn 元素含量及有孔虫丰度降低，可能属于 MIS 4 期的沉积（图 6-7）。

有孔虫丰度和 IRD 含量作为划分和对比地层的工具已经在北冰洋的地层学研究中得到广泛的应用（Polyak et al.，2004；Wang et al.，2013；Ishman et al.，1996）。为了建立 P37 岩心的地层年代框架，我们将 P37 岩心与临近的 P39 岩心以及 03M03 岩心的 IRD 含量和有孔虫丰度进行对比（图 6-7）。P37 与 P39 岩心均取自楚科奇边缘北风海脊地区，两者的沉积速率存在差异，P37 岩心反映出更高的沉积速率，并且总体上 P37 岩心的有孔虫丰度低于后者，可能是由于 P37 纬度更高，水深更深，不利于碳酸钙的保存。两根岩心中的 IRD 含量和有孔虫丰度的变化趋势相似，可以很好地划分对比地层。P37 岩心的有孔虫丰度曲线呈现 5 个高值，均出现在褐色层中。褐色沉积物反映较高的生产力以及开放的海洋环境，指示间冰期或者冰消期的环境（章陶亮等，2014）。P37 与 03M03 岩心的褐色层 B1 和 B2a、B2b 中有孔虫丰度和 IRD 含量都较高，与 P39 岩心沉积物中 MIS 1 和 MIS 3 期的沉积特征相对应。最新的地球物理证据表明，东西伯利亚海在冰期时可能存在一个单独的冰盖（Niessen et al.，2013；Brigham-Grette，2013），其覆盖范围包括 03M03 岩心所在的楚科奇海盆，而北风海脊的 P37 与 P39 岩心正好处于这个冰盖的边缘。MIS 2 期，03M03 岩心由于被冰盖所覆盖，沉积速率较低，存在一个明显的沉积间断（Wang et al.，2013）。我们暂时无法判断位于冰盖边缘的 P37 与 P39 岩心在 MIS 2 期是否同样存在沉积间断，因此，对于北风海脊 P37 岩心 MIS 2 期的划分还存在疑义，有待进一步的研究去证明。

综合多种地层学方法并与 P39 和 M03 岩心对比，建立了 P37 岩心的地层年代框架（图 6-7）：深度 0~15 cm 为 MIS 1 期；深度 15~70 cm 可能为 MIS 2 期；深度 70~146 cm 为 MIS 3 期；深度 146~156 cm 为 MIS 4 期；深度 156~246 cm 为 MIS 5 期，其中 156~198 cm 为 MIS 5.1 期，198~210 cm 为 MIS 5.2~5.4 期，210~246 cm 为 MIS 5.5 期。

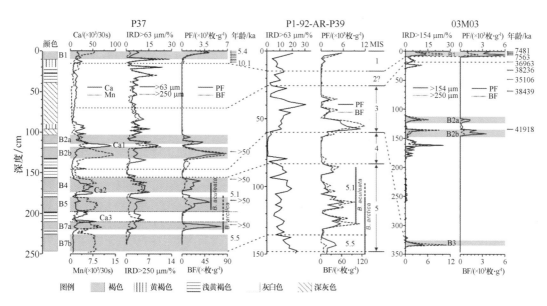

图 6-7　西北冰洋北风海脊 P37 岩心 Ca、Mn 元素相对含量

IRD（>63 μm、>250 μm）含量和有孔虫丰度等指标与 P39（Polyak et al.，2013）和 03M03（Wang et al.，2013）
岩心地层对比以及结合 AMS [14]C 建立的地层年代框架. MIS 5 期有孔虫标志种 *B. aculeata* 和 *B. arctica* 的出现层位标注.
PF：浮游有孔虫，BF：底栖有孔虫.

6.2.5　M04 岩心

M04 岩心上部 0~36 cm 出现有 3 次 IRD（>250 μm）事件，分别是 2~4 cm、16~18 cm、26~28 cm 3 个层位，IRD 含量分别为 8.70%、5.27%、2.57%。向下 36~164 cm 沉积物中缺失 IRD，166~200 cm 中再次出现 IRD 事件（图 6-8）。该岩心的 IRD 旋回变化与其北部紧邻的 03M03 岩心（Wang et al.，2013）的 IRD 事件频次极为相似。从图 6-8 的沉积记录对比可以看出：①M04 岩心的 0~6 cm 与 03M03 岩心的 0~8 cm 的 IRD 变化特征相似，均有一个 IRD 事件，为 MIS1 期沉积。②M04 岩心 6~16 cm 层位 IRD 含量较低或缺失，与 03M03 岩心的 8~18 cm 的 IRD 分布特征一致，将 M04 岩心的 6~16 cm 归为 MIS2 期，缺少冰筏组分特征。③M04 岩心的 16~325 cm 层位的 IRD 与 03M03 岩心 18~330 cm 层位中的 IRD 事件频数一致，将 M04 岩心的 16~325 cm 归于 MIS3 期沉积。MIS3 期楚科奇海盆沉积环境发生较大变化，有两次气候变暖引起的冰筏碎屑事件，即 16~36 cm、164~235 cm 两个层位的冰筏碎屑事件，应是末次间冰期的 MIS3.1 和 MIS3.3 产物。M04 岩心 169~170 cm 有孔虫壳体的 AMS[14]C 测年大于 43.5 ka，表明 164~235 cm 归于 MIS3.3 期是合理的。325 cm 以下由于缺少明显的变化特征，均归为 MIS4（?）期沉积。

北冰洋西部沉积物褐色层（B 层）通常被认为是间冰期/间冰段沉积（Jakobsson et al.，2000；Adler et al.，2009；Polyak et al.，2009；Stein et al.，2010），B1 单元对应于 MIS1，B2 单元对应着 MIS3（Stein et al.，2010；März et al.，2011）。从 M04 岩心颜色反射率 a^* 值可以看出（图 6-8），表层的 0~6 cm、164~235 cm 的 a^* 值较高，与其北部紧邻的 03M03 岩心的 B1、B2 层相对应，可以归为 MIS1、MIS3。Polyak 和 Jakobsson（2011）总结认为，北冰洋冰期沉积物是典型的橄榄灰到微黄色，具有高的 L^* 和低的 a^*，并且缺少生物组分物质，M04

岩心 325～551 cm 恰有此特征，应为冰期沉积，因此可以归为 MIS4。本岩心的 a^* 值与 IRD 分布具有良好的同步性，指示了楚科奇海盆在冰期和间冰期沉积环境的氧化还原条件变化。

元素含量作为沉积地球化学的指标用来记录沉积环境的变化。Löwemark 等（2008）将 XRF 扫描结果获得的 Mn 含量成功地应用到北冰洋海域地层分析中。M04 岩心 XRF 扫描的 Mn 含量与 a^* 值变化相关性非常好（图 6-8），与北部紧邻的 03M03 岩心 MnO 含量变化特征一致，表现为暖期 Mn 含量和 a^* 值高，冷期时低的特征。这是由于间冰期高海平面时氧化作用强，底层富氧水致使更多的 Mn 沉积，形成 Mn 含量高的深褐色（Löwemark et al.，2008）。Mn 含量的周期性变化能够佐证 M04 岩心的地层划分。此外，Ca 元素与 IRD（>250 μm）呈同步变化，与 03M03 岩心浮游有孔虫丰度和 IRD（>154 μm）对应（图 6-8），镜下观察 M04 岩心表层 10 cm 沉积物中大于 125 μm 粒级碎屑中的生物壳体比较丰富，推断 M04 岩心的 Ca 元素含量可能部分反映了海洋自生沉积作用。北冰洋的 Ca 元素含量主要受两种物源输入影响：一是海洋生物成因的钙质生物来源；二是受周边陆源输入。为进一步了解 Ca 元素的陆源碎屑输入特征，本次挑选 0～2 cm、10～12 cm、20～22 cm、30～32 cm、40～42 cm、70～72 cm、126～126 cm、188～190 cm、240～241 cm、310～321 cm、400～411 cm、500～511 cm 共 12 层位沉积物进行 XRD 分析，因研究区粗颗粒组分样品（>63 μm）含量较少，因此只能挑选 2～63 μm 粒级沉积物进行分析。结果显示（图 6-8）：0～200 cm 均有白云石（Dolomite）出现，含量 0.3%～9.7%，200 cm 以下白云石含量较少或未见。从 0～200 cm 的白云石含量与 IRD 事件对比看出，白云石含量较高层位基本上对应着 IRD 事件层位。已有研究表明：波弗特环流控制下的美亚海盆以碳酸盐岩碎屑沉积为特征，特别是其中的白云石，来源单一，主要来自于加拿大北极群岛的碳酸盐露头，是指示陆源物质源区及其变化的主要标志（Bischof et al.，1996；Bischof and Darby，1997）。北冰洋西部的 IRD 沉积主要来自于北美冰盖，包括冰消期的几次 IRD 事件（Löwemark et al.，2008）。从 M04 岩心白云石高含量出现的层位看，基本上在 MIS3 期以前的间冰期，这可能是由于北极气候变暖，引起劳伦泰德冰盖融化，崩解的冰山会携带有来自于加拿大北极群岛的陆源物质经波弗特环流搬入西北冰洋。综上分析表明，Ca 元素含量主要反映了气候变暖条件下海洋自生生物增加及冰盖裂解作用增强引起的陆源物质输入增加，可以用于研究区的地层划分。

黏土矿物高岭石/伊利石（K/I）、高岭石/绿泥石（K/Ch）比值取决于气候和源区的变化，在较短的地质历史时期发生变化，可以反映其形成时的环境气候条件，已广泛应用于末次冰期及全新世以来古气候与环境变化研究（Tamburini et al.，2003；Liu et al.，2004）。M04 柱的 K/I、K/Ch 比值具有明显的周期变化，与 IRD 事件具有同步变化特征（图 6-8），0～6 cm、16～36 cm、164～235 cm 出现 IRD 事件层段的 K/I、K/Ch 比值高，反映高岭石黏土矿物输入增加；6～16 cm、36～164 cm、235～551 cm 缺少 IRD 事件层段 K/I、K/Ch 比值低，指示高岭石黏土矿物来源减少。北冰洋海洋沉积物中高岭石潜在源区非常有限，楚科奇海盆周边只有北美阿拉斯加和加拿大北部海岸的一些中生代和新生代地层表现出较高的高岭石含量（>25%），东西伯利亚海高岭石含量较低（<8%）（Naidu and Mowatt 1983；Darby，1975；Dalrymple and Maass，1987；Stein，2011）。M04 高岭石含量增加反映了研究区古气候变化引起的北美冰盖的物源输入增加，表明该比值可以用于研究区地层的划分（图 6-8）。

总之，楚科奇海盆 M04 岩心的地层框架是通过 IRD 事件、沉积物颜色反射率及 XRF 扫描数据、黏土矿物比值、有孔虫壳体的 AMS[14]C 测年等综合分析并结合与 03M03 岩心的地层

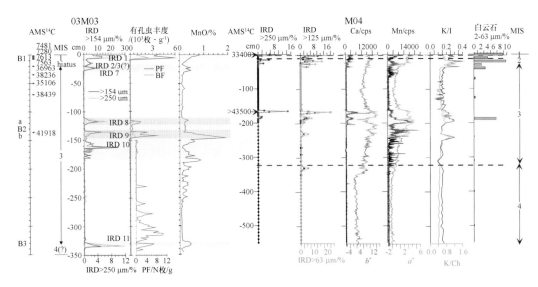

图 6-8 楚科奇海盆 M04 岩心综合地层剖面

注：03M03 数据引自：Wang et al., 2013.

框架对比获得的。

6.2.6 M06 岩心

M06 岩心位于 491 m 陆坡区，镜下观察发现完整的钙质生物很少，基本上无法挑选到可以用于进行定年的生物壳体。采取与 M04 岩心相似的方法，采用冰筏碎屑事件、沉积物颜色旋回与测年法等相结合建立该岩心的地层框架。

M06 岩心上部 0~56 cm 有 3 次海冰搬运的 IRD (>125 μm) 事件，以下的 56~70 cm 一段沉积物中缺失 IRD，再向下 70~82 cm、114~136 cm 沉积物中有 4 次大的冰块或冰山作用引起 IRD 事件，该柱的 IRD 旋回变化与 03M03、M04 的 IRD 事件相似（图 6-9）。通过与 03M03、M04 岩心 IRD 事件对比，可将 M06 岩心的地层划分为：0~56 cm 为 MIS1 期，56~70 cm 为 MIS2 期，70~196 cm 为 MIS3 期，其中 70~82 cm、114~136 cm 出现了两期气候变暖引起的冰筏事件。由图 6-9 可以看出，MIS1 期楚科奇海盆 03M03 和 M04 两岩心 IRD 含量较高，而楚科奇陆坡 M06 的 IRD 含量较低，这可能由于全新世高海平面时期白令海峡打开，太平洋低盐水与冷的低盐极地流相互作用共同为物质输运提供主要动力，致使陆坡比海盆接受了更多的细颗粒物质堆积，稀释了冰筏碎屑含量。这也可以从沉积厚度上得到验证，M06 柱 MIS1 期沉积了 56 cm，M04 和 03M03 分别为 6 cm 和 8 cm，陆坡沉积速率远高于海盆。

M06 岩心 XRF 扫描的 Mn 含量在 0~56 cm 较高（图 6-9），对应着 IRD 事件的 MIS1 暖期，56 cm 以下含量较低，且变化不明显，并未在 IRD 事件的 MIS3 期处出现相应的 Mn 含量高值。这可能是由于全新世大暖期，海平面升高，通风作用增强，氧化作用强，底层富氧的水致使更多的 Mn 沉积，形成 Mn 含量高的深褐色（Löwemark et al., 2008）。而在 MIS1 期前，由于本岩心位于水深 491 m 陆坡处，白令海峡水深 50m，末次冰期时（22~19 ka）海平面下降 120 m，MIS2 期和 MIS3 期的大部分时段海平面也极低，白令海峡关闭（Rabineau et al., 2007；Hu et al., 2010），太平洋水未能进入北冰洋，陆坡海底通风作用减弱，流动性减弱，因此并未形成富 Mn 的深褐色层。表明 Mn 元素地层学在北冰洋陆坡受海平面波动影响较大，进行地层对比具有一定的区域性和年代性限制。

与 M04 岩心相似，M06 岩心 XRF 扫描的 Ca 元素含量与 IRD 事件呈同步变化（图 6-9）。本次镜下观察发现，钙质生物碎屑较少或未见，2~63 μm 样品的 XRD 分析表明，高 Ca 含量层位白云石含量较高（图 6-9），如 30~32 cm、46~48 cm、72~74 cm、118~120 cm、126~128 cm 的 IRD 出现层位白云石峰值较高，含量大于 5%，而 4~6 cm、20~22 cm、64~66 cm、86~88 cm、96~98 cm 的 IRD 缺失层位白云石峰值较低，含量小于 5%。

M06 岩心的颜色反射率 a^* 值与 IRD 事件也具有一定的同步性，a^* 值在 0~56 cm、70~196 cm 层位高，对应着 IRD 事件的 MIS1 和 MIS3，指示了楚科奇海陆坡在冰期和间冰期时的沉积环境的氧化还原条件变化。

根据上述分析，通过 IRD 事件、岩心 XRF 扫描数据及颜色反射率等综合分析，并与 03M03、M04 两个岩心的年代框架对比获得楚科奇海陆坡 M06 柱的年代框架：即深度 0~56 cm 为 MIS 1 期；深度 56~70 cm 为 MIS 2 期；深度 70~196 cm 为 MIS 3 期，其中 70~82 cm、114~136 cm 两个层位的冰筏碎屑事件，或许是末次间冰期的 MIS3.1 和 MIS 3.3 产物，其中 70~82 cm 的冰筏碎屑事件与该海域陆坡的 PS72/342-1（77° 36.01′ N，177° 20.62′ W，水深 820 m）、PS 72/343-1（77° 18.33′N，179° 2.99′E，水深 1 227 m）、PS 72/344-3（77° 36.62′N，174° 32.37′E，水深 1 257 m）（Evgenia，2012）及楚科奇海盆的 340-5（Stein et al.，2010）的 IRD 事件及白云含量变化具有可比性，与 PS72/340-5 岩心 Coccoliths 出现指示的 MIS3.1 一致（图 6-10）。自西向东 PS72/340-5、M06、PS72/340-5、PS 72/343-1、PS 72/344-3 柱白云石含量逐渐降低，表明来自于加拿大北极群岛碳酸盐露头的陆源物质逐渐减少，尤其是门捷列夫海脊东侧的 PS72/344-3 岩心白云石含量较低，加拿大北极群岛的碳酸盐物质对该海域影响较小，说明白云石含量作为地层对比在西北冰洋具有区域性适用范围。

6.3　楚科奇边缘地晚第四纪冰筏碎屑记录及其古气候意义

6.3.1　楚科奇海台的 IRD 事件

根据楚科奇海台 BN03、P23 和 P31 岩心与楚科奇海盆 03M03 和 340-5 岩心沉积物的地层与 IRD 含量对比（图 6-4），BN03 岩心可以识别出 6 个 IRD 事件，其中 IRD 2/3（?）事件出现于 MIS 2，IRD 7-11 事件出现于 MIS 3：其中 IRD 8，IRD 9 和 IRD 11 事件分别出现在 MIS 3 的褐色层 B2a，B2b 和 B3 中。P31 岩心的 IRD 8 事件和 IRD 9 事件出现在 MIS 3，IRD 2/3（?）事件出现在 MIS 2。P23 岩心可以识别出 4 个 IRD 事件：其中 IRD 7-9 事件出现在 MIS 3，IRD 2/3（?）事件出现在 MIS 2；IRD 2/3（?）事件与 IRD 7 事件之间可能存在沉积间断（章陶亮等，2014），这是由于该地区末次冰盛期较厚的冰层覆盖，使得该地区 IRD 4-6 事件缺失；IRD 8 和 IRD 9 事件出现在 MIS 3 的两个褐色层 B2a 和 B2b 中。03M03 岩心可以识别出 6 个 IRD 事件：其中 IRD 11 事件出现于 MIS 3 的褐色层 B3 中，对应于 BN03 岩心的 IRD 11 事件；IRD 2/3（?）事件，IRD 7-10 事件与 BN03 和 P23 岩心的 IRD 事件对应（图 6-4）。根据 340-5 岩心大于 2 mm 的 IRD 统计结果可以识别出 4 个 IRD 事件，全部出现于 MIS 3：分

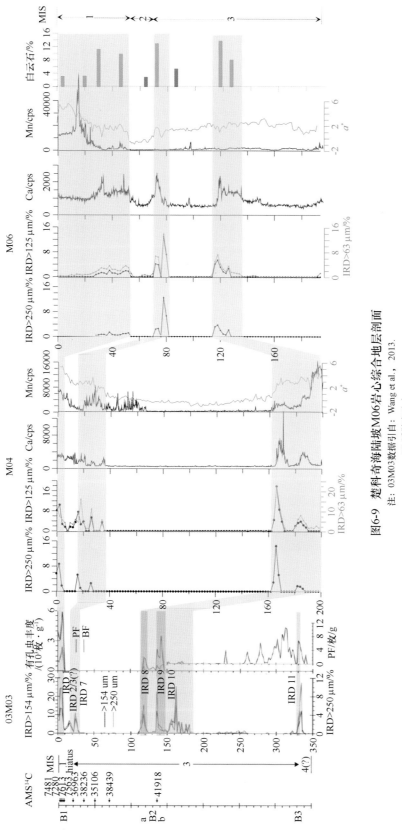

图6-9 楚科奇海陆坡M06岩心综合地层剖面

注：03M03数据引自：Wang et al.，2013.
PF:浮游有孔虫
BF:底栖有孔虫

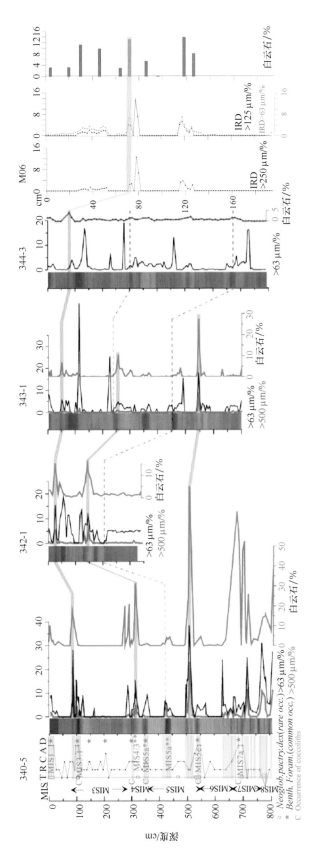

图6-10 楚科奇海陆坡M06岩心与340-5、PS72/342-1、PS72/343-1、PS72/344-3等岩心地层剖面综合对比

注：340-5柱数据引自（Evgenia，2012），PS72/342-1、PS72/343-1、PS72/344-3柱数据引自文献Stein et al.，2010.

别是位于 MIS 3 的两个褐色层 B2a 和 B2b 中的 IRD 8-10 事件，以及出现在褐色层 B3 中的 IRD 11 事件。

对比楚科奇海台和楚科奇海盆 5 个岩心沉积物的岩性以及 IRD 事件（图 6-4），在 MIS 3，发现在岩心 BN03，03M03 和 340-5 的褐色层 B3 中，出现较高的 IRD 含量，对应于 IRD 11 事件，该事件可能出现于 MIS 3 早期。除了 P31 岩心较短未发现两个褐色层，其他 4 个岩心均在两个褐色层 B2a 和 B2b 中出现较高的 IRD 含量，分别对应于 IRD 8 和 IRD 9 事件；另外，BN03，M03 和 340-5 岩心的 IRD 10 事件出现于 MIS 3 褐色层 B2b 下部。在 MIS 2，岩心 BN03，P31，P23 和 M03 出现较高的 IRD 含量，对应于 IRD 2/3（?）事件。IRD 2/3（?）事件与 IRD 7 事件之间可能存在沉积间断。

6.3.2　北风海脊的 IRD 事件

根据北风海脊 MOR02、P37、P25 和 P39 这 4 个岩心沉积物的地层划分与 IRD 含量对比（图 6-6），MOR02 岩心可以识别出 6 个 IRD 事件：IRD 6-10 事件出现于 MIS 3，其中 IRD 8 和 IRD 9 事件出现于 MIS 3 的褐色层 B2a 和 B2b 中；IRD 2/3（?）事件出现于 MIS 2，并且与 IRD 6 事件之间可能存在沉积间断。MOR02 岩心的 IRD 2/3（?）和 IRD 7-10 事件可对应于楚科奇海岩心的 IRD 事件（图 6-4）。P37 和 P39 岩心的 IRD 事件相似，其中 IRD 13-15 事件出现在 MIS 5（图 6-6）；IRD 6-10 事件出现于 MIS 3；在 MIS 2，P37 岩心可以识别出 IRD 2 和 IRD 3 事件，而 P39 岩心只能识别出一个 IRD 2/3（?）事件。以 IRD（>250 μm）含量 5% 为界，P25 岩心可以识别出 11 个 IRD 事件，其中 IRD 13-17 事件出现于 MIS 5；IRD 12 事件出现于 MIS 4；IRD 6-10 事件出现于 MIS 3，其中 IRD 8-9 事件出现于褐色层 B2 中；MIS 2 的 IRD 事件在 P25 岩心中不明显（图 6-6）。

6.3.3　楚科奇海台和北风海脊地区的 IRD 事件及其来源

现代西北冰洋楚科奇海台和北风海脊地区主要受波弗特环流控制，沉积物中的 IRD 来源于加拿大北极群岛和波弗特海沿岸，随波弗特环流被搬运至西北冰洋各地（Phillips and Grantz，2001）。冰期北冰洋的沉积环境与现代不同，海平面显著降低，冰盖面积增大，北美冰盖向加拿大海盆延伸，导致波弗特环流减弱（Polyak et al.，2001，2004）。根据楚科奇海表层沉积物中黏土矿物源区的研究，楚科奇海台的黏土矿物来源为欧亚陆架和加拿大北极群岛周边海域的海冰沉积和大西洋水体的搬运以及加拿大麦肯锡河的河流注入，西拉普捷夫海和喀拉海的黏土矿物可以通过大西洋中层水进入楚科奇海台（董林森等，2014b；梅静 等，2012）。加拿大北极群岛的班克斯岛和麦肯锡河为北风海脊沉积物的主要来源（董林森等，2014b）。北冰洋 IRD 搬运方式的研究表明，虽然海冰、大冰块和冰山都能携带或搬运 IRD，但其搬运能力不同，海冰主要携带的是细砂级以下（< 250 μm）的 IRD，而较粗的 IRD（> 250 μm）主要是通过大冰块以及冰山搬运进入沉积区（Phillips and Grantz，2001）。

楚科奇海和北风海脊的 9 个岩心沉积物中，只有北风海脊的 P25，P37 和 P39 岩心沉积物的底部年龄可达 MIS 5（Polyak et al.，2013；Yurco et al.，2010），其他岩心的底部年龄为 MIS 3 或 MIS 4（图 6-5 和图 6-6）。P25 岩心的 IRD 17 事件对应于较高的 Ca 元素相对含量；对比这 3 个岩心在 MIS 5 的 IRD 13-17 事件，P37 和 P39 岩心的 IRD 13-15 事件对应于较高的 Ca 元素相对含量（图 6-11）；P25 岩心 MIS 5 的 IRD 13-17 事件也对应于 Ca 元素高峰（Polyak et al.，2013；Yurco et al.，2010），表明了当时北风海脊地区碎屑碳酸岩含量的增加。北冰洋沉积物中碎屑组分的研究表明，碎屑碳酸岩主要来源于加拿大北极群岛分布广泛的古生代碳酸岩露头（Clark et al.，1980；Darby et al.，1989；Fagel et al.，2014），它们通过加拿大北极群岛的麦克卢尔等海峡冰流被输送到波弗特海，夹带在大冰块和冰山里，被波弗特环流搬运至楚科奇海和北风海脊的沉积物中（Bischof et al.，1996；Wang et al.，2013）。因此，北风海脊地区 MIS 5 的 IRD 事件来源于加拿大北极群岛的古生代碳酸岩露头。

在 MIS 4 期，P39 和 P25 岩心的 IRD 12 事件均对应于较高的 Ca 元素相对含量（Polyak et al.，2013；Yurco et al.，2010），指示了该 IRD 事件也来源于加拿大北极群岛。

在 MIS 3 期，BN03 岩心的 IRD 8-10 事件对应于较高的 Ca 元素相对含量（图 6-11），IRD 7 事件由于缺乏对应的 XRF 数据难以判断元素相对含量；P23，MOR02 和 P37 岩心的 IRD 7-9 事件均对应于 Ca 元素相对含量的高峰（图 6-11）。03M03 岩心的 IRD 7-9 事件以及 P39 和 P25 岩心 MIS 3 的 IRD 6-9 事件也对应于较高的 Ca 元素相对含量（Polyak et al.，2013；Yurco et al.，2010；Wang et al.，2013），即碎屑碳酸岩含量的增加。与 MIS 5 的楚科奇边缘地区的 IRD 事件相似，MIS 3 该地区的 IRD 事件来源于加拿大北极群岛的古生代碳酸岩露头，但根据 Wang 等（2013）对于 03M03 岩心 MIS 3 的 IRD 事件的研究，除了来源于加拿大北极群岛外，欧亚大陆和东北冰洋边缘海对其 MIS 3 的 IRD 事件也有贡献。IRD 8 事件与 IRD 9 事件出现于 MIS 3 的褐色层中，对应于较高的有孔虫丰度（图 6-3 和图 6-5），表明研究区发生了融冰水事件（Wang et al.，2013；章陶亮等，2014），此时研究区处于间冰段，具有高生产力和开放的海区环境，使得 IRD 事件中有孔虫的丰度较高。

根据 Darby 和 Zimmerman（2008）的研究，在 MIS 2 期，IRD 2 和 IRD 3 事件的年龄分别为 13~15 ka 和 16~17.5 ka。楚科奇海台和北风海脊出现了 IRD 2/3（?）事件，其中，北风海脊地区的 MOR02 岩心的 IRD 2/3（?）事件对应于较高的 Ca 元素相对含量（图 6-11），并且 P39 岩心的 IRD 2/3（?）事件同样对应较高的 Ca 元素相对含量（Polyak et al.，2013），表明北风海脊地区 MIS 2 的 IRD 2/3（?）事件来源于加拿大北极群岛的古生代碳酸岩露头。这与加拿大北极群岛的班克斯岛和麦肯锡河为北风海脊沉积物的主要来源（董林森等，2014b）的结果一致。另外，Yurco 等（2010）对于北风海脊 P25 的黏土矿物研究发现，冰期该岩心的沉积物主要来源于北美的劳伦泰德冰盖（Laurentide Ice Sheet）。楚科奇海台的 P23 和 BN03 岩心沉积物 MIS 2 的 IRD 2/3（?）事件对应的 Ca 元素相对含量较低（图 6-11），03M03 岩心 IRD 2/3（?）事件也对应于较低的 Ca 元素相对含量和 CaCO$_3$ 含量（Wang et al.，2013），指示了一个与北风海脊不同 IRD 的来源。同时，楚科奇海的 P23 岩心和 M03 岩心的 IRD 2/3（?）事件对应较高的石英含量（Wang et al.，2013；章陶亮等，2014），推测楚科奇海 IRD 2/3（?）事件中的沉积物可能来源于欧亚大陆和东北冰洋边缘海，其最显著的特征是石英含量较高（Stein et al.，2010；Spielhagen et al.，2004）。楚科奇海台 P31 的 IRD 2/3（?）事件对应于较高的 Ca 元素相对含量，由于 P31 岩心水深较浅，仅为 435m（表 6-1），在 MIS 2 被厚达 1km 的冰盖完全覆盖至海底，因此无法接受来自于欧亚大陆沉积，在 MIS 2 几乎沉积完全间断，与 M03 岩心和 P23 岩心有着不同的沉积模式（Polyak et al.，2013；Wang et al.，2013；Niessen et al.，2013）。

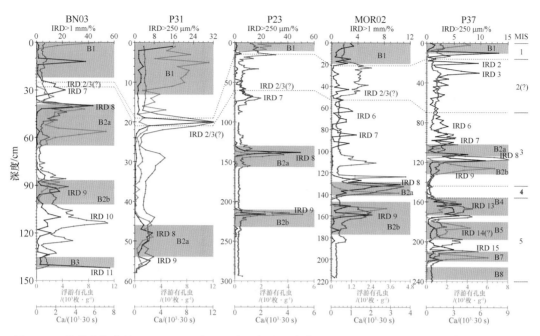

图 6-11 楚科奇海台的 BN03，P31 和 P23 岩心与北风海脊 MOR02 和 P37 岩心 IRD 事件与 Ca 元素相对含量和浮游有孔虫丰度的对比

6.3.4 IRD 事件指示的北极冰盖演化

北冰洋东部的冰山和 IRD 大部分来源于欧亚冰盖，而北冰洋西部的 IRD 沉积指示了一个更复杂的起源，主要来自于北美冰盖，包括冰消期的几次 IRD 事件（Löwemark et al.，2008）。过去对于北极冰盖的研究认为北极冰盖在 LGM 覆盖了北美洲北部和欧亚大陆北部的大部分地区，其中北美冰盖向加拿大海盆进一步延伸、断裂，厚达 800 m 的冰架直接覆盖楚科奇海台和北风海脊地区（Polyak et al.，2013；Jakobsson et al.，2010），而欧亚冰盖终止于拉普捷夫海的边缘，但楚科奇海和东西伯利亚地区的大部分地区被认为没有冰盖（Ehlers and Gibbard，2007；Svendsen et al.，2004；Stauch and Gualtieri，2008）。但最新的地球物理和海底地形与地貌形态的证据表明，东西伯利亚海在冰期存在一个单独的冰盖（Niessen et al，2013；Brigham-Grette，2013），其范围覆盖了楚科奇海盆和楚科奇海台的 4 个岩心 P31、P23、03M03 和 340-5，而 BN03 岩心和北风海脊的 4 个岩心 MOR02、P37、P39 和 P25 正好处于这个冰盖的边缘（图 6-1）。

在冰期，楚科奇海盆和楚科奇海台岩心沉积物在 MIS 2 的沉积速率很低，平均沉积速率仅为 1.11 cm/ka，其中 BN03 和 03M03 岩心在 MIS 2 的沉积速率为 0.2 cm/ka（图 6-3），P31 岩心在 MIS 2 也仅有 0.16 cm/ka 的沉积速率，远低于楚科奇海全新世以来的平均沉积速率（梅静等，2012；刘伟男等，2012）。在北风海脊地区，4 个岩心在 MIS 2 的平均沉积速率为 2.7 cm/ka，明显高于楚科奇海台和楚科深海平原。楚科奇海台和楚科深海平原在 MIS 2 较低的沉积速率可能是由于该地区在 LGM 受到厚厚的冰层覆盖，导致沉积物急剧减少（Stein et al.，2010；Wang et al.，2013；梅静等，2012），这与该地区冰期存在一个冰盖的结果一致（Niessen et al，2013；Brigham-Grette，2013）；而北风海脊地区在 LGM 时期处于这个冰盖的边缘，并未被完全覆盖，来自于冰盖边缘和海冰中的沉积物输入增加，导致较高的沉积速率。如前文所述，在 MIS 2 楚科奇海台和北风海脊岩心沉积物中出现了 IRD 2/3（？），IRD 2 和 IRD 3 事件（图 6-4 和图 6-6）。在 LGM 时期，由于楚科奇海盆和楚科奇海台受到一个靠近欧亚大陆的冰盖覆盖（图 6-1），阻断了来自于北美冰盖的沉积物输入，导致了沉积物中的 IRD 事件对应于较少的碎屑碳酸岩和较高的石英颗粒含量，因此其沉积物可能主要来源于欧亚大陆和东北冰洋边缘海；与楚科奇海盆和楚科奇海台不同的是，LGM 时期北风海脊地区正处于这个冰盖边缘，受到其影响较小，同时北美冰盖进一步向加拿大海盆延伸、断裂（Niessen et al.，2013；Dyke et al.，2002），冰山和大冰块携带了较高的碎屑碳酸岩，因此北风海脊地区的沉积物主要来源于北美冰盖。

在间冰期，北风海脊地区 MIS 5 的 IRD 事件对应于较高的碎屑碳酸钙含量，来源于加拿大北极群岛。在 MIS 3 和 MIS 1，楚科奇海台和北风海脊地区的 IRD 主要来源于加拿大北极群岛，它们被加拿大北极群岛的麦克卢尔等海峡冰流被输送到波弗特海，夹带在大冰块和冰山里，被波弗特环流搬运至楚科奇海台和北风海脊地区（Phillips and Grantz，2001；Darby and Zimmerman，2008）。因此，间冰期楚科奇海台和北风海脊地区不再受到冰盖覆盖，指示了楚科奇海西部冰盖在间冰期的消亡。

6.4 楚科奇海盆黏土矿物组合变化及其古环境意义

黏土矿物是由母岩在特定古气候条件下风化蚀变形成，温暖气候与寒冷气候条件下所形成的黏土矿物组合特征是不同的，古气候的变化直接影响海平面的变化，导致沉积区水动力条件的变化和地球化学环境的变化；水动力作用是控制黏土矿物迁移沉积的重要因素，不同水动力条件下沉积的黏土矿物组合特征也不相同，因此海洋沉积物的黏土矿物组成可以提供重要的源区信息和陆源物质输运机制以及源区气候变化。北冰洋海洋沉积物输运（除浊积物）主要是受表层环流驱动的海冰和冰山影响（Evgenia，2012；Phillips and Grantz，2001；Bischof and Darby，1997），但细粉砂和黏土可能由中层流或深层洋流输运或再沉积作用影响（Winkler et al.，2002）。如图 6-1 所示，波弗特环流（BG）、大西洋水、太平洋入流水和西伯利亚沿岸流等是影响该区沉积物组成的主要水动力条件。楚科奇海陆坡前缘位于北冰洋西部加拿大北极群岛和阿拉斯加源区与东部西伯利亚和斯瓦尔巴特群岛陆源区的交汇带，为研究晚更新世以来不同沉积环境下、水动力条件变化引起的物源变化提供了理想区域与物质基础。本次工作对陆坡区 M06、海盆区 M04 两岩心的黏土矿物组成记录进行了对比分析。

M06 岩心 MIS 3 期黏土矿物组合表现为伊利石（66.8%）-绿泥石（21.7%）-高岭石（9.0%）-蒙皂石（2.6%）。根据其年代框架及黏土矿物组合特征细分为 4 个分层，即 70~82 cm、82~114 cm、114~136 cm、136~196 cm（表 6-5，图 6-12），其中 70~82 cm、114~136 cm 两层高岭石含量略有增加，分别为 13.7% 和 9.2%，与 MIS3 期的 IRD 事件相对应，具有暖期高岭石含量高，冷期高岭石含量低的特点。MIS3 期早期 82~196 cm 黏土矿物组合特征与东西伯利亚海的黏土矿物组合伊利石（69%）-绿泥石（20%）-高岭石（8%）-蒙皂石（4%）相似（Wahsner et al.，1999；Kalinenko，2001），在蒙皂石-伊利石-高岭石三角图上二者分布范围基本重叠（图 6-12），推断其细颗粒陆源碎屑受到东西伯利亚海的输入影响为主。而 MIS3 期晚期（MIS3.1）70~82 cm 黏土矿物组合特征发生了较大的变化，伊利石、蒙皂石含量略有下降，高岭石含量升高（7.3%~21.2%，平均13.7%），黏土矿物组合特征与楚科奇海陆坡、陆架表层黏土矿物组合特征相似，在蒙皂石-伊利石-高岭石三角图上位于波弗特海的分布范围内，与楚科奇海陆坡、陆架表层沉积物分布范围基本重叠（表6-5和图6-12）。研究表明：波弗特海的高岭石含量高达22%（Pelletier，1975），主要为北美大陆加拿大和阿拉斯加的古土壤中的高岭石风化产物（Naidu and Mowatt，1983；Darby，1975）。楚科奇海陆坡表层黏土矿物主要来源于加拿大麦肯锡河的入海物质，经白令海而入的太平洋水团携带的北美大陆育空河的入海物质可能也有一定影响（Khim，2003；Rudels et al.，1994；张德玉等，2011），MIS3期波弗特海及东西伯利亚海分别为楚科奇海陆坡的陆源输入提供了贡献。

表 6-5 北冰洋海域沉积物黏土矿物组合特征

区域/岩心		测站数或岩心长	蒙皂石/%	伊利石/%	绿泥石/%	高岭石/%	数据来源
楚科奇海盆	M06-MIS 1	0~56 cm	3	65	23	10	本文
	MIS 2	56~70 cm	2	64	25	9	
	MIS 3	70~82 cm	2	62	22	14	
		82~114 cm	2	66	24	8	
		114~136 cm	3	66	22	9	
		136~196 cm	3	69	21	8	
	M04-MIS 1	0~6 cm	2	59	24	16	本文
	MIS 2	6~16 cm	1	64	21	15	
	MIS 3	16~36 cm	2	63	18	18	
		36~164 cm	3	66	21	10	
		164~235 cm	2	64	21	14	
		235~325 cm	4	68	18	10	
	MIS 4（？）	325~551 cm	2	66	22	10	
楚科奇海	楚科奇海陆架	17 个	9	57	25	9	Rudels et al.，1994
	楚科奇海陆架	29 个	6	56	27	11	张德玉等，2011
	楚科奇海陆坡	9 个	3	61	23	14	张德玉等，2011
东西伯利亚海		20 个	4	69	20	8	Rudels et al.，1994
东西伯利亚海		17 个	3	70	20	7	Kalinenko，1975
南波弗特海		244 个	10	49	18	22	Pelletier，1975
欧亚海盆（东北冰洋）		80 个	4	57	24	14	Stein et al，1994

M06岩心MIS2期的黏土矿物组合为伊利石（64.4%）-绿泥石（24.7%）-高岭石（9.0%）-蒙皂石（1.9%），与MIS3期晚期的组合特征明显不同，高岭石含量由MIS3期晚期的13.7%下降到MIS2期的9%，在蒙皂石-伊利石-高岭石三角图上与MIS3期早期及其东西伯利亚海的黏土矿物组合分布区重叠。

M06岩心MIS1期全新世黏土矿物组合为伊利石（64.6%）-绿泥石（22.6%）-高岭石（10.2%）-蒙皂石（2.7%），继承了MIS2期黏土矿物组合特征，高岭石含量略有升高，从黏土矿物三角图上看出（图6-12），与MIS2期和东西伯利亚海表层黏土矿物组合非常相似。

总之，M06岩心MIS1-MIS3期黏土矿物组合表现为伊利石-绿泥石-高岭石-蒙皂石组合特征。其中 MIS1-2（0~72 cm）、MIS3 期早期（82~196 cm）与东西伯利亚海的伊利石-绿泥石-高岭石-蒙皂石黏土矿物组合相似，在蒙皂石-伊利石-高岭石三角图上二者分布范围基本重叠，也与 M04 岩心的 MIS4（325~551 cm）、MIS3 的 36~164 cm、235~325 cm 的分布范围基本重叠，推断其细颗粒陆源碎屑受到东西伯利亚海的输入影响为主。M06 岩心 MIS3 期晚期 72~82 cm 在蒙皂石-伊利石-高岭石三角图上与楚科奇海陆坡、陆架表层沉积物分布范围基本重叠，也与 M04 岩心的 MIS3 的 16~36 cm、16~36 cm 和 MIS1-2（0~16 cm）分布范围基本重叠，应主要来自于加拿大麦肯锡河的入海物质及少量太平洋水团携入的北美洲育空河入海物质。楚科奇海陆坡表层黏土矿物与欧亚海盆（东北冰洋）黏土矿物分布区部分重叠，指示二者具有一定的亲缘性，由现代环流看出，穿极漂流将陆源物质从美亚海盆向欧亚海盆输运上或许起到了一定作用。另外，从两岩心 MIS3 期以来黏土矿物组成对比看出，均表现为 MIS3 期晚期（MIS3.1）高岭石含量最高。高岭石以陆源为主，少量来自海底岩石的海解，主要分布在低纬度和围绕大陆的深海中，也见于火山物质分布区（Griffin et al.，1968），北冰洋海洋沉积物中高岭石的潜在源区是非常有限的，只是北美阿拉斯加和加拿大北部海岸的一些中生代和新生代地层表现出较高的高岭石含量（Naidu and Mowatt，1983；Darby，1975；Dalrymple and Maass，1987），东西伯利亚海高岭石含量较低，由两个岩心高岭石含量增加推断 MIS3.1 期气候比较温暖，来自北美冰盖的物源输入增加。

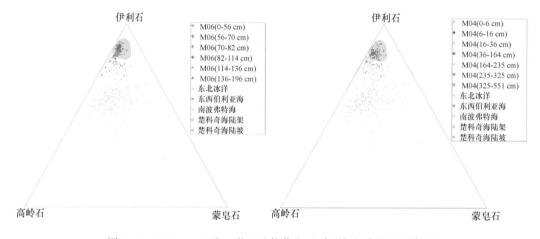

图 6-12　M06、M04 岩心黏土矿物蒙皂石-伊利石-高岭石三角图

注：南波弗特海数据来自于（Pelletier，1975）；欧亚海盆（东北冰洋）数据来自于（Stein et al.，1994）；东西伯利亚海数据来自于（Kalinenko，1975）；楚科奇海陆架和陆坡数据（张德玉 等，2011）按 Biscaye 参数重新计算.

通过陆坡、海盆黏土矿物组合来源分析表明：自 MIS 2 期以来，楚科奇海盆陆坡与内部的黏土矿物来源发生了明显的变化。海盆黏土矿物指示主要为加拿大麦肯锡河的入海物质及少量太平洋水团携入的北美育空河入海物质，陆坡黏土矿物指示主要为东西伯利亚海的输入，暗示着楚科奇海陆坡与海盆之间存在着一个欧亚大陆与北美大陆物源输入主导的边界。黏土矿物组合特征不仅反映了物质来源特征，也间接指示了物质输运途径。自 MIS3.1 期至 MIS2 期，楚科奇海盆陆坡黏土矿物组合特征发生了明显变化，指示陆坡晚更新世 MIS3 期以来控制陆质输入的洋流强弱发生了变化，其中 MIS3.1 期东西伯利亚沿岸流减弱，加拿大海盆表层洋流及太平洋水团增强，陆坡主要表现为北美大陆物质输入占主导，而 MIS1-2、MIS3 期早期则相反，东西伯利亚沿岸流增强，欧亚大陆物质输入占主导。

6.5　楚科奇海台氧同位素 3 期以来的古海洋与古气候记录

本节的研究工作主要针对楚科奇海台水深 2 089 m 处的 P23 岩心展开，希望利用沉积物颜色反射率、XRF 元素扫描、IRD 含量、有孔虫丰度、浮游有孔虫 Nps 稳定氧和碳同位素组成和碳酸钙含量等指标，研究该地区晚第四纪以来的洋流和水团的变化历史，为重建该研究区古环境提供重要依据。

6.5.1　P23 岩心有孔虫丰度与 IRD 含量的变化

楚科奇海台 P23 岩心浮游有孔虫丰度的变化显示，深度 0~14 cm 处出现较高的浮游有孔虫丰度，深度 14~136 cm，160~208 cm，216~294 cm 有孔虫很少，其丰度分别为 4.69 枚/g 和 1.24 枚/g，1.41 枚/g。深度 136~160 cm 和深度 208~216 cm 浮游有孔虫丰度升高。浮游有孔虫丰度变化形式几乎与底栖有孔虫丰度完全一致（图 6-13）。该岩心 IRD（>250 μm）的变化范围是 0~49.5%，平均值为 1.62%。高峰出现在深度 44~74 cm，126~144 cm 和 210~218 cm。深度 0~44 cm 处 IRD 含量较低。深度 74~126 cm，144~210 cm 和 246~294 cm 的 IRD 几乎缺失。IRD（>150 μm）的变化范围是 0~50.9%，平均值为 2.13%。其变化形式几乎与 IRD（>250 μm）完全一致。以 IRD（>250 μm）含量 5% 为 IRD 事件的界线，在深度 49 cm、59 cm、140 cm、217 cm 和 245 cm 可以识别出 5 个 IRD 事件。该岩心碳酸钙含量变化范围是 2.2%~22.5%，平均值为 4.7%。高峰出现在深度 0~22 cm，66~74 cm，138~144 cm 和 210~218 cm。深度 22~66 cm 和 74~138 cm 碳酸钙含量较低，平均值为 4.35%。而深度 144~210 cm 和深度 218~294 cm 碳酸钙含量最低，平均值为 3.01%（图 6-13）。

6.5.2　P23 岩心有孔虫氧碳同位素变化

P23 岩心沉积物 147 个样品中仅有 71 个能挑出足量的浮游有孔虫 Nps 个体进行氧碳同位素测试。Nps-δ^{18}O 的变化范围在 0.15‰~1.83‰ 之间，平均值为 1.11‰，该岩心顶部沉积物中 Nps-δ^{18}O 的值为 1.55‰（图 6-14），接近该研究区表层沉积物中 Nps-δ^{18}O 的平均值 1.5‰（Xiao et al.，2011）。该岩心大部分层位的 Nps-δ^{18}O 值都比该研究区表层沉积物中的 Nps-δ^{18}O 平均值轻许多，其较轻的值主要出现在深度 6~10 cm 以及 136~250 cm，而在该研究区 Nps-δ^{18}O 平均值 1.5‰ 左右波动的深度主要在 15~55 cm 和 100~130 cm。该岩心中 Nps-δ^{13}C 值的变化范围在 −0.12‰~1.08‰ 之间，平均值为 0.42‰，顶部表层沉积物中 Nps-δ^{13}C 值为 1.08‰（图 6-14），略重于该研究区表层沉积物中的 Nps-δ^{13}C 的平均值 0.8‰（Xiao et al.，2011）。该岩心绝大部分层位中 Nps-δ^{13}C 的值都远轻于该研究区表层沉积物中 Nps-δ^{13}C 的平均值，其较轻的值主要出现在 12~80 cm 以及 136~250 cm，而 Nps-δ^{13}C 的重值出现在 0~10 cm 及 100~130 cm。该岩心 MIS 3 期的 Nps-δ^{18}O 与 -δ^{13}C 的变化趋势相同，且相对于该研究区表层沉积物中两者的平均值明显偏轻许多，但自 MIS 2 以来，Nps-δ^{18}O 与 -δ^{13}C 的变化趋势则相反，两者几乎呈现镜像关系（图 6-14）。

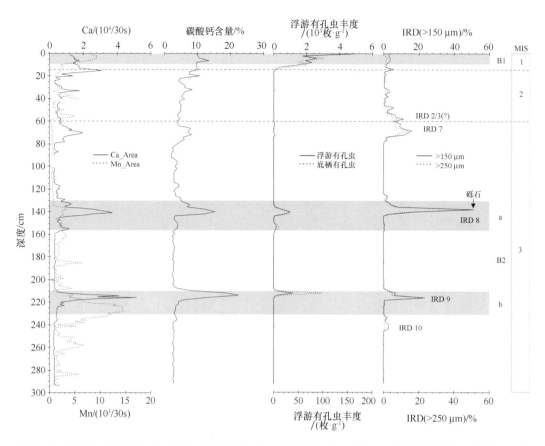

图 6-13　P23 岩心沉积物 Ca 和 Mn 元素相对含量、碳酸钙含量、有孔虫丰度以及 IRD（>150 μm 和 250 μm）含量的变化

6.5.3　Nps-δ^{18}O 和-δ^{13}C 记录与古水团变化

P23 岩心浮游有孔虫 Nps-δ^{18}O 和-δ^{13}C 记录显示，大多数层位的 Nps-δ^{18}O 和-δ^{13}C 值轻于表层沉积物中 Nps-δ^{18}O 和-δ^{13}C 的平均值。Nps-δ^{18}O 在 MIS 1 的 B1 以及 MIS 3 的 B2b 至 B2a 之间明显偏轻于表层沉积物中的平均值，但从 MIS 3 晚期至 MIS 2，Nps-δ^{18}O 值在其表层沉积物中的平均值 1.5‰左右波动（图 6-14）。北冰洋沉积物中 Nps-δ^{18}O 值的偏轻，一般有如下 3 种原因：①表层海水温度升高，因为根据有孔虫壳体 δ^{18}O 与海水温度的相关性，表层水温度升高 1℃相当于 Nps-δ^{18}O 值降低 0.26‰（Hillaire-Marcel et al.，2004；Shackleton et al.，1979；Xiao et al.，2011）。②与融冰水或河流淡水的注入有关，因为楚科奇海以及门捷列夫海脊的研究表明，末次冰消期偏轻的 Nps-δ^{18}O 与-δ^{13}C 值指示融冰水事件（Lubinski et al.，2001；Polyak et al.，2004；Poore et al.，1999b；Wang et al.，2013），含有轻同位素的淡水注入导致 Nps-δ^{18}O 和-δ^{13}C 值偏轻。③随着表层海水温度的下降，海冰形成速率加快，导致了轻同位素卤水的生产和下沉速率提高，造成 Nps-δ^{18}O 和-δ^{13}C 值偏轻（Hillaire-Marcel and de Vernal，2008；Poore et al.，1999；Wang et al.，2013）。

P23 岩心在深度 4~10 cm 的 Nps-δ^{18}O 值为 0.81‰~1.35‰（图 6-14），较表层沉积物平均 Nps-δ^{18}O 值 1.5‰轻了 0.15‰~0.69‰，其 AMS ^{14}C 测年结果为 5.9~8.6 ka。然而，北冰洋 7~8 ka 与 0~1 ka 的水温差距小于 1.5℃（Farmer et al.，2011），因此，表层海水温度变化

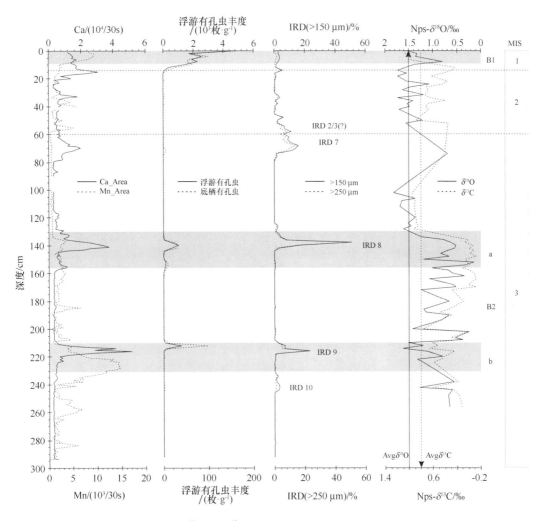

图 6-14 P23 岩心沉积物中 Nps-δ^{18}O 与-δ^{13}C 的变化,其中带箭头的实线表示研究区表层沉积物的平均 δ^{18}O 值,带箭头的虚线表示研究区表层沉积物的平均 δ^{13}C 值

不足以解释 Nps-δ^{18}O 的变化,冰融水和温度可能共同导致了 P23 岩心 MIS 1 的 Nps-δ^{18}O 值偏轻(Lubinski et al., 2001;Poore et al., 1999;Wang et al., 2013)。褐色层 B2a 和 B2b 中偏轻的 Nps-δ^{18}O 值对应于有孔虫丰度和 IRD 含量的高峰,显示 Nps-δ^{18}O 的偏轻是因为冰融水造成的。在 MIS 3 的褐色层 B2a 与 B2b 之间(156~210 cm),Nps-δ^{18}O 值都明显比表层沉积物中的平均值偏轻了 0.2‰~1.3‰(图 6-14),其 0.73‰的平均值几乎达到表层沉积物中的平均值的 1/2,且沉积物为灰色,有孔虫丰度和 IRD 含量几乎为零。显然这一层位明显偏轻的 Nps-δ^{18}O 值与冰融水事件无关,指示了海冰形成速率的提高,导致了轻同位素卤水的生产与下沉,从而造成 Nps-δ^{18}O 值的偏轻。从 MIS 3 晚期至 MIS 2,Nps-δ^{18}O 的重值可能反映冰期温度急剧下降导致 Nps-δ^{18}O 值偏重。

浮游有孔虫 δ^{13}C 的重值通常用来指示表层海水更好的海气交换作用(Duplessy,1978),以及海水的营养状况(Sarnthein et al., 1994)。在北极地区,河流淡水的注入和轻同位素卤水的生产与下沉会造成 Nps-δ^{13}C 的值偏轻(Lubinski et al., 2001;Poore et al., 1999;Wang et al., 2013;王汝建等,2006)。楚科奇海台 P23 岩心大部分 Nps-δ^{13}C 值都比表层沉积物中的平均值轻。其中,MIS 3 的褐色层 B2a 和 B2b 中偏轻的 Nps-δ^{13}C 值可能响应于冰融水和河流淡水的输入，而褐色层 B2a 与 B2b 之间的灰色层中 Nps-δ^{13}C 的轻值指示海冰形成速率的提高，导致轻同位素卤水的生产与下沉。从 MIS 3 晚期至 MIS 2，偏轻的 Nps-δ^{13}C 值反映海表面被冰层覆盖，阻止了海气交换，生物生产力急剧下降。

由于 MIS 1 较好的海-气交换以及生物生产力的提高使得 Nps-δ^{13}C 偏重，Nps-δ^{18}O 与-δ^{13}C 变化趋势一致。MIS 2 的 Nps-δ^{18}O 与-δ^{13}C 呈镜像关系，Nps-δ^{18}O 值偏重，而 Nps-δ^{13}C 偏轻。北冰洋中部和门捷列夫海脊等的研究显示，MIS 4 也发现了 Nps-δ^{18}O 与-δ^{13}C 变化趋势相反的现象（Adler et al.，2009；Nørgaard-Pedersen et al.，2007；Spielhagen et al.，2004）。Adler 等（2009）认为 MIS 2 和 MIS 6 也会出现这样的现象，但由于 MIS 2 和 MIS 6 门捷列夫海脊的沉积物中有孔虫缺失，所以无法验证这一现象。造成这一现象的原因可能是冰期表层海水温度急剧下降，导致 Nps-δ^{18}O 偏重，同时，表层海水冻结成冰，阻止了海气交换，使得 Nps-δ^{13}C 偏轻。而 MIS1 和 MIS 3 的 B2a 和 B2b，Nps-δ^{18}O 和-δ^{13}C 受到冰融水和河流淡水的影响，从而使得两者同时偏轻。

6.6 北风海脊氧同位素 5 期以来的水体结构变化

本节的研究工作主要针对北风海脊水深 2 267 m 处的 P37 岩心展开，希望利用沉积物有孔虫组合和浮游有孔虫氧碳同位素的变化来反映西北冰洋北风脊的古海洋环境变化特征。

6.6.1 P37 岩心有孔虫组合特征

P37 岩心绝大部分样品中都有有孔虫分布，有孔虫的丰度在 1～6 662 枚/g 之间，平均 747 枚/g。岩心有孔虫丰度的曲线共出现了 5 个高峰区（图 6-15）：顶部 0～10 cm 的高峰在 MIS 1 期；深度 102～132 cm 的高峰在 MIS 3 期；MIS 5.1 期包含两个有孔虫高峰，分别出现在深度 156～174 cm 和 180～198 cm 处；深度 210～220 cm 的高峰在 MIS 5.5。P37 岩心的有孔虫以浮游有孔虫（PF）为主，约占有孔虫总量的 93% 以上，浮游有孔虫与有孔虫总丰度的变化趋势一致。极地种 Nps 是绝对的优势种，占浮游有孔虫总量的 92%～99%，此外含有极少量的亚极地种 *N. pachyderma*（dex.）。

P37 岩心底栖有孔虫（BF）丰度在 1～88 枚/g 之间，平均 7 枚/g。样品中共出现 29 种底栖有孔虫，常见属种有：*Cibicidoides wuellerstorfi*，*Oridorsalis umbonatus*，*Cassidulina neoteretis*，*Bulimina aculeata*，*Pyrgo defrance*，*Quniqueloculina arctica*，*Quinqueloculina* sp.。*C. wuellerstorfi* 和 *O. umbonatus* 出现在大多数样品中，它们的平均百分含量之和达到 78%，两者的百分含量变化趋势相反。*C. neoteretis* 主要出现在 MIS 3～5 期，百分含量最高达 61.5%；似瓷质壳属种 *Quinqueloculina* spp. 主要出现 MIS 3 期和 MIS 5 期，百分含量之和最高达 77%；MIS 5.1 期标志种 *B. aculeata* 含量最高达 20%。

6.6.2 P37 岩心氧碳同位素特征

P37 岩心 Nps-δ^{18}O 值的变化范围在 0.23‰～3.23‰之间，平均值 1.65‰，岩心顶部 Nps-δ^{18}O 值为 0.88‰。在褐色层 B2b 之上，Nps-δ^{18}O 值变化较小，在褐色层 B1 和 B2a 中比现

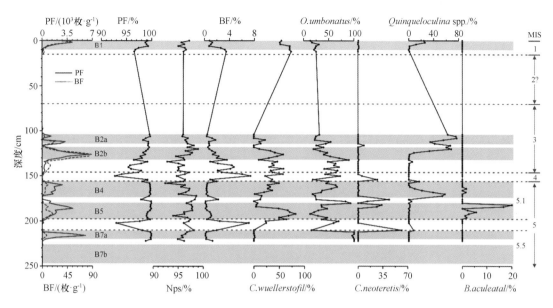

图 6-15　北风海脊 P37 岩心有孔虫丰度与百分含量变化曲线（阴影区表示褐色层）

代值（岩心顶部）略偏轻，在 MIS 2 期比现代值略偏重。褐色层 B2b 及其下部的沉积物中 Nps-δ^{18}O 值普遍比现代值偏重。Nps-δ^{13}C 值的变化范围在 -0.12‰~1.44‰ 之间，平均值 0.74‰，岩心顶部 Nps-δ^{13}C 值为 1.12‰。Nps-δ^{13}C 值在褐色层 B7a 中比现代沉积物中偏重（岩心顶部），其他层位均小于现代沉积物中的 Nps-δ^{13}C 值；其总的变化趋势显示，Nps-δ^{13}C 值在褐色层中比相邻的黄色和灰色层偏重。Nps-δ^{18}O 和 Nps-δ^{13}C 在褐色层 B2a、B2b 以及 B7a、B7b 中变化趋势一致，其他层位变化趋势相反（图 6-16）。

6.6.3　有孔虫丰度和组合及其古海洋学意义

P37 岩心的有孔虫以浮游有孔虫 Nps 为主，有孔虫丰度曲线的 5 个高峰均出现在相应的褐色层中，指示生产力相对较高的间冰期环境。北冰洋沉积物中有孔虫丰度随时间变化表现出明显的冰期—间冰期旋回特征，间冰期有孔虫丰度最高，冰期显著下降（Polyak et al.，2004；Darby et al.，1989，2006；Stein，2008）。这一分布特征在西北冰洋尤其明显，冰期时沉积物中有孔虫几乎缺失（Polyak et al.，2004）。P37 岩心的高有孔虫丰度可能反映了太平洋水的输入，MIS 5.5、MIS 5.3、MIS 5.1、MIS 3.3 以及全新世 MIS 1 期温度较高，海平面上升超过白令海峡深度（~55 m；图 6-16）（Siddall et al.，2003；Waelbroeck et al.，2002），温暖的北太平洋水通过白令海峡进入北冰洋，促进海冰融化，释放出携带的陆源营养物质，同时阳光透射增强，有利于海洋初级生产力的增高和有孔虫的生长，导致沉积物中有孔虫丰度升高。虽然在 MIS 5.3 期海平面同样高于白令海峡，北太平洋暖水能够进入西北冰洋，但褐色层 B5 和 B7a 之间，有孔虫丰度几乎为零，推测 P37 岩心在 MIS 5.2~5.4 期可能存在沉积间断，缺失了 MIS 5.3 期的沉积序列。褐色层 B7b 同样反映温暖环境，处于 MIS 5.5 早期，但有孔虫缺失，推测是溶解作用的影响，该阶段海平面比现今高，可能影响到碳酸盐补偿深度的变化。

北极地区底栖有孔虫群落的分布受到纬度、深度、海流、水团和底层水以及沉积物中碳酸钙和有机碳含量等环境因素的控制（Saidova，2011）。因此，底栖有孔虫被广泛应用于描述现代海洋环境变化和追溯古环境演化（Daniela，2011）。MIS 5 期以来，北风脊地区常年被海

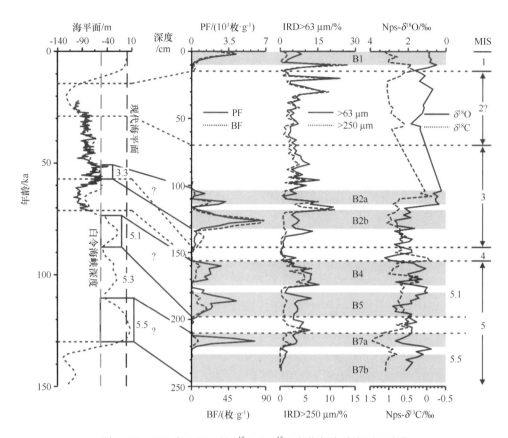

图 6-16　P37 岩心 Nps 的 δ^{18}O 和 δ^{13}C 变化与全球海平面变化

注：阴影区表示褐色层，实线依据文献（Siddall et al.，2003），虚线依据文献（Waelbroeck et al.，2002）重绘。白令海峡深度（~55 m）和现代海平面（0 m）标注.

冰覆盖，底栖有孔虫组合的变化可能与除海冰以外的环境因素有关，如中层水的加强（Polyak et al.，2013）。P37 岩心中底栖有孔虫以 *C. wuellerstorfi* 和 *O. umbonatus* 为主，两者的百分含量变化趋势相反。在西北冰洋，*C. wuellerstorfi* 主要出现在楚科奇深海平原、楚科奇海台和北风脊之间的深水盆地、北风脊以及阿尔法脊的深水区，水深在 1 456～3 341 m 范围内，其含量随深度的增加而逐渐减小，反映了水深大于 1 500 m 的低温高盐的北极深层水环境；*O. umbonatus* 主要分布在北风脊西部陆坡下部、门捷列夫深海平原以及阿尔法脊西部水深 1500～3700 m 范围内，含量随深度增加而增加（司贺园等，2013）。P37 岩心中大量出现 *C. wuellerstorfi* 和 *O. umbonatus*，说明 MIS 5 期以来北风海脊地区主要受北极深层水和底层水的影响。褐色层中 *O. umbonatus* 的含量明显低于相邻的黄色和灰色层中该种的含量，*O. umbonatus* 能够在食物供应极少的环境中生活（Mackensen et al.，1985），反映了受永久性海冰覆盖的贫营养的底层水环境（Daniela，2011）。因此，*O. umbonatus* 含量增加可能反映了海冰增加（持续覆盖时间）。MIS 5.5 期，褐色层 B7a 中底栖有孔虫丰度降低，*O. umbonatus* 含量达到100%，可能与海平面上升，北风脊地区碳酸盐补偿面上移有关。西北冰洋现代表层沉积物中底栖有孔虫丰度及其优势种分布特征表明，底栖有孔虫丰度随着深度的增加而减小，*O. umbonatus* 含量随深度增加而增加，2000～2500 m 水深范围内底栖有孔虫以 *C. wuellerstorfi* 和 *O. umbonatus* 为主（司贺园等，2013）。MIS 5.5 期最高海平面仅比现在高约 7 m（Waelbroeck et al.，2002），而 P37 岩心沉积物中底栖有孔虫几乎只有 *O. umbonatus*，溶解作用不足以用来解释这一现象，我们尚未找到其他合理的原因。

C. neoteretis 是现代北冰洋中层水最常见的底栖有孔虫属种（Daniela，2011；Osterman et al.，1999），并作为大西洋水团的特有种，主要分布在楚科奇海台、北风海脊北部以及楚科奇海北部陆坡上，分布区域与中层水的影响范围一致（司贺园等，2013）。P37 岩心中，该种在除 MIS 2 期以外的地层中都有分布，说明中层水能够进入到北风海脊地区并影响其沉积环境。*C. neoteretis* 主要出现在底栖有孔虫丰度降低的层位，且对应于样品中底栖有孔虫 *O. umbonatus* 增加的层位，说明温度降低，盐跃层增厚导致中层水下沉（Cronin et al.，2012）。列式壳 *Bulimina* 属底栖有孔虫，常与低氧的底层水及相应的高营养表层水相联系，含量较高反映有机质通量高（Kaiho，1994；Dulk et al，1998）。在西北冰洋，*B. aculeata* 仅出现在 MIS 5.1 期，反映了大量的有机碳向海底稳定输入，这与高营养的太平洋水向美亚海盆的输入有关（Polyak et al.，2004）。似瓷质壳有孔虫 *Quinqueloculina* spp. 大量出现在褐色层 B4 以及 B2a 和 B2b 中，这一类有孔虫的生长要求碳酸钙饱和度最高的高温高盐环境，不适应盐度快速下降或波动剧烈的生长环境（Polyak et al.，2002）。

6.6.4 浮游有孔虫 Nps 氧碳同位素记录与古水团变化

北风海脊 P37 岩心 MIS 5 期以来的浮游有孔虫氧碳同位素特征显示，Nps-δ^{18}O 值在褐色层 B2b 之上变化较小，褐色层 B1 和 B2a 中比现代值略偏轻，MIS 2 期比现代值略偏重；褐色层 B2b 及其下部的沉积物中 Nps-δ^{18}O 值普遍比现代值偏重；Nps-δ^{13}C 值在褐色层 B7a 中比现代沉积物中偏重，其他层位均小于现代沉积物中的 Nps-δ^{13}C 值，其总的变化趋势显示，Nps-δ^{13}C 值在褐色层中比相邻的黄色和灰色层偏重。表层海水温度降低及盐度增加都会导致 Nps-δ^{18}O 值偏重（Miller et al.，2010），门捷列夫海脊的沉积物记录中浮游有孔虫 δ^{18}O 在间冰期偏重反映了西北冰洋上层水体中淡水储存的变化而非表层海水温度的变化（Polyak et al.，2004）。MIS 5 期至 MIS 3 期，P37 岩心 Nps-δ^{18}O 在褐色层中偏重，是由于在相对温暖环境中，海冰覆盖减少，Nps 生活在较深的水体中，受到盐跃层的影响（Xiao et al.，2014）。而冰期时海冰扩张，导致盐跃层变深，中层水下沉（Cronin et al.，2012）；同时浮游有孔虫 Nps 的生长受到阳光透射和食物的限制生活在较浅的水体中，盐度较低，Nps-δ^{18}O 偏轻（Xiao et al.，2014）。表层海水温度升高以及融冰水或河流淡水的注入会导致 Nps-δ^{18}O 偏轻：表层海水温度每升高 1℃ 相当于 Nps-δ^{18}O 值降低 0.26‰（Shackleton，1979）；含有轻同位素的淡水注入会导致 Nps-δ^{18}O 和 Nps-δ^{13}C 同时偏轻（Lubinski et al.，2001；Polyak et al.，2004）。褐色层 B1 中 0~8 cm 深度沉积物年龄为 5.4~9.2 ka，Nps-δ^{18}O 值在 0.78‰~0.90‰ 之间变化，变化幅度不超过 0.2‰，反映了表层海水温度的变化，北冰洋 7~8 ka 与 0~1 ka 的水温差距小于 1.5℃（Farmer et al.，2011）。MIS 1 期 8~10 cm 深度及 MIS 3 期褐色层 B2a 中，Nps-^{18}O 和 Nps-δ^{13}C 值同时偏轻，IRD 含量增加，可能与融冰水事件的发生有关。

浮游有孔虫 δ^{13}C 的重值则通常用来指示表层海水更好地海气交换作用（Duplessy，1978）或较高的生物生产力。P37 岩心 Nps-δ^{13}C 值在褐色层中比相邻的黄色和灰色层偏重。褐色层指示生产力相对较高的间冰期环境，海冰融化，海-气交换增加，生产力增高，导致 Nps-δ^{13}C 值偏重。褐色层 B5~B7 以及 B2b~B4 之间的沉积物中 Nps-δ^{18}O 与 Nps-δ^{13}C 呈镜像关系，Nps-δ^{18}O 值偏重，而 Nps-δ^{13}C 偏轻，在北冰洋中部和门捷列夫脊等海区的研究中也发现了类

似的现象（Spielhagen et al.，2004；Nørgaard-Pedersen et al.，2007；Adler et al.，2009）。造成这一现象的原因可能是冰期表层海水温度急剧下降，导致 Nps-δ^{18}O 值偏重，同时，表层海水冻结成冰，阻止了海-气交换，使得 Nps-δ^{13}C 偏轻（Adler et al.，2009）。

综上所述，北风海脊 P37 岩心的 Nps-δ^{18}O 值主要反映了西北冰洋上层水体中淡水储存的变化，Nps-δ^{13}C 值主要反映了海气交换和生产力的变化。在褐色层 B2b 之上，MIS 1 和 MIS 3 期的 Nps-δ^{18}O 和 Nps-δ^{13}C 受到融冰水影响导致同时偏轻。在褐色层 B2b 及其下部的沉积物中，暖期 Nps-δ^{18}O 和 Nps-δ^{13}C 同时偏重是由于海平面上升，通过白令海峡进入的太平洋水输入增加，海冰融化，有孔虫丰度增加，生产力升高和海气交换增加导致 Nps-δ^{13}C 偏重，同时盐跃层变浅，Nps 生活的水体较深使得 Nps-δ^{18}O 偏重；冷期 Nps-δ^{18}O 与 Nps-δ^{13}C 呈镜像关系，是由于表层海水温度急剧下降，导致 Nps-δ^{18}O 偏重，同时，表层海水冻结成冰，阻止了海-气交换，使得 Nps-δ^{13}C 偏轻。

6.7 小结

本章通过对西北冰洋楚科奇边缘地的 6 个沉积物岩心的多指标综合分析，讨论了晚更新世以来研究区沉积物来源与古环境演化特征，得出如下结论。

6.7.1 楚科奇边缘地 MIS5 期以来的冰筏碎屑来源分析

通过楚科奇海台 BN03、北风海脊 MOR02 和 P37 岩心沉积物中的浮游有孔虫 Nps-AMS ^{14}C 的测年结果以及有孔虫丰度，IRD 含量和区域性褐色地层的对比，初步建立了这 3 个岩心的地层年代框架。

北风海脊海域 MIS 5 期以来的 IRD 事件可很好的对应于较高的碎屑碳酸岩含量，表明了这些 IRD 事件均来自于加拿大北极群岛的碳酸岩露头，被波弗特环流搬运至北风海脊；而在楚科奇海盆和楚科奇海台 MIS 3 期以来的 IRD 7-10 事件中，IRD 事件也对应于较高的碎屑碳酸岩含量，表明也来自于加拿大北极群岛的碳酸岩露头，但 MIS 2 期的 IRD 2/3（？）对应于较低的碎屑碳酸岩和较高的石英碎屑含量，这些 IRD 可能来源于欧亚大陆和东北冰洋边缘海。

MIS 2 期楚科奇海盆和楚科奇海台较低的沉积速率和来源于欧亚大陆和东北冰洋边缘海较高石英碎屑含量的 IRD 输入表明，楚科奇海盆和楚科奇海台可能受到一个冰盖的覆盖，阻止了北美地区沉积物的输入；而此时北风海脊地区正处于这个冰盖的边缘，未被冰盖完全覆盖，因此沉积速率较高，其沉积物来源于北美地区，这与前人近期的欧亚大陆边缘冰盖研究结果一致。在间冰期，该冰盖消亡，楚科奇边缘地区的沉积物主要来源于加拿大北极群岛。

6.7.2 基于黏土矿物特征的楚科奇边缘地物质来源分析

北冰洋楚科奇海陆坡区 M06 岩心和海盆区 M04 岩心的沉积物粒度、冰筏碎屑和黏土矿物组成资料显示，楚科奇海陆坡 MIS3 期以来黏土矿物组合特征显示研究区具有两个主要物源供应类别：一类是对应于 MIS3 期晚期，沉积物黏土矿物组合与楚科奇海陆架表层沉积物黏土矿物组合相似，主要来自于加拿大麦肯锡河的输入及少量太平洋水团携入的北美洲育空河入海物质；另一类对应于 MIS1-2 期和 MIS3 期早期与东西伯利亚海黏土矿物组合特征相似。

通过陆坡与海盆两个柱状样黏土矿物组合对比分析表明：自 MIS 2 末次盛冰期以来，陆坡与海盆的黏土矿物物源供给发生了变化。海盆黏土矿物指示为加拿大麦肯锡河的入海物质及少量太平洋水团携入的北美洲育空河入海物质，主要受波弗特环流控制；陆坡黏土矿物指示主要为东西伯利亚海的输入，受太平洋水团与西伯利亚沿岸流控制；

自 MIS3 期以来，楚科奇海盆陆坡区域沉积物以海冰搬运沉积型为主，少量海冰、冰山等混合搬运沉积型，陆坡底层水动力扰动逐渐增强，底流速度具有强→弱→强→弱的变化特征。

以上的基于黏土矿物组合的物质来源分析可与基于 IRD 含量的物质来源分析进行对比。

6.7.3　基于浮游有孔虫氧碳同位素记录的古水团特征分析

主要根据楚科奇海台 P23 岩心和北风海脊 P37 岩心沉积物浮游有孔虫 Nps-δ^{18}O 和-δ^{13}C 值自 MIS5 期以来的变化特征，并结合沉积物颜色、Mn 元素含量、IRD 含量以及有孔虫丰度等资料，探讨了楚科奇海台和北风海脊两个海域晚更新世以来的古水团演化特征。

P23 岩心揭示了 MIS3 期以来楚科奇海台的沉积历史，由于末次冰盛期的冰层覆盖，MIS 3 与 MIS 2 之间还可能存在沉积间断。资料显示，楚科奇海台 MIS 1 和 MIS 3 的 3 个褐色层中 Nps-δ^{18}O 和-δ^{13}C 表现出轻值，推测是由冰融水造成；MIS 3 的两个褐色层之间灰色层中 Nps-δ^{18}O 和-δ^{13}C 的轻值反映了海冰形成速率的提高，导致了轻同位素卤水的生产和下沉。MIS 2 期的 Nps-δ^{18}O 和-δ^{13}C 呈镜像关系，这是由于冰期海水温度急剧下降导致 Nps-δ^{18}O 偏重；同时海水冻结成冰，阻止了海气交换，使得 Nps-δ^{13}C 偏轻。

P37 岩心则揭示了 MIS5 期以来北风海脊的沉积历史。资料显示，MIS 5 期以来北风海脊沉积物中有孔虫以浮游有孔虫 Nps 为主，有孔虫丰度的大量增加可能反映了北太平洋水向西北冰洋的输入。有孔虫组合中浮游有孔虫 *Neogloboquadrina pachyderma*（sin.）占比 90% 以上。底栖有孔虫组合以深水种 *Cibicidoides wuellerstorfi* 和 *Oridorsalis umbonatus* 为主，反映了主要受北极深层水和底层水影响的沉积环境，冷期大西洋水种 *Cassidulina neoteretis* 的出现反映了中层水下沉。Nps-δ^{13}C 总体来说在暖期较重，反映较高生产力和海-气交换。而 Nps-δ^{18}O 受其生活习性迁移、水温变化、盐跃层深度变化、融冰作用的影响复杂多变，总体在冷期偏重，反映海冰环境，但在受融冰影响阶段反映为轻值。在 MIS 3 期褐色层 B2b 之上，MIS 1 和 MIS 3 期的 Nps-δ^{18}O 受到海水变暖和融冰水影响偏轻；而在 B2b 及其下部，暖期 Nps-δ^{18}O 偏重可能反映了盐跃层变浅和 *Neogloboquadrina pachyderma*（sin.）的生活习性向深部迁移。

第7章　北冰洋中心海区沉积特征及古海洋环境演化研究

7.1　研究背景介绍

北冰洋海区地形的最大特征是其中心海区被3条近于平行的海脊分割成不同的海盆，包括罗蒙诺索夫海脊、阿尔法-门捷列夫海脊和加科尔脊是北冰洋的三大海脊。其中位于北冰洋中部的罗蒙诺索夫海脊将北冰洋分为东部的欧亚海盆和西部的美亚海盆；北冰洋东部的加科尔海脊（北冰洋中脊）将欧亚海盆分为阿蒙森海盆和南森海盆，而位于北冰洋西部的阿尔法-门捷列夫海脊将美亚海盆分为加拿大海盆和马卡洛夫（也称马克洛夫）海盆（图7-1；Jakobsson et al.，2003）。在这些深海盆地中，南森海盆具有最大的平均深度（约4 000 m），而加拿大海盆具有较复杂的构造和沉积特征。

罗蒙诺索夫海脊起自俄罗斯的新西伯利亚群岛附近，沿140°E线通过北极，延伸到加拿大北部的埃尔斯米尔岛东北侧（李学杰等，2010），全长1 800 km，宽60~200 km，中部脊顶距海面1 000 m左右，受到强烈的冰川侵蚀作用。采自罗蒙诺索夫海脊的沉积物岩心基本可分为两种类型：①水深大于1 000 m的岩心呈现整合的、连续的沉积序列；②水深小于1 000 m的岩心保存有明显的不整合面（Jakobsson el al.，2001）。然而，由于年代地层划分的不确定性，对于这种强烈的冰川侵蚀作用开始的时间还存在争议，一般认为开始于MIS 6期或MIS 16期（Flower，1997；Spielhagen et al.，1997；Jakobsson el al.，2001；Polyak et al.，2001）。

加科尔海脊，即北冰洋洋中脊，从俄罗斯北部勒拿河口到格陵兰岛北侧，长约2 000 km，宽约200 km，通过冰岛裂谷与大西洋洋中脊相连，是全球大洋中脊的一部分，并以0.2~0.3 cm/a的速度缓慢扩张（Johnson，1999）。

阿尔法-门捷列夫海脊长约1 500 km，平均深度约为2 000 m，最浅处距离海面约800 m，西侧为马卡洛夫海盆，东面为受到波弗特环流影响的加拿大海盆。门捷列夫海脊往南则连通楚科奇海和东西伯利亚海（李学杰等，2010）。门捷列夫海脊南部的浅水区及其邻近的楚科奇边缘地区由于频繁的夏季海冰融化以及陆架沉积物输入较多，沉积速率明显高于美亚海盆内部。根据现代水文学和表层沉积物组分的研究，现代阿尔法-门捷列夫海脊地区主要受波弗特环流控制，沉积物中冰筏碎屑（IRD）大部分来自于波弗特海沿岸，通过波弗特环流携带进入该地区（Phillips and Grants.，2001），而来自于西伯利亚的冰山也对于该地区的IRD输入有一定贡献（Bischof et al.，1997；Stein et al.，2010b）。现代环境下，由穿极洋流携带的来自于西伯利亚的沉积物约占进入北冰洋中部门捷列夫海脊的沉积物总量的30%（Fagel et al.，2014）。在冰期，欧亚大陆和北美大陆上的冰盖延伸范围加大（Dyke et al.，2002；Svend-

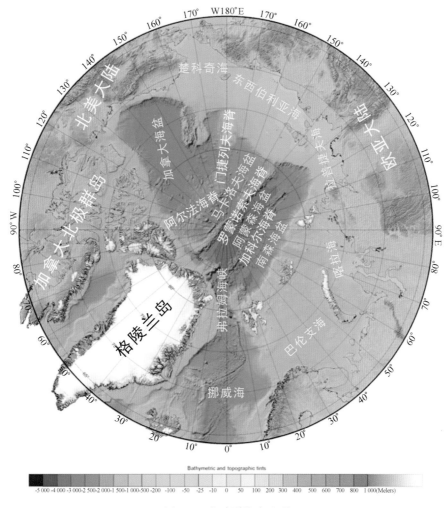

图7-1 北冰洋海底地形

sen et al.，2004），阿尔法海脊地区的 IRD 主要来源于加拿大北极群岛和距离更远的受劳伦泰德冰盖所影响的加拿大地盾地区（Bischof et al.，1997；Stein et al.，2010b；Yurco et al.，2010）。冰期时北冰洋表层环流的流向也发生变化（Bischof and Darby.，1997；Stärz et al.，2012），导致门捷列夫海脊地区至少70%的沉积物来源于穿极洋流的输入（Fagel et al.，2014）。

7.2 样品与数据

本研究对北冰洋中心区沉积岩心开展了多指标的沉积特征及海洋环境演化研究。这些岩心主要包括采自阿尔法海脊的 ARC4-BN10（文中简称 BN10）（王寿刚，2013），ARC3-B84A（文中简称 B84A）（刘伟男等，2012），ARC3-B85A（文中简称 B85A）（孙烨忱，2010）和 ARC3-B85D（文中简称 B85D）（叶黎明等，2012；许冬等，2015）；采自门捷列夫海脊的 ARC5-MA01（文中简称 MA01）（梅静，2015）以及采自罗蒙诺索夫海脊的 ARC5-ICE02（文中简称 ICE02）等岩心（图7-2和表7-1）。

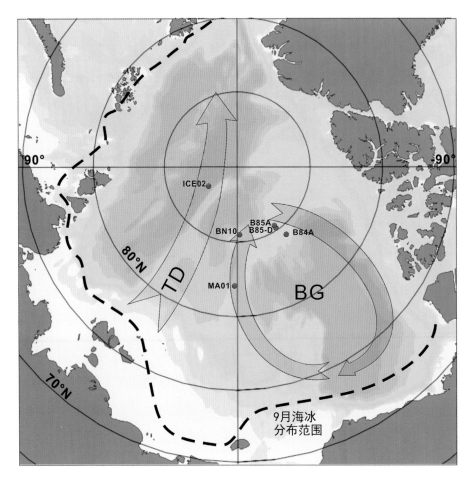

图 7-2　北冰洋中心海区研究站位的分布

注：褐色虚线表示 9 月海冰的分布（Comiso，2003）；TD=穿极流，BG=波弗特环流.

表 7-1　北冰洋中心海区研究的岩心及其信息汇总

岩心编号	缩写	海域	经度/（°）	纬度/（°N）	水深/m
ARC4-BN10	BN10	阿尔法海脊	178.643W	85.504	2 434
ARC3-B84A	B84A	阿尔法海脊	143.58W	84.442	2 280
ARC3-B85A	B85A	阿尔法海脊	147.485W	85.404	2 376
ARC3-B85D	B85D	阿尔法海脊	147.08W	85.14	2 060
ARC5-MA01	MA01	门捷列夫海脊	178.96E	82.031	2 295
ARC5-ICE02	ICE02	罗蒙诺索夫海脊	123.868E	87.659	2 085

　　对 BN10、B84A、B85A、B85D、MA01 和 ICE02 这 6 个岩心进行的分析包括颜色反射率测定、XRF 元素扫描、IRD 含量统计、浮游和底栖有孔虫丰度统计、粒度分析、有机碳和有机碳同位素分析以及古地磁参数测定等。

7.3 门捷列夫海脊晚第四纪的古海洋学记录

MA01 岩心来自中国第五次北极科学考察，位于北冰洋中部的门捷列夫海脊，岩心柱总长 540 cm，按照 2 cm 的间隔取样总共分为 271 个样品。

7.3.1 MA01 岩心地层年代框架

为了划分 MA01 岩心的地层年代框架，结合多种指标，如沉积物颜色旋回（褐-黄和灰色分别代表间冰期和冰期）（Jakobsson et al.，2000；Löwemark et al.，2008），颜色反射率和磁化率（Darby et al.，2005），Mn 元素的相对含量（Jakobsson et al.，2000；Spielhagen et al.，2004），有孔虫丰度，冰筏碎屑含量统计（Bischof et al.，1996；Phillips et al.，2001；Polyak et al.，2004）和粒度分析。北冰洋一些岩心中的粉白层（pink-white layer）也是具有地层对比意义的标志层（Stein et al.，2010a），其特点是碎屑碳酸盐岩（主要是白云石）含量较高，比较显著的粉白层的出现与劳伦泰德冰盖在 MIS 8（/7）、MIS 5d 及 MIS 4/MIS 3 时暂时崩裂所导致的富白云石冰筏碎屑供应增加有关。

对北冰洋沉积物开展的大量研究表明，许多柱状沉积物的 Mn 元素含量表现出明显的旋回性特征（Jakobsson et al.，2000；Spielhagen et al.，2004）。控制 Mn 元素在北冰洋中沉淀的主要因素有两个，首先是北冰洋中深层水体的通风作用强弱影响水体的氧化-还原作用，其次是河流输入对于北冰洋沉积物中 Mn 元素含量变化的影响，并由此反映冰期-间冰期（冰段-间冰段）旋回（März et al.，2011）。间冰期（间冰段）海水通风作用强，水体呈现出氧化的环境，同时河流带来的陆源输入增加，利于 Mn 元素的沉淀；反之冰期（冰段）海水通风作用下降，河流输入减少，不利于 Mn 元素的沉淀。古地磁的研究表明，在 MIS 7 出现首个磁倾角突降（Jakobsson et al.，2000），可以作为划分地层的标志。

古地磁信号的区域对比是另一种广泛应用的建立地层框架的手段。地球磁场的变化记录在沉积物磁性矿物性质的变化中。通过研究沉积物磁性信号的变化，可以获得连续的地球磁场变化历史。这个变化具有区域性甚至全球性的特征，因此被广泛用作地层划分的指标（Laj et al.，2004；Guyodo and Valet，1999；Channell et al.，2009）。这些指标包括相对古地磁强度（Relative Paleo-Intensity：RPI）和地磁倾角的变化（Inclination）等。O'Regan 等（2008）利用罗蒙诺索夫脊的 ACEX 等岩心建立了北冰洋中心海区 2.5 Ma 以来地磁倾角变化的标准曲线，可以用来作为后续研究中区域性指标的对比。

对整根柱状沉积物进行有孔虫丰度统计及鉴定发现，仅顶部 2.5 m 存在有孔虫，下部全部缺失，可能与更老的沉积物有孔虫已经被溶解有关（Cronin et al.，2014）。为了建立 MA01 岩心完整的的年龄模式，需要寻找更多可靠的年龄控制点。对照全球大洋底栖有孔虫 $\delta^{18}O$ 整合曲线 LR04（Lisiecki and Raymo，2005）、相对古地磁强度标准曲线 PISO-1500（Channell et al.，2009）、ACEX 岩心古地磁倾角曲线（O'Regan et al.，2008）等，取相关年龄控制点（划分依据见表 7-2）进行插值（运用 Origin75 软件进行插值），综合建立 MA01 岩心地层年代框架。如图 7-3 所示，将 MA01 岩心划分为 MIS 32－MIS 1 期沉积序列（梅静，2015）。

表 7-2 门捷列夫海脊 MA01 岩心年龄控制点

深度（cm）	年龄（ka）	划分依据	参考文献
0	5	AMS[14]C 年龄	Stuiver and Reimer, 1993
4	13.3	AMS[14]C 年龄	Stuiver and Reimer, 1993
6	30.9	AMS[14]C 年龄	Stuiver and Reimer, 1993
8	35.9	AMS[14]C 年龄	Stuiver and Reimer, 1993
30	52.8	RPI-PISO,	Channell et al., 2009
41	71	IRD、Ca、Mn 元素含量划分的 MIS 4/5 边界	Lisiecki and Raymo, 2005；Cronin et al., 2013
98	91	RPI-PISO	Channell et al., 2009
110	109	Ca 3 峰，MIS5.4 的粉白层（Pink White Layer, PWL) 2	Channell et al., 2009；Cronin et al., 2013；王汝建等，未发表数据
127	139	RPI-PISO，有孔虫、介形虫丰度，接近 MIS 5/6 边界	Lisiecki and Raymo, 2005；Channell et al., 2009；王汝建等，未发表数据
145	161	RPI-PISO	Channell et al., 2009
153	191	有孔虫、介形虫丰度划分的 MIS 6/7 边界	Channell et al., 2009
175	220	Incl-Pringle Falls ?，Ca 4 峰	王汝建等，未发表数据
191	249	ACEX-Incl，有孔虫、介形虫丰度，接近 MIS7/9 边界	Lisiecki and Raymo, 2005；O'Regan et al., 2008；Cronin et al., 2013
217	332	ACEX-Incl	O'Regan et al., 2008
233	394	RPI-PISO	Channell et al., 2009
239	415	ACEX-Incl	O'Regan et al., 2008
257	457	ACEX-Incl	O'Regan et al., 2008
277	492	ACEX-Incl	O'Regan et al., 2008
283	509	ACEX-Incl	O'Regan et al., 2008
297	522	ACEX-Incl	O'Regan et al., 2008
303	531	ACEX-Incl	O'Regan et al., 2008
309	561	ACEX-Incl	O'Regan et al., 2008
319	570	RPI-PISO	Channell et al., 2009
327	597	ACEX-Incl	O'Regan et al., 2008
331	605	ACEX-Incl	O'Regan et al., 2008
349	693	ACEX-Incl	O'Regan et al., 2008
357	713	ACEX-Incl	O'Regan et al., 2008
375	732	ACEX-Incl	O'Regan et al., 2008
397	780	ACEX-Incl, B/M Boundary	O'Regan et al., 2008
403	807	ACEX-Incl	O'Regan et al., 2008
435	883	ACEX-Incl	O'Regan et al., 2008
447	913	ACEX-Incl	O'Regan et al., 2008
457	955	RPI-PISO	Channell et al., 2009
467	973	ACEX-Incl, Top Jaramillo	O'Regan et al., 2008
479	1 005	RPI-PISO	Channell et al., 2009
511	1 029	RPI-PISO	Channell et al., 2009
522	1 060	RPI-PISO	Channell et al., 2009

资料来源：梅静，2015

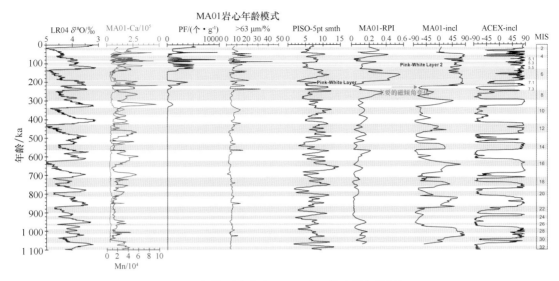

图 7-3　门捷列夫海脊 MA01 岩心的地层年代框架

图中紫色条带表示冰期沉积，白色条带表示间冰期沉积

7.3.2　MA01 岩心粒度与 IRD 变化

MA01 岩心 IRD（>154 μm）的变化范围是 0.29%~30.10%，平均值为 2.42%。IRD（> 250 μm）的含量在 0.05%~29.17% 之间变化，平均值为 1.15%，其变化趋势与大于 154 μm 的组分一致。冰期处于波弗特环流较远端的门捷列夫海脊可能接受较少的冰筏碎屑沉积。因为流速的减缓，或者海平面的迅速下降将会减弱冰块的融化和 IRD 的沉积。因此，门捷列夫海脊粗颗粒的 IRD 主要出现在冰消期和间冰期（Spielhagen et al.，2004）。

MA01 岩心的粒度组分变化可以用来指示陆源物质输入量的变化，其中该站位沉积物中黏土组分（0~4 μm）变化区间为 13.9%~68.2%，平均值为 38.5%。粉砂组分（4~63 μm）整体含量均表现为相对较高，最高值为 80.7 %，最低值为 31.5 %，平均值高达 58.6%；细砂组分（>63 μm）含量较低，变化区间为 0%~54.7%，平均值仅为 2.9%（图 7-4）。由此可见沉积物陆源碎屑主要是由黏土与粉砂组分占主导。细砂组分主要在 IRD 含量高的层位增加。中值粒径的变化范围为 2.83~82.45 μm，平均值为 6.16 μm；平均粒径则在 4.39~ 111.39 μm 之间变化，平均值为 11.78 μm。中值粒径和平均粒径的变化趋势与细砂组分的变化趋势相近，最高值均发生在 MIS 5.1 早期。总的来说，通观该岩心发现黏土以及粉砂组分含量按照一定的比例稳定存在，而一些突然变高的层位主要是受到 IRD 的影响，因此也说明细颗粒物质是连续而稳定供应的（Wang et al.，2013）。

采用粒度-标准偏差方法对沉积物粒度组分进行分析（Boulay et al.，2007），提取出对环境敏感的粒度组分。将 MA01 岩心所有样品各个粒级的标准偏差求出作图，其结果显示粒级分布主要呈双峰态分布（图 7-5）。第三个峰（1 142~1 659 μm）为受到单一样品影响，指示的是一次 IRD 事件，不具有代表环境动力的能力。因此，自 MIS 32 期以来对沉积环境敏感的组分分别为：2.3~3.8 μm 的细组分和 8.9~14.2 μm 的粗组分。敏感组分的两者变化趋势相反（图 7-4）

波弗特环流控制着北冰洋西部地区沉积物的分布，特别是从波弗特海沿岸带来了大量的

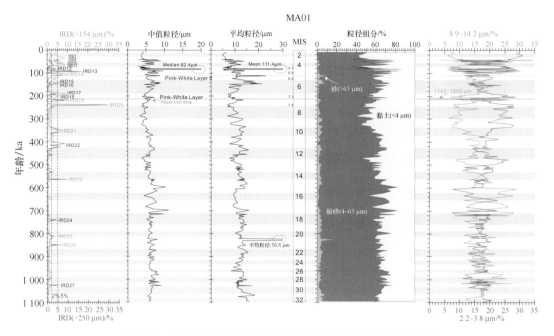

图 7-4　门捷列夫海脊 MA01 岩心粒度组成和 IRD 含量的变化

注：图中紫色条带表示冰期沉积，白色条带表示间冰期沉积

资料来源：梅静，2015.

的 IRD 沉积（Phillips and Grantz.，2001）。在不同的时期，气候因素又决定着波弗特环流的强弱。冰期地质记录与数值模拟揭示了北冰洋不同的循环模式（Bischof and Darby，1997；Polyak et al.，2001，2004；Stärz et al.，2012）。海平面下降、冰架向海盆扩张、厚厚的海冰不仅减弱了波弗特环流还改变了其环流的路径，且使其并入穿极漂流一直流向弗拉姆海峡。冰期（冰阶）减弱且变向了的波弗特环流使 IRD 的输入减少，甚至完全停止。在气候转暖的间冰期，特别是冰消期，海平面上升，增强的洋流容易携带冰架断裂形成的大块冰进入北冰洋的开放海区，此时沉积物中会出现稍高的 IRD 含量（Darby and Zimmerman.，2008；Spielhagen et al.，2004）。MA01 岩心 IRD（>154 μm）含量在 MIS 3、5、7 期较高，均在 7% 以上，最高值达到 30.10%。对应细砂级、粉砂级组分含量增加反映气候变暖，使得 IRD 被大块冰/冰山搬运至门捷列夫海脊地区卸载沉积（王汝建等，2009）。其中 MIS 5.4 期 IRD 14 处发现特征层 PWL 2，这一现象在西北冰洋沉积物中普遍存在（Polyak et al.，2004，2009；Stein et al.，2010a），指示了一次大的冰盖崩裂，被冰山所携带的大量陆源粗颗粒碎屑物质卸载在门捷列夫海脊上。同样的情况还发生在 MIS 7.2 期的 PWL 层。MIS 11、13、21 期，IRD（>154 μm）含量虽相对降低，与粗组分对应的很好，仍然可以用于指示冰期-间冰期旋回特征。

　　黏土和粉砂级沉积物主要是由海冰和洋流远距离搬运的（Wahsner et al.，1999）。间冰期、冰消期粉砂级组分的增加，表明在这期间波弗特环流和太平洋入流水加强，冰期则相反。MA01 岩心的黏土组分和粉砂级组分之间的比例，除了在一些短的时间间隔外，变化非常的小。平均粒径与中值粒径与粉砂级组分同步变化（图 7-4）。西北冰洋表层沉积物的黏土和粉砂含量也分别到达 60%~80% 和 20%~30%（Gao et al.，2011），与 MA01 岩心的黏土和粉砂的平均含量非常类似。这可能反映了波弗特环流和太平洋水是主要的细颗粒沉积物的传输者（Wang et al.，2013）。黏土和粉砂组分也可能来源于楚科奇大陆边缘的再悬浮沉积。在海冰

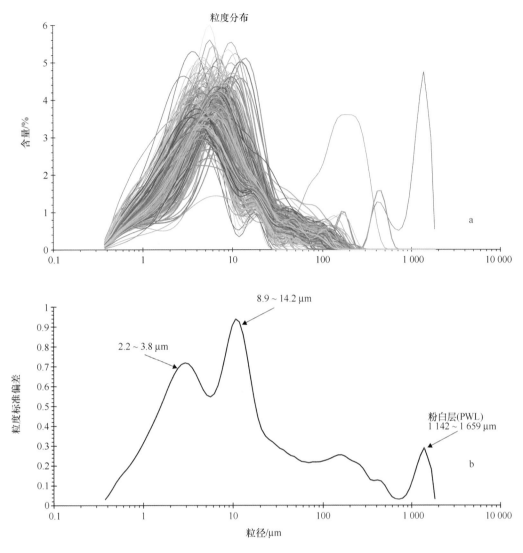

图 7-5　门捷列夫海脊 MA01 岩心粒度分布以及敏感组分

资料来源：梅静，2015

形成的过程中，冷、咸、含氧量高的水团，最初形成于陆架上，而后沿着大陆边缘携带着大量悬浮的黏土从陆架搬运至深海（Wahsner et al.，1999）。随着冰期时环北极主要河流沉积物的排放量大大减少，海冰作为最主要的陆源碎屑物的携带者，特别是粉砂和黏土被保留下来（Reimnitz et al.，1998）。其他一些涉及细颗粒物质搬运的机制还包括，岸冰（2 μm）、浑浊表层羽状流或雾状流（5 μm）和间歇性悬浮荷重（43~64 μm）（Stewart，1991；Hesse et al.，1997；Darby et al.，2009b）。通过对 MA01 岩心粒度数据的系统分析，提取对环境变化的敏感组分，主要分为粗细两个组分。这两个敏感组分（2.3~3.8 μm 和 8.9~14.2 μm）的含量分布呈现明显负相关性变化（图 7-5）。粗组分（8.9~14.2 μm）与粉砂级组分变化趋势相对应，而细组分（2.3~3.8 μm）与黏土级组分相对应。因此判断，粗组分（8.9~14.2 μm）主要受到洋流或者海冰搬运，细组分（2.3~3.8 μm）可能受到雾状流影响。它们的搬运方式以及搬运路径有待进一步的研究（梅静，2015）。

7.4 阿尔法海脊的古海洋与古环境研究

本研究涉及的位于阿尔法海脊的样品包括 BN10（王寿刚，2013），B84A（刘伟男等，2012），B85A（孙烨忱，2010）和 B85D（叶黎明等，2012；许冬等，2015）等 4 个柱状沉积物。

7.4.1 地层划分和对比

由于北冰洋深海盆地的沉积速率较低，岩心之间的对比需要借助多个指标。尤其在冰期，北冰洋被厚层海冰覆盖，表层生产力低下，其沉积物中有孔虫含量极低甚至缺失，使得在中、低纬广泛运用于地层划分和对比的有孔虫同位素记录在这里难以适用（Backman et al.，2004）。因此，北冰洋沉积物地层框架的建立依赖于多指标的综合对比，包括 XRF-Ca、Mn 元素相对含量、沉积物颜色旋回、有孔虫丰度以及冰筏碎屑等（O'Regan et al.，2008；Stein et al.，2010a）。

王汝建等（未发表数据），通过整理西北冰洋阿尔法-门捷列夫海脊岩心的 Ca 和 Mn 元素相对含量数据发现：沉积物柱状样的沉积物 Ca 含量特征峰具有区域性，可以作为地层划分的依据。由于生物碳酸钙易受溶解作用影响，北冰洋岩心中 Ca 含量变化有时主要响应碎屑碳酸盐岩输入的变化，在碎屑碳酸盐岩输入显著增加时（如在粉白层），往往出现 Ca 含量显著峰值。Ca 含量变化也已成为北冰洋沉积地层对比辅助工具。

对于阿尔法海脊 BN10、B84A、B85A 和 B85D 4 个柱状沉积物岩心地层年代框架的研究，主要通过岩心 XRF 元素扫描的 Ca 元素与 Mn 元素相对含量，岩心上部的粉白层特征，并进行区域地层对比而得（图 7-6）。其中 Ca 元素相对含量的高峰 Ca 8 峰出现于 MIS 14，对应于一个粉白层；Ca 7 峰与 Ca 6 峰分别出现于 MIS 9 的顶端与底部；Ca 5 峰出现于 MIS 8 顶部，并且在该峰位置出现一粉白层；Ca 4 峰出现于 MIS 7；Ca 3 峰和 Ca 2 峰出现于 MIS 5，其中在 Ca 3 峰对应的 MIS 5 d 出现一明显粉白层；Ca 1 峰出现于 MIS 3。位于阿尔法海脊不同地区的沉积物中的 Ca 元素相对含量有较好的对应关系。

根据沉积物中的 Ca 峰与 Mn 元素含量的区域对比，将 BN10 划分为 MIS 8-MIS 1 的沉积序列，B84A、B85A 和 B85D 岩心可以将 MIS 14 以来的地层划出，MIS 14 以下沉积物由于数据和可用于对比的资料缺乏，尚难以进行地层划分（图 7-6）。

7.4.2 北冰洋中部的沉积速率对比

北冰洋地区晚第四纪的沉积速率变化范围很大，从阿拉斯加沿岸外的大于 30 cm/ka 到加拿大海盆的小于 1 cm/ka（Polyak et al.，2009；Yurco et al.，2010；Knies et al.，2001；Polyak et al.，2011）。对比西北冰洋晚第四纪地层沉积速率的结果显示，阿拉斯加岸外陆架边缘的沉积速率大于 30 cm/ka（Polyak et al.，2009），楚科奇海台-北风海脊的沉积速率为 0.6~3.1 cm/ka（Yurco et al.，2010；Stein et al.，2010a），加拿大海盆的沉积速率为 0.5~0.7 cm/ka（Knies et al.，2001），阿尔法-门捷列夫海脊的沉积速率为 0.3~5.4 cm/ka（Backman et al.，

2004；Polyak et al.，2009；Stein et al.，2010a；刘伟男等，2012）。例如，位于阿尔法海脊的
B84A 岩心的平均沉积速率约为 0.4 cm/ka，大面积海冰覆盖造成的较低的生产力和由于长距
离搬运造成的较低的陆源输入量是北冰洋中部地区沉积速率低下的主要控制因素（刘伟男
等，2012）。北冰洋西部和中部的沉积速率分布主要由波弗特环流控制，环流流经的区域沉积
速率高并向北冰洋中部依次递减，加拿大海盆地区远离物源区域且受波弗特环流影响小，故
沉积速率低。阿尔法-门捷列夫海脊地区沉积速率由低纬向高纬依次递减，沉积速率最高为
5.4 cm/ka（表 7-3），最小仅为 0.2 cm/ka。这是由于 PS72/343-2 等站位除了接受波弗特环
流携带的沉积物，还受到来自太平洋的阿纳德流和白令海陆架水影响，该区域离物源区较近，
陆源输入量大。相反，随着搬运距离的增大，远离物源区，洋流携带能力减弱，海冰覆盖，
高纬地区的 PS51/34-4 等站位沉积速率很低。而位于门捷列夫海脊以东的 PS72/430-4 等的
沉积速率很高，这可能受到穿极洋流的影响。因此，北冰洋中心地区和沿岸地区沉积速率存
在显著差异的原因主要受洋流、海冰覆盖面积、生物生产力和陆源输入量的控制。另外，由
于融冰造成的高沉积速率和生物生产力，以及更加靠近物源区，陆源物质输入量增大，使得
海冰边缘地区沉积速率较高，而永久性海冰覆盖区沉积速率低（Bischof et al.，1996；Polyak
et al.，2009）。

表 7-3　北冰洋中部晚第四纪沉积速率的对比

区域	站位	沉积速率/（cm·ka⁻¹）	参考文献
加拿大海盆	PS72/399-4	0.7	Stein et al.，2010a
	PS72/396-5	0.6	Stein et al.，2010a
	PS72/392-5	0.5	Stein et al.，2010a
阿尔法海脊-门捷列夫海脊	PS72/343-2	5.4	Stein et al.，2010a
	PS72/340-5	4.7	Stein et al.，2010a
	HLY0503-8JPC	2.1	Adler et al.，2009a
	NP26	1.5	Polyak et al.，2004；2009a
	PS72/422-5	2.0	Stein et al.，2010a
	PS72/418-7	2.4	Stein et al.，2010a
	PS72/413-5	0.8	Stein et al.，2010a
	PS72/410-3	0.8	Stein et al.，2010a
	PS72/408-5	0.9	Stein et al.，2010a
	PS72/404-4	0.5	Stein et al.，2010a
	HLY0503-10JPC	0.3	Polyak et al.，2009
	HLY0503-11JPC	0.3	Polyak et al.，2009
	HLY0503-14JPC	0.3	Polyak et al.，2009
	B84A	0.4	刘伟男等，2012
	B85D	0.4	许冬等，2012
	PS51/38-4	0.7	Spielhagen et al.，2004

7.4.3　沉积物粒度组分变化

沉积物的粒度可以反映沉积物搬运营力的大小，平均粒径和中值粒径代表粒度分布的集

中趋势。一般来讲，碎屑物质的粒度分布会趋向于某个集中的粒径数值。这些因素受两个因素控制：一是沉积介质的平均动力能（速度）；二是源物质的原始粒径大小。平均粒径与中值粒径是沉积物最为主要的粒度参数，常用于表示沉积物在纵向或横向上的变化规律。砂、粉砂和黏土等不同粒级在沉积物中的所占百分含量不同，代表着非生源物质不同的搬运作用的相对贡献。风力和海流主要搬运沉积细颗粒组分，海冰搬运的主要是粉砂和黏土颗粒，冰山搬运更多的是砂和砾石等较粗部分（Phillips and Grantz，2001；Darby and Zimmerman，2008）。

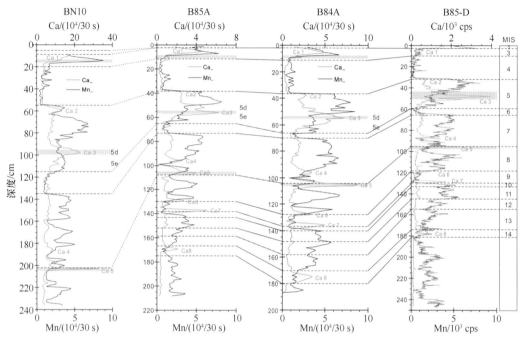

图 7-6　阿尔法海脊 4 个岩心 XRF 元素扫描结果

注：BN10（王寿刚，2013），B84A（刘伟男等，2012），B85A（孙烨忱，2010）和 B85-D（叶黎明等，2012；许冬等，2015）的地层年代框架以及对比，其中粉色条带表示岩心中的粉白层．

B85D 岩心沉积物中细砂、粉砂和黏土含量分别在 0%～38.3%、36.7%～54.4%、23.0%～51.4% 间变化，细砂、粉砂、黏土的平均含量分别为 14.4%、48.1% 和 37.5%。沉积物的平均粒径介于 4.30～20.76 μm，平均值为 8.88 μm（图 7-7）。深度 65 cm 之下沉积物粒度组成相对稳定，但在 85～90 cm、129～132 cm、151～152 cm、177～182 cm 出现明显的粒径变粗。深度 65 cm 之上沉积物粒度组成波动较大，在深度 5～30 cm，平均粒径为 B85D 的最大值，粉砂和细砂含量平均值为 33.1%，平均粒径均值为 17.58 μm。总体而言，沉积物粒径变粗的层位也很好地对应了 IRD（>154 μm）含量的高峰（许冬等，2015）。

B84A 岩心沉积物中的细砂、粉砂和黏土含量分别在 1.5%～24.1%、58%～94.5%、0.9%～30% 间变化，细砂、粉砂、黏土的平均含量分别为 9.8%、83.2% 和 7%。沉积物的平均粒径变化范围为 11.6～63.7 μm，平均值为 24.3 μm。中值粒径变化范围为 4.8～48 μm，平均值为 14.1 μm（图 7-7）。

B84A 岩心的 IRD 含量与粒度参数的变化并不一致（图 7-7），造成这种情况的原因在一定程度上可能是由于测试的取样量不同。IRD 含量是取 10～15 g 样品进行测试，而粒度分析则只取 0.15 g 沉积物测试，从而造成很多大颗粒物质没有被选取。因此，相对于 IRD 此类的粗颗粒组分，粒度数据则更多地提供了细颗粒物质含量变化的信息（刘伟男等，2012）。

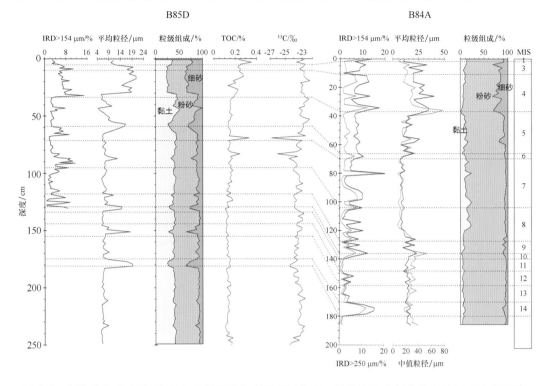

图 7-7　阿尔法海脊 B85-D 岩心的有机碳和有机碳同位素，以及 IRD 含量和粒度数据（叶黎明等，2012；许冬等，2015）与 B84A 岩心（刘伟男等，2012）的对比

采用粒度-标准偏差方法对 B84A 岩心沉积物粒度组分进行分析（Boulay et al.，2007），提取出对环境敏感的粒度组分。该岩心所有样品各个粒级的标准偏差结果呈双峰型分布（图7-8），显示自 MIS 12 以来对沉积环境敏感的组分分别为：4~9 μm 的细粉砂组分和 19~53 μm 的粗粉砂组分，其峰值分别为 6 μm 和 27 μm，而不敏感的粒级组分为 10~13 μm。敏感组分两者的变化趋势相反（图 7-8），粗组分含量增加时，基本对应于 IRD 的高峰，中值粒径增大。B85D 和 B84A 在冰期（MIS 2-4，6，8，10，12，14）的平均粒径、中值粒径和砂级组分含量的平均值均大于间冰期（MIS 1，5，7，9，11，13）的平均值；而间冰期中粉砂级组分含量和黏土级组分含量的平均值均大于冰期的平均值。北冰洋冰盖在间冰期或冰消期的崩塌和更多陆源物质的输入可能造成了相比于冰期更多的粗颗粒物质沉积（刘伟男等，2012）。

阿尔法海脊上 IRD 大多出现在间冰期或冰消期，这些冰筏碎屑主要来源于加拿大北极群岛的冰山经过短距离搬运至阿尔法海脊后卸载沉积，而间冰期的细颗粒物质则可能由波弗特环流和海冰搬运至阿尔法海脊。B84A 岩心的敏感粒度组分为粉砂级，其中包括 4~9 μm 和 19~53 μm 两个敏感粒级（图 7-8），二者呈对称性变化，可能说明了沉积物的分选、搬运路径和搬运模式，对于这两个组分变化的具体解释仍需进一步研究（刘伟男等，2012）。

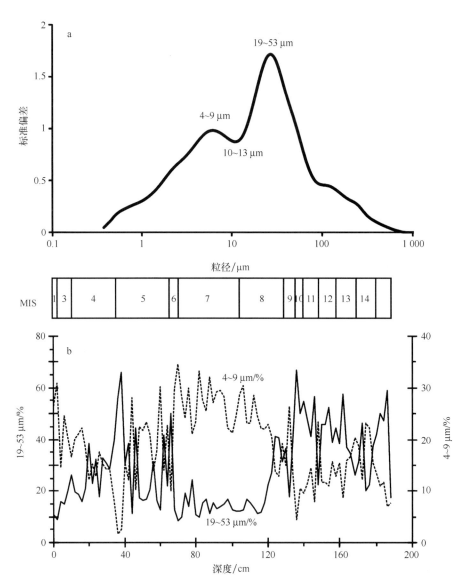

图 7-8　西北冰洋阿尔法海脊 B84A 岩心粒度−标准偏差的粒级变化

（a）和主要敏感组分（19~53 μm−实线和 4~9 μm−虚线）百分含量的变化（b）

资料来源：刘伟男等，2012.

7.4.4　有机碳和有机碳同位素指示的沉积来源变化

对于 B85D 沉积物的有机碳和有机碳同位素的研究表明，整个柱状沉积物的有机碳含量变化范围为 0.10%~0.35%，平均含量仅为 0.15%。深度 30 cm 以下有机碳含量都很低，平均仅为 0.14%，但在深度 69~70 cm 和深度 83~84 cm 出现有机碳含量的相对高值（图 7-7），分别为 0.33% 和 0.24%。在 30 cm 往上至柱样顶部，有机碳含量表现出递增趋势，平均为 0.23%。

B85D 岩心沉积有机质的 $\delta^{13}C$ 值变化范围为 −26.85‰~22.34‰，其平均值为 −23.62‰。$\delta^{13}C$ 的两处较为明显的低值出现在 69~70 cm 和 83~84 cm，恰对应于有机碳含量的两处相对高值（图 7-7）。深度 65 cm 之下沉积物的 $\delta^{13}C$ 值平均为 −23.80‰，而深度 65 cm 之上沉积物

的 $\delta^{13}C$ 值平均为 $-23.07‰$。

B85D 岩心整体有机碳含量很低，与极地中心区的低生物生产力（Adler et al.，2009；陈志华等，2006；孙烨忱等，2011）和低有机碳含量相一致，也与冰期时稳定的海冰覆盖有关（Schubert et al.，1996）。前人研究表明，北冰洋西部陆源有机碳的 $\delta^{13}C$ 值在 $-27‰$ 左右（Naidu et al.，2000），以硅藻为主的海洋生物对沉积物中有机质的贡献大，海洋源有机碳的 $\delta^{13}C$ 值在 $-21‰$ 左右。因此有机质的 $\delta^{13}C$ 值能够反映沉积物海陆来源的比例。根据 B85D 岩心的有机碳同位素结果，整个岩心有机质海洋源的贡献略大。

在 MIS 14 期，B85D 岩心细砂含量出现峰值（图 7-7），有机碳的陆源贡献略高于海洋源贡献。波弗特环流控制下的美亚海盆 IRD 组分以碎屑碳酸盐岩为特征（Bischof et al.，1996；Phillips and Grantz，2001；王汝建等，2009），主要来自班克斯岛、维多利亚岛和加拿大北部的麦肯锡地区。在 MIS 13-MIS 9，总体上 B85D 岩心海洋源有机碳贡献略高于陆源贡献，可能指示海冰的覆盖程度相较 MIS14 时要低。这与前人研究的北冰洋 MIS 11 时具有异常温暖的间冰期环境和较高的海表生产力的结果一致（Cronin et al.，2014）。在 MIS 8 沉积有机质的陆源和海洋源贡献大致相等。MIS 7-早 MIS 6，阿尔法海脊沉积物有机碳含量和 $\delta^{13}C$ 值出现过两次明显波动，指示陆源有机碳输入的两次明显上升，陆源有机质贡献曾高过 80%，这种变化发生在 MIS7 早期碎屑碳酸盐岩冰筏事件之后，出现在富 Mn 和低 IRD 含量层位。陆源有机碳输入的两次飙升应该与冰筏解体后海流对陆源有机质的直接搬运有关，陆源有机质可能由强盛的波弗特环流携带直接输向阿尔法海脊，且能较好保存，这种情况可能与短期气候波动有关。MIS 5 时海洋源有机碳比例明显增加，B85D 岩心 IRD 含量较低，Ca 峰却最为显著，这可能指示随着劳伦泰冰盖解体，加拿大北极地区又成为 IRD 的重要源区（Wang et al.，2013）。Ca 峰的出现对应了陆源有机碳贡献的略增，说明海冰仍然在陆源有机质搬运中具有重要作用。

MIS 4-MIS 3 期，B85D 岩心有机碳的 $\delta^{13}C$ 偏向于陆源沉积，IRD 含量较高但 Ca 元素含量非常低，这种情况的出现可能与 IRD 源区的转变有关。来自班克斯岛、维多利亚岛和麦肯锡地区的含碳酸盐岩碎屑几乎没有在 B85D 岩心处沉积，而可能被海冰搬运进入欧亚海盆。B85D 岩心处此时沉积的 IRD 可能来自以石英碎屑为特征的埃尔斯米尔等岛屿或拉普捷夫海和东西伯利亚海物源区（Nørgaard-Pedersen et al.，2007；Bazhenova et al.，2011）。到 MIS1 时，B85D 岩心有机碳相对高含量应该与气候回暖、原地海洋初级生产力增加有关。Ca 峰的出现则表明海冰浓度可能类似于 MIS 5 时，波弗特环流能将加拿大北极地区的碎屑碳酸盐岩搬运至阿尔法海脊处。

另外，在 MIS 7-早 MIS 6 时沉积物出现的有机碳含量及其 $\delta^{13}C$ 的异常信号，也许能成为阿尔法海脊附近地区地层对比新的依据。

7.5 罗蒙诺索夫海脊晚第四纪的古海洋学记录

7.5.1 ICE02 岩心地层年代框架

ICE02 岩心来自中国第五次北极科学考察，位于北冰洋东部的罗蒙诺索夫海脊，岩心柱总长 318 cm，按照 2 cm 的间隔（其中 162～164 cm 沉积物按 1 cm 间隔）取样总共分为 160 个样品。

由于 ICE02 岩心只有顶部 40 cm 出现有孔虫，因此难以使用有孔虫氧碳同位素地层学确定该岩心地层年代。因此，为了得到 ICE02 岩心的地层年代框架，将该岩心的 IRD 含量（> 63 μm，>154 μm 和>250 μm），浮游虫丰度和 Ca、Mn 元素相对含量与附近的 96-12-1pc 岩心（Jakobsson et al., 2000, 2001）和 PS2185-6 岩心（Spielhagen et al., 2004）的浮游虫丰度和 IRD（>63 μm）含量进行对比（图 7-9）。

在极地地区，冰筏碎屑是沉积物中的常见组分，其含量是指示古气候的重要替代性指标，它含量的高低可以用来指示北冰洋中冰的输入量的高低，与气候的冷暖有较好的对应关系，在气候变暖的间冰期或者冰消期造成冰架断裂，大冰块才能很轻易地进入北冰洋的开放区，进而造成沉积物中出现较高的冰筏碎屑含量 IRD，所以 IRD 含量的高低常常也用来作为北冰洋地区沉积物地层划分的依据（Phillips et al., 2001；Jakobsson et al., 2001）。

图 7-9 中 3 个岩心在 MIS 1 都具有较高的浮游有孔虫丰度，并且浮游有孔虫丰度在 MIS 2 急剧降低，因此将 ICE02 岩心的深度 0～22 cm 划为 MIS 1，深度 22～33 cm 划为 MIS 2。在 MIS 4，ICE02 岩心和 96-12-1pc 与 PS2185-6 岩心都有较高的有孔虫丰度，因此将 ICE02 岩心深度 50～164 cm 划为 MIS 4。此后的地层通过 IRD 含量的对比，可以将 ICE02 岩心的底部年龄定为 MIS 8。其中，深度 164～214 cm 为 MIS 5，深度 214～256 cm 为 MIS 6，深度 256～282 cm 为 MIS 7，深度 282～318 cm 为 MIS 8。

7.5.2 ICE02 岩心 IRD 含量指示的古气候变化

北冰洋沉积物中粗组分 IRD 含量强烈地受到气候变化的影响，这在该区域的很多研究中得以证明（Bischof et al., 1996；Phillips and Grantz, 2001；Polyak et al., 2004；Darby and Zimmerman, 2008）。北冰洋西部晚第四纪冰山漂移的研究显示，全新世沉积物中粗颗粒组分含量低，反映北冰洋中较少的冰山，通常更老的沉积物中 IRD 含量较高，对应于北冰洋中大量的冰山（Bischof and Darby, 1997）。虽然漂浮的海冰、大块冰或者冰山都能够夹带、搬运粗颗粒物质，但是他们的搬运能力却相差甚远。海冰的主要贡献是细的 IRD（<250 μm），而大冰块或者冰山的主要贡献是粗的 IRD（>250 μm）（Phillips et al., 2001；Darby and Zimmerman., 2008）。

ICE 02 岩心的 IRD（>63 μm）含量变化范围为 0.9%～39.1%，平均值为 16.8%。其中 IRD（>63 μm）含量在冰期（MIS 2, 4, 6, 8）的平均值为 23.0%，在间冰期的（MIS 1, 3, 5, 7）含量为 5.6%，IRD（>63 μm）在冰期的含量明显高于间冰期，并体现了良好的冰期-间冰期旋回。ICE 02 岩心的 IRD（>150 μm 和>250 μm）的含量变化趋势与 IRD（>63 μm）大致相同，也呈现冰期高间冰期低的特点。

根据 Spielhagen 等（2004）对于罗蒙诺索夫海脊的 PS2185-6 岩心 IRD 含量和有孔虫丰度的研究，在北冰洋，MIS 6 是过去 200 ka 以来北冰洋冰盖面积最大的时间。从 MIS 7 晚期开始，北冰洋中部地区的 IRD 输入明显增加，并伴随着大西洋水的注入。在整个 MIS 6 罗蒙诺索夫海脊都有较高的 IRD 含量（图 7-9），并且根据这些 IRD 的黏土矿物学研究表明，MIS 6 时该地区的 IRD 沉积有着较高的蒙脱石含量，可能主要来源于喀拉海东部以及拉普捷夫海

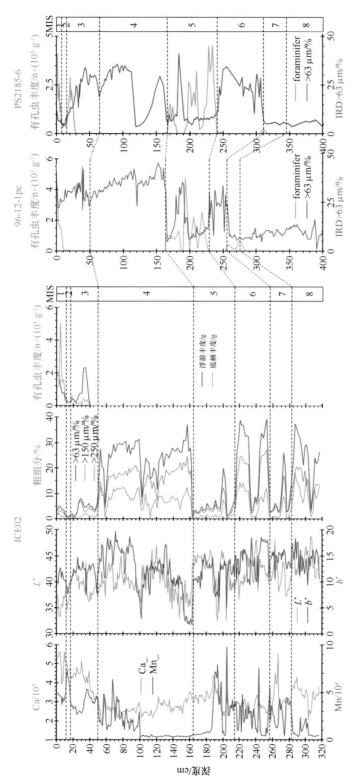

图7-9 罗蒙诺索夫海脊ICE 02岩心Ca、Mn元素相对含量，颜色反射率，IRD含量（>63 μm，>154 μm和>250 μm）和浮游有孔虫丰度与96-12-1pc岩心（Jakobsson et al.，2000，2001）和PS2185-6岩心（Spielhagen et al.，2004）的对比

西部的冰架延伸。到了 MIS 5，罗蒙诺索夫海脊的 IRD 含量明显降低（图 7-9），并且有孔虫含量明显升高，ICE02 岩心在 MIS 5 的有孔虫缺失可能是由于水深较深（96-12-1pc 岩心和 PS2185-6 岩心分别为 1 003 m 和 1 051 m）导致的溶解作用，使得钙质壳体保存较差。同时沉积物的颗石藻含量在 MIS 5 明显上升（Spielhagen et al.，2004），表明了大西洋水的注入增加。此时气候温暖，冰架融化，使得 IRD 含量降低。在 MIS 4，ICE02 岩心的 IRD 含量明显增加，这一现象在北冰洋中部的许多岩心中都有发现（Pagels et al.，1991；Vogt et al.，2001；Nørgaard-Pedersen et al.，1998；Jakobsson et al.，2000，2001），这些 IRD 都具有较高的蒙脱石和高岭石含量，表明其来源于巴伦支海、喀拉海和西拉普捷夫海的冰架。并且罗蒙诺索夫海脊 MIS 4 的 IRD 含量都有明显的突然升高或降低，表明了在该时期冰架的突然漂移（Spielhagen et al.，2004）。MIS 3 以来，ICE02 岩心和罗蒙诺索夫海脊其他岩心的 IRD 含量较低，这与该时期巴伦支海、喀拉海和西拉普捷夫海的冰盖向东延伸的减弱有关，同时也表明了之前罗蒙诺索夫海脊地区的 IRD 主要来源于巴伦支海、喀拉海和西拉普捷夫海地区。

第8章 亚北极北大西洋沉积特征
及古环境演化研究

8.1 自然地理概况

亚北极北大西洋地区由于其冰雪、冰川和大陆冰盖覆盖面积广，反射率高（为开放大洋的5~10倍），生态系统极其脆弱，是全球气候变化最为敏感的区域之一。大量研究表明，大气-海冰-海洋之间的正反馈效应使得该地区在全球气候变化中的作用被放大（Overpeck et al.，1997），其自身微小的变化就能给全球气候带来较大影响。在全球变暖的背景下，亚北极北大西洋地区的近表层气温变化是全球平均的2倍（Solomon et al.，2007），其季节性海冰变化通过海冰对太阳辐射的反射机制调控着北半球高纬度地区的能量平衡（Dieckmann and Hellmer，2008），迅速消融的海冰进一步加剧了北极-北大西洋地区气候的变暖。

在全球温盐环流系统中（图8-1），北大西洋深层水的强弱起着至关重要的作用。北大西洋深层水（North Atlantic Deep Water，NADW）主要来源于北欧海的格陵兰海、冰岛海和挪威海等海域。北大西洋高温高盐水团在高纬度地区主要通过蒸发冷却的方式进行强烈的海-气交换，在把大量热量传递给大气的同时，海水本身温度迅速下降，且由于被蒸发的都是纯净水分子，导致海水盐度上升。低温高盐的海水具有较高的密度，从而下沉形成深层水。新下沉的深层水推动原有的深层水南流从而驱动了全球范围内的温盐环流。因此，北大西洋深层水的形成及其强弱变化对全球温盐环流有着关键的作用，从而影响着全球气候的变化。历史上，北大西洋曾发生过多次冰融水事件（如著名的新仙女木事件，Younger Dryas），低盐的冰融水注入北大西洋高纬度海域，海水密度显著降低，阻碍或减弱了北大西洋深层水的形成，全球温盐环流因此被显著削弱，从而导致多次全球气候突然变冷事件的发生。

在短期气候系统中，北大西洋涛动（North Atlantic Oscillation，NAO）是控制北大西洋地区的主要气候模式。处在格陵兰南部和冰岛上空的极地冰岛低压和位于亚热带大西洋上空的亚速尔高压之间，气压差异的年际变化现象被称为北大西洋涛动。两个气压中心的气压差在很大程度上决定了北大西洋尤其是北大西洋北部海域及邻近地区的气候状况，当亚速尔高压增强，冰岛低压加深时，NAO指数较高为正值，此时北大西洋中纬度西风的强度增强，墨西哥湾暖流及拉布拉多寒流均得以增强，西北欧和美国东南部地区出现冬暖夏凉，降雨丰富的气候，而同时为寒流所控制的加拿大东岸及格陵兰西岸却寒冷干燥。反之，当亚速尔高压和冰岛低压之间的气压差较小，NAO指数降低甚至为负值时，大西洋西风强度削弱，西北欧和美国东南地区出现较大的季节温差及较少的降雨量，减弱的西风转而影响地中海地区，导致南欧和北非地区雨量充沛。由于亚速尔亚热带高压中心和冰岛极地低压中心都在北半球冬季期间较强，故NAO指数通常是通过计算每年12月至次年3月亚速尔高压和冰岛低压之间平

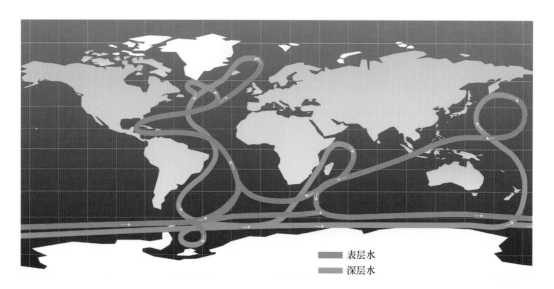

图 8-1　全球温盐环流系统

均气压差异而得。NAO 指数存在显著的年际变化，但有时也会在几年内持续较高水平或较低值。其变化情况对北大西洋及周边地区短期气候变化有重要影响，对研究较短期（如 10 年或百年尺度）的气候变化具有重要的指示意义。

8.1.1　北大西洋西北部自然地理概况

北大西洋西北部海域主要包括巴芬湾（Baffin Bay）、戴维斯海峡（Davis strait）和拉布拉多海（Labrador Sea）。其海流系统主要可以分为两部分：沿格陵兰西海岸向北流动的西格陵兰流（West Greenland Current）和沿巴芬岛、拉布拉多半岛东岸自北向南流的巴芬—拉布拉多流（Baffin-Labrador Current）（图 8-2）。

西格陵兰流由来自北极的东格陵兰寒流（East Greenland Current）和来自北大西洋暖流的分支印明格暖流（Irminger Current，温度约 4~6℃，盐度约 35）组成（图 8-2）。东格陵兰寒流沿格陵兰东岸大陆架由北向南流动，其强弱同北极海冰的生成和融化密切相关。东格陵兰寒流除东部边缘夏季水温可达 2~4℃ 之外，全年水温都低于 0℃，平均为 -1.8℃，盐度为 32~33，表层流速为 1 km/h，200~600 m 深度为 0.4~0.7 km/h。东格陵兰寒流不仅带走了大量的浮冰（约为 8 000~10 000 km³），而且带走了北极海域过剩水量的 2/3。

北冰洋水团穿越加拿大北极群岛（Canadian Arctic Archipelago）进入巴芬湾形成低温低盐的巴芬流（Baffin Current），巴芬流自北向南流动，在戴维斯海峡南部，与向南折回的西格陵兰流和哈德孙海峡（Hudson Strait）流出的冷水团混合形成拉布拉多寒流（Labrador Current）。拉布拉多寒流沿拉布拉多海的西岸向南流，在纽芬兰（Newfoundland）东南的大浅滩（Grand Banks）与墨西哥暖流相遇（图 8-2）。冬季拉布拉多寒流的北部水温为 -1℃ 以下，南部可达 5℃，夏季北部为 2℃，南部可达 10℃；北部盐度为 30~32，南部 33~34。其流量有较大的年际变化，在（34~54）×10⁵ m³ 之间变化。

海冰是北大西洋海域环境变化的主要影响因素之一。现代海冰数据表明，拉布拉多海每年 11 月开始结冰，次年 3 月海冰覆盖面积最广（LeDrew et al.，1992）。受拉布拉多寒流的影

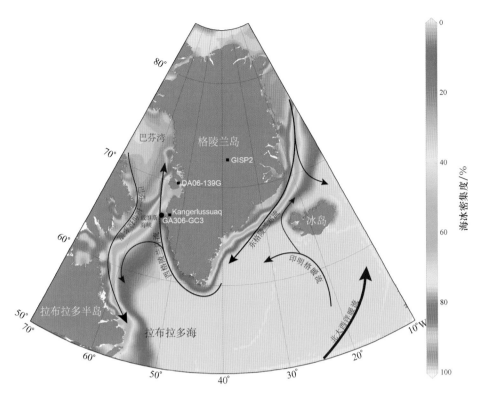

图 8-2 北大西洋洋流示意图及主要研究站位分布

响，拉布拉多海西部浮冰存在的时间长达 9 个月，即使在无浮冰的 8—10 月仍有冰床存在。格陵兰岛西南沿岸地区，仅在冬末较短时间内有海冰存在，或者春季、夏初时极地水团带来少量的多年冰，其他时间则无海冰覆盖（Valeur et al.，1997）。

巴芬湾每年 10 月海水开始结冰，海冰覆盖范围从北向南逐渐增加，到次年 3 月达到最大。湾内 12 月至次年 4 月完全被海冰覆盖，4 月起海冰从东南部的戴维斯海峡处开始融化，8—9 月时海冰覆盖面积最小（Tang et al.，2004）。巴芬湾还存在季节性的一年生海冰，平均厚度约为 0.7 m（Buch，2000）。此外，戴维斯海峡 11 月至次年夏季中旬有海冰覆盖，Disko 湾则从 1 月至次年 5 月有海冰分布（Valeur et al.，1997）。

受该区域洋流系统的影响，格陵兰岛西侧海域东西两侧的海冰分布明显不同。西格陵兰洋流因携带部分北大西洋暖水团，不利于海冰的生成，从而使得西格陵兰沿岸海冰融化季节较早，覆盖时间短。另一侧的巴芬-拉布拉多流以极地冷水团为主，有利于海冰的生成，能够将大量的海冰从巴芬湾携带注入戴维斯海峡和拉布拉多海（Valeur et al.，1997）。

该海域除分布有海冰外，部分地区还受冰床分布的影响。巴芬湾东部，尤其是西格陵兰中部的 Disko 湾和 Umanak 湾内，因格陵兰冰盖的影响冰床广泛存在。Disko 湾内的冰床部分在西格陵兰流作用下进入巴芬湾北部；部分经戴维斯海峡进入拉布拉多海，并在巴芬-拉布拉多流的作用下向南漂流，有些甚至抵达大浅滩（Grand Banks）（Tang et al.，2004）。

8.1.1.1 Disko 湾

Disko 湾位于 68°30′—69°15′N，50°—54°W，是格陵兰西部地区较大的海湾之一，面积约为 40 000 km² （图 8-3）。其纬度位置决定了该区域温度季节变化较大，而且太阳光照时间也存在着明显的季节变化（11 月下旬至次年 1 月中旬处于极夜）。Disko 湾西南部有较大的湾口与巴芬湾相连。

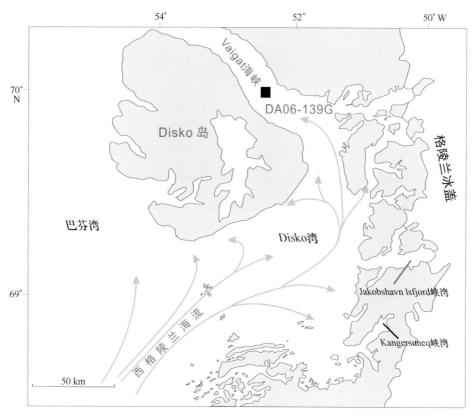

图 8-3　Disko 湾区域概况

Disko 湾海槽和海槛较多，海底地形较为复杂。湾长约 150 km，宽 100 km，平均水深在 200～400 m 之间，最大水深位于 Egedesminde Dyb 海槽，约为 990 m（Kuijpers et al.，2001；Moros et al.，2006）。Disko 湾降水量丰富且温度季节性变化大，属于典型的极地海洋性气候（Humlum，1985）。Disko 湾地区年平均气温为-5.2℃，夏季平均气温为 4.8℃，年平均降水为 307 mm（Fredskild，1996）。太阳辐射季节性变化大，春、夏季有极昼现象，11 月下旬再次年 1 月中旬发生极夜现象（Jensen，2003）。湾内海水每年 12 月至次年 1 月结冰，4—5 月融化。

Disko 湾北部的 Vaigat 海峡位于 Disko 岛和格陵兰大陆之间，长约 130 km，宽约 20～25 km，最大水深为 600 m（Andresen et al.，2011）。Vaigat 海峡是湾内浮冰流入巴芬湾的主要出口。Weidick 和 Bennike（2007）认为末次冰期时，冰川向北一直扩展到 Vaigat 海峡口处。Jakobshavn 峡湾是 Disko 湾一个重要冰川的出口。西部格陵兰中部每年冰川崩解后有约 1/3 通过 Jakobshavn 峡湾流入 Disko 湾。Long 和 Roberts（2003）认为 Disko 湾海底的几个主要海槽很可能是由冰期时期 Jakobshavn Isbrae 冰川向西前进侵蚀而成的。

8.1.1.2 Holsteinsborg Dyb 海槽

Holsteinsborg Dyb 海槽位于西格陵兰沿岸 Sisimiut 的西南方向，经过冰川的反复侵蚀后，第四纪时有大量沉积形成。Holsteinsborg Dyb 海槽呈 WSW 走向，槽中心长度约为 60 km，海槽东部分布有 4 个较大的峡湾：Amerdloq，Ikertooa，Kangerluarssuk 和 Itilleq 峡湾，其中以 Ikertooa 峡湾最大（图 8-4）。

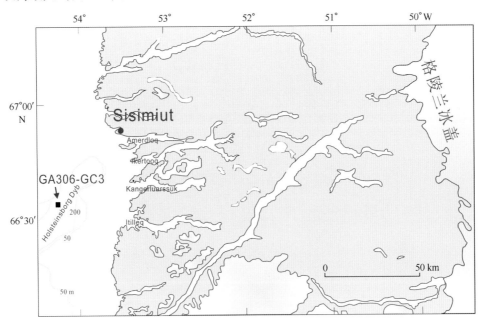

图 8-4　Holsteinsborg Dyb 海槽区域概况

位于海槽东北方向的 Sisimiut，年平均降水量为 200~300 mm，最大降水量出现在 8 月份（大约 60 mm），属于极地海洋性气候，月平均温度-6℃左右（Ryves et al.，2002），最低温出现在 2 月（约-16℃），最高温出现在 7—8 月（约为 6℃）（Hansen et al.，2004）。

8.1.2　北欧海自然地理概况

挪威海（Norwegian Sea）位于大西洋的最北端，与格陵兰海（Greenland Sea）、冰岛海（Iceland Sea）一起被称为北欧海（Nordic Seas），也称 GIN 海（有时也被称作是北冰洋的附属海）。作为北欧海的两个主要海盆，格陵兰海盆和挪威海盆是北冰洋和北大西洋之间最主要的海洋通道，带有不同温盐特性的海水在此交汇，如流经该海域的东格陵兰流和北大西洋暖流（NAC，North Atlantic Current）分别来自北冰洋和北大西洋。现代北大西洋深层水也主要产生于北欧海，而北大西洋深层环流又通过影响全球大洋环流而产生全球效应。北大西洋暖流也同它密不可分，经北大西洋暖流传输至高纬度北极地区的水汽、盐分和热量对欧洲甚至全球的气候具有重要影响（Heinrich，1998）。在全球温盐环流系统中，北大西洋深层水的强弱也起到至关重要的作用（Heinrich et al.，2002）。所以在控制挪威海及其周边地区环境、气候变化和物质输运等方面，北大西洋暖流、深层水和全球温盐环流等都起着关键性的作用。

挪威海由沃灵（Vøring）海台和扬马延岛（Jan Mayen）断裂带划分为南部的挪威海盆和北部的罗弗敦海盆，西侧以扬马延岛海脊和莫恩斯海脊为界，东侧则以挪威大陆边缘为界（Bauch and Weinelt，1997）（图 8-5）。挪威海现代表层水循环模式由向北扩展的北大西洋暖流控制，厚度为 500~700 m，盐度为 35.1~35.3（Swift，1986）。在挪威海东部边缘，北大西洋暖流的分支被挪威沿岸流所叠加，称为挪威-大西洋流（NWAC，Norwegian Atlantic Current），此现象在夏季尤为显著（Swift，1986）。挪威-大西洋流主要沿挪威陆架流动，并被其北方海域和来自挪威海沿岸的海水所补偿,盐度较低(<34.7)(Johannessen,1986)。在挪威海西部,北大西洋暖流和北极寒流被北极锋面所分割(Bauch and Weinelt,1997)。

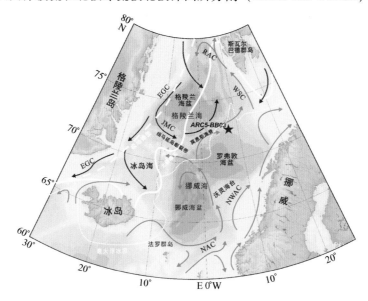

图 8-5　北欧海上层流场示意图

注:红色实线表示来自大西洋的暖流,黑色实线表示来自北冰洋的寒流,白色虚线表示极地锋,白色实线表示北极锋.图中主要流系分别为东格陵兰流(EGC)、扬马延流(JMC)、北大西洋暖流(NAC)、挪威-大西洋流(NWAC)、西斯匹次卑尔根流(WSC)以及大西洋回流(RAC).

北大西洋暖流向北流入北冰洋时,水温逐渐降低且密度变大,随之下沉。这个运移机制解释了水体垂直翻转和格陵兰-冰岛海域的深层水模式,并且对全球海洋循环和气候变化有着重要的意义(Veum et al.,1992)。例如,在冰期和间冰期过程中,北半球的主要气候变化可能就是由于上述运移机制中海水盐度的细小波动所引起(Broecker and Denton,1989)。而在全新世期间,相关地区的气候和海洋系统处于比较稳定的阶段(Bauch and Weinelt,1997)。

北大西洋深层水模式的复杂性,使得北大西洋成为全球气候变化最为敏感的区域。北大西洋深层水是由北极和巴伦支陆架海冰形成时的海水构成的,北大西洋暖流下游复合再循环的深层水也是北大西洋深层水的重要贡献之一(Dickson and Brown,1994)。北大西洋表层水较冷且密度较大,它可能也被夹杂在其他水团中加倍驱动着北大西洋深层水。北大西洋深层水产生时的盐度、热量平衡与大西洋海水动态系统和北欧海域的热交换有很大关联(Meincke,1983),从而可能与挪威海北部古海洋环境变化有关。

8.2　古海洋学研究进展

8.2.1　北大西洋北部海域

格陵兰冰心记录、北大西洋深海沉积以及关于北大西洋暖流和北大西洋深层水(NADW)

的记录为北大西洋地区提供了非常敏感的高分辨率资料，同时也产生了大量可供参考的文献和成果。其中，格陵兰冰盖的冰心资料十分丰富，迄今为止约有7处主要的冰心深钻：Camp Century、Dye-3、Renland、GRIP、GISP2、NorthGRIP和NEEM。其所记录的稳定同位素、化学组成、冰心积累量等参数已被广泛应用到气候变化研究领域中（Friedmann et al.，1995；Cuffey and Clow，1997；Kreutz et al.，1997；White et al.，1997）。其中，20世纪90年代开始研究的GRIP和GISP2两个冰心对人类了解北半球的气候变化历史起了极其重要的作用。如O'Brien等（1995）在GISP2冰心中发现了全新世约2600年的冷事件准周期；而Dahl-Jensen等（1998）则在GRIP冰心中发现了8 000~5 000 cal a BP期间的全新世大暖期。6个主要站点的冰心氧同位素曲线具有很高的一致性，反映了自末次间冰期以来格陵兰及附近区域的气候变化（Johnsen et al.，2001）。

对北大西洋深海沉积记录，研究者通过不同的古海洋环境研究手段（如：沉积物硅藻、有孔虫、放射虫、颗石藻、甲藻等多种微体古生物化石指标；沉积物磁性特征；冰筏碎屑沉积物含量；沉积物氧、碳同位素变化等）也进行了比较全面的、多角度的研究（Andrews，1992；Andruleit and Baumann，1998；Andersen et al.，2004）。

8.2.2 北大西洋西部海域

由于西格陵兰洋流的组成特点，其进退、强弱变化也能敏感地反映北大西洋暖流的强弱变化以及其东、西分支的流量变化，进而获取气候变化资料。在陆地方面，格陵兰西部地区还受到格陵兰冰盖以及古劳伦泰德冰盖的影响。

位于北大西洋西部海域的Disko湾，因Jakobshavn冰流直接流入其中从而与格陵兰冰盖联系密切（Lloyd et al.，2005）。Lloyd等（2005）对这一地区Jakobshavn峡湾口处的两个岩心作了有孔虫和粒度的研究，发现9 200 cal a BP的冰退与西格陵兰洋流增强同期，直到7 800 cal a BP，冰川退至现代峡湾位置，冰川融水对西格陵兰洋流的冲淡-稀释作用才停止。在此之后，西格陵兰洋流仅能影响Disko湾的东缘。这反映了西格陵兰洋流中东格陵兰寒流和印明格暖流的比例对这一地区的环境影响很大（Lloyd，2006a）。Moros等（2006）的数据也印证了这一点：Disko湾的暖期时，北大西洋暖流加强，进而影响西格陵兰洋流中暖水团增强。同时，还发现一个相对较晚的全新世大暖期：开始于约4 800 cal a BP，结束于3 500~3 100 cal a BP之间，这与Ameralik峡湾岩心的数据相近（Møller et al.，2006），也与西南格陵兰的一些湖泊数据相一致（Willemse and Törnqvist，1999）。Seidenkrantz等（2008）利用沟鞭藻孢囊和疑源类重建了3 000 a以来大西洋水在Disko湾的消长情况。Lloyd（2006b）分析了Disko湾20个表层样的底栖有孔虫资料，将种属分布与西格陵兰洋流带来的冷、暖水团联系起来，为重建该地区古海洋环境奠定了基础。另外，Jensen（2003）利用Disko湾中的硅藻数据也做了十分有意义的工作（任健，2008）。

此外，Møller等（2006）和Seidenkrantz等（2007）等分别对连接北大西洋西部海域与格陵兰冰盖的峡湾沉积物进行了研究。根据样品粒度和地球化学元素的分析，Møller等（2006）认为Ameralik峡湾在4 400~3 200 cal a BP经历了全新世大暖期晚期，之后逐渐转冷。Seidenkrantz等（2007）根据有孔虫和硅藻资料，作了更为详细的分析，底栖有孔虫反映了全新世大暖期后，气候冷暖交替的变化，这也与北大西洋地区的气候变化相对应。Levac（2001）根据海洋沉积物中孢粉和鞭毛藻重建了位于巴芬湾北部的 Polynya 冰间湖的全新世表层水温度，结果显示自 9 300 a BP 开始海冰融化，生产率提高；6 400~3 600 a BP 期间比现代高 2~3℃；之后开始转冷。这与格陵兰南端的 Qipisarqo 湖的研究结果很相近（Kaplan et al.，2002；任健，2008）。

最近一些研究表明，相较于短尺度的北大西洋涛动变化，长尺度上北大西洋东、西部也存在着"类北大西洋涛动"。拉布拉多海和冰岛南部海域两个岩心的有孔虫 $\delta^{18}O$ 数值，以及利用甲藻孢囊重建的表层海水温度、盐度等指标的对比，发现全新世北大西洋东、西两部分的气候变化驱动机制并不完全相同（Solignac et al.，2004）。此外，利用长链烯酮不饱和度（U_{37}^k）重建的全新世表层海水温度，也反映出相反的变化趋势（Rimbu，2003）。Seidenkrantz 等（2007）在 Ameralik 峡湾的研究表明了在全新世大暖期后，北大西洋西部与欧洲的水文环境变化呈"类北大西洋涛动"模式。Buch（2002）研究发现北大西洋涛动正相时北大西洋暖流加强，而向西的分支印明格暖流减弱，导致进入拉布拉多海以及影响西格陵兰的大西洋水减少；当北大西洋涛动为负相时，印明格暖流增强，而大西洋暖流减弱（沙龙滨，2012）。

然而，Lloyd 等（2007）利用 Disko 湾两个岩心的有孔虫数据重建了中晚全新世以来的洋流及气候变化，未发现"类北大西洋涛动"模式。Jensen 等（2004）根据硅藻百分含量的变化重建了过去 1 500 年来格陵兰岛南部 Igaliku 峡湾的水文、海冰等环境变量，也未发现长时间尺度上的"类北大西洋涛动"模式的存在。此外，Ren（2009）、Lassen（2004）、Roncaglia 和 Kuijpers（2004）对格陵兰西部及南部地区的研究也均未发现该模式的存在。因此，北大西洋西部海域是否存在长时间尺度的"类北大西洋涛动"模式还存在较大争议，因此，北大西洋西部海域应当是研究在地质历史时期是否存在长周期北大西洋涛动的理想地点，对于研究晚全新世以来的气候变化及其和大洋环流之间的关系，查明其变化规律及驱动机制和预测未来气候变化是十分重要的（沙龙滨，2012）。

8.2.3　北欧海海域

前人对北欧海古海洋环境变化进行了很多的研究，多集中在古生物（Hald et al.，2001）、碳酸盐保存状况（Jones and Keigwin，1988）、氧同位素（Sarnthein et al.，1992，1995）、粒度（Lehman et al.，1991）和地化指标（Veum et al.，1992）的沉积记录分析与解释上。晚更新世以来，挪威-格陵兰海（NGS，Norwegian-Greenland Sea）的海洋环境发生了引人注目的变化，特别是在末次冰期、冰消期和全新世期间短时间尺度的剧烈气候波动十分频繁（Blindheim and Østerhus，2005）。这种波动与北大西洋暖流的输入和冰盖消融等有着密切联系。目前关于挪威-格陵兰海末次盛冰期（LGM）时洋流的内循环模式有非常大的争议，Kellogg（1980）提出假设认为该海域完整覆盖的海冰是沿着一个缓慢的气旋环流所移动的。而Sarnthein 等（1992）则在挪威-格陵兰海的西边建立了一个被北大西洋暖流注入所驱动的顺时针循环模式，但在随后的研究中，Sarnthein 等（1995）将其修订成逆时针循环模式，此观点与 Heinrich 等（1989，1995）的观点相冲突。总的来说，所有的新数据都指出末次盛冰期时在挪威-格陵兰海一直存在着来自北大西洋暖流的水体，而且在冰融水事件发生时，北大西洋暖流在格陵兰海中表现更为显著（Hald et al.，2001）。末次盛冰期结束到 Bølling-Allerød 事件开始之间对应着 Heinrich Stadial 1（HS1）阶段（18~14.6 cal ka BP）（Eldevik et al.，

2014)，从 18 cal ka BP 开始大西洋经向翻转环流一直在减弱直到 17.5 cal ka BP 几乎完全消失，此时即标志着 Heinrich Event 1（HE1）的开始（Eldevik et al.，2014；McManus et al.，2004）。HE1 事件期间由于冰融水的注入导致表层海水盐度有所下降，加剧了海水分层现象从而消减了当时的北大西洋深层水循环模式（Sarnthein et al.，1995）。12.8~11.5 cal ka BP 时气候再一次变冷，这是在全新世之前最后一次明显的气候变冷事件，对应着新仙女木事件。此时气候的快速变冷导致冰盖大范围扩张，阻挡了陆源物质的输入（Birgel and Hass，2004；Ślubowska et al.，2005；Rasmussen et al.，2007）。进入全新世（11.5 cal ka BP），挪威海区中增加的浮游有孔虫数量预示着北大西洋极区的表层水和深层水循环模式逐渐建立起来（Hald et al.，2001）。但全新世期间气候仍发生了几次明显的冷暖变化，包括全新世大暖期和新冰期（Neoglacial）变冷等事件（Duplessy et al.，1981；陈漪馨等，2015）。

8.2.4　基于硅藻化石组合的古海冰研究进展

海冰在全球气候系统的作用越来越受到广大学者的关注。20 世纪 70 年代，随着卫星遥感技术的广泛应用，全球海冰观测数据逐步开始获取，海冰模型的模拟及预测研究大量开展。然而相对于器测海冰资料及模型研究，定量重建的高分辨率的古海冰资料及古海冰研究则相对较少。尤其在北大西洋西北部海域，古海冰的研究以定性分析为主（De Sève and Dunbar，1990；Koç Karpuz et al.，1993；Cremer，1999；de Vernal and Hillaire-Marcel，2000；Jennings et al.，2002；Sarnthein et al.，2003），定量研究极少（Justwan and Koç Karpuz，2008），且主要以生物标志物指标 IP25 为主（Müller et al.，2009，2011，2012；Belt and Müller，2013）。

此外，在全球气候变化研究中，古气候的定量重建不仅能为模型研究控制边界条件，而且能检验模型的可靠性和模拟效果。因此，运用海冰转换函数，定量重建北大西洋西北部海域高分辨率的古海冰变化，特别是长时间尺度的古海冰变化，并分析其变化规律及驱动机制，对于更准确地预测未来北极-北大西洋地区气候及海洋环境变化是十分重要的（沙龙滨，2015）。

硅藻是属于黄褐色植物门硅藻纲的单细胞藻类，大小在 2~200 μm，具有硅藻壳壁，壳壁内包裹原生质。硅藻无论在海水、半咸水或淡水中，都呈浮游或底栖状态，对于盐分、温度和各种无机盐类等反应敏锐（小泉格，1984；金德祥，1991）。海洋硅藻种类和数量极其丰富，目前已被记载的海洋硅藻超过 12 000 种（郭玉洁等，2003），因而海洋浮游硅藻是海洋浮游植物中最主要的成员之一，同时也是海洋初级生产力的主要贡献者（沙龙滨，2012）。

硅藻的分类主要根据内、外两个壳壁的形状和壳壁的各种纹饰。依据不同的标准，硅藻可分为若干大类：按温度分为极地种、海冰种、北温带种、温带种、亚热带种、热带种、赤道种和广温种；按盐度可分为：海洋种、半咸水种和淡水种；按硅藻的生活习性可分为：浮游种、半浮游种和底栖种；按硅藻对 pH 值的耐受度分为：酸性种和碱性种（黄玥，2009）。

随着电子显微镜、计算机及其他测试仪器日趋完善，硅藻开始被广泛应用到古地理、古气候重建研究中。作为重建古地理环境的手段之一，硅藻具有以下特点：①数量庞大，种类繁多；②分布广泛；③硅藻具有坚硬的硅质壳面，使之在沉积物中容易保存；④对环境变化十分敏感，是良好的环境指示器（Smol，2010）。将沉积物中的硅藻组合和现代的硅藻群落（考虑到硅藻沉降过程中以及在沉积物-水界面的溶解，更多采用表层沉积物中的硅藻组合而不是水体中的硅藻群落，来表示现代硅藻）对比，观察不同硅藻种类随环境变量（如温度、盐度、酸碱度、营养盐、海冰等）的变化而出现数量的增减，构造转换函数，从而重现过去的环境演变，这就是利用硅藻重建古地理环境的基础和关键（Jiang et al.，2001；Sha et al.，2015，2016；蒋辉等，2006；任健，2008；沙龙滨，2012）。

早在 20 世纪 20 年代，硅藻就被广泛应用于古环境学的研究中，但在研究初期，人们主要是定性地研究硅藻化石的分布及其在时间和空间上的变化，从而得出相对的古地理、古气候变化资料。随着科技的不断发展，人们开始定量地研究现代硅藻分布与环境变量之间的关系，并将此定量关系应用于研究沉积物中的硅藻化石组合，从而为定量研究古环境、古气候提供可靠的依据。

Kozlova 和 Lisicyn 于 1964 年最早在印度洋开展了表层沉积硅藻的研究。接着，Jousé 等（1971）对太平洋表层沉积硅藻进行了大范围的研究。目前，国际上对海洋沉积物中硅藻的研究已涵盖了大西洋、印度洋、太平洋、南极、北极、地中海等海域。其中，北大西洋北部海域也开展了大量的硅藻研究工作。Koç Karpuz 等（1990）利用因子分析方法对北大西洋北部海域表层沉积硅藻及其与各海洋环境因子之间的定量关系进行了研究，为随后定量研究北大西洋北部海域古海洋环境奠定了基础（Koç et al.，1993；Birks and Koç Karpuz，2002；Justwan and Koç Karpuz，2008）。Andersen 等（2004）利用该表层沉积硅藻-环境变量数据库定量恢复了冰岛北部陆架全新世夏季表层海水温度。随着多元统计分析方法及转换函数计算方法的不断完善，Jiang 等（2001）对冰岛周围海区表层沉积硅藻的分布及其与海洋环境变量之间的关系进行了更为详细的定量研究，发现该地区表层沉积硅藻的分布与表层海水温度、盐度及水深等环境因素都有着密切的联系，并定量恢复了冰岛北部全新世以来的表层海水温度变化（Jiang et al.，2002，2005，2015）。

8.3 样品与数据

本次工作针对第五次北极科考期间在北欧海取得的 ARC5-BB03 岩心（以下简称 BB03）、丹麦和冰岛两国在冰岛北部和格陵兰岛西部获得的 3 个沉积物岩心（表 8-1 和图 8-6），完成了火山灰地层学、AMS^{14}C 测年、粒度、元素地球化学、硅藻、有孔虫氧碳同位素、XRF 扫描等分析测试工作，开展了亚北极北大西洋扇区晚更新世以来沉积特征以及全新世以来海冰变化研究。

表 8-1　专题研究在亚极地北大西洋所涉及的岩心站位信息

岩心编号	站位信息		水深 /m	岩心长度 /cm	取样年份	样品来源
	纬度	经度				
ARC5-BB03	72°26.606′N	7°35.890′E	2 598	365	2012	中国
DA06-139G	70°05.486′N	52°53.585′W	384	446	2006	丹麦
GA306-GC3	66°37.483′N	54°12.583′W	425	440	2006	丹麦
MD99-2271	66°30.083′N	19°30.333′W	315	815	1999	冰岛

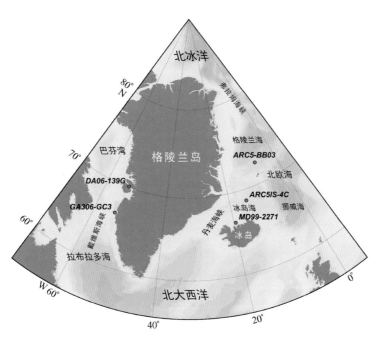

图 8-6　亚极地北大西洋取得的沉积物岩心位置示意图

8.4　末次盛冰期以来挪威海北部陆源物质输入变化

北大西洋记录的末次冰期以来千年尺度快速气候变化对研究未来气候突变具有重要意义。本次工作对取自挪威海北部 BB03 岩心进行了沉积物粒度组成、AMS^{14}C 测年、颜色反射率和高分辨率 XRF 地球化学元素无损扫描测试，运用因子分析方法判别了不同来源沉积物的地球化学组成差异，并与末次盛冰期以来北大西洋海洋循环机制和气候变化进行对比分析，讨论了海洋环境变化对沉积物来源的影响和制约机制。

8.4.1　年代框架建立

BB03 于 2012 年我国第五次北极考察期间在挪威海北部利用重力取样器获得（图 8-5 和图 8.6），岩心长度为 3.65 m。沉积物以粉砂质黏土为主，含生物碎屑和少量砾石，强黏性，有机质含量较低，颜色以灰黄-灰色为主。

BB03 岩心的年龄控制点是 200 cm 以上 8 个浮游有孔虫 AMS^{14}C 测年数据（表 8-2）。依据年龄控制点线性内插及外推，BB03 岩心底部年龄为 26 cal ka BP。线性沉积速率结果显示，各阶段的沉积速率不一致（表 8-2 和图 8-7）。总体上看，末次盛冰期挪威海的沉积速率最高到达 28.1 cm/ka，之后降至 5.8~8 cm/ka，而到了新仙女木事件期间沉积速率又逐渐回升至 13~16.5 cm/ka，从 8 cal ka BP 前后至今又呈现逐渐降低的趋势。

表 8-2　BB03 岩心的地层年代框架

层位/cm	AMS^{14}C 年龄/a	日历年龄/cal a BP±1σ
8~10	1 980±20	1 491±43
20~22	3 730±20	3 600±36
46~48	6 530±35	6 992±62
72~74	8 360±30	8 910±63
111~113	10 350±40	11 286±69
150~152	15 250±55	18 003±88
169~171	17 350±90	20 392±132
192~194	18 000±60	21 210±127

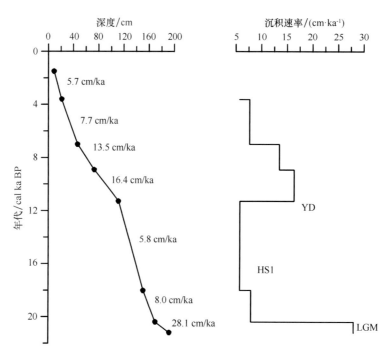

图 8-7　BB03 岩心年代控制点及沉积速率变化

8.4.2　粒度和颜色反射率分布特征

将粒度组成数据与颜色反射率数据 L^*、a^*、b^* 值进行比对，可以发现沉积物粒度组成的变化与其颜色的变化有很好的对应关系，据此并结合年代框架可以分为 4 段：26~21.5 cal ka BP，21.5~16.5 cal ka BP，16.5~10 cal ka BP 和 10 cal ka BP 以来。总体上，BB03 沉积物平均粒径主要介于 4~13 μm 之间，平均值为 8.38 μm（图 8-8）

21.5 cal ka BP 以前，沉积物粒度总体较粗；21.5 cal ka BP 之后沉积物粒度迅速减小，波动幅度也加大，平均粒径 Φ 值在 7.2 左右波动，反映了沉积环境和沉积物来源的剧烈变化。沉积物中砂（500~63 μm）、粉砂（63~4 μm）和黏土（<4 μm）粒级组分百分含量也呈现出相似的变化趋势（图 8-8）。

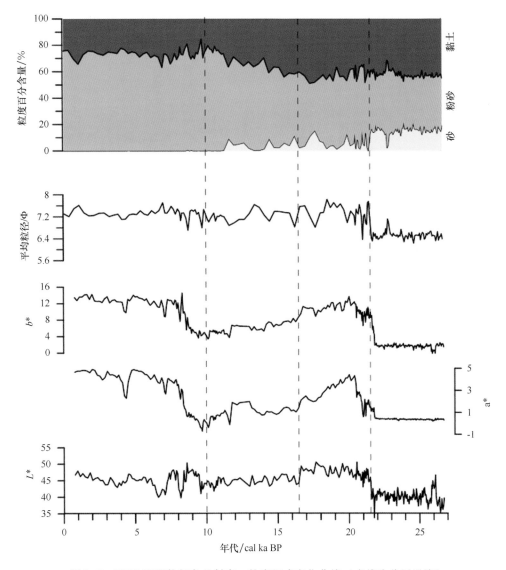

图 8-8　BB03 沉积物颜色反射率、粒度组成变化曲线（虚线为分层界线）

亮度 L^* 值在 21.5 cal ka BP 时发生了突变，21.5 cal ka BP 之前的 L^* 值明显比之后高，21.5 cal ka BP 之后的沉积物颜色偏灰偏暗，21.5 cal ka BP 之前则偏黄偏亮。通过 a^*、b^* 的数值变化可以看出，沉积环境分别经历了还原、氧化、再还原到再氧化的过程（图 8-8）（杨胜利等，2001）。

8.4.3　XRF 扫描测试结果

8.4.3.1　元素相关性分析

不同元素间相关关系的分析有助于揭示元素的伴生关系，进而判别各种元素的可能来源。对于 BB03 以年代轴上 10 cal ka BP、16.5 cal ka BP 和 21.5 cal ka BP 为界将岩心分为 4 段进行了 Al/K、K/Si、Ca/Ni、Sr/Ca 元素的相关性分析（图 8-9）。结果显示岩心中 Al、K、Si 有显著的相关性，Ca、Sr、Ni 也具有明显的正相关。同时也可以看出，不管是 Al、K、Si 元素含量还是 Ca、Sr、Ni 元素含量，21.5 cal ka BP 之前的沉积物组成或来源与前 3 段显然不同。而前 3 段的各元素相关性较高可能是同一来源，而最后一段与前 3 段的各元素含量相关性指示了其不同的沉积物来源。

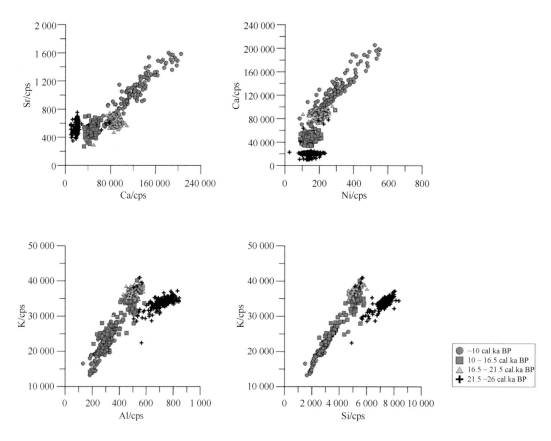

图 8-9　BB03 不同沉积层元素相关关系

8.4.3.2　沉积物化学元素含量及因子分析结果

在海洋沉积物中，化学元素的变化可能与陆源物质输入、生物成因及自生矿物有关。因此，地球化学研究中因子分析方法被广泛用来判别沉积物中不同组分和来源的物质贡献（Ziegler and Murray，2007；Loring and Asmund，1996）。为了判别沉积物来源，对 BB03 岩心沉积物元素地球化学分析数据进行了因子分析，并通过主成分分析得到成分矩阵和总方差，然后选取累积方差贡献大于 90 % 的因子为主因子。

根据 XRF 高分辨率地球化学元素扫描结果的显著性和有效性，并结合有物源指示意义的陆源或生源特征元素（赵一阳和鄢明才，1993；姚政权等，2010），选取 10 种元素（Al、Si、S、K、Ca、Ti、Mn、Fe、Sr、Ni）进行因子分析，用于揭示不同元素代表的沉积物组分及来源。因子分析结果显示，选取的 3 个主因子的累计方差达 90.2%，其中因子 F1 的方差贡献最大，为 70.7%，因子 F2 为 11.2%，因子 F3 为 8.4%，表明 BB03 沉积物主要是受 F1 因子控制（表 8-3）。

表 8-3　BB03 主成分分析及方差分析

元素	F1	F2	F3
Ti	0.960	0.242	0.054
Si	0.955	0.250	0.062
Fe	0.936	0.033	0.187
Al	0.934	0.291	0.062
Ca	-0.925	0.162	0.079
K	0.796	-0.133	0.337
Sr	-0.773	0.570	-0.050
Ni	-0.771	0.519	0.040
S	0.752	0.509	-0.218
Mn	-0.485	0.123	0.789
方差贡献/%	70.7	11.2	8.4
累计方差贡献/%	70.7	81.9	90.2

F1 因子的方差贡献为 70.7%，Al、K、Ti、Si、Fe 等元素有较大的正载荷值（0.934~0.960），而 Ca、Sr、Ni 等元素等有较大的负载荷（-0.925~-0.771）。F2 因子的方差贡献为11.2%，以 Sr、Ni 元素所控制，载荷值中等（0.509~0.570），由于 Ca 元素变化趋势与这两种元素相似（图 8-10），在此我们将 Ca 也划入 F2 因子中。F3 因子只有 Mn 一个特征元素，载荷值为 0.789。

Al 在海水中的溶解度很低，它大部分以碎屑态存在于海底碎屑矿物和黏土矿物中（姚政权等，2010），海水中溶解的 K、Li 常以吸附和离子交换的形式为海底沉积物所聚集，另外，Ti 和 Fe 是典型的亲碎屑元素（赵一阳和鄢明才，1993），故 F1 因子可作为代表陆源物质的特征因子变量。

Ca 和 Sr 主要存在于生物碳酸盐介壳中，海洋沉积物中 Sr 丰度的增高主要是海洋钙质生物沉积所致（Murray and Leinen，1993），图 8-10 中 Ni 与 Ca、Sr 的变化趋势相似，可能指示其与 Sr 和 Ca 元素有相同的富集过程。因此，F2 因子可作为生物源物质的特征因子。

通常，Mn 在缺氧和低氧沉积环境中基本耗尽，在氧化环境中 Mn 元素会富集在沉积物中（Lim et al.，2011）。因此，F3 因子可作为指示氧化还原环境的特征因子。

在各个主因子与相关元素的对比曲线中我们可以看出，从下至上，F1 因子的控制水平呈阶段性降低的趋势，并在 21.5 cal ka BP、16.5 cal ka BP 和 10 cal ka BP 处有明显变化，说明陆源组分的输入大体上是逐渐减弱的（图 8-10）。从元素变化曲线上也可以看出，代表陆源组分的 Al、Ti（赵一阳和鄢明才，1993）的含量在 21.5 cal ka BP 之前的沉积物中含量最高，之后虽有波动但含量大体呈下降趋势；F2 因子曲线在 21.5 cal ka BP 和 10 cal ka BP 处有明显变化，10 cal ka BP 以后其控制水平有显著提升，其特征元素 Sr 和 Ca 在 10 cal ka BP 之后呈现逐步上升的变化并且伴有较大波动；F3 因子的特征元素 Mn 只在 10 cal ka BP 以来有 3 个高度不等的峰值，其他层段含量较低且较为稳定。因此，根据 BB03 岩心元素地球化学指标的变化可以看出，21.5 cal ka BP 之前时段的沉积物主要是由陆源组分所控制，而 10 cal ka BP 之后时段的沉积物主要是由生源物质所控制，21.5~10 cal ka BP 之间时段内沉积物的来源变

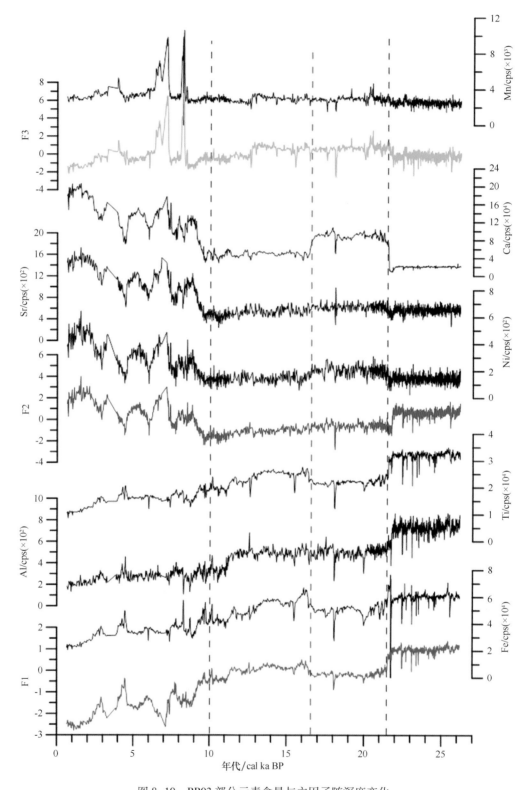

图 8-10 BB03 部分元素含量与主因子随深度变化

化比较稳定，21.5～16.5 cal ka BP 生源物质贡献略高，16.5～10 cal ka BP 陆源物质贡献略高。

8.4.4 挪威海北部 26 cal ka BP 以来物质来源变化及其古海洋环境意义

8.4.4.1 26～21.5 cal ka BP

元素 Al、Ti 和 Fe 含量在这一时段较高，而 Ca、Sr 和 Ni 则趋于相反趋势（图 8-11）且有较高相关性（图 8-9），显示陆源输入增加的同时生源输入减少，说明 21.5 cal ka BP 之前的沉积物主要是来自于陆源碎屑。此时沉积物中岩心沉积物砂粒级组分（>63 μm）所代表的筏冰碎屑百分含量在此段明显处于高值（图 8-11），对应于斯瓦尔巴德群岛陆坡上冰筏碎屑高值，此时在挪威海，冰盖已经扩张到了海洋且陆源物质输入明显增加（Hebbeln et al.，1994）。由此可能反映了北欧的芬诺斯堪迪亚冰盖（Fennoscandian Icesheet）最大的时间段是在 LGM 之前。

前人研究显示，这一时期研究区及周边海区均发生了一个特殊的事件，称之为 OLEM（Ordered layered expandable minerals）事件（Andersen et al.，1996），该事件以 Ca 元素含量的极低值为特征（Vogt et al.，2001），从 BB03 的沉积物化学扫描数据可以看出，26～21.5 cal ka BP 时 Ca 元素在整个岩心中处于极低值（图 8-11），可与此事件对应。前人对斯匹次卑尔根岛和 Yermak 高原西侧的沉积岩心研究显示，在距今 27～20 cal ka BP 期间沉积物的沉积学、矿物学和有机地球化学特征都表现出相似的特征（Vogt，1997）。这些沉积物中包含着高成熟度的陆源有机质但碳酸盐含量很低（主要是白云石，不含正长石），存在一种特别的黏土矿物伴生低含量的蒙脱石，高岭石含量相当高并且伴随着一种有序的层状膨胀性矿物（OLEM）的出现。从 BB03 岩心不同沉积层元素相关关系可以看出，OLEM 事件时期（26～21.5 cal ka BP）物质来源明显与 21.5 cal ka BP 之后的不同（图 8-9），且这期间 Al 元素的增高可能与高岭石的高含量有关（图 8-10）。鉴于这个事件在研究区附近的岩心中都有出现，Vogt 等（2001）把它当做此区域中同一时期所发生的特征事件。此段沉积物的平均粒径较粗且颜色反射率 a^* 的低值表明此阶段沉积处于还原环境中（图 8-8），这可能表明，末次冰期时由于斯瓦尔巴德群岛—巴伦支海冰盖（SBIS）的增长使得挪威-格陵兰海被海冰所覆盖，由海冰带来了一些粗颗粒沉积物使得平均粒径较粗，而在斯瓦尔巴德群岛西侧大陆坡运输时也夹杂着粗粒物质（Vogt et al.，2001）。

8.4.4.2 21.5～18 cal ka BP

这个阶段对应于末次盛冰期，BB03 沉积物粒度明显变细，砂含量的波动非常明显（图 8-11）。这期间在挪威海峡处海冰覆盖状况是十分显著的，根据同位素组成并结合浮游有孔虫组合估算出挪威海此时的夏季温度低于 6℃（Haflidason et al.，1995）。

关于末次盛冰期时期中挪威-格陵兰海中洋流的内循环模式的争议很大，主要有以下观点。CLIMAP 团队（1976）认为，在末次盛冰期挪威-格陵兰海全部被海冰所覆盖，且北大西洋暖流和北冰洋寒流被极地锋所分割（Fronval and Jansen，1997）。然而近期越来越多的数据表明，尽管在末次盛冰期时温度的重建有不确定因素，但均指向这期间挪威-格陵兰海域存在着季节性无冰状况（Meland et al.，2005；Kucera et al.，2005；De Vernal et al.，2006）。在

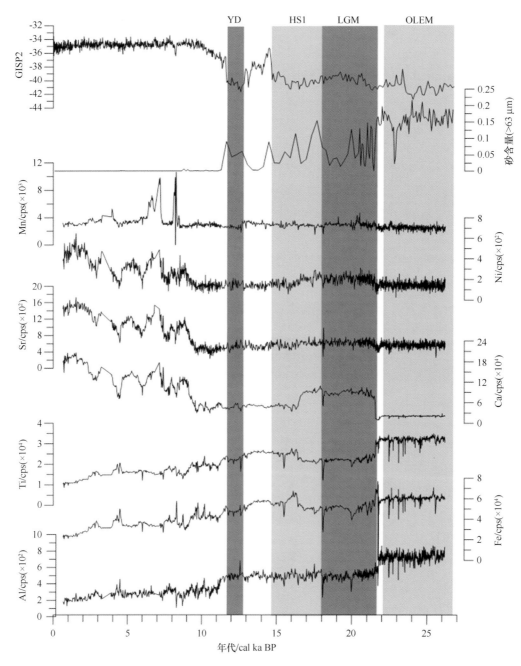

图 8-11　BB03 元素和砂含量变化及其与格陵兰冰心 GISP2 氧同位素曲线的对比

资料来源：Anklin et al.，1993

BB03 岩心中可以看出，代表生源组成的 Ca 元素的含量明显比之前增高（图 8-11）且相关性显著（图 8-9），说明在末次盛冰期时期海洋表层生产力有所增加。前人的研究也发现在法罗群岛和挪威海盆中浮游和底栖有孔虫数量均呈增加趋势，以上情况均反映了末次盛冰期时水体的高生产力（Abrantes et al.，1998）。Rasmussen 等（1996）在法罗群岛的站位中发现此时 *G. quinqueloba* 数量的增加指示挪威海北部有开放的混合水流的存在，至少是季节性的（Reynolds and Thunell，1985）。末次盛冰期时由于研究区附近冰盖在夏季融化加剧导致冰融水大量注入，导致北欧海中部及东部海域的盐度较如今低，从而加强了上层水的分层现象

（Meland et al. , 2005；De Vernal et al. , 2006）。这些结论与 CLIMAP 团队关于末次盛冰期时挪威-格陵兰海完全被海冰覆盖的观点相冲突，但却支持了 Meland 等（2005）和 Sarnthein 等（1992，1995）认为的此时海域被部分覆盖且有季节性流通水存在的观点。

BB03 岩心中的数据显示 21.5~18 cal ka BP 陆源特征元素下降伴随着生源元素上升，砂粒级百分含量波动显著（图 8-11），颜色反射率 a^* 高值代表着其处于氧化环境（图 8-8），表明末次盛冰期时海洋生产力增加且沉积速率明显增高（图 8-7）。Eldevik 等（2014）指出在末次盛冰期时，挪威海北部主要受控于较冷的海水，但与此同时在研究区东部海域存在着一个向极地方向的热传输，虽然强度在逐渐减弱但却不可忽视，说明挪威海北部海域水体的垂直交换增强，海洋表层生产力增加，并且有季节性水团的存在。北欧海水体的动态循环和末次盛冰期时海域内关于热量平衡的气候模型计算结果显示，该海域气候环境在末次盛冰期时受热传输的影响也很显著（Hebbeln et al. , 1994）。向极地方向的热传输对于驱动挪威-格陵兰海水体的垂向循环对流会产生积极影响，并进而影响深层水体积上的变化，并决定了全球海洋热盐传送带和大西洋经向翻转环流（AMOC：Atlantic Meridional Overturning Circulation）的产生效率（Broecker and Peng, 1987）。目前对于 AMOC 模式和季节性无冰海面存在的问题，深层水和中层水的流通特征证据均指示出末次盛冰期北欧海海域的温盐环流以两股特征流为显著模式存在，分别是伴随着东格陵兰流的表层极地流和高密度的溢出流（Eldevik et al. , 2014），这对于促进北欧海季节性高生产力水团的存在具有一定的影响。上述挪威—格陵兰海水文条件的变化，应该是沉积物中生源组分增加，陆源组分降低以及沉积物粗颗粒组分的剧烈波动变化的主要控制因素。

8.4.4.3　18~11.5 cal ka BP

此时间段在 BB03 岩心中平均粒径和砂含量的波动也比较大，代表生源组分的 Ca 元素在 18~16.5 cal ka BP 间维持相对高值，之后便迅速降低并维持在低值区间，而代表陆源组分的元素并没有太大的变化，只是在 18~16.5 cal ka BP 间相对较低，之后有略微增加（如 Ti 和 Fe 元素含量）（图 8-11）。该时间段对应于末次冰消期，格陵兰冰心资料显示整体的气候趋势是逐渐变暖的（Anklin et al. , 1993）。各类数据短期内的波动表明了几次明显的气候变化（图 8-11），可能是由于冰融水和北大西洋暖流相互作用产生的，它们彼此交替的占据主导地位，导致研究区古环境冷暖的交替。

在 18~14.6 cal ka BP 之间，BB03 沉积物中砂含量有多次起伏，这可能是由于来自斯堪的纳维亚半岛冰盖消融所产生的冰融水突出形成的冰水混杂的水体多次以脉冲式的形式进入挪威海所导致（Fronval et al. , 1995），这个现象可能对应着 Heinrich Stadial 1 事件（HS1）。HS1 始于 LGM 的末期，从 19 cal ka BP 开始，$^{231}Pa/^{230}Th$ 和磁性颗粒粒度数据均表明直到 17.5 cal ka BP 时大西洋经向翻转环流一直在逐渐减弱（Stanford et al. , 2011），在 17.5 cal ka BP 时几乎完全消失标志着 Heinrich Event 1（HE1）的开始（McManus, 2004），而以上这些论断是当时由北大西洋冰筏碎屑成层现象和大量冰盖融化导致的表层海水盐度降低现象所反映的（Hemming, 2004）。从 BB03 岩心中反映的 18~16.5 cal ka BP 间生源特征元素含量相对较高，陆源特征元素相对较低也证实此期间北大西洋暖流仍在发挥作用。HE1 事件发生在 16.5 cal ka BP 前后，此时砂含量出现峰值，对应着上述冰筏碎屑增高的现象（图 8-11），陆源特征元素含量也相对之前略微增加。在法罗群岛和挪威海的岩心数据显示此时冰筏碎屑出现了多次高峰值，且在偏南的站位岩心中冰筏碎屑出现了明显的双高峰值（Abrantes et al.，1998），这个现象被解释为斯堪的纳维亚冰盖融化产生的冰融水多次注入所导致。根据 Stanford 等（2011）的研究，在 HS1 时期北欧海和北大西洋之间有明显的表层水交换现象存在，BB03 岩心的颜色反射率数据 a^* 数值在 18~16.5 cal ka BP 期间较之后高（图 8-8），说明处于相对氧化的环境即有流动水团的存在，极有可能是由上述表层水的交换现象导致的。16.5 cal ka BP 之后，BB03 岩心的 a^* 数值有所下降（图 8-8），说明处于较还原环境，可能由于冰融水注入导致表层海水区域性盐度下降，加剧了海水分层现象从而减弱了北大西洋深层水循环（Sarnthein et al.，1995）。

在 14.6~12.9 cal ka BP 之间 BB03 岩心中由砂含量代表的冰筏碎屑处于低值（图 8-11），在时间序列上也对应着 Bølling-Allerød（BA）阶段。这期间整个北大西洋区域内表层海水大范围的突然升温代表着 Bølling-Allerød 事件的开始（Rasmussen and Thomsen，2008），作为冰消期的第一个时期以北大西洋暖流向北冰洋的注入为特征（Ślubowska et al.，2005）。而 BB03 岩心中各元素并无明显变化（图 8-10），这可能是由于 BA 事件对北欧海域的影响没有其对北大西洋和整个格陵兰海域的影响显著（Rasmussen and Thomsen，2008）。

在全新世到来前的一段时期，12.8~11.7 cal ka BP 期间，沉积物砂含量突然增加，化学元素含量变化不明显（图 8-11）。这一时期对应着新仙女木事件（YD），它是全新世到来前气候向冰期的一个短暂回转（Kennett and Shackleton，1975），但影响程度并不像 HS1 那么显著且影响范围较小。此时冰盖消融达到了低值（Fairbanks，1989），YD 时期异常寒冷的状况在冬季表现得最为显著，且表现出强烈的季节性反差（Isarin et al.，1998）。此时气候快速变冷导致冰盖大范围产生，阻挡了陆源物质的输入（Abrantes et al.，1998）。在这一时期物质来源应该没有很大的变化，但沉积物砂含量的上升说明了冰筏碎屑的影响（图 8-11）。

8.4.4.4　11.5 cal ka BP 以来

从格陵兰（Rasmussen et al.，2006）到整个欧洲中部（Blaga et al.，2013）气温快速且剧烈的增加和 BB03 岩心中由砂含量代表的冰筏碎屑的急速下降（图 8-11）反映了新仙女木事件到全新世的过渡。冰筏碎屑的下降说明了冰盖消融减弱和海冰覆盖范围逐渐缩小（Telesiński et al.，2014），在全新世早期（11.5~10 cal ka BP）从 BB03 岩心中可以看出，各元素并无明显变化（图 8-11），说明这时尚处于过渡时期，北半球高纬度地区在全新世开始的时间和强度上在存在区域性差异，这可能与冰盖融化所造成的不同影响有关（Blaschek and Renssen，2013）。10 cal ka BP 时基于有孔虫的数据表明北欧高纬海域表层海水温度比现今高，反映了向极地的海洋热传输以及夏季太阳辐射量的增强（Eldevik et al.，2014），这一变化可能与新仙女木事件到全新世过渡时期 AMOC 的重建相关联（Risebrobakken et al.，2011）。而且有资料显示，在向全新世温暖的海洋环境过渡期间，分割北极水团和大西洋水团的极峰也一直向北移动（Hald et al.，2007）。BB03 岩心 10 cal ka BP 后生源元素 Ca 和 Sr 等显著增加，伴随着陆源元素 Al、Ti 等的下降（图 8-11），表明全新世期间温暖的表层海洋环境导致生产力的增加和陆源物质贡献的降低。

BB03 岩心沉积物 Mn 元素含量在 8.5~6.5 cal ka BP 期间出现了两个明显高峰值，表明此时的海底环境应该是氧化环境，这一点从颜色反射率曲线中也有所反映（图 8-8）。海洋沉积物中 Mn 元素主要有热液、海水以及成岩作用等来源或富集机制（Hein et al.，1992）。北冰洋美亚海盆北风海脊早更新世至全新世的 19 个冰期/间冰期沉积旋回中间冰期沉积物的高 Fe，Mn 元素含量被认为与海水的高含氧量有关（Phillips and Grantz，1997），Jakobsson 等（2000）也认为北冰洋罗蒙诺索夫海脊高 Mn 含量的沉积层也有同样的成因机制，即可能与间冰期因海冰消退增强的北冰洋中深层水垂向对流有关。挪威海北部 8.5~6.5 cal ka BP 期间沉积物 Mn 含量的突然增加也应该与全新世气候最适宜期（Holocene Thermal Maximum）时高气温和表层海水温度、冰川退缩和海冰的极度减少密切相关（Eldevik et al.，2014）。浮游有孔虫氧同位素显示，8.2 ka 冷事件发生时，由于淡水输入突然增加的影响，格陵兰海等北欧海等海域表层（次表层）海水变冷并出现水体分层，进而导致 AMOC 迅速减弱或消失（Telesiński et al.，2014），因而海底氧化环境变弱。BB03 化学元素记录中两个 Mn 含量峰值间出现的低值区间可能是 8.2 ka 时气候突然变冷导致的深层水垂向对流减弱的反映，但由于测年和其他有效数据的欠缺，对于控制沉积物 Mn 元素含量变化的主要因素需要更进一步的工作来证实。10 cal ka BP 以来，BB03 岩心中沉积物其他元素和颜色反射率随深度变化曲线也出现了多次波动，由于缺乏有效的替代指标，这些波动与全新世期间全球气候的几次冷暖变化的对应关系也尚不太明确（图 8-8 和图 8-11）。10~5.5 cal ka BP 可能对应于全新世大暖期，这期间北大西洋暖流一直北侵，现代温盐环流和北大西洋深层水模式逐渐建立，可由生源物质特征元素含量的逐步上升所证实，且这一时期沉积物砂含量几乎为零（图 8-11）表明这一时期没有冰筏碎屑的加入，对应了周边区域冰盖消融物质输入影响的停止（Birgel and Hass，2004）。而在 5 cal ka BP 前后气候发生了变化，从颜色反射率曲线上看，a^*、b^* 的值和代表生源元素的数值都有一个低峰，而代表陆源的元素达到了一个小高峰（图 8-11），反映了气候变冷，可能代表着全新世大暖期的结束。这时的北大西洋北部的气候变化被归结于北大西洋暖流输入的减少削弱了温盐环流，从而导致了气候的突变（Knudsen et al.，2004a），同时也可能与新冰期变冷事件相对应，此事件波及整个西格陵兰以至于影响整个北半球范围（Dahl-Jensen et al.，1998）。总的来说，这一时期北大西洋暖流向北欧海域持续注入以及北大西洋深层水模式和温盐环流的形成，使全新世北大西洋北部区域的海洋水循环模式最终建立起来（Sarnthein et al.，1995）。

8.5　冰岛北部陆架末次冰消期以来的古环境记录

对冰岛北部陆架 MD99-2271 岩心开展高分辨率沉积物硅藻组合分析，揭示了该岩心硅藻组合所反映的末次冰消期以来古海洋环境变化，探索影响冰岛北部陆架海域硅藻组合特征的主要环境因素，并进一步研究该区域末次冰消期以来古海洋环境演变过程。

MD99-2271 为 1999 年法国科学考察船"Marion Dufresne"号执行 IMAGES－V 航次时利用活塞取样器取得的岩心（图 8-12）。该岩心位于冰岛北部大陆架 Tjörnes 断裂带，长度为 815 cm，采样间隔为 5 cm。蒋辉等（2006）已经对顶部 200 cm 的沉积物进行了研究，故本次仅对 200~815 cm 共 120 个沉积物样品进行硅藻分析与鉴定。

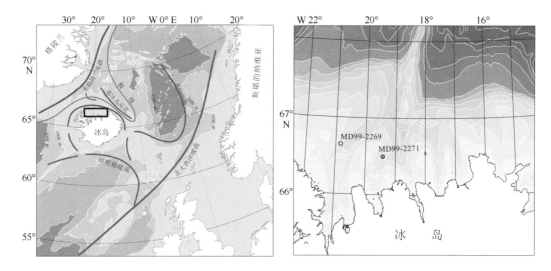

图 8-12　北大西洋北部海域海流分布状况（左图）及 MD99-2271 岩心位置

8.5.1　年代框架建立

从 MD99-2271 共获得 41 个以软体动物壳体为测年材料的 AMS^{14}C 测年和 9 个火山灰标志层年代数据（表 8-4），其中 AMS^{14}C 测年数据校正时采用的碳储库年龄为 400 年，火山灰标志层的年代是根据历史文献记录和陆相沉积物^{14}C 测年结果求得。Eiríksson 等（2000）的研究证明冰岛北部陆架区域海洋碳库校正年龄在很大程度上受到海洋环境尤其是海洋极峰的位置及强度的影响，其中当东格陵兰寒流及东冰岛海流影响强度增强时，该区域△R（平均校正年龄）显著升高（Heinemeier et al.，2004）。故如果简单地利用^{14}C 测年数据来确定岩心沉积物年龄显然存在着较大的误差。火山灰测年准确度较高，且能有效地避免海洋碳库效应变化所带来的测年误差，使古海洋研究成果与陆上资料进行准确联系与对比成为可能。因此，本次工作各样品的年代数据是依据火山灰标志层年代的结果通过线性插值法得到。如图 8-13 所示 MD99-2271 底部沉积年龄为 14.6 cal ka BP，样品的平均分辨率约为 80 年。根据表 8-4 所列的日历年龄，计算相应的沉积速率，MD99-2271 的平均沉积速率约 56 cm/ka。

表 8-4　MD99-2271 火山灰标志层和 AMS ^{14}C 测年资料

深度/cm	实验室编号	测年材料	^{14}C 年龄/a（±1σ）	日历年龄/cal a BP	日历年龄区间/cal a BP（±1σ）
27.5	AAR-7697	Siphonodentalium lobatus	1 157±42	707	735~660
37.5	AAR-9412	Thyasira gouldi	1 077±36	638	680~610
52		Hekla 1104		850	
53.5	AAR-7698	cf. Lunatia pallida，Tyasira cf. equalis	1 422±35	972	1010~920
82.5	AAR-9413	Yoldiella fraternal，Thyasira sp.	1 710±47	1 262	1 315~1 220
85		Settlement Layer		1 079	
93.5	AAR-7699	Bathyarca glacialis	1 986±50	1 546	1 620~1 470
99.5	AAR-9414	Yoldiella fraterna，Thyasira equalis	1 950±55	1 500	1 570~1 410
115		Snaefellsjökull-1		1 780	

续表

深度 /cm	实验室 编号	测年材料	¹⁴C 年龄/a (±1σ)	日历年龄 /cal a BP	日历年龄区间 /cal a BP (±1σ)
122	AAR-9415	*Arcfinula greenlandica*，*Thyasira* sp.，cf. *Thyasira* sp.，*Bivalvia* sp.	2 270±60	1 880	1 960~1 800
149.5	AAR-7800	*Yoldiella leuticula*	2 762±42	2 493	2 570~2 370
158.5	AAR-7701	*Lunatia pallida*	25 77±40	2 243	2 320~2 190
176	AAR-7768	*Thyasira equalis*，*Cuspidaria obesa*，*Thyasira* cf. *gouldi*	3 203±46	3 013	3 090~2 930
197.5	AAR-7769	*Thyasira equalis*	3 340±55	3 196	3 300~3 130
200		Hekla 3		2 980	
200	AAR-7770	*Yoldiella intermedia*，*Yoldiella* sp.，*Arctinula greenlandica*，*Thyasira equalis*	3 356±35	3 224	3 300~3 170
207	AAR-7771	*Thyasira equalis*，cf. *Arctinula greenlandica*	3 430±110	3 291	3 440~3 160
229.5	AAR-7772	*Bathyarca glacialis*	3 664±47	3 570	3 640~3 490
252.5	AAR-9416	*Lunatia pallida*	3 920±60	3 905	3 990~3 810
263.5	AAR-7773	*Yoldiella* sp.	3 915±43	3 897	3 960~3 830
285.5	AAR-9417	*Yoldiella lenticula*	4 155±75	4 226	4 360~4 120
305	AAR-7774	*Yoldiella fraternal*，*Yoldiella leuticula*，cf. *Siphonodentalium lobatum*	4 158±45	4 235	4 310~4 140
313		Hekla 4		4 200	
317.5	AAR-7678	*Yoldiella fraterna*	4 520±170	4 708	4 460~4 450
327.5	AAR-9804	*Thyasira equalis*，*Thyasira* sp	4 675±60	4 918	4 970~4 820
360.5	AAR-7775	*Cuspidairia arctica*	5 165±55	5 521	5 580~5 460
370.5	AAR-9805	*Yoldiella* cf. *intermedia*	5 475±55	5 843	5 920~5 770
395.5	AAR-9310	*Siphodenthalium lobatum*	5 810±55	6 227	6 290~6 170
410.5	AAR-6819	*Siphonodentalium lobatum*	5 980±60	6 396	6 460~6 310
434.5	AAR-9311	*Yoldiella leuticula*	6 215±55	6 659	6 740~6 590
442.5	AAR-6818	*Astarte* cf. *crenata*	6 860±60	7 372	7 430~7 310
465.5	AAR-9312	*Yoldiella lenticula*，*Arctinula greenlandica+pectinid*	6 595±55	7 111	7 200~7 030
475		8.2 event		8 200	
479.5	AAR-7679	*Bathyarca glacialis*，*Bivalva* sp.	7 690±60	8 153	8 230~8 050
500.5	AAR-6817	cf. *Siphonodentalium lobatum*	8 170±60	8 680	8 760~8 560
544.5	AAR-6816	*Siphonodentalium lobatum*	8 410±75	9 013	9 140~8 900
584.5	AAR-10618	*Cyclina occulata*	9 180±55	9 980	10 110~9 900
589.5	AAR-9287	*Yoldiella frigida*，*Thyasira gauldi*	9 370±130	10 195	10 420~10 070
594.5	AAR-10619	*Yoldiella fraterna*	9 185±65	9 978	10 120~9 890
602		Saksunarvatn		10300	
640.5	AAR-6085	*Siphonodentalium lobatum*	9 008±65	10 272	10 340~10 180

续表

深度 /cm	实验室编号	测年材料	^{14}C 年龄/a ($\pm 1\sigma$)	日历年龄 /cal a BP	日历年龄区间 /cal a BP ($\pm 1\sigma$)
645.5	AAR-6815	*Cuspidaria glacialis*	9 730±80	10 614	10 690~10 500
697.5	AAR-8505	Total fauna	10 760±60	11 319	11 420~11 230
	AAR-8505				11 580~11 500
700.5	AAR-6084	*Nuculana* cf. *minuta*	10 820±75	11 340	11 670~11 320
708		Vedde		12 120	
709	AAR-8315	Total fauna	11 470±120	12 420	12 460~12 400
	AAR-8315				12 840~12 600
798	AAR-9715	*Arctinula greenlandica*, *Nuculana* cf. *pernula*, *Thyasira* sp., *Siphonodentalium lobatum*	13 935±80	15 340	15 710~15 320
803.5	AAR-9716	*Yoldiella lenticulina*, *Bivalvia* sp.	13 980±90	15 400	15 790~15 380
808		Borrobol		14 400	
809	AAR-7780	*Yoldiella* sp.	13 010±100	13 940	14 200~13 920

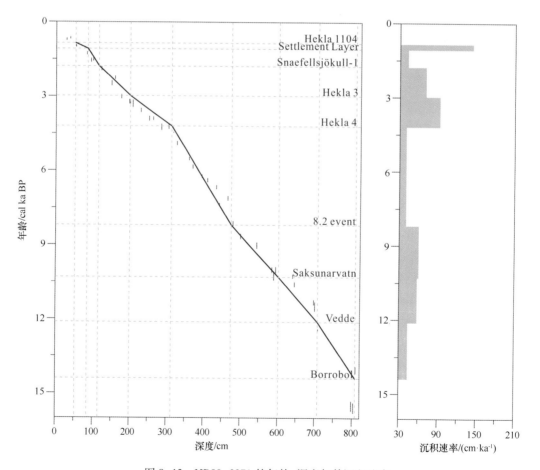

图 8-13　MD99-2271 的年龄-深度与其沉积速率

注：火山灰层对应的深度和年代分别由垂直和水平虚线标识；AMS ^{14}C 校正年代由垂直实线标识.

8.5.2 主要硅藻种类及其生态环境意义

在冰岛北部陆架海域含量丰富且具有重要环境意义的硅藻种类主要有：*Bacterosira bathyomphala*，*Fragilariopsis cylindrus*，*Fragilariopsis oceanica*，*Odontella aurita*，*Paralia sulcata*，*Rhizosolenia hebetata*，*Rhizosolenia borealis*，*Thalassionema nitzschioides*，*Thalassiosira antarctica* var. *brorealis* 休眠孢子，*Thalassiosira bulbosa*，*Thalassiosira hyalina*，*Thalassiosira nordenskioeldii*，*Thalassiosira oestrupii* 等（冉莉华，2008）。

F. cylindrus 是典型的极地海冰硅藻（Hasle and Syvertsen，1990），广泛分布于南北两极海域和海岸带冰缘区域（Hasle and Booth，1984）。Koç 等（1990）在北欧海域发现其是海冰型硅藻组合的主要成分，主要分布在格陵兰海西部海域；该种也是冰岛附近海域海冰硅藻群落最主要的组成成分，主要分布在受东格陵兰寒流影响强烈的寒冷海域。*T. bulbosa* 与 *F. cylindrus* 生态类似，是极地-北方种，主要分布在北方冷水区域中，其含量多寡与海冰条件关联，在 Disko 湾地区含量丰富，本次工作将其与 *F. cylindrus* 合并，作为海冰指示种。*F. oceanica* 是常见的极地浮游硅藻，过去常被作为海冰指示种，但最近一些研究发现其生态环境可能比海冰种稍暖，不能单纯作为海冰指示种（Jensen，2004）。

B. bathyomphala 和 *T. antarctica* 休眠孢子的生存环境接近，在冰岛北部主要分布于受东冰岛海流和东格陵兰寒流影响强烈的海域，是冰岛冷水硅藻群落最主要的组成成分，也是北大西洋北部极地冷水硅藻组合的主要组成成分（Jensen，2004）。

T. hyalina 主要出现于北大西洋极地海域（Hendey，1964），在冰岛附近海域主要分布在冰岛北部和西部陆架区域，常被认为是极地种甚至与春季海冰有密切关系（冉莉华，2008）。*T. nordenskioeldii* 是一种常见的浅海冷水种，广泛且大量分布于北大西洋，该种是冰岛北部陆架海域硅藻群落中的优势种，也是冰岛附近海域混合性硅藻群落的主要组成成分，分布海域受东格陵兰寒流，东冰岛海流以及印明格暖流等冷暖水团共同影响。

P. sulcata 和 *O. aurita* 是全球性分布的沿岸硅藻种。在冰岛附近海域，尤其在冰岛西部沿岸海域有很高的含量。较之冰岛北部陆架海域，冰岛西部沿岸海域受到较强的印明格暖流的影响。*R. hebetata* 和 *R. borealis* 在冰岛东北以及西南海域都有很高的含量，是北大西洋混合型硅藻组合的主要组成成分（Jensen，2004）。这两个海域在受到极地冷水团影响的同时，在一定程度上也受到北大西洋暖水的影响。

T. nitzschioides 是一种常见的沿岸广布种，在世界各地（除南北极）广泛分布（Hasle and Booth，1984），大量存在于北大西洋、北海及英吉利海峡等沿岸海域（Hendey，1964）。Barron 等（2003）和 Lopes 等（2006）也发现该种大量出现于温暖的开阔海域上升流地区。在北欧海域，该种是挪威-大西洋硅藻组合的主要组成成分，主要生活在受北大西洋暖水影响的海域。在冰岛附近，*T. nitzschioides* 是暖水硅藻群落的主要组成成分（冉莉华，2008），主要分布于冰岛南部及西南部受印明格暖流影响较强烈的海域。

T. oestrupii 的生存环境与 *T. nitzschioides* 类似，是一种暖水至温水硅藻种（Hasle and Booth，1984），广泛分布在低纬度暖水海域（Huang et al.，2009）。在北欧海域，该种是大西洋硅藻组合主要的组成属种，主要分布在受北大西洋暖流影响的海域；在冰岛南部和西南部海域含量最为丰富，是冰岛附近海域暖水硅藻群落的主要组成成分。

Jiang 等（2001）发现，受印明格暖流的影响，*T. nitzschioides* 和 *T. oestrupii* 这两个种的含量呈顺时针环绕冰岛逐渐减少，其百分含量在冰岛南部为 20%，至西部为 10%，而随着印明格暖流强度的逐渐变弱，至冰岛北部陆架其含量减少为 5%，而在没有印明格暖流影响的格陵兰南部区域，这两种硅藻则基本消失。因此，我们将它们共同视为典型暖水硅藻种类，在本区可用来指示印明格暖流的强弱。

8.5.3 MD99-2271 的硅藻组合带

MD99-2271 岩心共鉴定硅藻样品 120 个，总计发现 54 个属的 170 个种及其变种。根据该岩心沉积物硅藻组合，利用 TILIA 软件（Juggins，1998）进行聚类分析，可以将本岩心自下而上分成 5 个组合带 8 个亚带（图 8-14）。

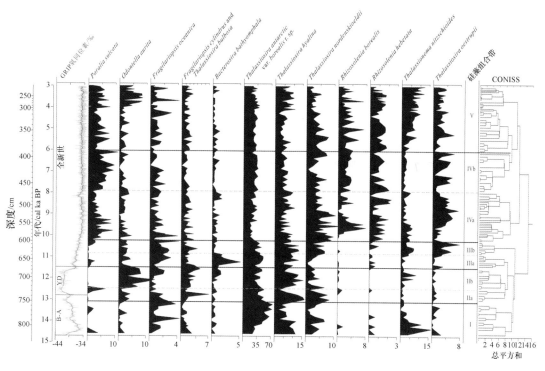

图 8-14　MD99-2271 岩心主要硅藻属种百分含量及硅藻带划分

（B-A = Bølling – Allerød, YD = Younger Dryas）

Ⅰ带（815~750 cm，14.6~13.2 cal ka BP）：本带 *T. antarctica* 休眠孢子是明显的优势种，平均含量达到了 50%，同时该种含量自下而上逐渐增多，本段的初期仅为 30% 左右，到后期达到了峰值 70% 左右；其次是极地硅藻 *T. hyalina* 和冷水硅藻 *T. nordenskioeldii*，其平均含量分别是 10% 和 7%；海冰种 *F. cylindrus* 和 *T. bulbosa* 的含量较少，这些硅藻属种百分含量的变化可能是东冰岛海流增强的结果。偏暖硅藻 *T. nitzschioides* 在本带也较为丰富，但含量自下而上明显逐渐变少，代表印明格暖流的影响逐渐减弱。

Ⅱ带（亚带 a：750~725 cm，13.2~12.5 cal ka BP；亚带 b：725~670 cm，12.5~11.5 cal ka BP）：本带 *T. antarctica* 休眠孢子仍然是优势种，但含量变少；海冰种 *F. cylindrus* 和 *T. bulbosa* 的含量明显增加；暖水种 *T. nitzschioides* 和 *T. oestrupii* 较之上带数量明显减少；沿岸

硅藻 *O. aurita* 数量急剧增加，从Ⅱ带硅藻组合面貌可以看出，印明格暖流在冰岛北部陆架区的影响强度明显减弱，而东格陵兰寒流的影响均逐渐增强。值得注意的是，在 12.8 cal ka BP 左右，海冰硅藻、极地和冷水硅藻群落出现一次数量变多情况，代表一次气候变冷的事件，这与全球性事件—新仙女木事件相对应。

本带可细分为两个亚带：亚带 a 和亚带 b。亚带 a 海冰种 *F. cylindrus* 和 *T. bulbosa* 急剧增加达到了最大值7%，极地种 *T. hyalina* 数量增加，而暖水种 *T. nitzschioides* 和 *T. oestrupiis* 较Ⅰ带数量减少，冷水种 *T. antarctica* 休眠孢子也逐渐减少。亚带 b 海冰种 *F. cylindrus* 和 *T. bulbosa* 含量继续增多，极地种 *T. hyalina* 数量波动，总体保持较高的含量，代表了东格陵兰寒流的影响依然很强；暖水种 *T. nitzschioides* 和 *T. oestrupii* 含量依旧相对较低；同时沿岸种 *O. aurita* 在本带数量达到了最大值10%。

Ⅲa 亚带（670~635 cm，11.5~10.8 cal ka BP）：本带仍是偏冷硅藻群落 *T. antarctica* 休眠孢子、*T. hyalina*、*T. nordenskioeldii* 占有较大含量。海冰种 *F. cylindrus* 和 *T. bulbosa* 含量急剧减少，冷水种 *B. bathyomphala* 数量前期开始增多并达到了最大值，但在 11.2 cal ka BP 开始急剧下降，这可能是印明格暖流增强的结果，对应的是偏暖的硅藻群落 *T. nitzschioides* 和 *T. oestrupii* 含量有上升的趋势。

Ⅲb 亚带（635~600 cm，10.8~10.2 cal ka BP）：本亚带与Ⅲa硅藻组合发生了根本性的改变，暖水种 *T. nitzschioides* 和 *T. oestrupii* 数量较前急剧升高且 *T. oestrupii* 达到了最大值8%；海冰种 *F. cylindrus* 和 *T. bulbosa* 数量波动且相对变少，冷水种 *B. bathyomphala* 和 *F. oceanica* 数量逐渐变少；优势种 *T. antarctica* 休眠孢子数量较之前减少，并且还有持续降低的趋势。这些都明显地反映了这一时段东格陵兰寒流和东冰岛海流减弱、印明格暖流增强，一个全新的时期——全新世温暖气候的到来。

Ⅳa 亚带（600~465 cm，10.2~7.8 cal ka BP）：本带继续延续上带暖水硅藻增多、冷水硅藻减少的趋势，且两者的数量变化波动起伏，反映了冷暖水团对冰岛北部陆架影响的频繁。其中优势种 *T. antarctica* 休眠孢子数量持续降低，极地硅藻 *T. hyalina* 呈波动式的减少的特点；海冰种 *F. cylindrus* 和 *T. bulbosa* 数量较前明显变少；北大西洋混合型硅藻组合的主要组成成分 *R. hebetata* 和 *R. borealis* 开始出现且数量持续地升高，而另一种偏暖的 *P. sulcata* 也出现相同的现象。暖水种 *T. nitzschioides* 和 *T. oestrupii* 较前数量明显提升。值得一提的是，在暖水种组合中，*T. oestrupii* 此时是占据优势的。总而言之，本带反映了环境较之前几带变暖的现象。

Ⅳb 亚带（465~385 cm，7.8~6 cal ka BP）：在本带中，冷水种 *T. antarctica* 休眠孢子，极地种 *T. hyalina* 及海冰种 *F. cylindrus* 和 *T. bulbosa* 等硅藻含量较低且变化不大；暖水种 *T. oestrupii* 和 *T. nitzschioides* 依然丰富，但数量较前略有减少。

Ⅴ带（385~200 cm，6~3 cal ka BP）：在这一时段，偏冷硅藻组合变化不大，偏暖硅藻组合则发生变化。*T. oestrupii* 和 *T. nitzschioides* 总体数量增加，但两者的相对数量发生了变化，*T. nitzschioides* 在本带前期数量急剧增多，在后期数量超过了 *T. oestrupii*，成为暖水硅藻组合中的优势种，这与Ⅳ带暖水种以 *T. oestrupii* 为主大大不同。同时本带后期沿岸种 *O. aurita* 也急剧增加，可能反映了此时该区域的古海洋环境发生了明显的变化。

上述硅藻组合带中暖水种类的逐渐增多和暖水、冷水种类的此消彼长，反映了该区 14.6 ~3 cal ka BP 时段冷暖交替，逐渐变暖的过程。在 10.8 cal ka BP 之前，冷水硅藻占据优势指示了东冰岛海流和东格陵兰寒流影响较大；但在 10.2 cal ka BP 之后，暖水硅藻占据优势、冷水硅藻持续减少则反映了印明格暖流的势力增强。

8.5.4 冰岛北部陆架古环境重建

如前所述，冰岛北部陆架位于海洋极锋前沿，其表层海水温度受寒冷的东格陵兰寒流和东冰岛海流和温暖的印明格暖流的双重影响。当东格陵兰寒流和东冰岛海流、尤其是东格陵兰寒流影响加强时，冰岛北部陆架海域表层海水温度降低；反之，当印明格暖流影响增强时，表层海水温度升高。Jiang 等（2001）和 Sha 等（2012）对冰岛和格陵兰西部海域表层沉积硅藻及其与周边海域海流分布的研究认为，海冰种 *F. cylindrus* 和 *T. bulbosa* 的含量变化指示东格陵兰寒流强弱变化；而暖水种 *T. nitzschioides* 和 *T. oestrupii* 则可用作反映印明格暖流强弱变化的指标种。因此，暖水硅藻种（*T. nitzschioides* 和 *T. oestrupii*）含量与海冰种和暖水种含量总和的比值 $R_{w/wc}$（暖水种/（海冰种+暖水种））可用以指示 MD99-2271 附近海域末次冰消期以来暖流和寒流相对强度的变化、进而指示该区古海洋环境变化。本次工作将 $R_{w/wc}$ 曲线与格陵兰冰心的氧同位素记录、MD99-2269 的夏季表层海水温度记录（Justwan et al., 2008）进行对比（图 8-15），进一步讨论冰岛北部陆架末次冰消期以来古海洋环境变化。

8.5.4.1 14.6~12.8 cal ka BP

从硅藻含量图（图 8-14）中可以看出，在 14.6~12.8 cal ka BP 期间，暖水硅藻含量较高且处于下降趋势，如北大西洋暖流指示种 *T. nitzschioides* 等在 14.3~14 cal ka BP 期间出现峰值，然后迅速下降，反映此时期印明格暖流对研究区的影响在 14 cal ka BP 之前较强，然后开始逐渐减弱。冷水硅藻 *T. antarctica* 休眠孢子的百分含量由初期的 35% 增加到 70% 左右，同样表明了 14 cal ka BP 之前冰岛北部海域主要受印明格暖流的影响，之后印明格暖流强度减弱。14 cal ka BP 之后冷水硅藻 *T. antarctica* 休眠孢子含量增多，表明当时极地水团主要是东冰岛海流对冰岛北部陆架海域的影响显著增强，而海冰和极地硅藻（*F. cylindrus*、*T. bulbosa* 和 *T. hyalina*）含量没有明显变化，可能反应当时东格陵兰寒流的强度并未明显增强。此外，暖水种与冷暖种的比值 $R_{w/wc}$ 前期不断波动上升，后期则阶梯式下降，也说明了该阶段古海洋环境前期温度较高，后期变冷的现象（图 8-15）。

如图 8-15 所示，该时间段处于格陵兰冰心记录的 Bølling-Allerød 暖期（B-A）（Stuiver et al., 1995），由格陵兰冰心氧同位素曲线可以很明显地看出，在约 14.6 cal ka BP 氧同位素含量迅速增加并达到一个峰值，随后氧同位素含量逐渐降低并在 13.8 cal ka BP 和 13 cal ka BP 前后出现两个明显的低值。GRIP 氧同位素含量的变化与 MD99-2271 岩心暖水硅藻和冷暖水硅藻比值 $R_{w/wc}$ 曲线变化十分相似，均表明 B-A 前期经历了较为温暖的时期，而后期古气候和古海洋环境开始变冷。

此外，Norddahl（1991）对冰岛冰川和植被的研究发现，B-A 前期沿海和海侵地区都出现冰川消退的现象；孢粉记录也同样表明该时期冰岛北部海域无季节性海冰覆盖（Rundgren, 2006）。冰岛西南沿岸的有孔虫记录显示 B-A 前期，印明格暖流指示种含量最高，反应了该时期印明格暖流对冰岛西南部海域影响较强（Jennings, 2000）。而 B-A 后期古海洋环境发生了明显变化，此时北欧海域古气候和古海洋环境均发生显著的变冷（Rochon, 1998），这可能

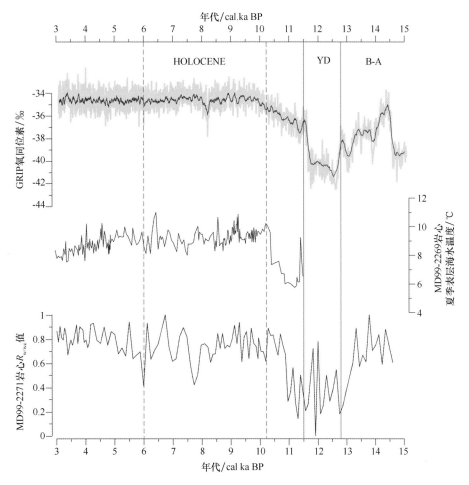

图 8-15　冰岛北部陆架 MD99-2271 岩心 14.6~3 cal ka BP 硅藻 $R_{w/wc}$ 值及其与 GRIP 冰心氧
同位素和冰岛北部陆架夏季表层海水温度的对比

（B–A = Bølling – Allerød，YD = Younger Dryas）

是 B–A 暖期向新仙女木事件转变引起的。

8.5.4.2　12.8~11.5 cal ka BP

如图 8-14 所示，MD99-2271 岩心硅藻含量在此期间也发生显著变化，如海冰种 *F. cylindrus* 和 *T. bulbosa*，极地硅藻 *T. hyalina* 的含量显著增加；而暖水种 *T. nitzschioides* 和 *T. oestrupii* 含量明显减少，反映了该时期冰岛北部陆架海域受东格陵兰寒流的影响较强，而印明格暖流的强度减弱。

在图 8-15 中，该阶段 MD99-2271 的 $R_{w/wc}$ 值较前期大幅下降，且维持在相对较低水平，指示了该时期低温的环境。格陵兰冰心氧同位素记录显示在 12.8~12.5 cal ka BP 期间，氧同位素陡然从-38‰下降到了-41‰，相当于温度下降了 9℃，表明了这是整个气候阶段最冷的一段时期。

本时间段处于格陵兰冰心记录的新仙女木事件时期，Taylor 等（1993）发现此时温度变化剧烈，气温比 Bølling-Allerød 期降低了 5℃左右。Brook（1998）研究格陵兰冰心 GISP2 冰心气泡中氮气的稳定氮同位素（$\delta^{15}N$）记录发现格陵兰岛年平均温度在新仙女木期间气温比现在约冷 15℃。Rundgren（2006）通过对冰岛北部的花粉记录进行研究，发现在新仙女木期短短 300 a 间气温出现了陡降现象。这些都指示了新仙女木是一次快速变冷事件且与 MD99-2271 岩心的记录相吻合。

需要注意的是，该时期沿岸硅藻 *O. aurita* 百分含量迅速增加并达到最高值，而另一种沿岸硅藻 *P. sulcata* 的含量相对于 *O. aurita* 较低。Jiang 等（2001）对冰岛附近海域表层沉积硅藻研究时，同样发现两种沿岸硅藻虽然都主要分布在冰岛西部沿岸海域，但也存在区域差异，其中 *P. sulcata* 主要出现在冰岛西部和南部受印明格暖流影响的海域，而 *O. aurita* 则主要出现在更高纬度海域。Witak 等（2005）在研究 Faroe 岛 Skalafjord 地区全新世硅藻记录时，认为 *O. aurita* 是冷水硅藻的重要组成，可以用来指示水温相对较低的海洋环境。在新仙女木冷期时（12.8~11.5 cal ka BP），东格陵兰寒流的强度不断增强，导致极地冷水团对冰岛北部海域的影响增加，在硅藻沉积记录中可能表现为 *O. aurita* 百分含量的显著增加。此外，沿岸硅藻 *O. aurita* 含量峰值的出现也可能是新仙女木冷期时冰岛北部海域海冰覆盖增加，夏季时季节性海冰消融，融冰水增强所引起的。

8.5.4.3　11.5~10.2 cal ka BP

此时末次冰期最后一次冷事件——新仙女木事件结束，温度开始回升，进入全新世。在硅藻含量图中，11.5~11 cal ka BP 期间海冰种 *F. cylindrus* 和 *T. bulbosa* 含量急剧减少，取而代之的是冷水种如 *B. bathyomphala* 含量增加，11 cal ka BP 左右暖水种群落 *T. nitzschioides* 和 *T. oestrupii* 数量较前几带急剧升高，表明这一时段东格陵兰寒流减弱，印明格暖流的影响显著增强。

Knudsen 等（2004a）和 Eiríksson 等（2000）认为，由于该地区早全新世所接收到的太阳辐射能量迅速增加至接近最高值时，大量的北大西洋暖水流入了北欧海域，冰岛北部陆架海域海洋环境发生了一次关键性的变化，印明格暖流增强，东格陵兰寒流减弱，现代海流体系开始建立。Koç 等（1993）的研究表明，那时极锋的位置向北移动，至 10.2 cal ka BP 前后，其位置达到冰岛西北部陆架海域；Bauch 等（2001）的研究表明，自 10 cal ka BP 以来，已没有明显的大量淡水涌入北欧海域，从而导致冰筏碎屑沉积物通量显著减小。10.2 cal ka BP 以来冰岛北部陆架显著增加的底层流流速以及有孔虫和硅藻组合的明显变化等均证明，冰岛北部陆架海域现代海洋格局在此时基本形成（冉莉华，2008）。

从 MD99-2271 岩心的 $R_{w/wc}$ 值曲线可以看出，在 11.5~11 cal ka BP 期间 $R_{w/wc}$ 值较低，11 cal ka BP 左右该比值迅速增加，表明新仙女木冷期结束后，冰岛北部陆架海域仍处于相对较冷的前北方期（Pre-boreal），直到 11 cal ka BP 前后海洋环境才迅速变暖，逐步进入全新世大暖期（图 8-15）。此时，根据硅藻转换函数定量重建的 MD99-2269 岩心夏季表层海水温度记录（Justwan，2008）也表现为类似的变化，只是其急剧增温的时间略晚于 MD99-2271。此外，格陵兰冰心氧同位素记录显示，在新仙女木事件结束后（约 11.5 cal ka BP）氧同位素含量从 -42‰ 迅速上升到 -37‰，随后氧同位素含量继续缓慢增加。研究发现，北大西洋海域和格陵兰地区在新仙女木事件之后，均表现为气候逐渐变暖，并向全新世大暖期过渡，但出现的时间却不尽相同。Kaufman 等（2004）对全球全新世大暖期记录的系统研究认为全新世大暖期出现的时间存在明显的时间和空间差异，其原因可能是研究区或研究方法的不同，也可能是受不同驱动因素（如北美劳伦泰德冰盖和北欧斯堪的纳维亚冰川等）的影响。

8.5.4.4　10.2~6 cal ka BP

对照图 8-14 的硅藻含量的变化，10.2~6 cal ka BP 期间继续延续上个时间段暖水硅藻增多，冷水硅藻减少的趋势，如海冰硅藻 *F. cylindrus* 和 *T. bulbosa*，冷水硅藻 *T. antarctic* 休眠孢子和极地硅藻 *T. hyalina* 数量较前明显变少；暖水种 *T. oestrupii* 则数量丰富，尤其是在 9.5~8.5 cal ka BP 前后，其平均含量达到了最大值。另外 *R. hebetata* 和 *R. borealis* 在此时也增高，因其喜暖生长的特性，也从另一个侧面反映了 10.2~6 cal ka BP 时期冰岛北部陆架海域受到来自北大西洋的印明格暖流的影响较强，而来自极地的东格陵兰寒流及东冰岛海流对该区域的影响相对较弱。

硅藻 $R_{w/wc}$ 值在该阶段前期波动较大，总体呈现增大趋势，反映该阶段海水温度以不稳定的冷暖交替波动变化为特征，总体上波动上升；后期硅藻 $R_{w/wc}$ 值基本处于最高水平，且波动较小，表明该时期气候最稳定、最温暖，与全新世大暖期鼎盛期对应。该时期格陵兰冰心氧同位素曲线变化不大且保持在一个稳定的状态，表明这是一个稳定的暖期。MD99-2269 夏季表层海水温度变化与 $R_{w/wc}$ 值变化虽在个别阶段有差异，但均反映了该时段是一个高温的时期，即平均温度为 12℃，相较新仙女木期的平均温度 8℃，温度上升了 4℃之多，导致温度的变化主要因素是印明格暖流的增强，反映了此时冰岛周边海域海流的分布是以印明格暖流为主导的格局。至于 8.2 cal ka BP 的冷事件在硅藻 $R_{w/wc}$ 值曲线中并没有明显的发现。

从地质历史时期上看，该段大体处于全新世大暖期。前人的研究均表明，自 10.2~5.5 cal ka BP，冰岛陆上几乎没有冰川前进的记录，指示在此期间冰岛陆上气候相对温暖（Stotter et al.，1999；Kirkbride et al.，2006）。Caseldine 等（2006）尝试利用湖泊摇蚊幼虫化石记录定量重建了冰岛北部湖泊早全新世水温变化情况，研究发现在 8 cal ka BP，冰岛北部 Tröllaskagi 地区夏季湖泊水温达到了全新世以来最高，代表了该地区全新世大暖期的出现。研究还表明，格陵兰冰川的融化至 8 cal ka BP 前后停止，受其影响的东格陵兰寒流可能因此在 8 cal ka BP 前后受到显著削弱，从而导致北大西洋暖流对冰岛北部陆架影响增强。据冉莉华（2008）研究，在早全新世 10~9.5 cal ka BP，冰岛北部陆架海域受北大西洋暖水水团的影响开始增强，进入全新世大暖期，并一直持续到 7~6 cal ka BP。

此外，在 10.2~6 cal ka BP 期间 *P. sulcata* 含量相比较之前急剧增加。大量研究发现，*P. sulcata* 存在相对复杂的生态意义，其分布受到了水体温度、盐度、深度以及营业丰富程度等多种环境因素的影响。Hasle 和 Syvertsen（1997）认为该种是广布性的沿岸底栖硅藻，但在复杂的海洋环境中，其又很容易混入浅海浮游生物群落（Hendey，1964），因此 *P. sulcata* 被认为是一种常生活在弱光条件下的广盐性浮游兼底栖硅藻（tychoplankton）。在对北大西洋表层沉积硅藻分布进行研究时，Koç 和 Schrade（1990）发现 *P. sulcata* 主要分布在北大西洋暖流影响的海域，是挪威-大西洋硅藻群落的重要组成部分。因而我们认为此时 *P. sulcata* 的增加可能与北大西洋暖流的分支—印明格暖流对冰岛北部海域的影响增强有一定的关系。进入全新世大暖期后，北大西洋暖流不断增强，其分支印明格暖流的强度也逐渐增强，使得此时冰岛北部海域表层海水温度升高，从而造成冷水硅藻含量显著减少，*P. sulcata* 含量在此段明显增加（图 8-14）。

8.5.4.5　6~3 cal ka BP

MD99-2271 的沉积硅藻记录显示，在 6 cal ka BP 冰岛北部陆架海域海洋环境发生了一次显著的变化，其中最主要的变化表现为暖水种 *T. nitzschioides* 含量突然增加，且超过 *T. oestrupii* 占据暖水种优势地位，改变了硅藻组合的面貌。大量前人的研究认为，*T. nitzschioides* 在一定程度上与当地盐度锋以及较高的初级生产力有关（Shimada et al.，2000）。Koç 和 Schrader（1990）对北大西洋表层沉积硅藻的研究表明，*T. oestrupii* 更多分布在冰岛以南，欧洲以西直接受北大西洋暖流影响的区域；而 *T. nitzschioides* 主要分布在受挪威-大西洋水团影响的区域，在冰岛西南沿岸海域也有较高的含量。冉莉华（2008）通过对 MD99-2275 岩心硅藻组合研究，认为 *T. nitzschioides* 百分含量的增加，可能反映自中全新世以来挪威-大西洋水团对冰岛北部陆架海域的影响增强。

除此之外，从 4 cal ka BP 开始沿岸种 *O. aurita* 含量急剧增加，其与 12.8~11.5 cal ka BP 期间的变化类似但强度较弱，可能反映了全新世大暖期结束以及东格陵兰寒流携带的极地冷水团对冰岛北部陆架海域的影响增强，也可能与新冰期时冰岛北部夏季融冰水增强有关。

从图 8-15 可以看出，该时间段 MD99-2271 的 $R_{w/wc}$ 值变化最为激烈，呈波动式的减小，表明该时期海水温度激烈波动，其中在 6 cal ka BP 左右，出现一次低温记录，可能反映了大暖期的结束。这和区域内其他资料如格陵兰冰心的氧同位素结果等也是基本吻合的。Koç 等（1993）的研究指出，大约在 5.5 cal ka BP，东格陵兰寒流开始显著增强，导致了其在格陵兰海南部的分支 Jan Mayen 寒流在此时明显增强。因此，其往冰岛海域南部的分支在此时也可能显著增强，并导致极地水团对冰岛北部陆架海域影响的增强；研究显示，在 6~4 cal ka BP，东格陵兰冰川前进至沿岸潮间带地区，因而也可能导致东格陵兰寒流的显著增强；而 Jennings 等（2002）的研究也表明，自 5 cal ka BP 以来，极地海冰的覆盖范围开始扩张，东格陵兰寒流的强度逐渐增加。

综上所述，对比格陵兰冰心的氧同位素记录、MD99-2269 的定量夏季海水表层温度记录以及本节反映海洋环境变化的 $R_{w/wc}$ 值，发现它们具有良好的一致性，这表明了冰岛北部陆架末次冰消期以来的硅藻组合变化，受到了区域性气候的控制，是更大范围内的区域性气候变化的结果。

8.6 格陵兰西部海域中全新世以来海冰定量研究及其影响机制探讨

本研究运用已建立的北大西洋海域表层沉积硅藻-海冰转换函数，定量重建北大西洋西北部海域全新世以来的古海冰变化。其最终目标是利用重建的高分辨率古海冰数据，研究全新世以来北大西洋西北部海域海冰变化的周期性规律及快速气候变化事件，讨论其与太阳辐射、大洋环流等的关系，揭示影响该海域海冰变化的主要驱动机制。

该项工作针对两个重力柱状样来完成，其中 DA06-139G（图 8-3）于 2006 年丹麦研究航次"Dana"考察期间在西格陵兰 Disko 湾北部的 Vaigat 海峡内采集，采样深度为 446 cm，其中分样间隔为 5 cm，共分析样品 90 个。GA306-GC3 于 2006 年丹麦 Galathea 3 考察期间在西格陵兰沿岸 Holsteinsborg Dyb 海槽处采集（图 8-4）。该岩心采样深度为 440 cm，采取等间距采样，间距为 5 cm，样品厚度为 1 cm，总计得到有效样品 89 个。

8.6.1 年代框架建立

DA06-139G 共测得 10 个 AMS ^{14}C 数据，测年材料分别为海洋软体动物壳体，海洋植物碎屑以及底栖有孔虫（表 8-5 和图 8-16）。GA306-GC3 的测年由丹麦 Aarhus 大学 AMS^{14}C 测年中心完成，共测定 15 个测年点，测年材料均为海洋软体动物壳体（表 8-6 和图 8-17）。

表 8-5   DA06-139G 的 AMS ^{14}C 测年资料

深度/cm	实验室编号	测年材料	^{14}C 年龄/a (±1σ)	日历年龄/cal a BP (±1σ)
7~8	AAR 10953	Gastropod	1 013±35	34±33
27~28	AAR13060	Gastropod	607±22	185±38
58~60	AAR 10952	Gastropod	903±35	453±33
132~136	AAR 10951	Plant fragment (sea grass)	1 797±40	1 189±62
180	AAR13059	Plant fragment (sea grass)	1 913±27	1 383±52
199~200	AAR 10950	Plant fragment (sea grass)	2 090±42	1 479±63
302~304	AAR 13061	Mixed benthic foraminifera	3 030±90	2 502±99
385	AAR 10949	Gastropod	3 976±38	3 568±89
390~393	AAR 10948	Plant fragment (sea grass)	3 833±43	3 696±75
435	AAR 10947	Bivalve shell	4 709±40	4 793±73

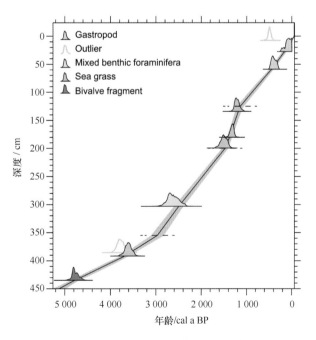

图 8-16   DA06-139G 的年龄-深度模型

表 8-6　GA306-GC3 的 AMS ^{14}C 测年资料

深度/cm	实验室编号	测年材料（软体动物壳体）	^{14}C 年龄 /a (±1σ)	日历年龄 /cal a BP (±1σ)
2~3	AAR-11282	*Thyasira gouldi*	613±29	n/a
6~7	AAR-14532	*Megayoldia thraciaeformis*	606±24	n/a
19~20	AAR-11284	*Thyasira gouldi*	889±28	430~305（105.9%）
62~63	AAR-11286	*Thyasira gouldi*	1 507±29	968~828（123.1%）
85~86	AAR-14533	*Ciliatocardium ciliatum*	1 664±23	1 158~1 025（119.9%）
103~104	AAR-11287	*Megayoldia thraciaeformis*	1 783±26	1 255~1 134（112.2%）
167~168	AAR-11288	*Nuculana pernula costigera*	2 156±31	1 614~1 440（100.3%）
204~205	AAR-11289	*Thyasira gouldi*	2 356±31	1 962~1 797（81.0%）
238~239	AAR-14534	*Yoldia cf. hyperborea*	2 873±24	2 605~2 396（82.7%）
249~250	AAR-11290	*Macoma moesta*	3 097±31	2 808~2 677（115.2%）
287~288	AAR-11291	*Yoldiella lenticula*	3 706±33	3 571~3 385（102.7%）
340	AAR-11292	*Yoldiella lenticula*	4 595±39	4 739~4 501（109.4%）
386~387	AAR-14535	*Megayoldia thraciaeformis*	5 278±27	5 573~5 436（107.4%）
400~401	AAR-11293	*Yoldiella hyperborea*	5 409±38	5 836~5 630（48.1%）
434~435	AAR-11294	*Liocyma fluctuosum*	6 306±38	6 680~6 458（98.7%）

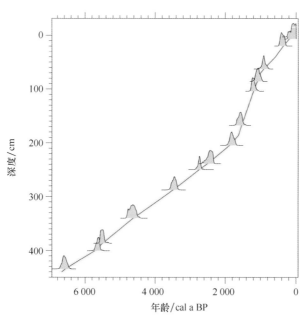

图 8-17　GA306-GC3 的年龄-深度模型

所有 ^{14}C 年龄均利用 OxCal 4.1 软件（Ramsey，2008）的 Marine09 数据库（Reimer et al.，2009）校正为日历年龄（cal a BP），其中 $\Delta R =$（140±30）a（McNeely et al.，2006；Lloyd et al.，2011）。各点间的年代序列采用逐次线性内插法求得，测年点外则采取线性外推法计算各个深度的年龄。

8.6.2 Disko 湾中晚全新世以来古海冰重建及机制探讨

8.6.2.1 DA06-139G 的硅藻结果及分析

DA06-139G 共鉴定沉积物样品 90 个，其中主要硅藻属种为：*T. antarctica* var. *borealis* resting spore，*F. cylindrus*，*F. oceanica*，*T. nordenskioeldii*，*D. confervaceae* resting spore，*T. antarctica* vegetativecells，*B. bathyomphala*，*T. bulbosa*，*T. hyalina*，*F. arctica* 和 *T. nitzschioides*。

根据有序聚类分析，DA06-139G 近 5000 年以来的沉积硅藻共分为以下 6 个硅藻带（图 8-18）。

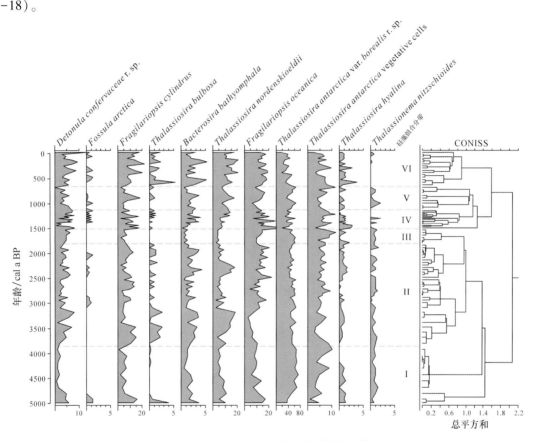

图 8-18 DA06-139G 主要硅藻属种含量

1）硅藻带 I：5 000~3 860 cal a BP （443.5~398 cm）

该硅藻带以 *T. antarctica*var. *borealis* resting spore 为主，其百分含量高达 60% 以上。暖水种 *T. nitzschioides* 尽管绝对含量较低，但相对含量在该硅藻带中达到最大值。此外，*F. cylindrus* 和 *D. confervaceae* resting spore 含量均较低，*T. bulbosa* 和 *F. arctica* 含量接近于零或没有发现。

硅藻种 *T. antarctica* var. *borealis* 休眠孢子是典型的极地冷水硅藻，广泛分布于南北半球冷水到温水海域（Hasle and Syvertsen，1997；von Quillfeldt，2000；Krawczyk et al.，2010）。Koç Karpuz 和 Schrader （1990）对北欧海域表层沉积硅藻分布研究发现，*T. antarctica* var. *borealis* 休眠孢子则是极地冷水团硅藻组合的优势种。此外，该硅藻种在 Labrador 海表层沉积物

及 Disko 湾柱状沉积物中均大量分布（De Sève，1999；Jensen，2003）。

T. nitzschioides 是一种浅海广布种，在北海和英吉利海峡中时有发现（Hendey，1964），但从未在北极地区发现过该种（Hasle and Syvertsen，1997）。在北欧海域（Koç Karpuz and Schrader，1990）、Skagerrak 海（Jiang，1996）以及冰岛南部和西部海域（Jiang et al.，2001），*T. nitzschioides* 大量出现，反映该种与大西洋水团联系紧密（盐度大于 34.9，海水表层温度>3℃），其百分含量随着印明格暖流的减弱而逐渐降低。对北大西洋表层硅藻分布进行研究发现，*T. nitzschioides* 含量在冰岛南部最高，在冰岛西部和北部逐渐减少。此外，在 Disko 湾和格陵兰西部海域，其百分含量仅占 1%左右。因此，*T. nitzschioides* 可以用来反应大西洋水团的强弱变化。*T. nitzschioides* 在硅藻带 I 含量最高，表明这一时期大西洋暖水影响最强，而海冰覆盖最低。

2）硅藻带 II：3 860~1 810 cal a BP（398~233 cm）

T. antarctica var. *borealis* resting spore 仍是主要硅藻组成成分，此时 *D. confervaceae* resting spore，*F. cylindrus*，*F. arctica* 和 *T. bulbosa*，以及 *B. bathyomphala* 和 *T. nordenskioeldii* 百分含量迅速增加，暖水硅藻 *T. nitzschioides* 含量明显减少，甚至在某些时期内消失。

F. cylindrus 是典型的极地海冰硅藻种（Medlin and Priddle，1990；Hasle and Syvertsen，1997）。该种广泛分布于南北两极，作为底栖硅藻可生活在冰上甚至冰内，但同时也可以浮游状态生活在海岸带冰缘区域（Hasle and Syvertsen，1997）。Saito 和 Taniguchi（1978）发现 *F. cylindrus* 是白令海和楚科奇海季节性海冰浮游生物的优势种类；在北欧海域该种是海冰型硅藻组合的主要组成成分，主要分布在西部格陵兰海海域（Koç Karpuz and Schrader，1990）；在冰岛附近海域该种是海冰硅藻群落的最主要组成成分，分布在受寒冷的东格陵兰寒流影响强烈的海域（Jiang et al.，2001）。*D. confervaceae* resting spore 在北冰洋拉普捷夫海也是常见的海冰种（Bauch and Polyakova，2000；Polyakova，2001）。Syvertsen 和 Hasle（1984）研究发现 *T. bulbosa* 能在海冰或海冰边缘生存，因此也被认为是海冰硅藻的重要组成。*F. arctica* 是极地浅海种，并且主要分布在海冰周围（von Quillfeldt，1996），在 Disko 湾（Jensen，2003；Krawczyk et al.，2010）和 Nares 海峡（Knudsen et al.，2008）沉积物中均有发现。因此，以上 4 种硅藻被认为是北大西洋西北部海域最典型的海冰硅藻种属，其含量越高，表明海冰覆盖范围越广。

B. bathyomphala 主要分布在北半球冷水海域（Hasle and Syvertsen，1997），Jiang 等（2001）通过对冰岛附近海域表层沉积硅藻的研究，认为该种适合生存的水温比海冰种 *F. cylindrus* 要高，是极地硅藻组合的重要组成成分，表明该种分布受东格陵兰寒流携带的极地冷水团的影响。

T. nordenskioeldii 是一种分布于北半球极地地区的浅海冷水种，广泛分布于北大西洋、北海及北冰洋等沿岸海域（Hendey，1964；Hasle and Syvertsen，1997）。该种春季时大量繁殖，含量迅速增加，有时也出现在浮冰边缘（De Sève and Dunbar，1990；Cremer，1998）。Karentz 和 Smayda（1984）发现 *T. nordenskioeldii* 是冬季浮游种，其生长的最适宜水温在 2.8±1.8℃。

海冰硅藻及极地硅藻含量的增加表明该时期内海冰覆盖比硅藻带 I 明显增强。

3）硅藻带 III，1 810~1 510 cal a BP（233~203 cm）

该硅藻带的主要硅藻属种与硅藻带 I 相似，其主要特征表现为海冰硅藻种 *F. cylindrus*，*F. arctica* 和 *T. bulbosa* 含量的突然降低，以及暖水硅藻 *T. nitzschioides* 的持续出现。这一硅藻含量变化表明北大西洋暖水团对 Disko 湾地区的影响增强，进而导致海冰覆盖减少。

4）硅藻带 IV，1 510~1 120 cal a BP（203~123 cm）

硅藻带 IV 主要表现为海冰硅藻 *F. cylindrus*，*F. arctica* 和 *T. bulbosa*，以及极地硅藻 *B. bathyomphala* 和 *T. nordenskioeldii* 的百分含量增加，影响增强，表明了该时期海冰覆盖面积广。暖水硅藻 *T. nitzschioides* 含量明显减少甚至消失则反映了北大西洋暖水团对该海域的影响减弱。

5）硅藻带 V，1 120~650 cal a BP（123~78 cm）

距今 1100 年后暖水硅藻 *T. nitzschioides* 含量出现显著增加，并接近硅藻带 I 的水平，这一变化与海冰硅藻和极地硅藻含量的减少一致，都反映了该时期北大西洋暖水团对该海域的影响增强。

6）硅藻带 VI，650 cal a BP~（78~0 cm）

硅藻带 VI 中，海冰硅藻 *D. confervacea* resting spore，*F. cylindrus*，*F. arctica* 和 *T. bulbosa*，极地硅藻 *B. bathyomphala* 和 *T. nordenskioeldii* 为主要特征种，其百分含量达到最高值。与此同时暖水硅藻 *T. nitzschioides* 含量接近零，这一硅藻带特征表明研究区域海冰覆盖面积广，而北大西洋暖水团的影响较弱。

8.6.2.2 中晚全新世以来古海冰定量重建

将 DA06-139G 的硅藻属种结果代入已有的北大西洋表层沉积硅藻-海冰转换函数中，从而定量重建了中晚全新世以来海冰变化情况（图 8-19）。Disko 湾中晚全新世以来的海冰覆盖率在 25%~95% 之间波动变化，其平均海冰覆盖率约为 55%。除 4 900 cal a BP 左右海冰覆盖较高之外，在 3 860 cal a BP 之前海冰覆盖率均低于 55% 的平均值。3 860~1 510 cal a BP 期间，海冰覆盖率围绕平均值上下波动，其中 3 700~3 500 cal a BP，3 000~2 800 cal a BP 和 2 200~1 900 cal a BP 期间，海冰值相对较高。海冰覆盖先在 1 510~1 120 cal a BP 期间急剧增加了 20%~30%，然后又在 1 120~650 cal a BP 期间迅速减小到平均值以下。650 cal a BP 之后，海冰覆盖再次出现急剧增强，表明这一时期研究区域一直被海冰所覆盖。60 cal a BP 之后海冰值的减弱，代表着高海冰覆盖的终止。

8.6.2.3 Disko 湾中全新世以来古海冰变化影响机制探讨

1）全新世大暖期末期（late HTM）

硅藻重建的海冰覆盖率变化表明 5 000~3 860 cal a BP 期间 Disko 湾海洋环境相对较暖，海冰覆盖值极低。这也和该时期海冰硅藻含量较低，而暖水种硅藻含量相对丰富相一致，说明大西洋暖水团对该海域的影响较强，从而导致海冰覆盖较低。

已有研究发现，在北半球和北大西洋区域全新世大暖期出现的时间不尽相同（Dahl-Jensen et al.，1998；Kaplan et al.，2002；Kaufman et al.，2004a）。而 5 000~3 860 cal a BP 则可能表示全新世大暖期末期，这也和 DA06-139G 有孔虫和颗石藻的结论相似（Andresen et al.，2011；McCarthy，2011）。其中如图 8-19 所示，指示大西洋暖水团的有孔虫百分含量较高，恰恰证明全新世大暖期末期研究区域受大西洋暖水影响较强（Andresen et al.，2011）。

Møller 等（2006）、Seidenkrantz 等（2007）和 Ren 等（2009）对西南格陵兰峡湾进行研究时也同样发现，在相对较暖的全新世大暖期末期时，西格陵兰洋流以北大西洋暖水团为主，

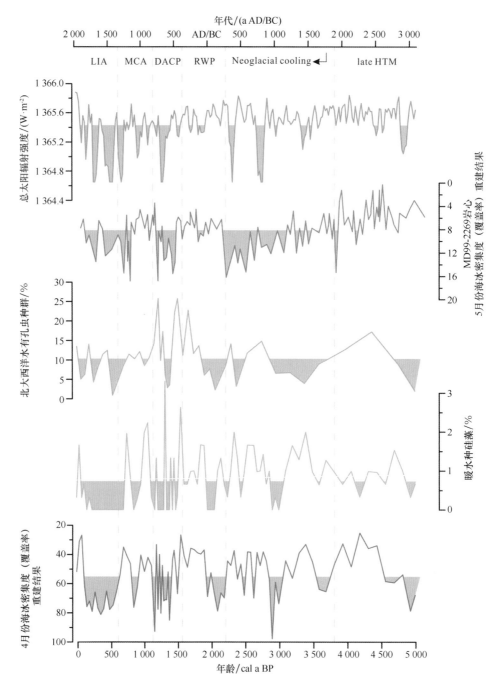

图 8-19　DA06-139G 定量重建的海冰覆盖率与暖水硅藻含量、
有孔虫含量及其与 MD99-2269 海冰变化以及太阳辐射强度的对比

东格陵兰冷水团较弱。Levac 等（2001）通过颗石藻对 Baffin 湾北部研究认为，6 800~3 500 cal a BP 期间海水温度较高，海冰覆盖时间较短。该岩心有孔虫数据同样表明全新世大暖期末期时相对较强的西格陵兰洋流（Knudsen et al.，2008）。

此外，利用生物标志物 IP25 重建的 7 000 年以来加拿大极地群岛海冰记录显示，7 000~3 500 cal a BP 期间 IP25 始终在平均值以下波动变化，表明这一时期加拿大极地群岛海冰覆盖较低（Vare et al.，2009；Belt et al.，2010）。

Andresen 等（2013）发现东南格陵兰在 5 200~4 200 cal a BP 期间经历了气候最适宜期。Justwan 和 Koç Karpuz（2008）利用硅藻重建了全新世以来冰岛北部沿岸 5 月份的海冰变化情况，发现在 5 000~3 860 cal a BP 冰岛北部海冰覆盖较低，这也和本研究重建的北大西洋西北部海冰变化相似。Jiang 等（2002）对冰岛北部进行研究时，发现在 4 600~3 600 cal a BP 期间印明格暖流向北的分支增强。印明格暖流北向分支的增强同时也伴随着其向南分支（即西格陵兰洋流的暖水团）的逐渐增强，进而使得 Disko 湾海洋环境主要受印明格暖流的影响（Moros et al.，2006；Lloyd et al.，2007）。

如图 8-19 所示，Disko 湾 Vaigat 海峡处 4 800 cal a BP 左右海冰值出现显著增加，此时暖水种硅藻含量呈现短时期地低值，表明 4 800 cal a BP 左右大西洋暖水团影响减弱，Vaigat 海峡处海洋环境变冷。大西洋底栖有孔虫含量减少，冷水种含量增加也同样反应了该时期较冷地海洋环境。此外，Jennings 等（2002）通过底栖有孔虫，氧同位素，IRD 等研究，发现在 5 000~4 700 cal a BP 期间东格陵兰亚表层水环境也出现短暂的变冷。

2）新冰期（Neoglacial）

海冰硅藻 *F. cylindrus* 和 *T. bulbosa*，以及 *B. bathyomphala* 和 *F. oceanica* 的增加表明 Disko 湾受极地冷水团的影响增强，尤其是在 3 700~3 500 cal a BP，3 000~2 800 cal a BP 和 2 200~1 900 cal a BP 期间。硅藻重建的海冰值较高，且伴有明显的波动，表明这一时期极地冷水团的增强。与此同时暖水硅藻和指示大西洋水团的有孔虫种属含量均较低也同样印证这一假设。该时期海冰覆盖增加，与欧洲典型的气候寒冷期"新冰期"出现时间较为吻合。

新冰期是全新世大暖期之后，北半球比较明显的寒冷期，一般开始于 3 900 cal a BP 前后。尽管该冷事件出现时间略有不同，但其在格陵兰岛（格陵兰冰盖增强）（Kelly，1980），Labrador 海东部，Baffin 湾，格陵兰东西沿岸（气候和海洋环境变冷）等地区均有出现（Dyke et al.，1996；Dahl-Jensen et al.，1998；Kaplan et al.，2002；Kaufman et al.，2004；Seidenkrantz et al.，2007，2008；Knudsen et al.，2008；Andresen et al.，2013；Erbs-Hansen et al.，2013）。

Moros 等（2006）和 Lloyd 等（2007）通过硅藻、岩性和底栖有孔虫等记录发现，在 3 500~2 000 cal a BP 期间 Disko 湾出现新冰期变冷事件。同时，在 Disko 湾南部的 Ameralik 峡湾处，多指标研究也发现西格陵兰洋流逐渐减弱（Seidenkrantz et al.，2007）。在 Disko 湾北部加拿大极地群岛附近，生物标志物 IP25 变化表明在 3 500~3 000 cal a BP 期间春季海冰覆盖增强（Vare et al.，2009；Belt et al.，2010）。此外，Baffin 湾北部，3 000 cal a BP 左右有孔虫属种的减少（Knudsen et al.，2008），以及 3 600 cal a BP 之后海冰覆盖时间的变长（Levac et al.，2001），都表明该时期较冷的海洋环境。海洋环境的变冷又造成冰盖消融减弱（Fisher et al.，1995），进而使得 Labrador 流携带的海冰和冰融水减弱（Solignac et al.，2011）。

此外，该时期 Disko 湾 4 月海冰覆盖和冰岛北部 5 月海冰覆盖同步增加，表明新冰期时印明格暖流强度减弱，而东格陵兰寒流携带的极地冷水团强度增强，从而影响两区域的水文和气候变化。格陵兰东部和东南部的海洋沉积同样记录了 3 500 cal a BP 以后新冰期气候变冷，大西洋暖水团强度减弱，北冰洋水团增强，格陵兰冰盖扩张，以及极锋南移（Jennings et al.，2011；Andresen et al.，2013）。

3）罗马暖期（RWP）

1 900~1 510 cal a BP 期间，暖水种硅藻含量显著增加和海冰硅藻 *F. arctica* 和 *T. bulbosa* 的消失，重建的海冰密集度较低，都表明该时期 Disko 湾受大西洋暖水团影响增强，海冰覆盖明显减少，这也和欧洲大陆出现罗马暖期的时间相吻合。

Disko 湾 DA00-02P 和 DA00-03P 两岩心沉积物硅藻、底栖有孔虫和颗石藻等含量变化同样记录了 2 200/2 000~1 500/1 400 cal a BP 期间海水表层温度增加，西格陵兰洋流携带的暖水团增强（Moros et al. , 2006；Lloyd et al. , 2007；Seidenkrantz et al. , 2008）。此外，东格陵兰沿岸的有孔虫记录（Jennings et al. , 2002），以及格陵兰南部 Igaliku 峡湾（Lassen et al. , 2004）和 Holsteinsborg 海槽（Erbs-Hansen et al. , 2013）的有孔虫记录都指示了 2 000~1 500 cal a BP 期间东格陵兰寒流强度较弱，使得海洋环境变暖。东格陵兰寒流强度的减弱，将导致西格陵兰洋流中印明格暖流的成分增强，进而造成研究区域海冰覆盖减少。如图 8-19 所示，罗马暖期时，冰岛北部 5 月海冰变化也同样存在一个低值。此外，该暖事件与太阳辐射高值，加拿大极地群岛生物标志物 IP25 低值出现时间也比较一致（Belt et al. , 2010）。

4）黑暗时期（DACP）

1 510~1 120 cal a BP 期间，海冰硅藻 *F. cylindrus* 明显增加，而暖水种硅藻含量显著减少，甚至消失，此时转换函数重建的海冰覆盖率相对较高（图 8-19）。这表明该时期极地冷水团对 Disko 湾的影响增强，从而导致海冰覆盖面积不断增大。

硅藻重建的海冰变化与同处于 Disko 湾的 DA00-02 的颗石藻变化十分一致，该指标也记录了 1 500~1 300 cal a BP 颗石藻暖水组合含量减少（Seidenkrantz et al. , 2008）。格陵兰南部硅藻和颗石藻记录也同样表明该时期受东格陵兰寒流的影响，海洋环境变冷（Jensen et al. , 2004；Roncaglia and Kuijpers, 2004）。此外，利用硅藻重建的冰岛北部 5 月份海冰变化也表明该时期受极地冷水团的影响较为显著。同一时期欧洲西北部正经历明显的气候冷期，该冷事件被称为黑暗时期，时间约为 1 550~1 150 cal a BP（Lamb, 1995）。如图 8-19 所示，Disko 湾较高的海冰覆盖，寒冷的海洋环境还与该时期太阳辐射低值相对应。

5）中世纪暖期（MCA）

1 120~650 cal a BP 期间，海冰硅藻含量较低，暖水种硅藻的重新出现，表明该时期北大西洋暖水团再一次影响 Disko 湾和冰岛北部沿岸，这也与中世纪暖期出现时间极为吻合。有关中世纪暖期的记载，在格陵兰西部，北大西洋北部和西北部海域等均有发现。其中，在北大西洋西北部 Holsteinsborg 海槽处，硅藻记录所反应的古海洋环境变化显示在 1 150~650 cal a BP 期间，该海域表层海水温度较高（Sha et al. , 2012）。在格陵兰西南部 Igaliku 峡湾，Jensen 等（2004）研究发现 1 180~600 cal a BP 期间东格陵兰寒流强度减弱，使得该峡湾海冰覆盖面积减小，而 Roncaglia 和 Kuijpers（2004）通过颗石藻记录研究发现 990~665 cal a BP 期间季节性海冰覆盖明显减弱。

另一方面，在东格陵兰沿岸，1 200~850 cal a BP 期间极地冷水团影响逐渐减弱，使得大西洋中层水对东格陵兰沿岸的影响增强（Jennings and Weiner, 1996）。在 1 150~650 cal a BP 期间，冰岛北部沿岸也主要受大西洋暖水团的影响（Eiríksson et al. , 2000；Jiang et al. , 2002；Knudsen et al. , 2004b, 2012；Ran et al. , 2011）。同样，在加拿大极地群岛的硅藻记录也指示了 1 150~600 cal a BP 期间较为温暖的气候和海洋环境（LeBlanc et al. , 2004）。Kinnard 等（2011）根据高分辨率的陆生指标重建了北冰洋夏季海冰覆盖，指出 750 cal a BP 前北冰洋夏季海冰值极低，与中世纪暖期相对应。

6) 小冰期（LIA）

650 cal a BP 之后，暖水硅藻组合的消失以及海冰硅藻种的大量出现，表明该时期东格陵兰寒流携带的极地冷水团增强，而利用转换函数重建的海冰覆盖率在 650 cal a BP 之后始终较高，以上特点都与小冰期的出现相符合。小冰期时，Disko 湾海域高温高盐的北大西洋表层水逐渐被低温低盐的极地冷水团所代替，从而使得该区域海冰增强，覆盖面积变大。

Disko 湾的有孔虫记录也表明 500 cal a BP 之后极地冷水团对 Disko 湾水文影响增强，使得海洋环境变冷（Lloyd，2006a）。小冰期时，较高的海冰覆盖，较寒冷的海洋环境在格陵兰西部海域，格陵兰南部海域等也均有发现（Jensen et al.，2004；Roncaglia and Kuijpers，2004；Sha et al.，2012，2014）。

此外，格陵兰东南部沉积硅藻记录反映了 750 cal a BP 之后东格陵兰寒流增强（Jensen，2003），这一现象在该区域其他沉积记录中也有发现（Wagner et al.，2000）。同时，根据硅藻重建的冰岛北部海水表层温度显示，650 cal a BP 之后东格陵兰寒流增强，使得该海域海水表层温度显著降低（Jiang et al.，2002）。而生物标志物 IP25 则表明在 750 cal a BP 之后冰岛北部海域海冰覆盖明显增强（Massé et al.，2008）。

如图 8-19 所示，硅藻重建的 Disko 湾海冰变化和冰岛北部海冰变化具有很好的一致性，说明小冰期时东格陵兰寒流携带的极地冷水团不仅直接影响着冰岛北部海域，还携带了大量的极地海冰随着西格陵兰海流继续北上，间接影响 Disko 湾地区。

8.6.3 Holsteinsborg Dyb 海槽中全新世以来古海冰重建及机制探讨

8.6.3.1 GA306-GC3 的硅藻种群及其生态环境特征

GA306-GC3 共鉴定沉积物样品 89 个，总计发现 46 个属的 107 个种硅藻种及其变种。主要硅藻包括：*Bacterosira bathyomphala*、*Fragilariopsis cylindrus*、*Fragilariopsis oceanica*、*Rhizosolenia hebetata* f. *semispina*、*Rhizosolenia borealis*、*Thalassionema nitzschioides*、*Thalassiosira antarctica* var. *boreal* 休眠孢子、*Thalassiosira nordenskioeldii* 和 *Thalassiosira oestrupii* 等，其所反映的海洋生态环境如下。

F. cylindrus 是典型的极地海冰硅藻种（Hasle and Syvertsen，1997），广泛分布于南北两极海域。Jensen（2003）发现 *F. cylindrus* 是格陵兰东北部和西格陵兰 Disko 湾海冰种的主要成分。此外，在冰岛北部陆架海域，*F. cylindrus* 含量丰富，可作为东格陵兰寒流指示种（Jiang et al.，2001）。

F. oceanica 是一种常见的极地浮游硅藻，过去常被作为海冰指示种（Jiang et al.，2001；Koç and Schrader，1990）。但最近一些研究发现 *F. oceanica* 生态环境可能比海冰种 *F. cylindrus* 更暖，不能单纯作为海冰指标（Jensen et al.，2004），在东格陵兰寒流流经区域，尤其在格陵兰东北部和东部海域的表层沉积硅藻研究中，*F. oceanica* 数量远超海冰种 *F. cylindrus*。Heimdal（1989）则将其视为西格陵兰洋流冷暖混合海水的指示种。沙龙滨（2012）在对格陵兰西部海域表层沉积硅藻与环境变量进行分析后，发现 *F. oceanica* 与月海冰变化无明显相关性，认为该种可作为反映海洋表层、底层水体交换程度的指示种。

B. bathyomphala 主要分布在北半球冷水海域（Hasle and Syvertsen，1997）。Jiang 等（2001）根据冰岛附近海域表层沉积硅藻的研究，发现该种的生存温度较 *F. cylindrus* 高，是北大西洋北部极地硅藻群落的主要组成成分。因此 *B. bathyomphala* 可能与海冰的关系并没有那么密切，而主要受东格陵兰寒流携带的极地冷水团的影响。

T. antarctica var. *boreal* 主要发现于北方冷水环境中（Hasle and Syvertsen，1997）。任健（2008）发现 *T. antarctica* var. *boreal* 休眠孢子大量分布于西格陵兰 Disko 湾中部和东南部开阔洋面，与极地冷水团相关。Jiang 等（2001）研究冰岛海域硅藻分布，发现 *T. antarctica* var. *boreal* 休眠孢子主要分布于冰岛北部海域受东冰岛海流和东格陵兰寒流影响强烈的海域，为冷水硅藻种的重要组成。因此，文中将其视为极地种，指示极地冷水团势力强弱。*T. nordenskioeldii* 是一种常见的浅海冷水种，主要生活在北半球冷水至温水海域，如北大西洋、北海、挪威海、北冰洋等沿岸海域（Hendey，1964），以及北太平洋高纬海域（Jousé et al.，1971）。该种是格陵兰西部海域表层硅藻群落的主要组成成分，主要分布在受东格陵兰寒流及印明格暖流等冷暖水团共同影响的海域（沙龙滨，2012）。

T. nitzschioides 是一种常见的浅海广布种，从赤道到中高纬（除南北极）均有分布（Hasle and Syvertsen，1997），大量存在于北大西洋海域（Hendey，1964）、北欧海域（Koç and Schrader，1990）、斯卡格拉克海峡（Jiang，1996）和冰岛南部和西部海域（Jiang et al.，2001）等海域。Jousé 等（1971）、Sancetta（1979）等发现在北太平洋海域 *T. Nitzschioides* 含量亦很高，在亚热带海区最为丰富。Koç 和 Schrader（1990）、Jiang 等（2001）对北大西洋海域表层沉积硅藻研究发现，*T. nitzschioides* 为典型暖水种硅藻，与受印明格暖流关系密切。因此，将其作为大西洋暖水团指示种。*T. oestrupii* 的生存环境与 *T. nitzschioides* 类似，分布于北大西洋暖流及印明格暖流控制区域，也是大西洋常见的暖水硅藻种之一（Koç and Schrader，1990）。工作中将 *T. oestrupii* 与 *T. nitzschioides* 共同视为典型暖水硅藻种类。

R. hebetata f. *semispina* 主要分布在亚热带至温带海域，并常见于夏季的北海和英吉利海峡（Hendey，1964），Koç 和 Schrader（1990）研究表明 *R. hebetata* f. *semispina* 是极地-挪威水团混合型硅藻群落的主要组成成分，主要分布在冰岛西部及西南海域。而 Jiang 等（2001）也发现 *R. hebetata* f. *semispina* 在印明格暖流控制的冰岛西南海域含量最为丰富。*R. borealis* 的生态与 *R. hebetata* f. *semispina* 类似，也是北大西洋混合型硅藻组合的主要组成成分（Koç and Schrader，1990）。Smayda（1958）发现扬马延岛附近夏季表层海水温度升至 1.5℃时，*R. borealis* 与 *R. hebetata* f. *semispina* 含量快速增加，故也将其作为夏季极地浮游硅藻群落的重要组成。

8.6.3.2 硅藻组合聚类分析结果

对 GA306-GC3 的硅藻数据利用 TILIA 软件进行有序聚类分析，可分为 3 个硅藻带，4 个硅藻亚带（图 8-20）。

1）硅藻带 A（439~310 cm；6 650~3 950 cal a BP）

从硅藻聚类分布图中可以看出该组合以 *F. oceanica*、*T. nitzschioides* 和 *T. oestrupii* 等为主。根据测年结果，从地质历史来看，该时间段位于全新世大暖期最后阶段和气候由暖转冷的波动期。如图 8-20 所示，该组合又可分为两个亚带。

亚带 A1（439~380 cm；6 650~5 400 cal a BP）

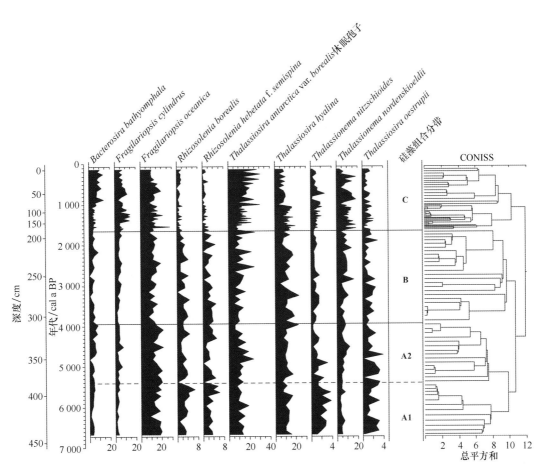

图 8-20　GA306-GC3 主要硅藻属种百分含量及硅藻带划分

该亚带中，*B. bathyomphala* 和 *T. nordenskioeldii* 等主要生活在极地冷水环境的硅藻含量较低，且变化幅度不大；相反，暖水种群落中的 *T. nitzschioides* 和 *T. oestrupii* 含量则一直处于较高的水平，并在 5 600 cal a BP 左右达到最大值，占绝对优势的暖水种主要有 *T. nitzschioides*（平均含量 3.80%）和 *R. borealis*（平均含量 6.62%），海冰种 *F. cylindrus* 含量较少（0.96%~3.96%，平均含量为 2.51%）。

硅藻带中暖水硅藻群落处于高值，含量变化不大，说明该时期内受印明格暖流影响较大。反映海洋表层、底层水体交换程度的指标种 *F. oceanica* 在本带中含量最高，说明水体交换频繁，分层不明显。

亚带 A2（375~310 cm；5 400~3 950 cal a BP）

与上一带相比，5 400~3 950 cal a BP 期间最显著的特点是暖水种硅藻 *T. nitzschioides* 含量突然减少，而另一暖水种 *T. oestrupii* 数量也略有减少，尤其在该硅藻亚带后期，两个暖水种硅藻的总平均含量从 4.19% 降至 2.86%。同时，海冰种、极地种则有所增加。

极地种硅藻 *T. nordenskioeldii* 百分含量由 4.08% 增至 11.95%。*B. bathyomphala* 最大值从上一带的 5.05% 上升到该带的 8.28%，海冰硅藻 *F. cylindrus* 的平均含量从 2.51% 增至 3.75%。

该亚带硅藻变化趋势主要表现为：暖水种略有减少，海冰种和极地种开始增多。这些变化充分说明极地冷水团势力增强，海水环境开始趋冷。

2）硅藻带 B（305~190 cm；3 950~1 650 cal a BP）

与上一亚带相比，该硅藻组合发生了明显变化，总体而言，暖水种数量减少，而极地、海冰种数量明显增加，而在 3 000 a BP 前后，硅藻组合又略有差异。3 950~3 000 cal a BP 期间，*R. hebetata* f. *semispina* 和 *R. borealis* 等暖水硅藻含量均有增加，极大值全部升高，暖水硅藻总平均含量从 8.93% 增加至 10.25%，海冰种和极地种含量相对上一段有所减少。*T. antarctica* var. *borealis* 休眠孢子、*B. bathyomphala* 和 *F. cylindrus* 三者含量由 20.26% 降至 16.26%，说明格陵兰西部海域极地冷水团势力减弱，北大西洋暖流势力增加。

此外，水体交换程度的指示种 *F. oceanica* 含量较 5 400~3 950 cal a BP 间含量大幅减少（降至 11.17%），这可能表明该时期内表层与底层水体交换减弱，水体分层较为明显。

3 000~1 650 cal a BP 期间，*T. nitzschioides*、*T. oestrupii* 等暖水硅藻数量显著下降，其总含量从 10.25% 降至 7.54%，海冰硅藻 *F. cylindrus* 和极地硅藻 *T. antarctic* var. *borealis* 休眠孢子、*T. nordenskioeldii* 等含量十分丰富，硅藻总平均含量为 55.98%，*T. antarctica* var. *borealis* 休眠孢子含量从 9.52% 升至 12.63%，*T. nordenskioeldii* 含量由 3 950~3 000 cal a BP 期间的 6.50% 增加至 8.56%。说明了格陵兰西部海域 3 000~1 650 cal a BP 期间受极地冷水团影响，气候开始趋冷。

上述硅藻组合带中，格陵兰西部海域并没有表现出单一的变化，其中 3 950~3 000 cal a BP 期间暖水种含量较多，指示了大西洋暖水团相对较强，3 000~1 650 cal a BP 期间，明显增加的极地、海冰种硅藻说明极地冷水团的影响逐渐增加。

3）硅藻带 C（185~0 cm；1 650~130 cal a BP）

由图 8-20 可以看出，1 650~1 100 cal a BP 期间极地硅藻和海冰硅藻占绝对优势，海冰种 *F. cylindrus* 较 3 000~1 650 cal a BP 期间百分含量明显增加，由上一带的 4.60% 增至 8.66%，同时极地种 *T. nordenskioeldii* 含量也有不同程度的增加，*R. borealis* 和 *T. oestrupiis* 等暖水种含量明显降低。表明该时期内受北大西洋暖水团影响较小。

从 1 650~1 100 cal a BP 到 1 100~130 cal a BP 间变化最大的是极地硅藻 *B. bathyomphala*，其含量百分比从上一带的 4.61% 升至 9.07%，并在 850 cal a BP 前后达到最大值（14.02%）。

1 100~130 cal a BP 期间的硅藻分布与 1 650~1 100 cal a BP 期间比较相似，都以极地种、海冰种为主，其中含量丰富的硅藻种属主要有：*F. oceanica*（8.16%~19.76%，平均：12.81%）、*T. antarctic* var. *borealis* 休眠孢子（8.16%~30.99%，平均：19.37%）、*B. bathyomphala*（6.23%~14.02%，平均：9.07%）和 *T. nordenskioeldii*（2.92%~18.61%，平均：9.90%），4 种硅藻含量百分比高达 50.72%，达到中晚全新世以来的最高水平，同时暖水硅藻百分含量较上一时期明显减少。说明此时西格陵兰海域受北大西洋暖水团的影响逐渐减弱，极地冷水团势力增强。值得注意的是，在 1 000 cal a BP 前后，极地硅藻和海冰硅藻百分含量出现短暂的低值，表明这一时期西格陵兰洋流中极地冷水团的突然减弱。

8.6.3.3 中晚全新世以来 Holsteinsborg Dyb 海槽古环境重建

将 GA306-GC3 硅藻组合中极地-海冰种硅藻（*B. bathyomphala*、*F. cylindrus*、*F. oceanica*、*T. antarctica* var. *boreal* 休眠孢子、*T. hyalina* 和 *T. nordenskioeldii*）和暖水种硅藻（*T. oestrupii*、*T. nitzschioides*、*R.* f. *semispina* 和 *R. borealis*）含量曲线与根据格陵兰冰心

（GISP2）重建的 6 700 年以来的古温度记录（Cuffey and Clow，1997）进行对比，分析西格陵兰地区中晚全新世以来的古海洋环境变化（图 8-21）。

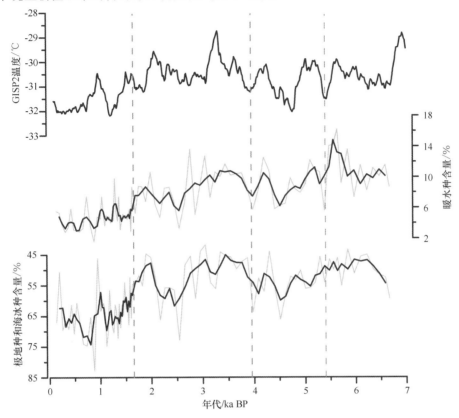

图 8-21　GA306-GC3 主要硅藻丰度变化与格陵兰地区全新世温度变化

资料来源：Cuffey and Clow，1997

1）6 650~5 400 cal a BP

从硅藻含量图中可以看出 6 650~5 400 cal a BP 期间，暖水硅藻含量较高且波动频繁，如北大西洋暖流指示种 *T. nitzschioides* 等，峰值出现在 5 600 cal a BP 前后，说明该时期暖水团活动频繁（图 8-21）。

从地质历史时期上看，该段大体处于高温的全新世大暖期（Kaufman et al.，2004），Kelly（1980）通过对冰川进退与西格陵兰沿岸软体动物化石研究发现该区全新世大暖期介于 8.0~3.5 ka BP 之间，与联合国政府间气候变化专门委员会（IPCC）第四次评估报告指出的 7~5 ka BP 时间段相近（IPCC，2001）。

根据格陵兰冰心重建的 6 700 年来的温度曲线表明，在 6 650~5 400 cal a BP 期间格陵兰地区气温偏高，与这一时期暖水硅藻含量较高、极地和海冰硅藻含量较低的趋势相一致（图 8-21）。类似的暖期记录在北大西洋地区其他研究中也同样存在。Andrews 等（1997）通过对东格陵兰沿岸冰筏碎屑（IRD）研究发现，由于东格陵兰寒流的减弱，8 000~6 000 cal a BP 期间冰筏碎屑量显著减少，反映当时较为温暖的环境。Dahl-Jensen 等（1998）通过格陵兰冰心氧同位素记录重建了格陵兰温度变化序列，同样发现全新世气温最高值出现于 8 000~5 000 cal a BP 期间，与硅藻变化趋势一致。

2) 5 400~3 950 cal a BP

与 6 650~5 400 cal a BP 相比，该带暖水种呈现下降趋势，平均含量从 10.90% 降至 8.93%，极地和海冰种从 50.00% 升至 54.59%。这些变化充分说明了当时气候开始趋冷，暖期结束。

GISP2 冰心（图 8-21）显示 5 400~3 950 cal a BP 期间，温度明显降低，并在 4 500 cal a BP 前后降至极值（Cuffey and Clow，1997）。这一趋势与图中硅藻记录相一致。Bond 等（1997）对北大西洋深海沉积记录中的冰岛火山玻璃（Icelandic Glass）和染赤铁矿冰筏碎屑沉积物（IRD）研究，发现了 8 次变冷事件，其中大约 5 500 cal a BP 开始出现一个明显的冷期，时间长达 1 500 a 左右，与硅藻组合分布相吻合。

3) 3 950~1 650 cal a BP

期间硅藻组合虽然以极地和海冰种为主，但是硅藻百分含量波动明显，尤其在 3 950~3 000 cal a BP 期间，暖水种含量波动上升，平均含量由 8.93% 增至 10.25%。Cuffey 和 Clow（1997）根据格陵兰中部 GISP2 冰心记录发现 3 500 cal a BP 左右存在一个明显的温暖时期——米诺斯暖期（Minoan Warming）。西班牙西南部泥炭中的沼泽汞沉积记录同样表明在过去 4 000 a 前存在一个温暖期，其温暖程度与中世纪暖期相近（Martinez-Cortizas et al.，1999）。

3 000~1 650 cal a BP 期间极地种和海冰种硅藻含量显著增加，表明该区域古海洋环境逐渐变冷，这与 GISP2 冰心重建的古温度变化趋势较为一致（图 8-21），同时 GISP2 冰心氧同位素 $\delta^{18}O$ 含量值在此期间高于平均值（Stuiver et al.，1995）。在西格陵兰沿岸地区全新世研究中，Disko 湾硅藻记录显示在 3 200~2 200 cal a BP 海冰面积增加，存在一个冷期（Moros et al.，2006），这与 Nesje 等（2001）发现的 3 000 cal a BP 前后北大西洋气候逐渐变冷的趋势相一致。此外，在格陵兰东南沿岸 Jennings 等（2011）研究发现 3 500 cal a BP 时由于受极地水团影响增加，海冰面积扩大，出现一个短暂的寒冷期。

4) 1 650~130 cal a BP

硅藻组合变化表明，这一阶段海水表层环境并没有表现为单一变暖或变冷，而是前期相对较冷并在 1 000 cal a BP 前后突然升温，继而快速下降。在此后的 900 a 内，由于北大西洋暖水团势力减弱，研究区域处于一个相对寒冷的环境。类似的温度变化趋势在 GISP2 冰心记录中也有所反应（图 8-21）。

从地质历史上看，1 650~1 100 cal a BP 大部分处于黑暗时代冷期（DACP，450~650 AD）（Lamb，1977）阶段，Seidenkrantz 等（2007）和 Møller 等（2006）发现在格陵兰西南部地区，同样存在一个类似的阶段（1 400~1 200 cal a BP），在此期间，海冰种硅藻含量增加，作为海冰指示种的有孔虫 *Islandiella helenae* 含量占绝对优势。同时 Jensen 等（2004）研究发现，在格陵兰南部 Igaliku 峡湾处 1 300 cal a BP 前后东格陵兰寒流势力增强，海水温度下降，水体分层明显。GA306-GC3 极地种和海冰种硅藻在本阶段占绝对优势，并在 1 100 cal a BP 到达极值（76.64%），这和区域性气候变化所一致。而在 1 000 cal a BP 前后，极地种、海冰种硅藻总含量突然大幅度减小（47.73%），暖水硅藻百分含量则略有增加，这可能与中世纪暖期有关。

在 GA306-GC3 极地种和海冰种硅藻记录中，700 cal a BP 以来气候变冷事件是距今最近的一次、也是变冷程度最大的一次冷期，这与欧洲历史上小冰期（Little Ice Age）出现的时间一致。Ribeiro 等（2012）发现 700 cal a BP 以来西格陵兰海域的海冰界限从西南部 Disko

岛扩展至加拿大区域。同时，沙龙滨（2012）对附近区域的 GA306-GC4 中柱状样硅藻分析也发现该时期内海冰指示种 *F. cylindrus* 含量增加，同时典型暖水种 *T. nitzschioides* 含量减少，同样说明了这一趋势。Grove（2001）也认为环大西洋地区的小冰期一般开始于 14 世纪初。这与文中硅藻变化趋势十分相近。在整个北大西洋北部地区，也存在许多小冰期记录（Jiang et al.，2007；Humlum，1999）。蒋辉等（2006）和 Ran 等（2011）利用硅藻-温度转化函数重建了冰岛北部陆架海水表层温度，发现在 600 cal a BP 之后海水表层温度明显降低，并认为该趋势可能与极地冷水团的增强有关。Humlum（1999）在 Disko 岛上的残留冰川氧同位素研究中发现小冰期时期该地区气温要比现代低 2~4℃，小冰期期间 Disko 岛上的冰川前缘降至海拔 100 m（现代为海拔 280 m）。Grove（2001）在格陵兰西南部同样发现了小冰期的存在，期间海冰覆盖增加，水体分层明显。上述证据充分说明，格陵兰西部海域海洋环境在小冰期期间所发生的明显变化，与区域性气候变化特征一致，有可能是北大西洋气候与洋流系统变化的结果。

8.6.3.4　Holsteinsborg Dyb 海槽古环境演变的主要影响因素

GA306-GC3 沉积硅藻组合揭示了 6 700 a 以来西格陵兰地区古海洋环境逐渐变冷的趋势。通过对该岩心主要硅藻百分含量（暖水种、极地和海冰种）的对比研究，发现暖水种硅藻和极地及海冰种硅藻百分含量变化呈现此消彼长的特征。Jiang 等（2001）对北大西洋海域表层沉积硅藻组合研究，发现暖水种硅藻 *T. nitzschioides* 和 *T. oestrupii* 的分布与印明格暖流密切相关，其百分含量随印明格暖流强度的减弱而逐渐减少。在冰岛南部海域，两者的百分含量达到 20% 左右；在冰岛西部海域，百分含量减少为 10%；冰岛北部含量进一步减少到 5%；而在格陵兰东南部海域，几乎未受到印明格暖流的影响，暖水种硅藻含量极低甚至为 0。

根据格陵兰西部海域表层沉积硅藻的研究，同样发现暖水种硅藻的含量变化与西格陵兰洋流中暖水团（即北大西洋暖流的分支—印明格暖流）的强弱相关，而极地种和海冰种硅藻含量变化则更多地反映了西格陵兰洋流中冷水团（即东格陵兰寒流）的强度（Sha et al.，2014）。因此，西格陵兰洋流中冷暖水团的强弱变化是影响该地区古海洋环境演变的主要因素。

此外，通过对比 GA306-GC3 沉积硅藻组合与格陵兰冰心记录，发现硅藻重建的古环境演变与格陵兰冰心重建的古温度变化具有较好的一致性，说明西格陵兰地区古海洋环境不仅受到西格陵兰洋流的影响，还因靠近格陵兰岛而受格陵兰冰盖的影响。

8.7　小结

8.7.1　挪威海北部末次盛冰期以来物质来源变化

通过对挪威海北部 BB03 岩心 XRF 数据的因子分析进行物质来源判别，结果显示 3 个因子，主因子 F1 代表 Al、K、Ti 等陆源物质，而 F2 代表 Sr、Ca 等生源物质，F3 与代表氧化-还原环境的 Mn 元素相关。

BB03 岩心记录的挪威海北部古海洋环境变化可分为 4 个阶段：26～21.5 cal ka BP 时期，沉积物中出现了一种有序的层状膨胀性矿物，称之为 OLEM 事件，表明挪威海北部受到冰盖覆盖且没有北大西洋暖流的入侵，沉积物主要来自陆源碎屑；21.5～18 cal ka BP 时处于相对氧化的环境，说明北大西洋暖流的侵入有效地提高了海洋生产力，沉积物中生源组分增加，陆源组分降低；18～11.5 cal ka BP 冰盖融化产生的冰融水和北大西洋暖流之间相互作用使气候发生了几次冷暖变化，沉积物粒度组成波动强烈，但物质来源变化微弱；挪威海冰消期持续到全新世早期，直到 10 cal ka BP 以来，生源元素明显增加而陆源元素呈降低趋势，标志着现代环流模式和海洋环境的建立。

8.7.2 冰岛北部末次冰消期以来的古环境演化

利用聚类分析对冰岛北部陆架 MD99-2271 沉积物硅藻数据的研究发现，暖水硅藻 *T. nitzschioides* 和 *T. oestrupii* 数量不断增加以及冷水硅藻 *T. antarctica* 休眠孢子，海冰硅藻 *F. cylindrus* 和 *T. bulbosa* 数量不断减少，反映了在 14.6～3 cal ka BP 时期气候变暖的趋势。而这两类硅藻数量的周期性的此消彼长，反映了气候在趋暖的背景下，冷暖交替的过程。

根据 MD99-2271 沉积物硅藻组合的变化以及暖水硅藻种含量与海冰种和暖水种含量总和的比值 $R_{w/wc}$ 重建了冰岛北部陆架古环境。14.6～12.8 cal ka BP，北大西洋冷水团加强，抑制了冰岛北部的印明格暖流，导致温度前期较高，后期变冷。12.8～11.5 cal ka BP 是新仙女木事件这一全球性现象的时间段，此时是本岩心末次冰消期以来最冷的时期。11.5～10.2 cal ka BP，新仙女木事件结束，温度开始回升；冰岛北部海域海洋环境发生关键性的变化，印明格暖流开始增强，冰岛北部陆架海域现代海洋格局基本形成。10.2～6 cal ka BP，寒流受到显著削弱，暖流对冰岛北部陆架影响增强，温度相对较高。6～3 cal ka BP，全新世大暖期结束，东格陵兰寒流开始显著的增强，温度有微小降低的变化。

MD99-2271 指示古海洋环境变化的 $R_{w/wc}$ 值与格陵兰冰心氧同位素气候记录存在良好的对应关系，表明了大气环流与北大西洋海洋环流之间存在着密切的相关性。与冰岛北部陆架 MD99-2269 的夏季表层海水温度记录的对比发现，两者具有良好的一致性，反映了其具有区域性气候变化特征。这些都说明了冰岛北部陆架末次冰消期的硅藻组合变化受区域性气候的控制，是更大范围内的区域性气候变化的结果。

8.7.3 格陵兰西部海域中全新世以来海冰定量研究及其影响机制

西格陵兰中部 Disko 湾中全新世以来的海冰重建结果显示 5 000～3 860 cal a BP 期间 Disko 湾处于全新世大暖期末期，海冰覆盖率极低。3 860 cal a BP 之后海洋环境开始转冷，进入新冰期。1 510～650 cal a BP 期间海冰先增加后又迅速减少。小冰期（650 cal a BP 之后），海冰覆盖率再次出现急剧增加。

西格陵兰沿岸 Holsteinsborg Dyb 海槽过去 7 000 a 以来的海冰变化结果显示：6 650～3 950 cal a BP 期间为全新世大暖期的最后阶段，随后西格陵兰沿岸气候开始波动下降，冷暖期交替出现，印明格暖流影响逐渐减弱，暖水硅藻含量明显下降。3 950～3 000 cal a BP 间暖水种含量一直较高且稳定，表层海水温度较高，但海水出现明显分层。3 000～1 650 cal a BP 时期东格陵兰寒流的影响增强，表层海水温度逐渐下降。1 650～1 100 cal a BP 期间含量持续增加的极地、海冰种硅藻，与黑暗时代冷期对应。1 000 cal a BP 前后短暂的升温现象可能与中世纪暖期有关。700 cal a BP 以来，极地硅藻含量明显增多，暖水种含量较低，与小冰期相对应。

格陵兰西部两岩心沉积物中暖水种、极地和海冰种硅藻含量的变化表明，中全新世以来，受太阳辐射强度、海洋环流等影响的西格陵兰洋流中冷暖水团的强弱是该区域古海冰变化的主要影响因素。

第9章　白令海与西北冰洋悬浮颗粒物分布特征初步研究

悬浮颗粒物是指那些可以在海水中悬浮相当一段时间的固体颗粒。包括陆源碎屑颗粒、生物碎屑、各种絮凝体等（Turner et al.，2002）。海水中悬浮颗粒物含量由水动力条件、物理化学过程和生物过程等控制。进行海水中悬浮颗粒物分布、颗粒组成及其成因的研究，对海洋沉积过程、污染物输送、海底物质循环、输出生产力和生态系统等的研究具有重要科学意义。

随着全球气候变化的加剧，近30年来，北极地区海冰终年覆盖区正在减少，低纬度地区的无冰期延长。同时，由于全球变暖，陆地的风化侵蚀作用增强，输入北冰洋中的陆源物质也在增加。进入新世纪以来，随着人们对北极地区环境生态变化的重视，先后有多个国家在北冰洋进行专项调查与研究。如2002年美国自然基金委员会资助的以全面了解楚科奇/波弗特海生态系统现状为目标的陆架-盆地相互作用项目（Western Arctic Shelf-Basin Interactions，SBI）；俄罗斯与美国合作开展了长期海洋生物普查（The Russian-American Long-term Census of Marine Life，RUSALCA），以及白令海峡环境观测（Bering Strait Environmental Observatory，BSEO）等项目。

中国于1999年开始北极环境综合考察，至2014年已进行了6次，还将继续执行。在上述一系列综合考察与研究项目中，悬浮颗粒物的组成、来源与归宿都是其重要的研究内容。我国第四次（2010年7—9月）、第五次（2012年7—9月）和第六次（2014年7—9月）北极科考，在白令海和楚科奇海均进行了悬浮颗粒物的调查。第四次北极考察在白令海和楚科奇海陆架海域的45个站位分层次进行了悬浮颗粒物含量调查；第五次北极考察除对白令海、楚科奇海和大西洋扇区进行了32个站位表层海水中悬浮颗粒物含量调查外，还实验性地利用大体积海水原位过滤装置进行了次表层和中深层海洋悬浮颗粒物的采样和调查。第六次北极考察在白令海和楚科奇海完成表层海水悬浮颗粒物调查站位42站，大体积原位过滤站位50站。

本报告对第四次至第六次北极科学考察所获得的悬浮颗粒物样品，依据扫描电镜观测与能谱分析、颗粒有机碳含量及其碳同位素组成等数据，结合水文调查资料，对调查海域的悬浮颗粒物含量变化、颗粒物来源、海冰对悬浮颗粒物的影响及贡献进行了初步探讨。

9.1　悬浮颗粒物含量分布

自第五次北极科考开始，使用醋酸纤维和GFF两种类型的滤膜进行表层海水悬浮颗粒物富集，由于滤膜的孔径不同，GFF膜与醋酸纤维膜获得的悬浮颗粒物含量值不具可比性，但二者所反映的海区悬浮颗粒物含量变化趋势是相似的。同时，历次北极考察，用不同类型的滤膜采集的悬浮颗粒物，其含量数值虽也有差异，但悬浮颗粒物含量变化的趋势都具有可比性（Wang et al.，2014；赵蒙维等，2016）。

一般来说，北冰洋及亚北极白令海的悬浮颗粒物含量具有如下特点：远离大陆和岛屿物源输入区的深海区，悬浮颗粒物含量低；靠近岛屿及河口地区，悬浮颗粒物含量高；冰区边缘因海冰携带物对颗粒物具有重要贡献导致悬浮颗粒物含量高于开阔海水区（于晓果等，2014）。

9.1.1　白令海悬浮颗粒物含量分布

9.1.1.1　第四次北极考察结果

1）悬浮颗粒物含量平面分布

2010 年夏季第四次北极考察期间在白令海陆架实施的悬浮颗粒物调查站位如图 9-1。悬浮颗粒物采样所用滤膜为 Millipore 醋酸纤维滤膜（孔径 0.45 μm）。

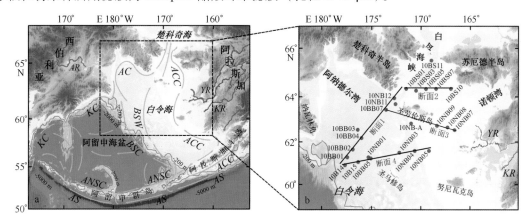

图 9-1　第四次北极考察白令海悬浮颗粒物调查站位分布

注：AC：阿纳德尔流；AR：阿纳德尔河；ACC：阿拉斯加沿岸流；BSW：白令海陆架水；ANSC：阿留申北部陆坡流；KC：堪察加流；YR：育空河；KR：卡斯科奎姆河．

白令海陆架水域表层海水的悬浮颗粒物含量具有表层水体低于底层海水的特点。表层水体悬浮颗粒物含量介于 0~2.75 mg/L 之间，底层水体介于 0.29~5.35 mg/L 之间。表层海水悬浮颗粒物含量在白令海陆架有两处高值，一处位于圣劳伦斯岛以北，白令海峡西侧；另一处位于圣劳伦斯岛和努尼瓦克岛之间，靠近阿拉斯加沿岸的白令海东侧陆架上（图 9-2）。白令海陆架底层海水中悬浮颗粒物含量也在两个海域较高，一处仍为圣劳伦斯岛以北，白令海峡以南靠近楚科奇半岛一侧的海域；另一处位于白令海陆架西南部，圣马修岛西北侧海域（图 9-3）。

2）悬浮颗粒物含量断面分布

根据白令海陆架悬浮颗粒物调查站位分布特征，可组成 4 条悬浮颗粒物断面。其中，断面 1 位于白令海陆架西侧，呈 NE—SW 向延伸，自西南向北东，依次为 10B14、10BB01、10BB02、10BB04、10BB07、10NB11、10NB12 和 10BS01 等 8 个站位组成。断面 2 位于白令海峡南侧，断面呈 E—W 向延伸，自西向东依次为 10BS01、10BS03、10BS05、10BS07 和 10BS11 等 5 个站位组成。断面 3 位于圣劳伦斯岛南侧，呈 NW—SE 向延伸，断面自西向东由 10BB07、10NB-A、10NB09、10NB08、10NB07。断面 4 位于白令海陆架南部，呈 NE—SW 方向延伸，断面自西向东由 10B14、10B15、10BB05、10NB01、10NB03、10NB04 和 10NB05 共 7 个站位组成（图 9-1）。

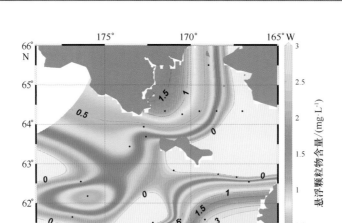

图 9-2　2010 年夏季白令海陆架表层海水悬浮颗粒物含量分布

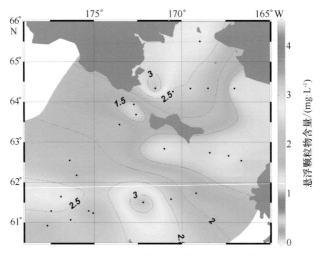

图 9-3　2010 年夏季白令海陆架底层海水悬浮颗粒物含量分布

断面 1 水深自北向南逐渐加深，悬浮颗粒物含量在近底层海水中较高，而表层海水中，除断面最北部的 10BS01 站位悬浮颗粒物相对较高外，其他站位悬浮颗粒物含量极低（图 9-4）。底层的悬浮颗粒物，在位于圣劳伦斯岛西侧的 10NB11 和 10NB12 站位上也较低，使断面 1 上形成南、北两个底层悬浮颗粒物高含量区。在断面西南部有一陆坡坡折，水深突然变深，断面南侧的 10BB01、10BB02 站位近底层的悬浮颗粒物含量也进一步升高。断面 1 温度分层明显，在 100 m 以浅处的 10BB04 站位以北，海水温度由表层向底层逐渐降低，说明浅水区水温受太阳辐射的影响。但在断面 1 陆坡坡折及其以深的底层，海水温度又略有回升，这与阿留申海盆中的洋流有关。断面 1 盐度在整个剖面上呈下部高，表层低的特点。断面 1 的荧光强度表明在 40 m 水深上下，有一荧光最强带，这与生物活动有关。

断面 2 地形呈西侧深东侧浅的特点（图 9-5）。断面上悬浮颗粒物含量表现为靠近楚科奇半岛一侧水体较深处的悬浮颗粒物含量明显高于靠近阿拉斯加水深较浅一侧。断面 2 的温度和盐度也表现为东西两侧的明显差异，其中，海水温度表现为阿拉斯加一侧浅水区温度高于楚科奇半岛一侧深水区，而盐度则相反，楚科奇半岛一侧的盐度高于阿拉斯加一侧。断面 2 中下层海水的荧光强度高于表层，其中在断面 2 中部的 10BS05 站位，20 m 水深处的荧光值最高。

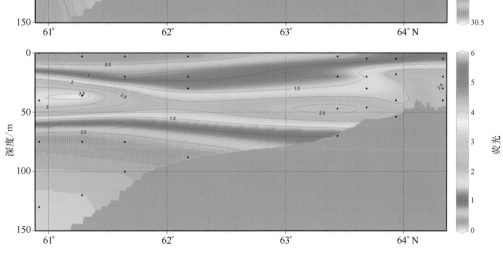

图 9-4 2010 年夏季白令海断面 1 悬浮颗粒物含量、温度、盐度和荧光分布

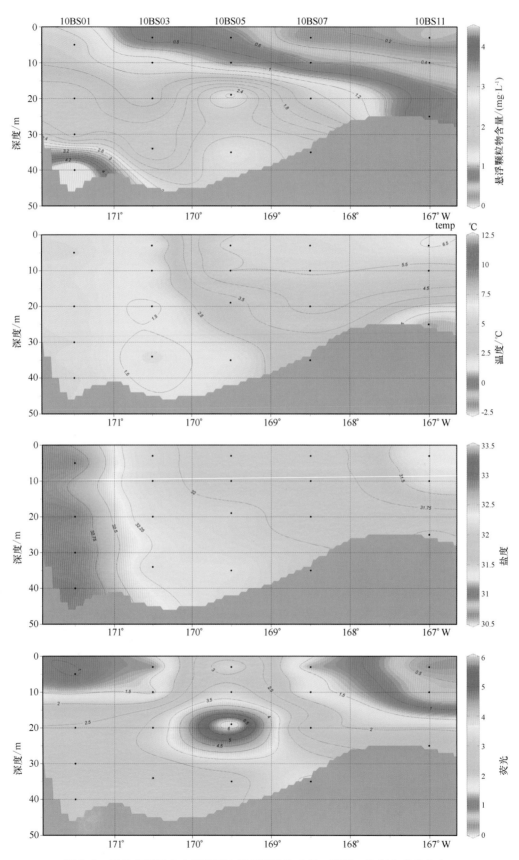

图9-5 2010年夏季白令海断面2悬浮颗粒物含量、温度、盐度和荧光分布

断面3位于圣劳伦斯岛南侧，整个断面在阿拉斯加一侧水深较浅，向西往楚科奇半岛方向，水深逐渐变深（图9-6）。断面3的悬浮颗粒物、温度、盐度和荧光，均表现为由表层向底层海水随水深的变化，东西分异较小。其中，悬浮颗粒物、盐度和荧光表现为表层低、底层高的特征，而温度则是表层高、底层低的变化特征。断面3东侧靠近阿拉斯加沿岸，盐度降低，这与育空河淡水的输入有关。

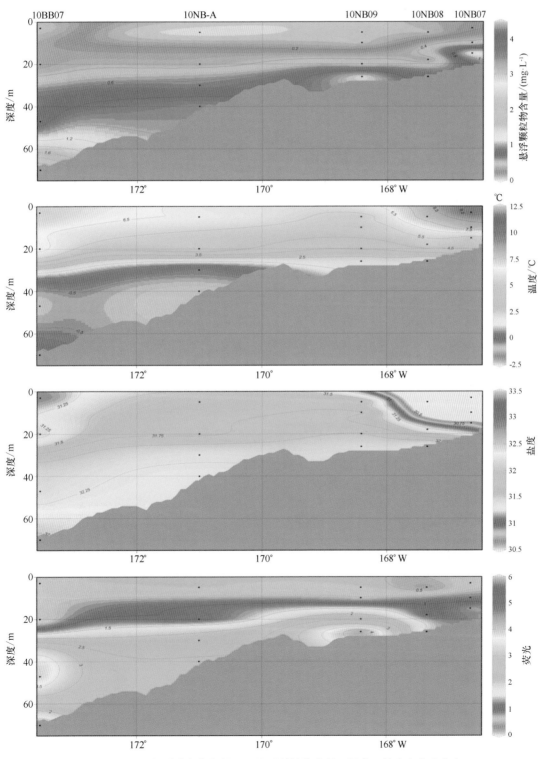

图9-6　2010年夏季白令海断面3悬浮颗粒物含量、温度、盐度和荧光分布

断面 4 位于白令海陆架南部,整个断面仍呈自东侧的阿拉斯加沿岸向西南方向水深逐渐
变深,并在水深 100 m 处形成陆坡坡折(图 9-7)。该断面悬浮颗粒物含量底层高于表层。温
度在 100 m 以浅区表现为表层高于底层,但在陆坡坡折以深海域,受阿留申海盆中洋流的作

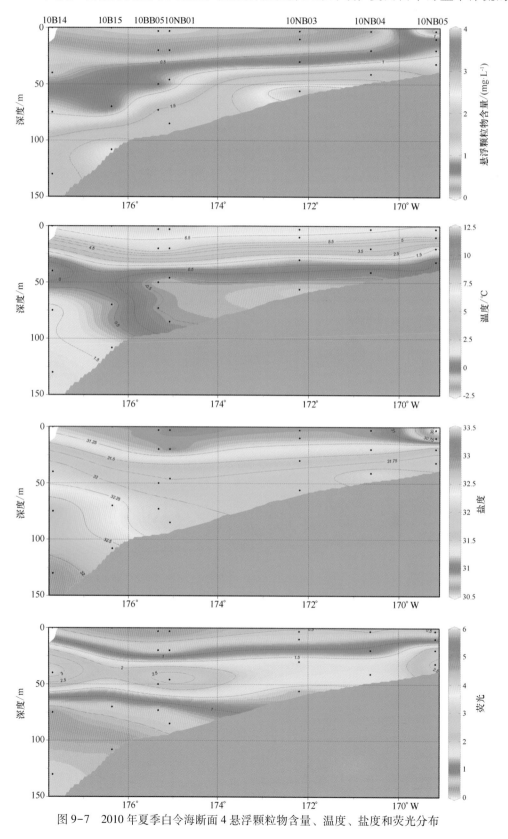

图 9-7 2010 年夏季白令海断面 4 悬浮颗粒物含量、温度、盐度和荧光分布

用，底层海水的温度略有上升，温度剖面自上而下形成高—低—高的变化特征。断面 4 中 100 m 以深的陆坡坡折外侧盐度显著高于陆架上的海水盐度。断面陆架 40 m 水深形成 4 荧光高值带，表明该深度生物量最大。

9.1.1.2 第五次北极考察结果

2012 年夏季第五次北极考察期间，海洋地质考察分别采用 GFF 膜和醋酸纤维膜获取表层海水悬浮颗粒物含量。共在白令海 B 断面进行了 14 个站位的表层悬浮颗粒物采样（图 9-8）。

一般认为，远离大陆和岛屿物源输入区的深海区，悬浮颗粒物含量低，靠近岛屿及河口地区，悬浮颗粒物含量高。在阿留申海盆，悬浮颗粒物含量分布范围为 0.44~0.63 mg/L，明显低于陆坡区和陆架区。海洋的初级生产力与表层海水颗粒物含量密切相关，处于白令海绿带的 BN02 与 BN05 站颗粒物含量则超过了 1.5 mg/L，BN05 站悬浮颗粒物含量则达到了 1.96 mg/L，是研究区开阔水域表层海水颗粒物含量最高的（图 9-8）。

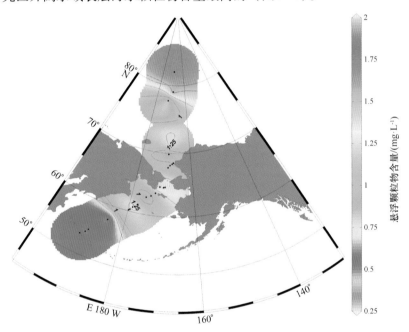

图 9-8 第五次北极考察表层海水悬浮颗粒物采样站位（实心圆）

及悬浮颗粒物含量分布（2012 年夏季）

9.1.1.3 第六次北极考察结果

2014 年夏季第六次北极考察期间，海洋地质考察分别采用 GFF 膜和醋酸纤维膜获取表层海水悬浮颗粒物含量。共在白令海 37 个站位获得表层悬浮颗粒物样品。调查站位从阿留申群岛阿图岛西侧向 NE 方向一直延伸到白令海峡，此外，还有一部分站位位于圣劳伦斯岛至圣马修岛一线，站位具体位置及含量分布特征见图 9-9 和图 9-10。

白令海表层海水的悬浮颗粒物含量相对较低，GFF 膜含量介于 0.71~8.48 mg/L，最低含量见于阿留申海盆区，最高值见于 B06 站，平均 2.18 mg/L。醋酸纤维膜含量介于 0.23~3.22 mg/L 之间，平均含量为 1.03 mg/L。在白令海"绿带"显示出了相对高含量的特点，反映了生源物质对颗粒物的贡献。此外，在圣马修岛以及圣劳伦斯岛东西两侧的海域的悬浮颗粒物含量值也相对较高，反映了陆源输入的影响（图 9-9 和图 9.10）。

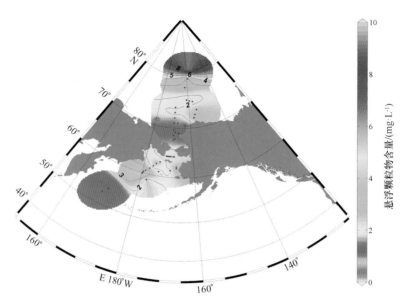

图9-9　2014年夏季表层海水悬浮颗粒物调查站位（实心圆）及悬浮颗粒物含量分布（GFF膜）

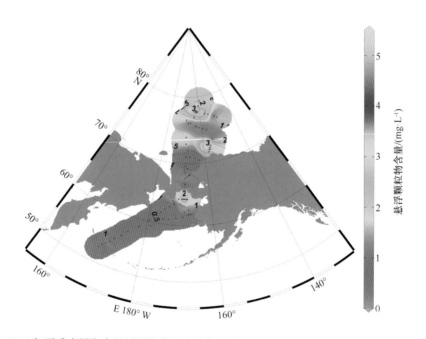

图9-10　2014年夏季表层海水悬浮颗粒物调查站位（实心圆）及悬浮颗粒物含量分布（醋酸纤维膜）

9.1.2　西北冰洋悬浮颗粒物含量分布

9.1.2.1　第四次北极科学考察结果

2010年7月中国第四次北极科学考察期间，对楚科奇海23个站位进行了悬浮颗粒物调查（图9-11）。悬浮颗粒物调查的海水样品是由 SBE 911 plus CTD/采水系统采集到甲板后，分装不同层位的海水进行悬浮颗粒物过滤。除10R02和10CC8两个站位分表、中、底3层采水样外，其余 21 个调查站位，均分为表、底、中间两层共 4 个层位采集水样。滤膜采用醋酸纤维膜。

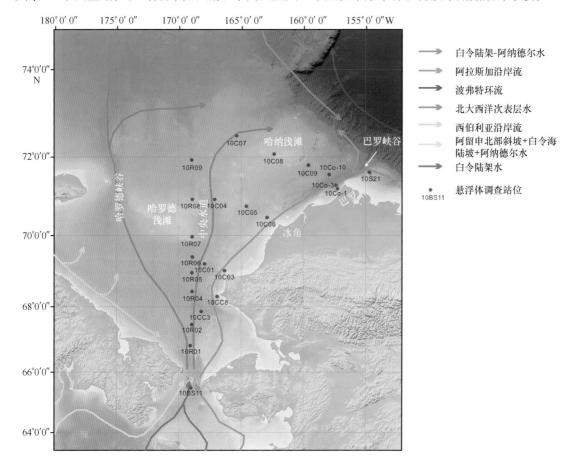

图 9-11　第四次北极考察悬浮颗粒物采样站位及断面编号

（1）悬浮颗粒物含量平面分布。由滤膜称重结果计算的楚科奇海悬浮颗粒物含量在 0~6.73 mg/L 之间。其中，表层海水中的悬浮颗粒物含量低于底层海水的，表层海水的悬浮颗粒物含量变化范围为 0~2.74 mg/L（图 9-12），而底层海水的悬浮颗粒物含量变化范围为 0~6.73 mg/L。楚科奇海南部靠近白令海峡的海域、楚科奇海中北部和东北部海域，其表层海水中的悬浮颗粒物含量相对较高，而楚科奇海中部海域，表层海水的悬浮颗粒物含量整体较低。楚科奇海南部靠近白令海峡的海域、阿拉斯加冰角外侧以及楚科奇海中部海域局部的底层海水悬浮颗粒物含量相对较高（图 9-13 至图 9-15）。

（2）悬浮颗粒物含量断面分布。断面可反映不同层位悬浮颗粒物含量的分布。根据悬浮颗粒物调查站位的分布，本报告选择 3 条断面对楚科奇海悬浮颗粒物含量变化进行分析。其中，断面 R 为沿 169°W 南北向展布，自南向北由 10BS11、10R01、10R02、10R04—10R09 共 9 个站位组成，其中，最南端的 10BS11 站位位于白令海峡。断面 C 位于楚科奇海东北部，近 NW 向展布，自西北向东南由 10C07、10C08、10C09、10Co-10、10Co-3 和 10Co-1 共 6 个站位组成。断面 RC 位于楚科奇海中东部，自 Icy Cape 近 NW 向延伸，自西北向东南依次由 10R08、10C04-10C06 共 4 个站位组成（图 9-11）。

以下为上述 3 条断面悬浮颗粒物含量、温度和盐度分布特征。

楚科奇海中部南北向展布的断面 R 悬浮颗粒物含量变化见图 9-13。由图 9-13 可知，白

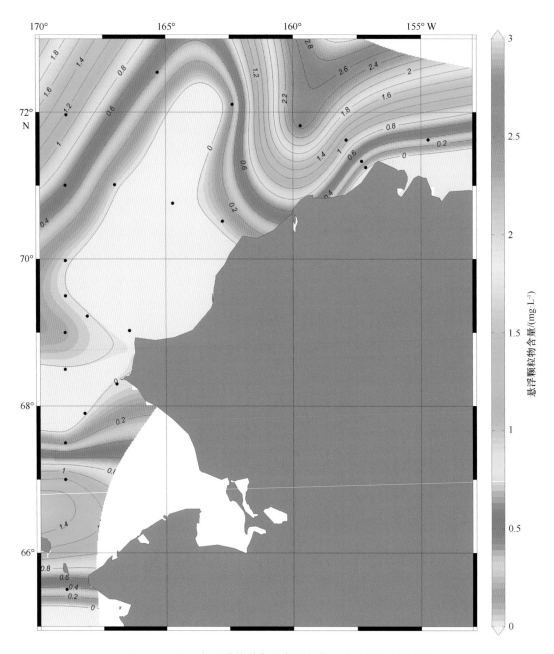

图 9-12　2010 年夏季楚科奇海表层海水悬浮颗粒物浓度分布

令海峡至楚科奇海南部和楚科奇海中北部，为两个悬浮颗粒物含量高值区，楚科奇海中部表、中、底层海水中的悬浮颗粒物含量均很低，将这两个悬浮颗粒物含量高值区隔断。断面 R 上南部白令海峡和楚科奇海南部的悬浮颗粒物高含量区，其 40 m 以深的底部悬浮颗粒物含量最高，含量大于 2.5 mg/L，向上悬浮颗粒物含量逐渐降低。而楚科奇海中北部的悬浮颗粒物含量高值区，15~35 m 的中层海水中悬浮颗粒物含量最高，向表、底层悬浮颗粒物含量降低。海水温度在断面上表现为表层高于底层，南部高于北部的变化趋势。盐度在断面上的变化趋势和悬浮颗粒物的变化相似，呈南北高、中部低的特征，且底层海水盐度高于表层，尤其是在 69.5°N 以北，10 m 以浅的浅表层海水盐度低于 31，这与海冰的融化有关。

　　断面 C 穿过哈纳浅滩和巴罗峡谷。该断面上悬浮颗粒物呈高、低相间的层状分布（图 9-

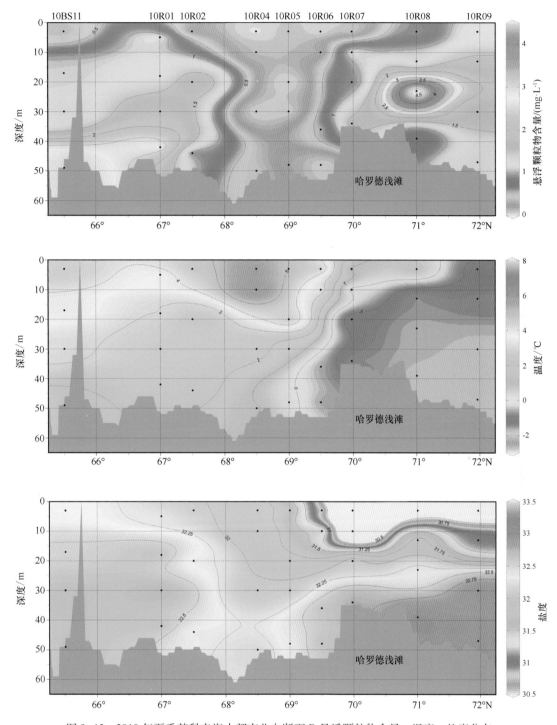

图 9-13　2010 年夏季楚科奇海中部南北向断面 R 悬浮颗粒物含量、温度、盐度分布

14）。在哈纳浅滩两侧 25 m 以深的中下层海水，有一高悬浮颗粒物层。该高悬浮颗粒物层在哈纳浅滩西侧的 10C07 站位 26 m 深处含量最高，与 10C07 站位较近的 10R09、10R08 站位相似，说明该高悬浮颗粒物含量层在楚科奇海中北部区域上存在。由位于巴罗峡谷内的 10Co-1、10Co-3 站位以及峡谷西侧的 10Co-10 站位悬浮颗粒物含量的分布可知，巴罗峡谷 70 m 以深的底层和 20~40 m 水深的中上层海水中悬浮颗粒物含量相对较高，20 m 以浅的浅表层和

40~70 m 之间的中下层悬浮颗粒物含量极低。从悬浮颗粒物断面分布图上可以看出，巴罗峡谷底层的高悬浮颗粒物层不是哈纳浅滩中下层的高悬浮颗粒物层向东的扩散，因为 10Co-10 站位中下层悬浮颗粒物含量极低，隔断了哈纳浅滩和巴罗峡谷底的高悬浮颗粒物层。

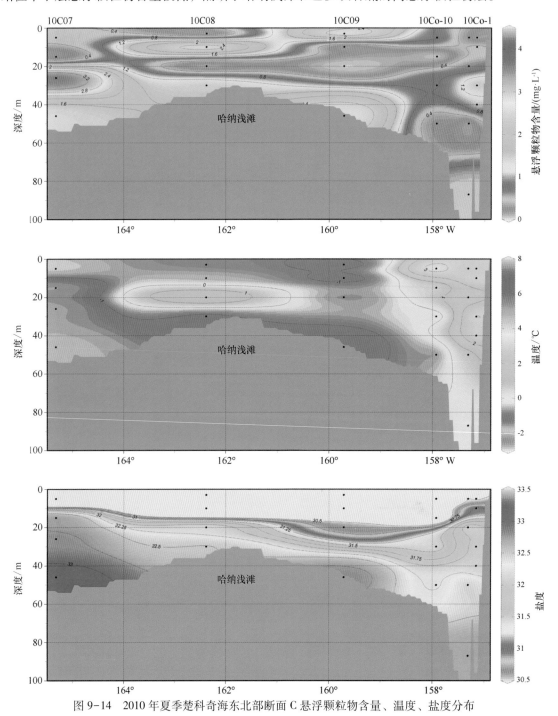

图 9-14　2010 年夏季楚科奇海东北部断面 C 悬浮颗粒物含量、温度、盐度分布

　　断面 C 中阿拉斯加沿岸和巴罗峡谷 20 m 以浅的浅表层海水中的悬浮颗粒物含量极低，该低悬浮颗粒物层向西远离岸线方向下沉，使哈纳浅滩 15~25 m 的中层海水中的悬浮颗粒物含量降低。从温度剖面上也可以看出，哈纳浅滩中层的相对高温的海水与沿岸相对高温的浅表层水相连。盐度剖面也显示，10Co-10 站底层海水盐度较巴罗峡谷和哈纳浅滩底层海水的盐

度低，将这个底层高盐度海水分割。且巴罗峡谷底层海水盐度不超过 32.5，而哈纳浅滩底层海水的盐度，高于 32.5。

断面 RC 的悬浮颗粒物在靠近阿拉斯加沿岸一侧的 25 m 以深的中下层水体中含量较高，向上至表层和向西北远离岸线方向，悬浮颗粒物含量迅速降低，至 10C05 站，表、中、底层海水中的悬浮颗粒物含量均较低（图 9-15）。再向西，中下层海水中的悬浮颗粒物含量又逐渐升高。断面上温度分布表现为表层高于底层，并自阿拉斯加沿岸向楚科奇海中部温度逐渐降低。断面上盐度分布呈底层高于表层，底层海水盐度以 10C05 站最低，向东和向西盐度逐渐增大。

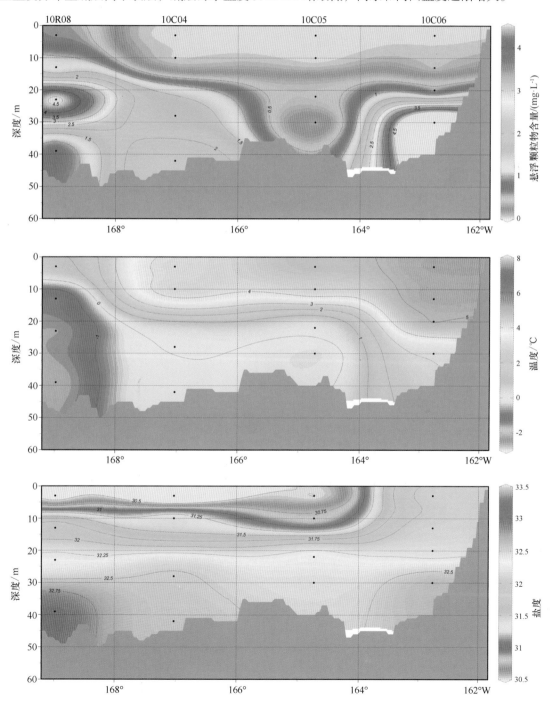

图 9-15　楚科奇海中东部断面 RC 悬浮颗粒物含量、温度、盐度分布

9.1.2.2 第五次北极考察结果

第五次北极考察期间在西北冰洋采集的表层海水悬浮颗粒物样品分布很分散，采集时间为 2012 年 7 月中旬和 8 月底至 9 月初（图 9-16）。7 月楚科奇海区进入夏季，海冰覆盖范围逐步由南向北缩小，采集的样品包括 R02、CC2、CC5、CC7、R04 和 R05 站，其中 R05 站处于冰区边缘。8 月底至 9 月初北极处于海冰覆盖面积最小时期，采集站位包括 ICE01、ICE05、SR18、SR15 和 M01 站，其中 ICE01 站是第五次北极考察到达的最北点（86°47.994′N），为海冰覆盖区，ICE05 站、SR18 站和 SR15 站处于海冰边缘区，M01 站处于开阔水域（图 9-16）。

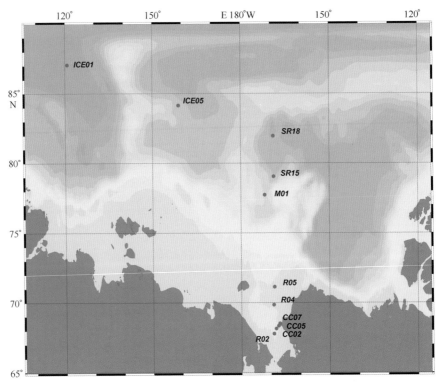

图 9-16 2012 年夏季表层悬浮颗料物采样站位分布

如表 9-1 和图 9-8 所示，研究区内 GFF 膜悬浮颗粒物的含量范围为 0.56~4.01 mg/L，具有冰区边缘含量高，近岸区含量高于远海区的特点。陆架区近岸的 R02、CC2、CC5 和 CC7，与处于陆架区远海区的 R04 站，颗粒物含量差别明显，冰区边缘的 R05 站颗粒物含量是开阔水域 R04 站的 2.5 倍。陆坡区和北冰洋核心区的样品，除处于开阔水域的 M01 站外，均处于冰区边缘，具有高的颗粒物含量，反映了海冰携带物和近岸陆源物质输入对海水表层颗粒物的贡献。

表 9-1 楚科奇及北冰洋核心区海域表层海水悬浮颗粒物含量

序号	站位	水深/m	颗粒物含量/（mg·L⁻¹）	采样海区	采样日期
1	R02	43.5	1.05	楚科奇海陆架区	20120718
2	CC2	51.1	1.24		20120718
3	CC5	40.8	1.05		20120719
4	CC7	28.9	0.83		20120719
5	R04	45.3	0.56		20120719
6	R05	36.9	1.41		20120720
7	M01	2 277	0.68	楚科奇海陆坡区	20120906
8	SR15	3 090	1.67		20120905
9	SR18	3 393	1.71		20120904
10	ICE05	3 180	4.01	北冰洋核心区	20120902
11	ICE01	4 385	2.78		20120829

9.1.2.3 第六次北极考察结果

在楚科奇海进行了 42 个站位的悬浮颗粒物调查，调查站位分布见图 9-9 和图 9-10，涵盖了哈纳浅滩、巴罗峡谷、中央水道、楚科奇海陆架区、陆坡区及加拿大海盆区域。分别采用 GFF 和醋酸纤维膜富集悬浮颗粒物。

醋酸纤维膜表层海水的悬浮颗粒物含量在 0.18~5.23 mg/L，平均含量为 1.60 mg/L。总体来看，楚科奇海表层海水的悬浮颗粒物含量不高，大体上可以分为两个高值区和一个低值区。低值区主要分布在中央水道至冰角海域，这一地区的表层海水的悬浮颗粒物含量基本上小于 1.0 mg/L，其中，在阿拉斯加冰角外侧附近海域表层海水的悬浮颗粒物含量仅为 0.5 mg/L 左右，为整个楚科奇海研究区表层海水悬浮颗粒物含量的最低值。在该研究区的东北部，也就是巴罗峡谷以北海域波弗特海西部的表层海水悬浮颗粒物也呈现出较低的含量，平均含量小于 1.5 mg/L。两个高值区中的一个位于楚科奇海北部加拿大海盆的西侧，这一地区的悬浮颗粒物含量基本在 2.0~5.0 mg/L，其中 S02 站的悬浮颗粒物含量达到了 5.23 mg/L，为全区最高。另一个位于巴罗角外侧，75°N 以南的海域，该地区表层海水的悬浮颗粒物含量基本在 2.0~3.0 mg/L，最高可达 3.5 mg/L（图 9-10）。

GFF 膜悬浮颗粒物含量的分布变化与醋酸纤维膜基本一致，但是悬浮颗粒物含量值高于醋酸纤维膜。GFF 膜悬浮颗粒物含量介于：0.77~9.90 mg/L，最低含量见于 R04 站，最高值见于 LIC 冰站，平均 2.13 mg/L（图 9-9）。展示了开阔水域含量低，冰区、冰边缘区及近岸海区浓度高的特点。

9.2 悬浮颗粒物颗粒组成特征

对第四次和第五次北极考察所获得的白令海和楚科奇海部分悬浮颗粒物样品进行了扫描电镜加能谱测试，并对颗粒物的组成进行了初步分析。

9.2.1　白令海悬浮颗粒物颗粒组成特征

扫描电镜结果显示，白令海陆架西南侧陆坡坡折带底层海水中悬浮颗粒主要由生物骨骼碎屑组成（图 9-17），而在圣劳伦斯岛北侧靠近楚科奇陆架一侧，悬浮颗粒物中的颗粒物主要以藻类为主，并含少量碎屑矿物。尤其是断面 2（图 9-1），自西向东，悬浮颗粒物中藻类生物含量逐渐降低，而碎屑矿物含量相对增加，体现了东西两侧悬浮颗粒物颗粒组分以及物质来源的差异（图 9-18）。

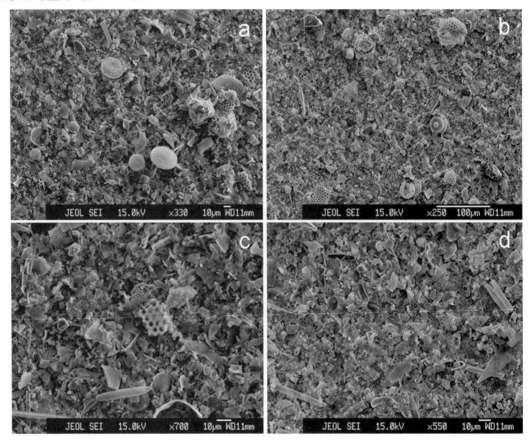

图 9-17　2010 年夏季白令海陆架西南部悬浮颗粒物扫描电镜图像

a. 10B15 站位，水深 130 m；b. 10BB01 站位，水深 120 m；c. 10BB02 站位，水深 100 m；d. 10BB04 站位，水深 88 m.

悬浮颗粒物组成的差异，主要由白令海陆架北部东、西两侧洋流中营养盐的差异引起。陆架西侧富营养盐的阿纳德尔流区，悬浮颗粒物中的藻类发育，东侧为贫营养盐的阿拉斯加沿岸流区，悬浮颗粒物中的颗粒以陆源的碎屑矿物为主。

9.2.2　楚科奇海悬浮颗粒物颗粒组成特征

对楚科奇海不同区域采集的悬浮颗粒物滤膜进行扫描电镜分析表明，不同海域悬浮颗粒物颗粒组分也不相同。陆架区颗粒物中有机质含量高，藻类微细结构保存完好，具有原位保存的特点；陆坡区和北冰洋核心区有机质相对含量低，碎屑矿物、黏土矿物和生物碎片含量高，具有海冰搬运的特征（图 9-19）。

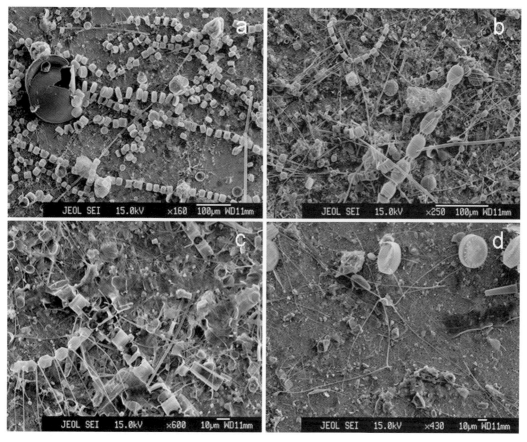

图 9-18 2010 年夏季白令海陆架北部悬浮颗粒物扫描电镜图像

a. 10BS11 站，水深 17 m；b. 10BS01 站，水深 30 m；c. 10BS05 站，水深 19 m；d. 10BS10 站，水深 25 m.

9.2.2.1 第四次北极考察结果

对第四次北极考察所获得的楚科奇海南部和中北部中下层海水中的悬浮颗粒物进行了扫描电镜分析，显微观察表明，悬浮颗粒物以硅藻为主，碎屑颗粒物次之。扫描电镜图片清楚显示楚科奇海南部和楚科奇海北部两个高悬浮颗粒物含量层中硅藻的组成的明显不同。楚科奇海南部的硅藻，以中心纲的硅藻为主（图 9-19a），而楚科奇海中北部的硅藻，除中心纲的硅藻种属外，还有羽纹纲的种属（图 9-19b）。巴罗峡谷和阿拉斯加沿岸悬浮颗粒物，主要以碎屑矿物为主，含少量浮游生物或生物碎屑（图 9-19c）。楚科奇海中部低悬浮颗粒物含量区域，其悬浮颗粒物以生物碎屑为主，浮游生物含量极少（图 9-19d）。

楚科奇海洋流和水团对楚科奇海南部和中北部以浮游硅藻为主的悬浮颗粒物起控制作用。楚科奇海南部以硅藻为主的悬浮颗粒物，受富营养盐的经白令海峡西侧流入的阿纳德尔流的影响，而楚科奇海中北部以硅藻为主的悬浮颗粒物，受冬季流入楚科奇海的太平洋残留海水的影响。阿拉斯加沿岸和巴罗峡谷中的悬浮颗粒物，则受低营养的阿拉斯加沿岸流和阿拉斯加入海河流输入的陆源悬浮颗粒物的影响。

9.2.2.2 第五次北极考察结果

对第五次北极考察在楚科奇海陆架区、陆坡区以及北冰洋核心区的 R02 站、CC7 站、

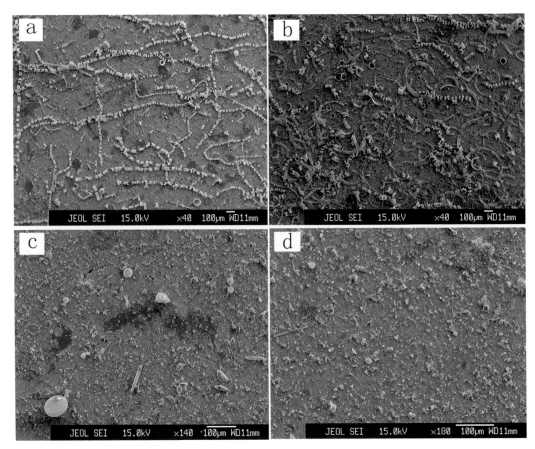

图 9-19 2010 年夏季楚科奇海典型悬浮颗粒物颗粒组分扫描电镜照片

a. 10R01, 5 m; b. 10R09, 30 m; c. 10Co-10, 15 m; d. 10R05, 48 m.

R05 站、SR15 站、M01 站和 ICE05 站获得的颗粒物进行了扫描电镜和能谱分析, 以直观了解颗粒物的显微组成。其中陆架区的 R05 站、陆坡区的 SR15 站以及深海盆区的 ICE05 站处于冰区边缘, 其他站位处于开阔水域。结果表明, 研究区表层海水中颗粒物主要由结构保存完好的完整生物个体 (藻类)、生物碎片、陆源碎屑矿物颗粒和黏土矿物组成。陆架区与陆坡区和北冰洋核心区的颗粒物组成差别明显。陆架区的 R02、CC7 站和 R05 站生物颗粒含量高, 藻类种类较为丰富, 个体大多小于 20 μm, 见有盘状、串珠状、柳叶状、球形等, 大部分生物个体表面细微结构保存完好, 展示了原地生活的特征。颗粒物中还含有部分陆源碎屑矿物颗粒和黏土矿物 (图 9-20a~h)。

冰区边缘的 ICE05 站与 SR15 站颗粒物含量高, 主要以陆源碎屑矿物为主, 含有部分矿物。碎屑矿物大小混杂, 颗粒棱角分明, 具有海冰携带搬运的特点。生物颗粒含量低, 种类少, 且多为碎片。完整个体即有直径大于 40 μm 表面粘有细小颗粒的盘状硅藻, 也有直径小于 5 μm 细微结构保存完好的球状藻类; 还见有放射虫个体及碎片。陆坡区开阔水域的 M01 站, 颗粒物总体浓度低, 与 ICE05 站相比, 碎屑颗粒含量低, 含有部分黏土矿物, 生物颗粒含量相对高, 完整的生物颗粒个体大 (图 9-20 (续) i~p)。

海冰携带的颗粒物 (包括冰藻) 是冰区边缘表层海水颗粒物的重要来源, 在陆架区海冰融化, 向水体中释放了大量生物体 (R05 站); 而陆坡区和北冰洋核心区, 海冰对颗粒物的贡献以碎屑矿物和黏土矿物为主 (图 9-20)。

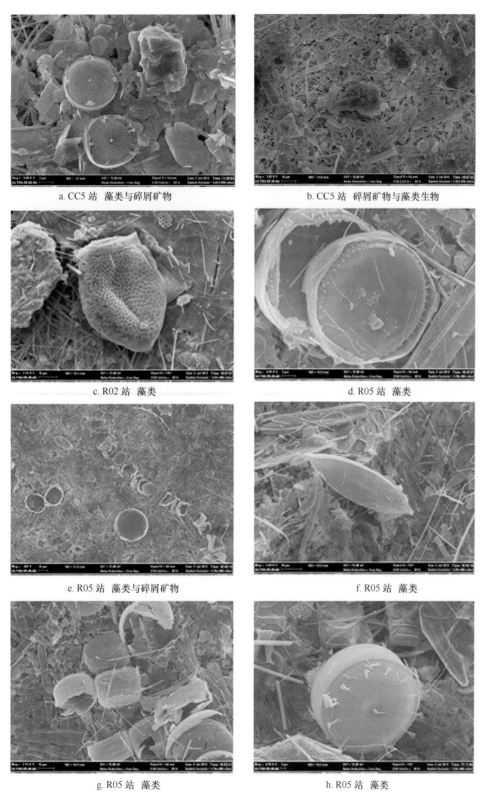

a. CC5 站　藻类与碎屑矿物　　　　　　　　b. CC5 站　碎屑矿物与藻类生物

c. R02 站　藻类　　　　　　　　　　　　d. R05 站　藻类

e. R05 站　藻类与碎屑矿物　　　　　　　　f. R05 站　藻类

g. R05 站　藻类　　　　　　　　　　　　h. R05 站　藻类

图 9-20　2012 年夏季楚科奇海及北冰洋核心区表层海水颗粒物扫描电镜图片

i. ICE05 站　碎屑矿物与藻类

j. ICE05 站　放射虫

k. ICE05 站　藻类

l. ICE05 站　碎屑矿物与藻类

m. SR15 站　碎屑矿物与藻类

n. M01 站　黏土矿物

o. M01 站　藻类及生物碎片

p. M01 站　藻类、生物碎片及碎屑矿物

图 9-20（续）　2012 年夏季楚科奇海及北冰洋核心区表层海水颗粒物扫描电镜图片

9.3　悬浮颗粒物有机碳、氮含量及其同位素组成

有机碳、氮同位素及 C/N 比值通常被用来指示有机质的潜在物源分布、环境变化，追溯各种生物地球化学过程。一般来说，海洋浮游生物的 $\delta^{13}C$ 值为 $-19‰ \sim -25‰$，$\delta^{15}N$ 值为 $4‰$ $\sim 6‰$，C/N 比值为 $7 \sim 10$；湖相藻类的 $\delta^{13}C$ 值为 $-25‰ \sim -30‰$；陆生 C3 植物的 $\delta^{13}C$ 约为 $-27‰$，C4 植物的 $\delta^{13}C$ 约为 $-14‰$，高等植物的碳氮比值（C/N）一般大于 20，最高可达 50 以上；细菌等物质 C/N 比值分布为 $2 \sim 5$ 等。自然界中 $\delta^{15}N$ 组成变化范围较大，海洋有机质通常具有比陆源有机质更高的 $\delta^{15}N$ 值。由于北冰洋海域特殊的自然地理环境，与其他大洋相对隔离，海冰覆盖时间长，河流输运的陆源有机质以及生活于海冰内的冰藻对海水中悬浮颗粒物的贡献具有重要意义。同时，由于陆地植被、河流营养盐供给等生物地球化学条件的差异，拉普捷夫海、喀拉海与波弗特海的 C/N 比值及其有机碳、氮同位素组成差别明显（Magen et al. ，2010；Nagel et al. ，2009）。

影响北冰洋海域海洋浮游植物（包括海冰中藻类）生长的最重要控制因素是表层海水的营养盐含量和光照度（Gradinger et al. ，2009；Tremblay et al. ，2006）。研究表明海洋中浮游生物的有机碳、氮同位素组成，与表层海水中营养盐的利用密切相关，通常浮游植物偏向吸收 ^{12}C 和 ^{14}N。在营养物质受到限制的情况下，生物代谢过程中发生的同位素分馏会加大，使得浮游生物体内的 ^{13}C 和 ^{15}N 含量增加（李宏亮等，2008；王汝建等，2011；Schubert et al. ，2001）。

对 2012 年夏季第五次北极考察所获取的 32 个站位表层悬浮颗粒物的有机碳、氮含量及其同位素组成进行了分析。表 9-2 列出了考察海域悬浮颗粒物有机碳、氮含量及其同位素组成。悬浮颗粒物中有机碳含量较高，变化范围为 $7.89\% \sim 27.99\%$，总氮含量变化范围为 $0.51\% \sim 4.2\%$。各海区的有机质含量差别较大。

表 9-2　2012 年夏季表层悬浮颗粒物有机碳、氮含量及其同位素组成

序号	站位	纬度	经度	TOC /%	TN /%	C/N /%	$\delta^{13}C$ /‰（PDB）	$\delta^{15}N$ /‰
1	BL02	53°20.860′N	169°50.209′E	19.56	2.17	9.0	-27.95	2.16
2	BL03	53°58.934′N	170°42.858′E	17.84	2.70	6.6	-27.27	1.25
3	BL04	54°33.789′N	171°28.001′E	22.39	2.03	11.0	-26.67	2.22
4	BL07	57°24.683′N	175°02.85′E	25.66	4.20	6.1	-26.32	0.35
5	BL10	60°02.484′N	179°59.543′E	21.50	2.04	10.5	-25.73	6.17
6	BL11	60°18.111′N	179°31.118′W	16.66	1.72	9.7	-26.08	5.41
7	BL12	60°42.309′N	178°51.043′W	13.49	0.80	16.9	-27.16	4.56
8	BL13	61°17.341′N	177°27.339′W	16.79	1.52	11.0	-26.12	5.66
9	BL15	62°32.917′N	175°17.429′W	17.77	1.12	15.9	-26.64	5.20
10	BL16	63°00.419′N	173°53.129′W	15.30	0.98	15.6	-26.07	5.86
11	BM01	63°27.652′N	172°29.531′W	14.61	1.32	11.0	-25.07	6.20
12	BN02	64°25.980′N	171°23.064′W	7.89	0.95	8.4	-24.46	5.63

序号	站位	纬度	经度	TOC /%	TN /%	C/N /%	$\delta^{13}C$ /‰（PDB）	$\delta^{15}N$ /‰
13	BN04	64°28.615′N	170°07.210′W	15.39	2.13	7.2	−24.84	6.02
14	BN05	64°30.733′N	169°23.789′W	13.59	1.22	11.1	−25.77	5.22
15	R02	67°41.343′N	168°56.319′W	20.24	2.31	8.8	−23.96	7.55
16	CC2	67°54.856′N	168°14.164′W	11.21	1.42	7.9	−24.94	6.96
17	CC5	68°11.570′N	167°18.548′W	12.29	1.79	6.9	−24.92	6.70
18	CC7	68°17.811′N	166°59.144′W	14.82	1.78	8.3	−26.04	6.14
19	R04	69°35.942′N	168°52.708′W	13.02	1.58	8.2	−26.33	6.66
20	R05	70°58.661′N	168°46.135′W	9.78	0.91	10.8	−23.29	7.78
21	SR18	81°56.109′N	168°55.275′W	8.69	0.95	9.1	−27.68	4.21
22	SR15	79°02.089′N	168°41.802′W	27.94	0.67	41.5	−27.43	3.65
23	M01	77°30.849′N	171°59.046′W	8.96	0.82	10.9	−27.78	4.84
24	BB01	71°46.638′N	8°58.323′E	9.23	1.22	7.6	−25.95	5.18
25	BB02	72°09.201′N	8°20.774′E	13.62	1.27	10.8	−25.22	3.26
26	BB04	72°57.376′N	6°28.332′E	14.73	1.32	11.1	−26.39	1.93
27	BB07	73°56.135′N	3°15.200′E	18.31	2.70	6.8	−25.32	2.66
28	BB09	74°40.989′N	0°55.191′E	8.86	0.53	16.9	−27.06	3.32
29	AT02	71°13.531′N	5°58.990′E	8.06	0.51	15.7	−26.93	3.97
30	AT06	69°11.417′N	2°10.057′E	8.69	0.46	19.0	−27.68	3.91
31	ICE01	86°47.994′N	120°27.954′E	8.86	2.31	16.7	−27.06	4.77
32	ICE05	84°05.234′N	158°44.703′E	8.06	1.42	15.8	−26.93	4.13

从区域上看，有机质含量最高的海域为白令海深海区（BL02～BL10 站），有机碳的分布范围介于 7.89%～25.66% 之间，平均 17.03%；总氮含量介于 0.8%～4.2% 之间，平均 1.78%；其中 BL07 站的有机碳含量高达 25.66%，总氮含量达 4.2%，表明颗粒物组成中生源组分占有较高的比例，同时深海区 6.1～11.0 的 C/N 比值反映生物来源有机质比重较大。在白令海陆架区，随着水深的减小，C/N 比值所反映陆源有机质所占比重在加大，这一特征在 BL 断面尤为明显。但是在整个白令海区，−27.95‰～−25.73‰ 的稳定碳同位素组成（平均值 −26.15‰）表明有机质受陆源影响显著。稳定碳同位素对有机质来源的指示似乎不如 C/N 比值敏感，可能与河流输入的营养物质所占比例高有关。氮同位素介于 0.35‰～6.2‰ 之间，平均 4.42，随着采样站位纬度的增加，具有变重的趋势。

楚科奇海域（陆架与陆坡区）以及北冰洋核心区域的 ICE01 和 ICE05 站悬浮颗粒物中有机碳含量分布范围为 8.06%～27.99%，超过 70% 的样品其有机碳含量介于 8%～14% 之间；总氮含量在 0.63%～2.3% 之间变化，主要分布于 0.5%～1.0% 和 1.5%～2.0% 两个区间。C/N 比值介于 6.9～24.1，最低值出现在 CC5 站，最高值则位于 SR15 站，主要分布区间有两个：8～10 和大于 15，其中陆架区样品，除冰区边缘的 R05 站外，C/N 比值均小于 9；陆坡区和北冰洋核心区样品，除开阔水域的 M01 站外，C/N 比值均大于 15。

悬浮颗粒物的有机碳、氮同位素组成具有非冰区的有机质相对富含 ^{13}C 和 ^{15}N 的特点。其

δ^{13}C 和 δ^{15}N 的分布范围分别为：$-23.29‰ \sim -26.33‰$ 和 $6.14‰ \sim 7.78‰$；冰区边缘的有机质中则 ^{12}C 和 ^{14}N 相对富集，δ^{13}C 和 δ^{15}N 的分布范围分别为：$-26.93‰ \sim -27.78‰$ 和 $3.65‰ \sim 4.84‰$。这些数据与前人在相邻海域研究结果相符。

如图 9-21 所示，研究区颗粒物样品，无论是有机碳和总氮含量，还是其同位素组成都具有较好的相关性，δ^{13}C 和 δ^{15}N 相关系数 R 为 0.9183，有机碳和总氮的相关系数在剔除异常点 SR15 站后，R 为 0.9359。表明这些参数受相同的因素控制，总氮基本上可以代表有机氮，无机氮含量低，或者在去除无机碳的过程中一同被从颗粒物中移除。这种现象与该区及北冰洋 Yermak 海台和楚科奇海域表层沉积物中有机碳和总氮、δ^{13}C 和 δ^{15}N 相关性较差、沉积物中无机氮含量较高等特征明显不同（李宏亮等，2008；Schubert et al.，2001），而与喀拉海和加拿大北冰洋海区水体中的颗粒物研究结果相似（Nagel et al.，2009；Magen et al.，2010）。

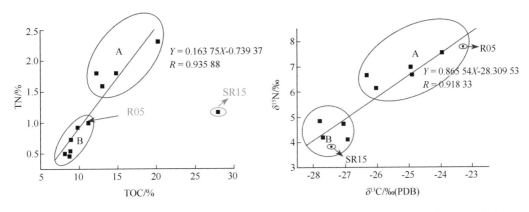

图 9-21 2012 年夏季白令海和西北冰洋表层悬浮颗粒物有机碳、氮含量及其同位素组成相关关系

值得注意的是 R05 和 SR15 站悬浮颗粒物的有机碳、氮含量及其同位素组成。R05 颗粒物的有机碳、氮同位素组成具有陆架区的样品特征，有机碳和总氮含量相对较低，与陆坡区和北冰洋核心区的样品相似。究其原因可能与该站处于冰区边缘（采样时间为 2012 年 7 月 20 日，海冰处于融化期）有关，采样时海洋浮游生物刚刚开始生长。同时由白令海峡输入的太平洋海流，由于南部非冰区浮游生物的消耗营养盐含量降低，限制了海洋浮游生物的生长，致使该站位颗粒物中有机质含量相对低，而碳、氮同位素组成偏重。同时也反映了生活于海冰中的藻类等生物体对颗粒物的贡献。

SR15 站颗粒物的 C/N 比值明显高于研究区的其他站位，有机碳和总氮的相关性亦远离其他样品的相关趋势，而颗粒物的 δ^{13}C 与 δ^{15}N 值相关性与其他样品一致（图 9-21）。因此，该站颗粒物应该有不同的有机碳输入来源。SR15 站位于陆坡边缘，根据北冰洋洋流分布，源自东西伯利亚海、拉普捷夫海和喀拉海的穿极流流经此处，该洋流携带了大量的淡水和陆源物质输入北冰洋。Nagel 等（2009）研究结果显示，1999 年和 2000 年夏天采集的喀拉海表层海水悬浮颗粒物 δ^{13}C$_{org}$ 值介于 $-25.2‰ \sim -31.0‰$，这与水体的盐度密切相关，水体盐度越低，δ^{13}C 值越轻。拉普捷夫海颗粒有机质的 C/N 比值为 11.7～29.2，喀拉海为 11.7～17.5，这些分析数据均与 SR15 站具有可对比性，推断 SR15 站颗粒物中高含量的陆源有机质可能来自此洋流。

研究区表层海水中颗粒物的来源主要包括河流输运的陆源物质、无冰区的大气粉尘、表层海洋生物活动形成的生源物质、由海冰携带的冰筏颗粒物质及生活于海冰中的藻类。近年来的研究表明，在海冰处于融化过程中的冰区边缘，海冰、水体与生物间相互作用增强。海冰融化，不仅导致表层海水淡化，海洋浮游植物开始生长，同时还向水体中释放生物体，为远洋和底栖植物提供额外的食物。楚科奇海域海冰融化时向水体中释放了数量可观的浮游植物有机质，既为浮游植物的繁盛提供了种子，也为浮游动物和底栖生物提供了营养物质（Gradinger et al.，2009）。本研究中，处于楚科奇陆架冰区边缘的 R05 站表层海水悬浮颗粒物含量高，悬浮颗粒物中藻类丰富，细微结构保存完好（图 9-20），推测与海冰融化释放出的生物体有关。而对于高纬度的陆坡区和北冰洋核心区来说，冰区边缘的颗粒物则主要源自海冰携带的破碎的生物碎屑、碎屑矿物与黏土矿物，活的生物体含量低。Tremblay 等（2006）对北冰洋高纬（75°—80°N）地区的 Kane 盆地的研究结果也表明，冰藻对海洋生物体的贡献很小。

悬浮颗粒物的碳同位素组成同样反映了生活于海冰中的藻类对颗粒有机碳的贡献。由于营养成分的限制，生活于海冰中的藻类与生活于水体的藻类相比 $\delta^{13}C$ 值明显偏重，在 SBI 项目调查区（楚科奇/波弗特海），2002 年春季水体与海冰中颗粒物的 $\delta^{15}N$ 值分别介于：5.2‰～12.6‰，和 6.1‰～13.5‰之间，差别不明显；而 $\delta^{13}C_{org}$ 值前者为−26.1‰～−22.4‰，后者为−25.1‰～−14.2‰，明显轻于海冰中颗粒物（Gradinger et al.，2009）。冰区边缘 R05 站颗粒物的 $\delta^{13}C$ 值比相邻开阔水域 R04 站重约 3‰，而陆坡区和北冰洋核心区冰区边缘站位的颗粒物 $\delta^{13}C$ 值与开阔水域相比略重，$\delta^{13}C$ 值差别小于 0.9‰，亦反映冰藻对了陆架区颗粒物的贡献显著，而在陆坡区和北冰洋核心区贡献小。

在大西洋扇区的挪威海与格陵兰海，有机碳介于 8.06%～14.73%，平均 11.64%；总氮介于 0.46%～2.7%，平均 1.14%；C/N 比值介于 6.8～19，平均 12.6；$\delta^{13}C$ 值介于−25.22‰～−27.68‰，平均 26.37‰；$\delta^{15}N$ 介于 1.93～5.18，平均 3.46。颗粒有机质含量与白令海和楚科奇海相比较低，悬浮颗粒物中有机质的具有海陆混合来源的特征。

另外，C/N 比值与稳定碳同位素组成表明 75°N 以北的冰区 ICE01、ICE05、SR18 和 SR15 站 4 个站位，悬浮颗粒物的 $\delta^{13}C$ 值小于−27‰，C/N 比值大于 15，展示了海洋有机质含量低，陆源有机质为主的特征。

9.4 小结

通过对第四次至第六次北极考察获取的白令海、楚科奇海悬浮颗粒物含量及其颗粒组分特征的研究与分析，得出以下几点认识。

（1）白令海陆架区悬浮体含量大体呈现出表层含量低而底层含量高的特点。表层海水悬浮体含量在白令海峡西侧以及陆架东侧靠近阿拉斯加沿岸含量较高。底层海水中悬浮体含量则在白令海峡西侧的海域以及白令海陆架西南部的圣马修岛西北侧海域较高。

（2）白令海陆架西南部坡折带底层海水中，悬浮体颗粒主要由生物骨骼碎屑组成。在陆架北部，西侧营养盐丰富，而东侧营养盐匮乏又受河流冲淡水的影响，导致圣劳伦斯岛北侧靠近楚科奇半岛一侧的海区悬浮颗粒物以藻类为主，而在东侧的阿拉斯加沿岸流区悬浮颗粒则以陆源的碎屑矿物为主。

（3）白令海悬浮颗粒物的分布受物源、洋流和生物等作用的控制。陆架悬浮体含量的高值区多位于近底层海水中，体现了陆架流系对底床物质的再悬浮作用。在西南部的悬浮体高值区是悬浮体受沿陆坡爬升的阿纳德尔流的再悬浮作用的表现，而底层悬浮体含量自南向北逐渐减弱的模式体现了白令海陆架水以及阿纳德尔流携带悬浮颗粒向北输运的作用。

（4）楚科奇海悬浮颗粒物含量在其南部和中北部中下层海水中含量最高，阿拉斯加沿岸和巴罗峡谷中下层海水中含量次之。楚科奇海中部海水中悬浮颗粒物含量较低。

（5）楚科奇海南部和中北部的悬浮颗粒物组成以硅藻为主，但楚科奇海南部海水中几乎全部为中心纲的硅藻种属，而楚科奇海中北部海水中硅藻，既有中心纲的，也有羽纹纲的硅藻种属。阿拉斯加沿岸和巴罗峡谷海水中的悬浮颗粒物主要为生物碎屑和陆源碎屑。

（6）楚科奇海南部以硅藻为主的悬浮颗粒物，受经白令海峡西侧流入的、富营养盐的阿纳德尔流的影响；而楚科奇海中北部以硅藻为主的悬浮颗粒物，受冬季流入楚科奇海的太平洋残留海水的影响。阿拉斯加沿岸和巴罗峡谷中的悬浮颗粒物，则受低营养的阿拉斯加沿岸流和阿拉斯加入海河流输入的陆源悬浮颗粒物的影响。

（7）研究区表层悬浮颗粒物有机质来源具有海陆混源特征，陆架区以海洋浮游生物为主，含有部分陆源有机质；陆坡区及北冰洋核心区则以陆源有机质为主。

（8）海冰携带物对研究区的颗粒物组成有重要贡献。在陆架区海冰的融化释放了大量生物体进入水体；而在陆坡区和北冰洋核心区，海冰释放进入水体的颗粒物则以碎屑矿物、黏土矿物和生物碎屑为主，生物体较少。

参考文献

北极问题研究编写组. 2011. 北极问题研究[M]. 北京：海洋出版社，1-26.

陈建芳，张海生，金海燕，等. 2004. 北极陆架沉积碳埋藏及其在全球碳循环中的作用[J]. 极地研究，16(3)：193-201.

陈立奇，高众勇，王伟强，等. 2003. 白令海盆 pCO_2 分布特征及其对北极碳汇的影响[J]. 中国科学(D辑)，33(8)：781-790.

陈立奇，赵进平，卞林根，等. 2003. 影响北极地区迅速变化的一些关键过程研究[J]. 极地研究，15(4)：283-302.

陈立奇. 2003. 北极海洋环境与海气相互作用研究[M]. 北京：海洋出版社，1-339

陈立奇. 2002. 南极和北极地区在全球变化中的作用研究[J]. 地学前缘，9(2)：245-253.

陈立奇，刘书燕. 2006. 北极小百科[M]. 北京：海洋出版社，1-20.

陈荣华，孟翊，华棣，等. 2001. 楚科奇海与白令海表层沉积中的钙质和硅质微体化石研究[J]. 海洋地质与第四纪地质，21(4)：25-30.

陈漪馨，刘焱光，姚政权，等. 2015. 末次盛冰期以来挪威海北部陆源物质输入对气候变化的响应[J]. 海洋地质与第四纪地质，35(3)：95-108.

陈志华，陈毅，王汝建，等. 2014. 末次冰消期以来白令海盆的冰筏碎屑事件与古海洋学演变记录[J]. 极地研究，26(1)：17-28.

陈志华，李朝新，孟宪伟，等. 2011. 北冰洋西部沉积物黏土的 Sm-Nd 同位素特征及物源指示意义[J]. 海洋学报，33(2)：96-102.

陈志华，石学法，蔡德陵，等. 2006. 北冰洋西部沉积物有机碳、氮同位素特征及其环境指示意义[J]. 海洋学报，28(6)：61-71.

陈志华，石学法，韩贻兵，等. 2004. 北冰洋西部表层沉积物黏土矿物分布及环境指示意义[J]. 海洋科学进展，22(4)：446-454.

董林森，刘焱光，石学法，等. 2014a. 西北冰洋表层沉积物黏土矿物分布特征及物质来源[J]. 海洋学报，36(4)：22-32.

董林森，石学法，刘焱光，等. 2014b. 北冰洋西部表层沉积物矿物学特征及其物质来源[J]. 极地研究，26(1)：58-70.

高爱国，陈志华，刘焱光，等. 2003. 楚科奇海表层沉积物的稀土元素地球化学特征[J]. 中国科学(D辑)，33(2)：148-154.

高爱国，刘焱光，孙海青. 2002. 与全球变化有关的几个北极海洋地质问题[J]. 地学前缘，9(3)：201-207.

高爱国，王汝建，陈建芳，等. 2008. 楚科奇海与加拿大海盆表层沉积物表观特征及其环境指示[J]. 海洋地质与第四纪地质，28(6)：49-55.

葛淑兰，石学法，黄元辉，等. 2013. 白令海北部陆坡 BR07 孔年龄框架重建[J]. 地球物理学报，56(9)：3071-3084.

郭玉洁，钱树本. 2003. 中国海藻志第五卷硅藻门第一册中心纲[M]. 北京：科学出版社，1-100.

何沉澎，王汝建，郑洪波，等. 2006. 白令海 DSDP188 站氧同位素 3 期以来的古海洋与古气候记录[J]. 海洋地质与第四纪地质，26(2)：65-71.

贺娟，李丽，赵美训，等. 2008. 南海北部 MD05-2904 沉积柱状样 26 万年以来表层海水温度及陆源生物标志物记录[J]. 科学通报，53(11)：1324-1331.

胡建芳，彭平安，贾国东，等. 2003. 三万年来南沙海区古环境重建：生物标志物定量与单体碳同位素研究[J]. 沉积学报，21(2)：211-218.

黄小慧，王汝建，翦知湣. 2009a. 全新世冲绳海槽北部表层海水温度和初级生产力对黑潮变迁的响应[J]. 地球科学进展，24(6)：653-661.

黄小慧，王汝建，翦知湣. 2009b. 全新世冲绳海槽北部陆源输入物变化及其古气候意义[J]. 海洋地质与第四纪地质，29(5)：73-82.

黄元辉，葛淑兰，石学法，等. 2013. 白令海北部陆坡 BR07 孔年龄框架重建[J]. 海洋学报，35(6)：67-74.

黄元辉，石学法，葛淑兰，等. 2014. 白令海深海异常沉积特征及成因分析[J]. 极地研究，26(1)：39-45.

黄元辉，石学法，吕华华，等. 2012. 白令海特征区域的表层沉积硅藻分布及其古海洋学意义[J]. 海洋学报，34(3)：106-112.

黄玥. 2009. 末次冰期以来南海及日本海硅藻及其古环境变化[D]. 上海：华东师范大学，1-60.

霍文冕，曾宪章，田伟之，等. 2003. 北极楚科奇海近代沉积物稀土元素地球化学特征初探[J]. 极地研究，15(1)：21-27.

蒋辉，任健，Knudsen K L，等. 2006. 冰岛北部陆架 3000 年以来夏季表层海水温度及古气候事件[J]. 科学通报，51(22)：2657-2664.

蒋辉. 1987. 中国近海表层沉积硅藻[J]. 海洋学报，9(6)：735-743.

金德祥. 1991. 海洋硅藻学[M]. 厦门：厦门大学出版社，1-200.

康建成，孙俊英. 1999. 北冰洋海冰/气候系统及其对全球气候的影响[J]. 极地研究，11(4)：301-310.

李宏亮，陈建芳，金海燕，等. 2008. 楚科奇海表层沉积物的生源组分及其对碳埋藏的指示意义[J]. 海洋学报，30(1)：165-171.

李霞，王汝建，陈荣华，等. 2004. 白令海北部陆坡晚第四纪的古海洋与古气候学记录[J]. 极地研究，16(3)：261-269.

李元芳，张青松. 1999. 北极阿拉斯加埃尔松潟湖及入湖河口的现代有孔虫[J]. 微体古生物学报，16(1)：22-30.

刘健. 2000. 磁性矿物还原成岩作用述评[J]. 海洋地质与第四纪地质，20(4)：103-107.

刘健，朱日祥，李绍全，等. 2003. 南黄海东南部冰后期泥质沉积物中磁性矿物的成岩变化及其对环境变化的响应[J]. 中国科学（D 辑），33(6)：583-592.

刘晶，沙龙滨，刘焱光，等. 2014. 西格陵兰中晚全新世硅藻组合及其古环境演变[J]. 微体古生物学报，31(2)：105-117.

刘伟男，王汝建，陈建芳，等. 2012. 西北冰洋阿尔法脊晚第四纪的陆源沉积物记录及古环境意义[J]. 地球科学进展，27(2)：209-217.

刘焱光，石学法，吕海龙. 2004. 日本海、鄂霍次克海和白令海的古海洋学研究进展[J]. 海洋科学进展，22(4)：519-530.

刘子琳，陈建芳，刘艳岚，等. 2011. 2008 年夏季西北冰洋观测区叶绿素 a 和初级生产力粒级结构[J]. 海洋学报，33(2)：124-133.

卢冰，陈荣华，王自磐，等. 2001. 长链烯酮及 U_{37}^{k} 值在北极海洋古温度的应用研究[J]. 海洋学报，23(5)：49-57.

卢冰，陈荣华，王自磐，等. 2004a. 亚北极白令海近百年海洋环境变化——来自分子化石的证据[J]. 中国科学（D 辑），34(4)：367-374.

卢冰，周怀阳，陈荣华，等. 2004b. 北极现代沉积物中正构烷烃的分子组合特征及其与不同纬度的海域对比[J]. 极地研究，16(4)：281-294.

卢冰，陈荣华，王自磐，等. 2005a. 北极海洋沉积物种持久性有机污染物分布特征及分子地层学记录的研究[J]. 海洋学报，27(4)：167-173.

卢冰，张海生，武光海，等. 2005b. 楚科奇海和白令海沉积地层中甾醇物源组成及其周边环境效应[J]. 极地研究，17(3)：183-192.

卢冰，潘建明，王自磐，等. 2002. 北极沉积物中正构烷烃的组合特征及古沉积环境的研究[J]. 海洋学报，24(6)：34-48.

马德毅. 2013. 中国第五次北极科学考察报告[M]. 北京：海洋出版社，1-255.

马豪，何建华，曾志，等. 2009. 白令海颗粒有机碳输出通量的初步研究[J]. 极地研究，21(2)：116-123.

梅静，王汝建，陈建芳，等. 2012. 西北冰洋楚科奇海台 P31 孔晚第四纪的陆源沉积物记录及其古海洋与古气候意义[J]. 海洋地质与第四纪地质，32(3)：77-86.

梅静. 2015. 北冰洋近现代沉积作用与晚第四纪的古海洋学研究[D]. 上海：同济大学，1-108.

孟翊，陈荣华，郑玉龙. 2001. 白令海和楚科奇海表层沉积中的有孔虫及其沉积环境[J]. 海洋学报，23(6)：85-93.

南青云，李铁刚，陈金霞，等. 2008. 南冲绳海槽 7000 a BP 以来基于长链不饱和烯酮指标的古海洋生产力变化及其与气候的关系[J]. 第四纪研究，28(3)：482-490.

潘晓驹，焦念志. 2001. 海洋古菌的研究进展[J]. 海洋科学，25(2)：21-23.

潘增弟. 2015. 中国第二次北极科学考察报告[M]. 北京：海洋出版社，1-287.

祁第，陈立奇. 2014. 北冰洋酸化指标-海水文石饱和度变异的研究进展[J]. 地球科学进展，29：569-576.

邱中炎，沈忠悦，韩喜球. 2007. 北极圈海域表层沉积物的黏土矿物特征及其环境意义[J]. 海洋地质与第四纪地质，27(3)：31-36.

冉莉华，陈建芳，金海燕，等. 2012. 白令海和楚科奇海表层沉积硅藻分布特征[J]. 极地研究，24(1)：15-23.

冉莉华. 2008. 北大西洋北部全新世气候及海洋环境演变[D]. 上海：华东师范大学，1-100.

任健. 2008. 西格陵兰全新世古环境演变初步研究[D]. 上海：华东师范大学，1-100.

沙龙滨. 2015. 北大西洋西北部海域中全新世海冰定量研究及其影响机制探讨[D]. 上海：华东师范大学，1-100.

沙龙滨. 2012. 格陵兰西部海域 1200 年以来硅藻记录及古气候、古海冰重建[D]. 上海：华东师范大学，1-120.

邵丽霞，林荣澄，高亚辉，等. 2012. 白令海表层沉积硅藻的种类组成与分布[J]. 极地研究，24(4)：331-338.

石丰登，程振波，石学法，等. 2007. 东海北部陆架柱样中底栖有孔虫组合及其古环境研究[J]. 海洋科学进展，25(4)：428-435.

史久新，赵进平，矫玉田，等. 2004. 太平洋入流及其与北冰洋异常变化的联系[J]. 极地研究，16(3)：253-260.

史久新，赵进平. 2003. 北冰洋温跃层研究进展[J]. 地球科学进展，18(3)：351-357.

司贺园，王汝建，丁旋，等. 2013. 西北冰洋表层沉积物中底栖有孔虫组合及其古环境意义[J]. 海洋学报，35(6)：96-112.

孙烨忱，王汝建，肖文申，等. 2011. 西北冰洋表层沉积物中生源和陆源粗组分及其沉积环境[J]. 海洋学报，33(2)：103-114.

孙烨忱. 2010. 西北冰洋现代沉积过程与晚第四纪古海洋学记录[D]. 上海：同济大学，1-103.

汪卫国，方建勇，陈莉莉，等. 2014. 楚科奇海悬浮体含量分布及其颗粒组分特征[J]. 极地研究，26(1)：79-88

王昆山，刘焱光，董林森，等. 2014. 北冰洋西部表层沉积物重矿物特征[J]. 极地研究，26(1)：71-78.

王磊，王汝建，陈志华，等. 2014. 白令海盆 17ka 以来的古海洋与古气候记录[J]. 极地研究，26(1)：29-37.

王汝建，陈荣华. 2004. 白令海表层沉积物中硅质生物的变化及其环境控制因素[J]. 中国地质大学学报：地球科学, 29(6): 685-690.

王汝建, 陈荣华. 2005. 白令海晚第四纪的 *Cycladophora davisiana*: 一个地层学工具和冰期亚北极太平洋中层水的替代物[J]. 中国科学(D辑), 35(2): 149-157.

王汝建, 陈志华, 陈建芳, 等. 2011. 北冰洋西部的古海洋学研究[C]//张占海. 快速变化中的北极海洋环境. 北京: 科学出版社, 402-417.

王汝建, 李霞, 肖文申, 等. 2005. 白令海北部陆坡100 ka以来的古海洋学记录及海冰的扩张历史[J]. 中国地质大学学报: 地球科学, 30(5): 550-558.

王汝建, 肖文申, 李文宝, 等. 2009. 北冰洋西部楚科奇海盆晚第四纪的冰筏碎屑事件[J]. 科学通报, 54(23): 3761-3770.

王汝建, 肖文申, 向霏, 等. 2007. 北冰洋西部表层沉积物中生源组分及其古海洋学意义[J]. 海洋地质与第四纪地质, 27(6): 61-69.

王寿刚, 王汝建, 陈建芳, 等. 2013. 白令海与西北冰洋表层沉积物中四醚膜类脂物研究及其生态和环境指示意义[J]. 地球科学进展, 28: 282-295.

肖文申, 王汝建, 成鑫荣, 等. 2006. 北冰洋西部表层沉积物中的浮游有孔虫稳定氧、碳同位素与水团性质的关系[J]. 微体古生物学报, 23(4): 361-369.

小泉格. 1984. 硅藻[M]. 北京: 地质出版社: 1-90.

邢磊, 赵美训, 张海龙, 等. 2008. 冲绳海槽中部过去15 ka来浮游植物生产力和种群结构变化的生物标志物重建[J]. 科学通报, 53(12): 1448-1455.

许冬, 叶黎明, 于晓果, 等. 2015. 北冰洋阿尔法脊晚第四纪沉积有机质的来源变化及其古环境意义[J]. 极地研究, 27(2): 159-167.

杨清良, 林更铭, 林茂. 2002. 楚科奇海和白令海浮游植物的种类组成与分布[J]. 极地研究, 14(2): 113-125.

杨胜利, 方小敏, 李吉均, 等. 2001. 表土颜色和气候定性至半定量关系研究[J]. 中国科学(D辑), 31(增刊): 175-181.

杨伟锋, 陈敏, 刘广山, 等. 2002. 楚克奇海陆架区沉积物中核素的分布及其对沉积环境的示踪[J]. 自然科学进展, 12(5): 515-518.

姚政权, 刘焱光, 王昆山, 等. 2010. 日本海末次冰期千年尺度古环境变化的地球化学记录[J]. 矿物岩石地球化学通报, 29(2): 191-126.

叶春江, 赵可夫. 2002. 高等植物大叶藻研究进展及其对海洋沉水生活的适应[J]. 植物学通报, 19(2): 184-193.

叶黎明, 葛倩, 杨克红, 等. 2012. 350 ka以来北冰洋波弗特环流演变及其沉积响应[J]. 海洋学研究, 30(4): 20-28.

于晓果, 雷吉江, 姚旭莹, 等. 2014. 楚科奇海表层海水颗粒物组成与来源[J]. 极地研究, 26(1): 89-97.

余雯, 何建华, 李奕良, 等. 2012. 基于[210]Pb测年法的楚科奇海陆架北缘有机碳沉积通量研究[J]. 极地研究, 24(4): 391-396.

余兴光. 2011. 中国第四次北极科学考察报告[M]. 北京: 海洋出版社, 1-254.

张德玉, 高爱国, 张道建. 2008. 楚科奇海-加拿大海盆表层沉积物中的黏土矿物[J]. 海洋科学进展, 26(2): 171-183.

张德玉, 高爱国, 张道建. 2011. 北冰洋加拿大海盆黏土矿物的分布特征[C]//张占海. 快速变化中的北极海洋环境. 北京: 科学出版社, 358-370.

张海峰, 王汝建, 陈荣华, 等. 2014. 白令海北部陆坡全新世以来的生物标志物记录及其古海洋学意义[J]. 极地研究, 26(1): 1-16.

张海峰, 王汝建, 孙烨忱, 等. 2011. 白令海北部表层沉积物中的生源组分分布特征及其古海洋学意义[J]. 海洋地质与第四纪地质，31(5)：79-87.

张海生，潘建明，陈建芳，等. 2007. 楚科奇海和白令海沉积物中的生物标志物及其生态环境响应[J]. 海洋地质与第四纪地质，27(2)：42-49.

张海生. 2009. 中国第三次北极科学考察报告[M]. 北京：海洋出版社，1-225.

张江勇，汪品先. 2004. 深海研究中的底栖有孔虫：回顾与展望[J]. 地球科学进展，19(4)：545-551.

张占海主编. 2003. 中国第二次北极科学考察报告[M]. 北京：海洋出版社，1-229.

章陶亮，王汝建，陈志华，等. 2014. 西北冰洋楚科奇海台 08P23 孔氧同位素 3 期以来的古海洋与古气候记录[J]. 极地研究，26(1)：46-57.

赵进平，史久新. 2004. 北极环极边界流研究及其主要科学问题[J]. 极地研究，16(3)：159-170.

赵蒙维，汪卫国，方建勇，等. 2016. 白令海北部悬浮体含量分布及其颗粒组分特征[J]. 海洋学报，38(1)：1-12.

赵一阳，鄢明才. 1994. 中国浅海沉积物地球化学[M]. 北京：科学出版社，130-150.

赵一阳，鄢明才. 1993. 中国浅海沉积物化学元素丰度[J]. 中国科学(B辑)，23(10)：1084-1090.

赵云，沙龙滨，刘焱光，等. 2015. 冰岛北部陆架末次冰消期以来基于硅藻的古环境记录[J]. 海洋地质与第四纪地质，35(3)：109-121.

中国首次北极科学考察队. 2000. 中国首次北极科学考察报告[M]. 北京：海洋出版社，1-191.

朱日祥，Kazanshy A，Matasova G，等. 2000. 西伯利亚南部黄土沉积物的磁学性质[J]. 科学通报，45(11)：1200-1205.

邹建军，石学法，白亚之，等. 2012. 末次冰消期以来白令海古环境及古生产力演化[J]. 中国地质大学学报：地球科学，37(增刊)：1-11.

Aagaard K, Carmack E C. 1989. The sea ice and other f res h water in the Arctic circulation [J]. Journal of Geophysical Research, 94(C10)：14 485-14 498.

Aagaard K, Coachman L K, Carmack E C. 1981. On the halocline of the Arctic Ocean [J]. Deep-Sea Research, 28：529-545.

Aagaard K, Swift J H, Carmack E C. 1985. Thermohaline circulation in the Arctic Mediterranean seas [J]. Journal of Geophysical Research, 90(C3)：4833-4846.

Abrantes F, Baas J, Haflidason H, et al. 1998. Sediment fluxes along the northeastern European Margin：inferring hydrological changes between 20 and 8 kyr [J]. Marine Geology, 152(1)：7-23.

Adler R E, Polyak L, Ortiz D, et al. 2009. Sediment record from the western Arctic Ocean with an improved Late Quaternary age resolution：HOTRAX core HLY0503-8JPC, Mendeleev Ridge [J]. Global and Planetary Change, 68(1-2)：18-29.

Ager T A. 2003. Late Quaternary vegetation and climate history of the central Bering land bridge from St. Michael Island, western Alaska [J]. Quaternary Research, 60(1)：19-32.

Alley R B, Mayewski W A, Sowers T, et al. 1997. Holocene climatic instability：A prominent widespread event 8. 2ka ago [J]. Geology, 25(6)：483-486.

Alling V, Porcelli D, Mörth C-M, et al. 2012. Degradation of terrestrial organic carbon, primary production and outgassing of CO_2 in the Laptev and East Siberian Seas as inferred from $\delta^{13}C$ values of DIC [J]. Geochimica et Cosmochimica Acta, 95：143-159.

Andersen C S, Koç Karpuz N, Moros M. 2004b. A highly unstable Holocene climate in the subpolar North Atlantic：evidence from diatoms [J]. Quaternary Science Reviews, 23：2155-2166.

Andersen E S, Dokken T M, Elverhøi A, et al. 1996. Late Quaternary sedimentation and glacial history of the western Svalbard continental margin [J]. Marine Geology, 133(3)：123-156.

Andersen K K, Azuma N, Barnola J M, et al. 2004a. High-resolution record of Northern Hemisphere climate extending into the last interglacial period [J]. Nature, 431: 147−151.

Anderson P M, Brubaker L B. 1994. Vegetation history of north-central Alaska: a mapped summary of late-Quaternary pollen data [J]. Quaternary Science Reviews, 13(1): 71−92.

Anderson P M, Reanier R E, Brubaker L B. 1988. Late Quaternary vegetational history of the Black River region in northeastern Alaska [J]. Canadian Journal of Earth Sciences, 25(1): 84−94.

Anderson L G, Andersson P S, Björk G, et al. 2013. Source and formation of the upper halocline of the Arctic Ocean [J]. Journal of Geophysical Research, 118: 410−421.

Andersson L G, Bjork G, Holby O, et al. 1994. Water masses and circulation in the Eurasian Basin: results from the Oden 91 expedition [J]. Journal of Geophysical Research, 99 (C2): 3273−3283.

Andresen C S, Hansen M J, Seidenkrantz M S, et al. 2013. Mid-to late-Holocene oceanographic variability on the Southeast Greenland shelf [J]. The Holocene, 23: 167−178.

Andresen, C S, McCarthy D J, Dylmer C V, et al. 2011. Interaction between subsurface ocean waters and calving of the Jakobshavn Isbræ during the late Holocene [J]. The Holocene, 21: 211−224.

Andrews J T, Smith L M, Preston R, et al. 1997. Spatial and temporal patterns of iceberg rafting (IRD) along the East Greenland margin, ca. 68°N, over the last 14 cal. Ka [J]. Journal of Quarternary Science, 12(1): 1−13.

Andrews J T. 1992. Detrital carbonate-rich sediments, northwestern Labrador Sea: Implications for ice-sheet dynamics and iceberg rafting (Heinrich) events in the North Atlantic [J]. Geology, 20: 1087−1090.

Andruleit H A, Baumann K H. 1998. History of the Last Deglaciation and Holocene in the Nordic seas as revealed by coccolithophore assemblages [J]. Marine Micropaleontology, 35: 179−201.

Anklin M, Barnola J, Beer J, et al. 1993. Climate instability during the last interglacial period recorded in the GRIP ice core [J]. Nature, 364: 203−207.

Ardyna M, Babin M, Gosselin M, et al. 2013. Parameterization of vertical chlorophyll a in the Arctic Ocean: impact of the subsurface chlorophyll maximum on regional, seasonal and annual primary production estimates [J]. Biogeosciences Discussion, 10: 1345−1399.

Arendt A A, Echelmeyer K E, Harrison W D, et al. 2002. Rapid wastage of Alaska glaciers and their contribution to rising sea level [J]. Science, 297: 382−386.

Asahara Y, Takeuchi F, Nagashima K, et al. 2012. Provenance of terrigenous detritus of the surface sediments in the Bering and Chukchi Seas as derived from Sr and Nd isotopes: Implications for recent climate change in the Arctic regions [J]. Deep-Sea Research II, 61−64: 155−171.

Astakhov V. 2004. Middle Pleistocene glaciations of the Russian North [J]. Quaternary Science Reviews. 23: 1285 −1311.

Backman J, Jakobsson M, Løvlie R, et al. 2004. Is the central Arctic Ocean a sediment starved basin? [J]. Quaternary Science Reviews, 23(11−13): 1435−1454.

Backman J, Moran K, McInroy D B, et al. 2006. Proceedings IODP 302, Edinburgh (Integrated Ocean Drilling Program Management International, Inc.) [M]. doi: 10. 2204/iodp.proc.302. 2006.

Barash M S, Khusid T A, Matul A G, et al. 2008. Distribution of benthic foraminifera in upper Quaternary sediments of the Deryugin basin (Sea of Okhotsk) [J]. Marine Geology, 48(1): 113−122.

Bard E, Hamelin B, Arold M, et al. 1996. Deglacial sea-level record from Tahiti corals and the timing of global melt-water discharge [J]. Nature, 382: 18.

Barnosky C W, Anderson P M, Bartlein P J. 1987. The northwestern US during deglaciation: vegetational history and paleoclimatic implications [C]//Ruddiman W F, Wright H E Jr, eds. North America and adjacent oceans during the last deglaciation (The Geology of North America, v. K-3), Geological Society of America, k-3: 289-321.

Barron J A, Heusser L, Herbert T, et al. 2003. High-resolution climatic evolution of coastal northern California during the past 16,000 years [J]. Paleoceanography, 18(1): 1-20.

Bauch H A, Erlenkeuser H, Spielhagen R F, et al. 2001. A multiproxy reconstruction of the evolution of deep and surface waters in the subarctic Nordic seas over the last 30,000 yr[J]. Quaternary Science Reviews, 20(4): 659-678.

Bauch H A, Polyakova Y I. 2000. Late Holocene variations in Arctic shelf hydrology and sea-ice regime: evidence from north of the Lena Delta [J]. International Journal of Earth Sciences, 89: 569-577.

Bauch H A, Weinelt M S. 1997. Surface water changes in the Norwegian sea during last deglacial and holocene times [J]. Quaternary Science Reviews, 16(10): 1115-1124.

Bauch D, Carstens J, Wefer G, et al. 2000. The imprint of anthropogenic CO_2 in the Arctic Ocean: evidence from planktic $d^{13}C$ data from water column and sediment surfaces [J]. Deep-Sea Research II, 9-11: 1791-1808.

Bauch D, Hölemann J, Andersen N, et al. 2011. The Arctic shelf regions as a source of freshwater and brine-enriched waters as revealed from stable oxygen isotopes [J]. Polarforschung, 80(3): 127-140.

Bazhenova E, Stein R, Vogt C. 2011. Provenance discrimination in late Quaternary sediments from the Amerasian Basin (Arctic Ocean) constrained by mineralogical record [J]. Geophysical Research Abstracts, 13: EGU2011: 1095.

Bechtel A, Smittenberg R H, Bernasconi S M, et al. 2010. Distribution of branched and isoprenoid tetraether lipids in an oligotrophic and aeutrophic Swiss lake: Insights into sources and GDGT-Based proxies [J]. Organic Geochemistry, 41(8): 822-832.

Belicka L L, Macdonald R W, Harvey H R. 2002. Sources and transport of organic carbon to shelf, slope, and basin surface sediments the Arctic Ocean [J]. Deep-Sea Research I, 49: 1463-1483.

Belicka L L, Macdonald R W, Yunker M B, et al. 2004. The role depositional regime on carbon transport and preservation in Arctic Ocean sediments [J]. Marine Chemistry, 86: 65-88.

Belt S T, Müller J. 2013. The Arctic sea ice biomarker IP25: a review of current understanding, recommendations for future research and applications in palaeo sea ice reconstructions [J]. Quaternary Science Reviews, 79: 9-25.

Belt S T, Vare L L, Massé G. 2010. Striking similarities in temporal changes to spring sea ice occurrence across the central Canadian Arctic Archipelago over the last 7000 years [J]. Quaternary Science Reviews, 29: 3489-3504.

Bergsten H. 1994. Recent benthic foraminifera of a transect from the North Pole to the Yermak Plateau, eastern central Arctic Ocean[J]. Marine Geology, 119: 251-267.

Bianchi T S, Mitra S, McKee B A. 2002. Sources of terrestrially-derived organic carbon in lower Mississippi River and Louisiana shelf sediments: implications for differential sedimentation and transport at the coastal margin [J]. Marine Chemistry, 77: 211-223.

Bird M I, Summons R E, Gagan M K, et al. 1995. Terrestrial vegetation change inferred from n-alkanes $\delta^{13}C$ analysis in the marine environment [J]. Geochimica et Cosmochimica Acta, 59(13): 2853-2857.

Birgel D, Hass H C. 2004. Oceanic and atmospheric variations during the last deglaciation in the Fram Strait (Arctic Ocean): a coupled high-resolution organic-geochemical and sedimentological study [J]. Quaternary Science Reviews, 23(1): 29-47.

Birks C J, Koç Karpuz N. 2002. A high-resolution diatom record of late-Quaternary sea-surface temperatures and oceanographic conditions from the eastern Norwegian Sea [J]. Boreas, 31, 323-344.

Bischof J F, Clark D L, Vincent J S. 1996. Origin of ice-rafted debris: Pleistocene paleoceanography in the western Arctic Ocean [J]. Paleoceanography, 11(6): 743-756.

Bischof J F, Darby D A. 1997. Mid-to Late Pleistocene ice drift in the western Arctic Ocean: evidence for a different circulation in the past [J]. Science, 277: 74-78.

Bishop J K B. 1988. The barite-opal-organic carbon association in oceanic particulate matter [J]. Nature, 332: 341 −343.

Blaga C I, Reichart G, Lotter A F, et al. 2013. A TEX86 lake record suggests simultaneous shifts in temperature in Central Europe and Greenland during the last deglaciation [J]. Geophysical Research Letters, 40(5): 948−953.

Blair N E, Aller R C. 2012. The Fate of Terrestrial Organic Carbon in the Marine Environment [J]. Annual Review of Marine Science, (4): 401−423.

Blaschek M, Renssen H. 2013. The Holocene thermal maximum in the Nordic Seas: the impact of Greenland Ice Sheet melt and other forcings in a coupled atmosphere-sea-ice-ocean model [J]. Climate of the Past, 9(4): 1629−1643.

Bleil U. 2000. Sedimentary Magnetism [C] // Schulz H D, Zabel M. Marine Geochemistry. Springer, 73−84.

Bleil U, Thiede J(Eds). 1990. Geological History of the Polar Oceans: Arctic versus Antarctic[M]. NATO ASI Series C, 308: 823.

Blindheim J, Østerhus S. 2005. The Nordic Seas, main oceanographic features [C] // Drange H, Dokken T, Furevik T, et al. (Eds.). The Nordic Seas: An Integrated Perspective Oceanography, Climatology, Biogeochemistry, and Modeling. Geophysical Monograph Series. American Geophysical Union, 158: 11−37.

Bond G, Showers W. 1997. A Pervasive Millennial-Scale Cycle in North Atlantic Holocene and Glacial Climates [J]. Science, 278: 1257−1266.

Boulay S, Colin C, Trentesaux A, et al. 2007. Sedimentary responses to the Pleistocene climatic variations recorded in the South China Sea [J]. Quaternary Research, 68: 162−172.

Brabets T P, Wang B, Meade R H. 2000. Environmental and hydrologic overview of the Yukon River Basin, Alaska and Canada [M]. U. S. Geological Survey Water-Resources Investigations Report, 99−4204.

Brachfeld S, Barletta F, St−Onge G, et al. 2009. Impact of diagenesis on the environmental magnetic record from a Holocene sedimentary sequence from the Chuchi−Alaskan margin, Arctic Ocean [J]. Global and Planetary Change, 68: 100−114.

Brigham-Grette. 2013. A fresh look at Arctic ice sheets [J]. Nature Geoscience, (6): 807−808.

Briner J P, Kaufman D S. 2009. Late Pleistocene mountain glaciation in Alaska: key chronologies [J]. Journal of Quaternary Science, 23(6−7): 659−670.

Broecker W S, Denton G H. 1989. The role of ocean-atmosphere reorganizations in glacial cycles [J]. Geochimica et Cosmochimica Acta, 53(10): 2465−2501.

Broecker W S, Peng T H. 1987. The oceanic salt pump: Does it contribute to the glacial-interglacial difference in atmospheric CO_2 content? [J]. Global biogeochemical cycles, 1(3): 251−259.

Broerse A, Tyrrell T, Young J, et al. 2003. The cause of bright waters in the Bering Sea in winter [J]. Continental Shelf Research, 23: 1579−1596.

Brook E J. 2003. Timing of abrupt climate change at the end of the Younger Dryas interval from thermally fractionated gases in polar ice [J]. Nature, 391: 141−146.

Brunelle B G, Sigman D M, Cook M S, et al. 2007. Evidence from diatom-bound nitrogen isotopes for subarctic Pacific stratification during the last ice age and a link to North Pacific denitrification changes [J]. Paleoceanography, 22 (1): 306−316.

Buch E. 2000. A monograph on the physical oceanography of Greenland waters [M]. Danish Meteorological Institute, Scientific Report, 00−12: 1−405

Buesseler K O. 1998. The decoupling of production and particulate export in the surface ocean [J]. Global Biogeochemical Cycles, 12: 297−310.

Buscail R, Ambatsian P, Monaco A, et al. 1997. ^{210}Pb, manganese and carbon: indicators of focusing processes on the northwestern Mediterranean continental margin [J]. Marine Geology, 137: 271-286.

Caissie B E, Brigham-Grette J, Lawrence K T, et al. 2010. Last Glacial Maximum to Holocene sea surface conditions at Umnak Plateau, Bering Sea, as inferred from diatom, alkenone, and stable isotope records [J]. Paleoceanography, 25(1): 427-435.

Carlson P R, Karl H A. 1984. Mass movement of fine-grained sediment to the basin floor, Bering Sea, Alaska. Geo-marine letters, (4): 221-225.

Carstens J, Wefer G. 1992. Recent distribution of planktonic foraminifera in the Nansen Basin, Arctic Ocean [J]. Deep-Sea Research, 39(2): 1-17.

Caseldine C, Langdon P, Holmes N. 2006. Early Holocene climate variability and the timing and extent of the Holocene thermal maximum (HTM) in northern Iceland [J]. Quaternary Science Reviews, 25: 2314-2331.

Chamley H. 1989. Clay Sedimentology [M]. Springer: Berlin, 1-200.

Channell J E T, Kleiven H F. 2000. Geomagnetic palaeointensities and astrochronological ages for the Matuyama-Brunhes boundary and the boundaries of the Jaramillo Subchron: palaeomagnetic and oxygen isotope records from ODP Site 983 [J]. Philosophical Transactions of the Royal Society B Biological Sciences, 56(531): 739-740.

Chen M, Ma Q, Guo L, et al. 2012. Importance of lateral transport processes to ^{210}Pb budget in the eastern Chukchi Sea during summer 2003 [J]. Deep-Sea Research II, s81-84: 53-62.

Chen Y, Liu T. 1996. Sea level changes in the last several thousand years, Penghu Islands, Taiwan Strait [J]. Quaternary Research, 45(3): 254-262.

Chen Z, Gao A, Liu Y, et al. 2003. REE geochemistry of surface sediments in the Chukchi Sea [J]. Science in China (Series D), 46: 603-611.

Chen L, Gao Z. 2007. Spatial variability in the partial pressures of CO_2 in the northern Bering and Chukchi seas [J]. Deep Sea Research Part II, 54: 2619-2629.

Chierici M, Fransson A. 2009. Calcium carbonate saturation in the surface water of the Arctic Ocean: undersaturation in freshwater influenced shelves [J]. Biogeosciences, (6):2421-2432.

Chung Y, Chang H, Hung G. 2004. Particulate flux and ^{210}Pb determined on the sediment trap and core samples from the northern South China Sea [J]. Continental Shelf Research, 24: 673-691.

Clark D L, Whitman R, Morgan K A, et al. 1980. Stratigraphy and glacial-marine sediments of the Amerasian Basin, central Arctic Ocean [J]. The Geological Society of America, 181(1): 1-65

Clark P U, Mix A C. 2002. Ice sheets and sea level of the Last Glacial Maximum [J]. Quaternary Science Review, 21: 1-7.

CLIMAP PM. 1976. The surface of the ice-age earth [J]. Science, 191: 1131.

Coachman L K, Aagaard K, Tripp R B. 1975. Bering Strait: the regional physical oceanography [M]. Seattle: Univ Washington Press, 1-172.

Comiso J C. 2003. Chapter 4 [C] // Thomas D N, Dieckmann G S, eds. 1st edtion. Sea Ice: An Introduction to its Physics, Chemistry, Biology and Geology. Blackwell Science Ltd, Oxford, UK: 112-141.

Connelly T L, Deibel D, Parrish C C. Biogeochemistry of near-bottom suspended particulate matter of the Beaufort Sea shelf (Arctic Ocean): C, N, P, δ^{13}C and fatty acids [J]. Continental Shelf Research, 43: 120-132.

Cook M S, Keigwin L D, Sancetta C A. 2005. The deglacial history of surface and intermediate water of the Bering Sea [J]. Deep-Sea Research II, 52(16-18): 2163-2173.

Coulthard R D, Furze M F A, Pieńkowski A J, et al. 2010. New marine ΔR values for Arctic Canada [J]. Quaternary Geochronology, 5(4): 419-434.

Cremer H. 1999. Distribution patterns of diatom surface sediment assemblages in the Laptev Sea (Arctic Ocean) [J].

Marine Micropaleontology, 38: 39-67.

Cremer H. 1998. The diatom flora of the Laptev Sea (Arctic Ocean) [J]. Bibliotheca Diatomologica, 40: 5-169.

Crockford S J, Frederick S G. 2007. Sea ice expansion in the Bering Sea during the Neoglacial: evidence from archaeozoology [J]. The Holocene, 17(6): 699-706.

Cronin T M, DeNinno L H, Polyak L, et al. 2014. Quaternary Ostracode and Foraminiferal Biostratigraphy and Paleoceanography in the Western Arctic Ocean [J]. Marine Micropaleontology, 111: 118-133.

Cronin T M, Dwyer G S, Farmer J, et al. 2012. Deep Arctic Ocean Warming during the last Glacial Cycle [J]. Nature Geosciences, (5): 631-634.

Cuffey K M, Clow G D. 1997. Temperature, accumulation and ice sheet elevation in central Greenland through the last deglacial transition [J]. Journal of Geophysical Research, 102(C12): 26 383-26 396.

Dahl K A, Repeta D J, Goericke R. 2004. Reconstructing the phytoplankton community of the Cariaco Basin during the Younger Dryas cold event using chlorin steryl esters [J]. Paleoceanography, 19(1): 355-379.

Dahl-Jensen D, Mosegaard K, Gundestrup N, et al. 1998. Past temperatures directly from the Greenland ice sheet [J]. Science, 282: 268-271.

Dalrymple R W, Maass O C. 1987. Clay mineralogy of late Cenozoic sediments in the CESAR cores, Alpha Ridge, central Arctic Ocean [J]. Canadian Journal of Earth Sciences, 24(8): 1562-1569.

Daniela H. 2011. Late Quaternary Biostratigraphy and Paleoceanography of the central Arctic Ocean [D]. A dissertation for the degree of Doctor of Philosophy in Natural Sciences, Stockholm University.

Darby D A, Bischof J F, Jones G A. 1997. Radiocarbon chronology of depositional regimes in the western Arctic Ocean [J]. Deep Sea Research II, 44(8): 1745-1757.

Darby D A, Bischof J F. 1996. A statistical approach to source determination of lithic and Fe oxide grains: An example from the Alpha Ridge, Arctic Ocean [J]. Journal of Sediment Research, 66: 599-607.

Darby D A, Jakobsson M, Polyak L. 2005. Icebreaker expedition collects key Arctic seafloor and ice data [J]. EOS, 86(52): 549-552.

Darby D A, Naidu A S, Mowatt T C, et al. 1989. Sediment composition and sedimentary processes in the Arctic Ocean [M] // In: Herman Y, ed. The Arctic Seas. New York: Springer, 657-720

Darby D A, Ortiz J D, Polyak L, et al. 2009b. The role of currents and sea ice in both slowly deposited central Arctic and rapidly deposited Chukchi-Alaskan margin sediments [J]. Global and Planetary Change, 68: 58-72.

Darby D A, Polyak L, Bauch H. 2006. Past glacial and interglacial conditions in the Arctic Ocean and marginal seas-a review [J]. Progress in Oceanography, 71: 129-144.

Darby D A, Polyak L, Jakobsson M. 2009a. The 2005 HOTRAX Expedition to the Arctic Ocean [J]. Global and Planetary Change, 68: 1-4.

Darby D A, Zimmerman P. 2008. Ice-rafted detritus events in the Arctic during the last glacial interval and the timing of the Innuitian and Laurentide ice sheet calving events [J]. Polar Research, 27(2): 114-127.

Darby D A. 1975. Kaolinite and other clay minerals in Arctic Ocean sediments [J]. Journal of Sedimentary Research, 45(1): 272-279.

Darby D A. 2003. Sources of sediment found in sea ice from western Arctic Ocean, new insights into processes of entrainment and drift patterns [J]. Journal of Geophysical Research, 108: 3257-3269.

Darby D A, Ortiz J D, Grosch C E, et al. 2012. 1,500-year cycle in the Arctic Oscillation identified in Holocene Arctic sea-ice drift [J]. Nature Geoscience, (5): 897-900.

De Sève M A, Dunbar M J. 1990. Structure and Composition of Ice Algal Assemblages from the Gulf of St. Lawrence, Magdalen Islands Area [J]. Canadian Journal of Fisheries and Aquatic Sciences, 47: 780-788.

De Sève M A. 1999. Transfer function between surface sediment diatom assemblages and sea-surface temperature and salinity of the Labrador Sea [J]. Marine Micropaleontology, 36: 249-267.

De Vernal A, Hillaire-Marcel C. 2000. Sea-ice cover, sea-surface salinity and halo-/thermocline structure of the northwest North Atlantic: modern versus full glacial conditions [J]. Quaternary Science Reviews, 19: 65-85.

De Vernal A, Rosell-Melé A, Kucera M, et al. 2006. Comparing proxies for the reconstruction of LGM sea-surface conditions in the northern North Atlantic [J]. Quaternary Science Reviews, 25(21): 2820-2834.

Dekkers M J. 1997. Environmental magnetism: an introduction [J]. Geologie en Mijnbouw, 76(1): 163-182.

Dekkers M J. 1989. Magnetic properties of natural pyrrhotite II: High-and low-temperature behaviour of Jrs and TRM as function of grain size [J]. Physics of the Earth & Planetary Interiors, 57: 266-283.

Deng C, Zhu R, Jackson M J, et al. 2001. Variability of the temperature-Dependent susceptibility of the Holocene eolian deposits in the Chinese Loess Plateau: A pedogenesis indicator. Physics and Chemistry of the Earth (A), 26(11 -12): 873-878.

Deng C, Zhu R, Verosub K L, et al. 2000. Paleoclimatic significance of the temperature-dependent susceptibility of Holocene loess along a NW-SE transect in the Chinese loess plateau [J]. Geophysical Research Letters, 27(22): 3715-3718.

Dickson R R, Brown J. 1994. The production of North Atlantic Deep Water: sources, rates, and pathways [J]. Journal of Geophysical Research, 99(C6): 12319-12341.

Dickson R R, Osborn T J, Hurrell J W, et al. 2000. The Arctic Ocean response to the North Atlantic Oscillation [J]. Journal of Climate, 13(15): 2671-2696.

Dieckmann G S, Hellmer H H. 2008. The Importance of Sea Ice: An Overview [C] // Thomas D N, Dieckmann G S, eds. 2nd edtion. Sea Ice: An Introduction to its Physics, Chemistry, Biology and Geology. Blackwell Science Ltd, Oxford, UK.

Ding X, Wang R, Zhang H, et al. 2014. Distribution, ecology and oxygen and carbon isotope characteristics of modern planktonic foraminifera in the Makarov Basin of the Arctic Ocean [J]. Chinese Science Bulletin, 59(7): 674-687.

Dowdeswell J A, Hagen J O. 2004. Arctic ice masses [C] // Bamber J L, Payne A J, eds. Mass Balance of the Cryosphere. Cambridge University Press, 712.

Dulk M D, Reichart G J, Memon G M, et al. 1998. Benthic foraminiferal response to variations in the surface water productivity and oxygenation in the northern Arabian Sea [J]. Marine Micropaleontology, 35: 43-66.

Dunton K H, Weingartner T, Carmack E C. 2006. The nearshore western Beaufort Sea ecosystem: circulation and importance of terrestrial carbon in arctic coastal food webs [J]. Progress in Oceanography, 71: 362-378.

Duplessy J C, Delibrias G, et al. 1981. Deglacial warming of the northeastern Atlantic ocean: correlation with the paleoclimatic evolution of the European continent [J]. Palaeogeography Palaeoclimatology Palaeoecology, 35(81): 121-144.

Duplessy J C. 1978. Isotope Studies [C] // Gribbin J, ed. Climate Change. Cambridge: Cambridge University Press, 47-67.

Dyck S, Tremblay L B, de Vernal A. 2010. Arctic sea-ice cover from the early Holocene: the role of atmospheric circulation patterns [J]. Quaternary Science Reviews, 29: 3457-3467.

Dyke A S, Andrews J T, Clark P U, et al. 2001. The Laurentide and Innuitian ice sheets during the Last Glacial Maximum [J]. Quaternary Science Reviews, 21(1-3): 9-31.

Dyke A S, Dale J E, McNeely R N. 1996. Marine Molluscs as Indicators of Environmental Change in Glaciated North America and Greenland during the Last 18 000 Years [J]. Géographie physique et Quaternaire, 50: 125-184.

Eberl D D. 2003. Quantitative Mineralogy of the Yukon River System: Variation with Reach and Season, and Sediment

Source Unmixing. U.S. Geological Survey, Boulder, Colorado.

Eglinton G, Hamilton R J. 1967. Leaf epicuticcular waxes [J]. Science, 156: 1322-1335.

Eglinton T I, Eglinton G. 2008. Molecular proxies for paleoclimatology [J]. Earth and Planetary Science Letters, 275: 1-16.

Ehlers J, Gibbard P L. 2007. The extent and chronology of Cenozoic global glaciation [J]. Quaternary International, 164-165: 6-20.

Eicken, H. 2004. The role of Arctic sea ice in transporting and cycling terrestrial organic matter [C] // Stein R, Macdonald R W, eds. The organic carbon cycle in the Arctic Ocean: present and past. Berlin: Springer-Verlag.

Eiríksson J, Knudsen K L, Haflidason H, et al. 2000. Late glacial and Holocene palaeoceanography of the North Icelandic shelf [J]. Journal of Quaternary Science, 15(1): 23-42.

Eldevik T, Risebrobakken B, Bjune A E, et al. 2014. A brief history of climate – the northern seas from the Last Glacial Maximum to global warming [J]. Quaternary Science Reviews, 106: 225-246.

Ellwood B B, Balsam W L, Roberts H H. 2006. Gulf of Mexico sediment sources and sediment transport trends form magnetic susceptibility measurements of surface samples [J]. Marine Geology, 230: 237-248.

Erbs-Hansen D R, Knudsen K L. 2013. Paleoceanographical development off Sisimiut, West Greenland, during the mid-and late Holocene: A multiproxy study [J]. Marine Micropaleontology, 102: 79-97

Evens M E, Heller F. 2003. Environmental Magnetism: Principles and Applications of Enviromagnetics [M]. San Diego: Academic Press.

Evgenia A B. 2012. Reconstruction of late Quaternarysedimentary environmentsat the southern Mendeleev Ridge (Arctic Ocean) [D]. University of Bremen, 1-91.

Expedition 302 Scientists. 2005. Arctic Coring Expedition (ACEX): paleoceanographic and tectonic evolution of the central Arctic Ocean [R]. IODP Prel. Rept. 302. doi:10. 2204/iodp.pr.302. 2005.

Fagel N, Not C, Gueibe J, et al. 2014. Late Quaternary evolution of sediment provenances in the Central Arctic Ocean: mineral assemblage, trace element composition and Nd and Pb isotope fingerprints of detrital fraction from the Northern Mendeleev Ridge [J]. Quaternary Science Reviews, 92: 140-154

Fairbanks R G. 1989. A 17, 000-year glacio-eustatic sea level record: influence of glacial melting rates on the Younger Dryas event and deep-ocean circulation [J]. Nature, 342: 637-642.

Farine M, Esquivel D M S, Barros H G P. 1990. Magnetic iron-sulphur crystals from a magnetotactic microorganism [J]. Nature, 343: 256-258.

Farmer J, Cronin T, de Vernal A, et al. 2011. Western Arctic Ocean temperature variability during the last 8000 years [J]. Geophysical Research Letters, 38(24): 389-395.

Feyling-Hanssen R W. 1972. The foraminifer Elphidium excavatum (Terquem) and its Variant forms [J]. Micropaleontology, 18(3): 337-354.

Ficken K J, Barber K E, Englinton G. 2000. An n-alkane proxy for the sedimentary input of submerged/floating freshwater aquatic macrophytes [J]. Organic Geochemistry, 31: 745-749.

Fietz S, Huguet C, Bende J, et al. 2012. Co-variation of crenarchaeol and branched GDGTs in globally-distributed marine and freshwater sedimentary archives [J]. Global and Planetary Change, 92/93: 275-285.

Fisher D A, Koerner R M, Reeh N. 1995. Holocene climatic records from Agassiz Ice Cap, Ellesmere Island, NWT, Canada [J]. The Holocene, (5): 19-24.

Fleming K, Johnston P, Zwartz D, et al. 1998. Refining the eustatic sea-level curve since the Last Glacial Maximum using far-and intermediate-field sites [J]. Earth and Planetary Science Letters, 163(1-4): 327-342.

Flower B P. 1997. Overconsolidated section on the Yermak Plateau, Arctic Ocean Ice sheet grounding prior ca 660 ka?

[J]. Geology, 25: 147-150.

Fortier M, Fortier L, Michel C, et al. 2002. Climatic and biological forcing of the vertical flux of biogenic particles under seasonal Arctic sea ice [J]. Marine Ecology Progress Series, 225: 1-16.

Fredskild B. 1996. Holocene climate change in Greenland [C] // Grønnow B, Pind J, eds. The Paleo-Eskimo Cultures of Greenland: New Perspectives in Greenlandic Archaeology. Copenhagen: Danish Geocenter, 243-251.

Friedmann A, Moore J C, Thorsteinsson T, et al. 1995. A 1200 year record of accumulation from northern Greenland [J]. Annals of Glaciology, 21: 19-25.

Fronval T, Jansen E, Bloemendal J, et al. 1995. Oceanic evidence for coherent fluctuations in Fennoscandian and Laurentide ice sheets on millennium timescales [J]. Nature, 374: 443-446.

Fronval T, Jansen E. 1997. Eemian and Early Weichselian (140-60 ka) Paleoceanography and paleoclimate in the Nordic Seas with comparisons to Holocene conditions [J]. Paleoceanography, 12(3): 443-462.

Fütterer D K. 1992. ARCTIC '91: The Expedition ARK-Vllll3 of RV "Polarstern" in 1991 [R]. Bremerhaven: Berichte zur Polarforchung, 268.

Gagosian R B, Peltzer E T, Zafiriou O C. 1981. Atmospheric transport of continentally derived lipids to the tropical North Pacific [J]. Nature, 291: 312-314.

Gardner J V, Dean W E, Klise D H, et al. 1982. A climate-related oxidizing event in deep-sea sediment from the Bering Sea [J]. Quaternary Research, 18(1): 91-107.

Ge S, Shi X, Han Y. 2003. Distribution characteristics of magnetic susceptibility of the surface sediments in the southern Yellow Sea [J]. Chinese Science Bulletin, 48(S1): 37-41.

Gebhardt H, Sarnthein M, Grootes P M, et al. 2008. Paleonutrient and productivity records from the subarctic North Pacific for Pleistocene glacial terminations I to V [J]. Paleoceanography, 23(4): 430-434.

Glasauer S, Langley S, Beveridge T J. 2002. Intracellular iron minerals in a dissimilatory iron-reducing bacterium [J]. Science, 295: 117-119.

Glushkova O Y. 2001. Geomorphological correlation of Late Pleistocene glacial complexes of Western and Eastern Beringia [J]. Quaternary Science Reviews, 20(1-3): 405-417.

Golonka J. Bocharova N Y, Ford D, et al. 2003. Paleogeographic reconstructions and basins development of the Arctic [J]. Marine & Petroleum Geology, 20(s 3-4): 211-248.

Goñi M A, O'Connor A E, Kuzyk Z Z, et al. 2013. Distribution and sources of organic matter in surface marine sediments across the North American Arctic margin [J]. Journal of Geophysical Research, 118: 4017-4035.

Goñi M A, Yunker M B, Macdonald R W, et al. 2005. The supply and preservation of ancient and modern components of organic carbon in the Canadian Beaufort Shelf of the Arctic Ocean [J]. Marine Chemistry, 93: 53-73.

Gorbarenko S A, Basovb I A, Chekhovskayac M P, et al. 2005. Orbital and millennium scale environmental changes in the southern Bering Sea during the last glacial-Holocene: Geochemical and paleontological evidence [J]. Deep-Sea Research II, 52: 2174-2185.

Gorbarenko S A, Wang P, Wang R, et al. 2010. Orbital and suborbital environmental changes in the southern Bering Sea during the last 50 kyr [J]. Palaeogeography, Palaeoclimatology, Palaeoecology- 286: 97-106.

Gorbarenko S A. 1996. Stable isotope and lithologic evidence of late-glacial and Holocene oceanography of the northwestern Pacific and its marginal seas [J]. Quaternary Research, 46: 230-250.

Gordeev V V, Shevchenko V P. 1995. Chemical composition of suspended sediments in the Lena River and its mixing zone. Russian-German Cooperation: Laptev Sea System [C] // Kassens H, Piepenburg D, Thiede J, Eds. Bremerhaven: Berichte zur Polarforschung, 176: 154-169.

Gosselin M, Levasseur M, Wheeler P A, et al. 1997. New measurements of phytoplankton and ice algal production in the Arctic Ocean [J]. Deep Sea Research II. 44: 1623-1644.

Gradinger R. 2009. Sea-ice algae: Major contributors to primary production and algal biomass in the Chukchi and Beaufort Seas during May/June [J]. Deep-Sea Research II- 56: 1201-1212.

Grantz A, Johnson L, Sweeney J F. 1990. The Arctic Ocean Region [M]. Geological Society of America (Geology of North America). L: 644.

Grebmeier J M, Cooper L W, Feder H M, et al. 2006. Ecosystem dynamics of the Pacific-influenced Northern Bering and Chuchi Seas in the Amerasian Arctic [J]. Progress in Oceanography- 71: 331-361.

Grebmeier J M. 1993. Studies of pelagic-benthic coupling extending onto the Soviet continental shelf in the northern Bering and Chukchi Seas [J]. Continental Shelf Research- 13: 653-668.

Grebmeier J M, Feder H M, McRoy C P. 1989. Pelagic-benthic coupling on the shelf of the northern Bering and Chukchi Seas. II. Benthic community structure [J]. Marine Ecology Progress- 51: 253-268.

Green K E. 1960. Ecology of some Arctic foraminifera [J]. Micropaleontology- 6(1): 57-78.

Griffin J J, Windom H, Goldberg E D. 1968. The distribution of clay minerals in the World Ocean [J]. Deep Sea Research & Oceanographic Abstracts- 15(15): 433-459.

Griffith D R, McNichol A P, Xu L, et al. 2012. Carbon dynamics in the western Arctic Ocean: insights from full-depth carbon isotope profiles of DIC, DOC and POC [J]. Biogeosciences, (9): 1217-1224.

Grosswald M G. 1998. Late-Weichselian ice sheets in Arctic and Pacific Siberia [J]. Quaternary International, 45-46: 3-18.

Grove J M. 2001. The initiation of the "Little Ice Age" in regions round the North Atlantic [J]. Climatic Change, 48: 53-82.

Guo L, Ping C L, Macdonald R W. 2007. Mobilization pathways of organic carbon from permafrost to arctic rivers in a changing climate [J]. Geophysical Research Letters, 34(13): 173-180.

Guo L, Tanaka T, Wang D, et al. 2004. Distributions, speciation and stable isotope composition of organic matter in the southeastern Bering Sea [J]. Marine chemistry, 91: 211-226.

Guyodo Y, Valet J P. 1999. Global changes in intensity of the Earth's magnetic field during the past 800 kyr [J]. Nature, 399: 249-252.

Haflidason H, Sejrup H P, Kristensen D K, et al. 1995. Coupled response of the late glacial climatic shifts of northwest Europe reflected in Greenland ice cores: Evidence from the northern North Sea [J]. Geology, 23(12): 1059-1062.

Hald M, Andersson C, Ebbesen H, et al. 2007. Variations in temperature and extent of Atlantic Water in the northern North Atlantic during the Holocene [J]. Quaternary Science Reviews, 26(25): 3423-3440.

Hald M, Dokken T, Mikalsen G. 2001. Abrupt climatic change during the last interglacial-glacial cycle in the polar North Atlantic [J]. Marine Geology, 176(1): 121-137.

Hansen K Q, Buch E, Gregersen U. 2004. Weather, Sea and Ice Conditions Offshore West Greenland-Focusing on New License Areas 2004 [R]. Danish Meteorological Institute Scientific Report. Copenhagen, 1-31.

Hanslik D, Jakobsson M, Backman J, et al. 2010. Quaternary Arctic Ocean sea ice variations and radiocarbon reservoir age corrections [J]. Quaternary Science Reviews, 29: 3430-3441.

Hartnett H E, Keil R G, Hedges J I, et al. 1998. Influence of oxygen exposure time on organic carbon preservation in continental margin sediments [J]. Nature, 391: 572-575.

Hasle G R, Booth B C. 1984. *Nitzschia cylindrifromis* sp. nov., a common and abundant nanoplankton diatom of the eastern subarctic Pacific [J]. Journal of Plankton Research, 6(3): 493-503.

Hasle G R, Syvertsen E E. 1990. Arctic diatoms in the Oslo fjord and the Baltic Sea, a bio-and palaeogeographic problem? [R]. Proceedings of the Tenth International Diatom Symposium, 285-300.

Hasle G R, Syvertsen E E. 1997. Marine diatoms [C] // Tomas C R, ed. Identifying Marine Phytoplankton. California: Academic Press, 5-385.

Hays G C, Richardson A J, Robinson C. 2005. Climate change and marine plankton [J]. Trends in Ecology & Evolution, 20: 337-344.

Hebbeln D, Dokken T, Andersen E S, et al. 1994. Moisture supply to northern ice-sheet growth during the Last Glacial Maximum [J]. Nature, 370: 357-360.

Hedges J I, Keil R G. 1995. Sedimentary organic matter preservation: an assessment and speculative synthesis [J]. Marine Chemistry, 49: 81-115.

Hedges J I, Oades J M. 1997. Comparative organic geochemistries of soils and marine sediments [J]. Organic Geochemistry, 27: 319-361.

Heimdal B R. 1989. Arctic ocean phytoplankton [C] // Herman Y, ed. The Arctic Seas: Climatology, Oceanography, Geology and Biology. Van Nostrand Reinhold Company, 193-222.

Hein J R, Bohrson W A, Schulz M S, et al. 1992. Variations in the fine-scale composition of a central Pacific ferromanganese crust: Paleoceanographic implications [J]. Paleoceanography, 7(1): 63-77.

Heinemeier J, Eiríksson J, Símonarson L A, et al. 2004. Marine reservoir age variability and water mass distribution in the Iceland Sea [J]. Quaternary Science Reviews, 23: 2247-2268.

Heinrich R, Baumann K H, Huber R, et al. 2002. Carbonate preservation records of the past 3 Myr in the Norwegian-Greenland Sea and the northern North Atlantic: implications for the history of NADW production [J]. Marine Geology, 184(1): 17-39.

Heinrich R, Wagner T, Goldschmidt P, et al. 1995. Depositional regimes in the Norwegian- Greenland Sea: the last two glacial to interglacial transitions [J]. Geologische Rundschau, 84(1): 28-48.

Heinrich R. 1998. Dynamics of Atlantic water advection to the Norwegian-Greenland Sea—a time-slice record of carbonate distribution in the last 300 ky [J]. Marine Geology, 145(1): 95-131.

Heinrich R. 1989. Glacial/interglacial cycles in the Norwegian Sea: sedimentology, paleoceanography and evolution of Late Pliocene to Quaternary northern hemisphere climate [R]. Proc. ODP Sci. Results. Ocean Drilling Program College Station, TX. 104: 189-232.

Hemming S R. 2004. Heinrich events: Massive late Pleistocene detritus layers of the North Atlantic and their global climate imprint [J]. Reviews of Geophysics, 42(1): 235-273.

Hendey N I. 1964. An Introductory Account of the Smaller Algae of British Coastal Waters, Part V. Bacillariophyceae (Diatoms) [J]. Fisheries Invest London Series IV, (4): 298-317.

Hesse R, Khodabakhsh S, Klauke I, et al. 1997. Asymmetrical turbid surface-plume deposition near ice-outlets of the Pleistocene Laurentide ice sheet in the Labrador Sea [J]. Geo-Marine Letter, 17: 179-187.

Hidy A J, Gosse J C, Froese D G, et al. 2013. A latest Pliocene age for the earliest and most extensive Cordilleran Ice Sheet in northwestern Canada [J]. Quaternary Science Reviews, 61: 77-84.

Hill J C, Driscoll N W. 2008. Paleodrainage on the Chukchi shelf reveals sea level history and meltwater discharge [J]. Marine Geology, 254: 129-151.

Hillaire-Marcel C, de Vernal A. 2008. Stable isotope clue to episodic sea ice formation in the glacial North Atlantic [J]. Earth and Planetary Science Letters, 268(1-2): 143-150.

Hillaire-Marcel C, de Vernal A, Polyak L, et al. 2004. Size-dependent isotopic composition of planktic foraminifers from Chukchi Sea vs. NW Atlantic sediments-implications for the Holocene paleoceanography of the western Arctic [J]. Quaternary Science Reviews, 23: 245-260.

Holloway G, Sou T. 2001. Has Arctic Sea ice rapidly thinned [J]? Journal of Climate, 15: 1691-1701.

Holmes R M, McClelland J W, Peterson B J, et al. 2012. Seasonal and annual fluxes of nutrients and organic matter from large rivers to the Arctic Ocean and surrounding seas [J]. Estuaries Coasts, 35: 369-382.

Hong C, Huh C. 2011. Magnetic properties as tracers for source-to-sink dispersal of sediments: A case study in the Taiwan Strait [J]. Earth and Planetary Science Letters, 309: 141-152.

Hopkins D M. 1967. Quaternary marine transgressions in Alaska: The Bering Land Bridge [M]. Stanford: Stanford University Press, 47-90.

Hopmans E C, Weijers J W H, Schefuss E, et al. 2004. A novel proxy for terrestrial organic matter in sediments normalized on branched and isoprenoid tetraether lipids [J]. Earth and Planetary Science Letters, 224: 107-116.

Horng C S, Chen K H. 2006. Complicated magnetic mineral assemblages in marine sediments offshore of Southwestern Taiwan: Possible influence of methane flux on the early diagenetic process [J]. Terrestrial Atmospheric & Oceanic Sciences, 17: 1009-1026.

Hu A, Meehl G A, Otto-Bliesner B L, et al. 2010. Influence of Bering Strait flow and North Atlantic circulation on glacial sea-level changes [J]. Nature Geoscience, 729(3): 118-121.

Hu F S, Brubaker L B, Anderson P M. 1996. Boreal ecosystem development in the northwestern Alaska range since 11,000 yr BP [J]. Quaternary Research, 45(2): 188-201.

Hu L, Shi X, Guo Z, et al. 2013. Sources, dispersal and preservation of sedimentary organic matter in the Yellow Sea: The importance of depositional hydrodynamic forcing [J]. Marine Geology, 335: 52-63.

Hu L, Shi X, Yu Z, et al. 2012. Distribution of sedimentary organic matter in estuarine-inner shelf regions of the East China Sea: Implications for hydrodynamic forces and anthropogenic impact [J]. Marine Chemistry, 142-144: 29-40.

Huang Y, Collister J W, Chester R, et al. 1993. Molecular and δ^{13}C mapping of eolian input of organic compounds into marine sediments in the Northeastern Atlantic [C] // øygard K. ed. Organic Geochemistry. Oslo: Falch Hurtigtrykk, 523-528.

Huang Y, Jiang H, Björck S, et al. 2009. Surface sediment diatoms from the western Pacific marginal seas and their correlation to environmental variables [J]. Chinese Journal of Oceanology and Limnology, 27(3): 674-682.

Hughes B A, Hughes T Y. 1994. Transgressions: rethinking Beringian glaciation [J]. Palaeogeography, Palaeoclimatology, Palaeoecology, 110(3-4): 275-294.

Humlum O. 1999. Late Holocene climate in central West Greenland: meteorological data and rock glacier isotope evidence [J]. The Holocene, 9(5): 581-594

Humlum, O. 1985. Genesis of an Imbricate Push Moraine, Höfdabrekkujökull, Iceland [J]. The Journal of Geology, 93: 185-195.

Hummel J, Segu S, Li Y, et al. 2011. Ultra performance liquid chromatography and high resolution mass spectrometry for the analysis of plant lipids [J]. Frontiers in Plant Science, (2)s: 1-17.

Iida T, Saitoh S I. 2007. Temporal and spatial variability of chlorophy II concentrations in the Bering Sea using empirical orthogonal function (EOF) analysis of remote sensing data [J]. Deep Sea Research II, 54: 2657-2671.

IPCC (Intergovernmental Panel of Climate Change). 2001. Third Assessment Report. Climate Change 2001: The Scientific Basis [R]. Cambridge: Cambridge University Press, 446-448.

Isarin R F B, Renssen H, Vandenberghe J. 1998. The impact of the North Atlantic Ocean on the Younger Dryas climate in northwestern and central Europe [J]. Journal of Quaternary Science, 13(5): 447-453.

Ishman S E, Polyak L, Poore R Z. 1996. Expanded record of Quaternary oceanographic change: Amerasian Arctic Ocean [J]. Geology, 24: 139-142.

Itambi A C, Dobeneck T, Dekkers M J. 2010. Magnetic mineral inventory of equatorial Atlantic Ocean marine sediments off Senegal-glacial and interglacial contrast [J]. Geophysical Journal International, 183: 163−177.

Ivanov V V, Piskun A A. 1999. Distribution of river water and suspended sediment loads in the deltas of rivers in the basins of the Laptev and East-Siberian Seas [C] //s Kassen H, Bauch H A, Dmitrenko I, et al., eds. Land-Ocean Systems in the Siberian Arctic: Dynamics and History. Berlin: Springer-sVerlag, 239−250.

Iwata H, Tanabe S, Aramoto M, et al. 1994. Persistent organochlorine residues in sediments from the Chukchi Sea, Bering Sea and Gulf of Alaska [J]. Marine Pollution Bulletin, 28: 746−753.

Jackson H R, Oakey G N. 1990. Sedimentary thickness map of the Arctic Ocean [C] // Grantz A, Johnson L, Sweeney J F, eds. The Arctic Ocean Region. Boulder: Geological Society of America (The Geology of North America), L: Plate 5.

Jakobsson M, Andreassen K, Bjarnadóttir R L, et al. 2014. Arctic Ocean glacial history [J]. Quaternary Science Reviews, 92: 40−67.

Jakobsson M, Grants A, Kristoffersesn, et al. 2003. Physiographic provinces of the Arctic Ocean seafloor [J]. Geological Society of America Bulletin, 115(12), 1443−1455.

Jakobsson M, Long A, Ingólfsson Ó, et al. 2010. New insights on Arctic Quaternary climate variability from palaeo-records and numerical modeling [J]. Quaternary Science Reviews, 29(25−26): 3349−3358.

Jakobsson M, Løvlie R, Al-Hanbali H, et al. 2000. Manganese and color cycle in Arctic Ocean sediments constrain Pleistocene chronology [J]. Geology, 28: 23−26.

Jakobsson M, Løvlie R, Arnold E M. 2001. Pleistocene stratigraphy and paleoenvironmental variation from Lomonosov Ridge sediments, central Arctic Ocean [J]. Global and Planetary Change, 31, 1−22.

Jakobsson M, Marcussen C, LOMROG Scientific Party. 2008. Lomonosov Ridge off Greenland 2007 (LOMROG): Cruise Report [M]. Copenhagen: Geological Survey of Denmark and Greenland, Denmark: Special Publication, 122.

Jakobsson M, Nilsson J, O'Regan M, et al. 2010. An Arctic Ocean ice shelf during MIS 6 constrained by new geophysical and geological data [J]. Quaternary Science Reviews, 29: 3505−3517.

Jakobsson, M. 2002. Hypsometry and volume of the Arctic Ocean and its constituent seas [J]. Geochemistry Geophysics Geosystems, 3(5):1−18.

Jakobsson M, Grantz A, Kristoffersen Y, et al. 2004. Physiography and bathymetry of the Arctic Ocean [C] // Stein R, Macdonald R W, eds. The organic carbon cycle in the Arctic Ocean. Heidelberg: Springer-Verlag, 1−6.

Jennings A, Andrews J, Wilson L, et al. 2011. Holocene environmental evolution of the SE Greenland Shelf North and South of the Denmark Strait: Irminger and East Greenland current interaction [J]. Quaternary Science Reviews, 30(7): 980−998

Jennings A, Knudsen K L, Hald M, et al. 2002. A mid-Holocene shift in Arctic sea-ice variability on the East Greenland Shelf [J]. The Holocene, 12(1): 49−58.

Jennings A, Syvitski J, Gersob L, et al. 2000. Chronology and paleoenvironments during the late Weichselian deglaciation of the southwest Iceland shelf [J]. Boreas, 29(3): 163−183.

Jennings A, Weiner N J. 1996. Environmental change in eastern Greenland during the last 1300 years: evidence from foraminifera and lithofacies in Nansen Fjord, 68°N [J]. The Holocene, (6s): 179−191.

Jensen K G. 2004. Diatom evidence of hydrographic changes and ice conditions in Igaliku Fjord, South Greenland, during the past 1500 years [J]. The Holocene, 14(2): 152−164.

Jensen K G. 2003. Holocene hydrographic changes in Greenland coastal waters: Reconstructing environmental change from sub-fossil and contemporary diatoms [D]. Faculty of Science, University of Copenhagen, Copenhagen, 1−160.

Jiang H, Eiríksson J, Schulz M, et al. 2005. Evidence for solar forcing of sea-surface temperature on the North Icelandic Shelf during the late Holocene [J]. Geology, 33: 73-76.

Jiang H, Muscheler R, Björck S, et al. 2015. Solar forcing of Holocene summer sea-surface temperatures in the northern North Atlantic [J]. Geology, 43: 203-206.

Jiang H, Ren J, Knudson K L, et al. 2007. Summer sea surface temperatures and climate events on the North Icelandic shelf through the last 3000 years [J]. Chinese Science Bulletin, 52(6): 789-796.

Jiang H, Seidenkrantz M S, Knudsen K L, et al. 2001. Diatom surface sediment assemblages around Iceland and their relationships to oceanic environmental variables [J]. Marine Micropaleontology, 41: 73-96.

Jiang H, Seidenkrantz M S, Knudsen K L, et al. 2002. Late-Holocene summer sea-surface temperatures based on a diatom record from the north Icelandic shelf [J]. The Holocene, 12(2): 137-147.

Jiang H. 1996. Diatoms from the surface sediments of the Skagerrak and the Kattegat and their relationship to the spatial changes of environmental variables [J]. Journal of Biogeography, (23): 129-137.

Johannessen O M. 1986. Brief overview of the physical oceanography [M]. New York: Springer.

Johannessen O M, Bengtsson L, Miles M W, et al. 2004. Arctic climate change, observed and modelled temperature and sea-ice variability [J]. Tellus, 56A(4): 328-341.

Johnsen S J, Dahl-Jensen D, Gundestrup N, et al. 2001. Oxygen isotope and palaeotemperature records from six Greenland ice core stations: Camp Century, Dye-3, GRIP, GISP2, Renland and North GRIP [J]. Journal of Quaternary Science, 16(4): 299-307.

Johnson I. 1999. Marine geology/geophysics opportunities from a submarine platform [R]. Arctic Ocean Science From Submarine-A Report Based on the SCICEX 2000 Workshop. Applied Physics Laboratory, University of Washington, Appendix, 55-56.

Jokat W. 1999. Arctic'98: The Expedition ARK-XIV/1a of RV Polarstern in 1998 [R]. Report of Polarstern Research, 308: 1-159.

Jokat W, Uenzelmann-Neben G, Kristoffersen Y, et al. 1992. Lomnosov Ridge: A double-sided continental margin [J]. Geology, 20: 887-890.

Jokat W, Weigelt E, Kristoffersen Y, et al. 1995. New insights into the evolution of Lomonosov Ridge and the Eurasia Basin [J]. Geophysical Journal International, 122: 378-392.

Jones G A, Keigwin L D. Evidence from Fram Strait (78° N) for early deglaciation [J]. Nature, 336: 56-59.

Jousé A P, Kozlova O G, Muhina V V. 1971. Distribution of diatoms in the surface layer of sediment from the Pacific Ocean, Micropaleontology of Oceans [M]. Cambridge: Cambridge University Press, 263-269.

Juggins S. 1998. CALIBRATE Version 0.82-A C^{++} program for analysing and visualizing species-environment relationship and for predicting environmental values from species assemblage [D]. University of Newcastle, 1-23.

Justwan A, Koç N, Jennings A E. 2008. Evolution of the Irminger and East Icelandic Current systems through the Holocene, revealed by diatom-based sea surface temperature reconstructions [J]. Quaternary Science Reviews, 27: 1571-1582.

Justwan A, Koç N. 2008. A diatom based transfer function for reconstructing sea ice concentrations in the North Atlantic [J]. Marine Micropaleontology, 66: 264-278.

Kaiho K. 1994. Benthic foraminiferal dissolved-oxygen index and dissolved-oxygen levels in the modern ocean [J]. Geology, 22: 719-722.

Kalinenko V V. 2001. Relative contents of clay minerals in <0.001 mm grain size fraction from surface layer bottom sediments of the East Siberian and Laptev Seas [J]. P PShirshov Institute of Oceanology, Russian Academy of Sciences, Moscow. http://doi: 10.1594/ PANGAEA.784672.

Kaplan M R, Wolfe A P, Miller G H. 2002. Holocene Environmental Variability in Southern Greenland Inferred from Lake Sediments [J]. Quaternary Research, 58: 149-159.

Karentz D, Smayda T J. 1984. Temperature and seasonal occurrence patterns of 30 dominant phytoplankton species in Narragansett Bay over a 22-year period (1959-1980) [J]. Marine Ecology progress series, 18: 277-293.

Karlin R, Levi S. 1983. Diagenesis of magnetic minerals in recent hemipelagic sediments [J]. Nature, 303: 327-330.

Katsuki K, Khim B K, Itaki T, et al. 2009. Land-sea linkage of Holocene paleoclimate on the Southern Bering Continental Shelf [J]. The Holocene, 19(5): 747-756.

Katsuki K, Takahashi K, Jordan R W, et al. 2003. Surface circulation changes based on fossil diatoms in the Bering Sea and the western subarctic Pacific [J]. Kaiyo Monthly, 35: 394-400.

Katsuki K, Takahashi K. 2005. Diatoms as paleoenvironmental proxies for seasonal productivity, sea-ice and surface circulation in the Bering Sea during the late Quaternary [J]. Deep-Sea Research II, 52(16-18): 2110-2130.

Kaufman D S, Ager T A, Anderson N J, et al. 2004. Holocene thermal maximum in the western Arctic (0-180°W) [J]. Quaternary Science Reviews, 23(5): 529-560.

Kaufman D S, Manley W F. 2004. Pleistocene Maximum and Late Wisconsin glacier extents across Alaska, USA [C] // Ehlers J, Gibbard P L, eds. Quaternary Glaciations: Extent and Chronology. Part II: North America. Amsterdam: Elsevier, 9-27.

Keil R G, Dickens A F, Arnarson T, et al. 2004. What is the oxygen exposure time of laterally transported organic matter along the Washington margin [J]? Marine chemistry, 92: 157-165.

Kellogg T B. 1980. Paleoclimatology and paleo-oceanography of the Norwegian and Greenland seas: glacial-interglacial contrasts [J]. Boreas, 9(2): 115-137.

Kelly M. 1980. The status of the Neoglacial in western Greenland. Grønlands Geologiske Undersøgelse Rapport. 96: 1 -24.

Kennett J P, Shackleton N J. 1975. Laurentide ice sheet meltwater recorded in Gulf of Mexico deep-sea cores [J]. Science, 188: 147-150.

Khim B K. 2003. Two modes of clay mineral dispersal pathways on the continental shelves of the East Siberian Sea and western Chukchi sea [J]. Geosciences Journal, 7(3): 253-262.

Khusid T A, Basov I A, Gorbarenko S A, et al. 2006. Benthic foraminifers in Upper Quaternary sediments of the Southern Bering Sea: Distribution and paleoceanographic interpretations [J]. Stratigraphy and Geological Correlation, 14(5): 538-548.

Kim J, Meer J, Schouten S, et al. 2010. New indices and calibrations derived from the distribution of crenachaeal isoprenoid tetraether lipids: Implications for past sea surface temperature reconstructions [J]. Geochimica et Cosmochimica Acta, 74: 4639-4654.

Kinnard C, Zdanowicz C M, Fisher D A, et al. 2011. Reconstructed changes in Arctic sea ice over the past 1450 years [J]. Nature, 479: 509-512.

Kirkbride M, Dugmore A. 2006. Responses of mountain ice caps in central Iceland to Holocene climate change [J]. Quaternary Science Reviews, 25(13):1692-1707.

Kissel C, Laj C, Mulder T, et al. 2009. The magnetic fraction: A tracer of deep sea circulation in the North Atlantic [J]. Earth and Planetary Science Letters, 288: 444-454.

Knebel H J, Creager J S. 1973. Sedimentary environments of the east-central Bering Sea continental shelf [J]. Marine Geology, 15: 25-47.

Knies J, Kleiber H P, Matthiessen J, et al. 2001. Marine ice-rafted debris records constrain maximum extent of Saalian and Weichselian ice sheets along the northern Eurasian margin [J]. Global and Planetary Change, 31: 45-64.

Knudsen K L, Eiríksson J, Bartels-Jónsdóttir H B. 2012. Oceanographic changes through the last millennium off North Iceland: Temperature and salinity reconstructions based on foraminifera and stable isotopes [J]. Marine Micropaleontology, 84-85(2): 54-73.

Knudsen K L, Eiríksson J, Jansen E, et al. 2004b. Palaeoceanographic changes off North Iceland through the last 1200 years: foraminifera, stable isotopes, diatoms and ice rafted debris [J]. Quaternary Science Reviews, 23: 2231-2246.

Knudsen K L, Jiang H, Jansen E, et al. 2004a. Environmental changes off North Iceland during the deglaciation and the Holocene: foraminifera, diatoms and stable isotopes [J]. Marine Micropaleontology, 50(03): 273-305.

Knudsen K L, Stabell B, Seidenkrantz M S, et al. 2008. Deglacial and Holocene conditions in northernmost Baffin Bay: sediments, foraminifera, diatoms and stable isotopes [J]. Boreas, 37: 346-376.

Koç N, Jansen E, Haflidason H. 1993. Paleoceanographic reconstructions of surface ocean conditions in the Greenland, Iceland and Norwegian Seas through the last 14 ka based on diatoms [J]. Quaternary Science Reviews, 12(2): 115-140.

Koç N, Schrader H. 1990. Surface sediment diatom distribution and Holocene paleotemperature variations in the Greenland, Iceland and Norwegian Sea [J]. Paleoceanography, 5(4): 557-580.

Koerner R M. 1996. Canadian Arctic [C] // Jania J, Hagen J O, eds. Mass Balance of Arctic Glaciers. International Arctic Science Committee, Report. No. 5.

Koerner R M. 2002. Glaciers of the High Arctic Islands [C] // Williams R S, Ferrigno J G, eds. Satellite Image Atlas of Glaciers of the World: Glaciers of North America. U.S. Geological Survey Professional Paper, 1386-J, 111-146.

Kohfeld K E, Fairbanks R G, Smith S L, et al. 1996. *Neogloboquadrina pachyderma* (sinistral coiling) as paleoceanographic tracers in polar oceans: Evidence from Northeast Water Polynya plankton tows, sediment traps, and surface sediments [J]. Paleoceanography, 11: 679-699

Kolatschek J, Eicken H, Alexandrov V Y. 1996. The sea-ice cover of the Arctic Ocean and the Eurasian marginal seas: A brief overview of present day patterns and variability [C] // Stern R, Ivanov G, Levitan M, et al., eds. Surface-sediment composition and sedimentary processes in the central Arctic Ocean and adjacent Eurasian continental margin. Report on Polar Research, 212: 2-18.

Kozlova O G, Lisicyn A P. 1964. Diatoms of the Indian and Pacific sectors of the Antarctic [M]. National Science Foundation, Washington, DC.

Krawczyk D, Witkowski A, Moros M, et al. 2010. Late-Holocene diatom-inferred reconstruction of temperature variations of the West Greenland Current from Disko Bugt, central West Greenland [J]. The Holocene, 20: 659-666.

Kreutz K J, Mayewski P A, Meeker L D, et al. 1997. Bipolar Changes in Atmospheric Circulation during the Little Ice Age [J]. Science, 277: 1294-1296.

Kristoffersen Y. 1990. Eurasian Basin [C] // Grantz A, Johnson L, Sweeney J F, eds. The Arctic Ocean Region. Boulder: Geological Society of America (The Geology of North America), L: 365-378.

Kucera M, Rosell-Melé A, Schneider R, et al. 2005. Multiproxy approach for the reconstruction of the glacial ocean surface (MARGO) [J]. Quaternary Science Reviews, 24(7): 813-819.

Kuijpers A, Lloyd J M, Jensen J B, et al. 2001. Late Quaternary circulation changes and sedimentation in Disko Bugt and adjacent fjords, central West Greenland [J]. Geology of Greenland Survey Bulletin, 189: 41-47.

Lagoe M B. 1977. Recent benthic foraminifera from the central Arctic Ocean [J]. Journal of Foraminiferal Research, 7(2): 106-129.

Lagoe M B. 1979. Recent benthonic foraminiferal biofacies in the Arctic Ocean [J]. Micropaleontology, 25(2): 214-224.

Laj C, Kissel C, Beer J. 2004. High resolution global paleointensity stack since 75 kyr (GLOPIS-75) calibrated to absolute values [C] // Channell J E T, Kent D V, Lowrie W, et al., eds. Timescales of the Internal Geomagnetic Field. Washington DC: American Geophysical Union, 145: 255-265

Lamb H H. 1995. Climate, History and the modern world [M]. London: Methuen.

Lambeck K, Yokoyama Y, Purcell T. 2002. Into and out of the Last Glacial Maximum: Sea-level changes during oxygen isotope stages 3 and 2 [J]. Quaternary Science Reviews, 21: 343-360.

Laskar J, Robutel P, Joutel F, et al. 2004. A long term numerical solution for the insolation quantities of the Earth [J]. Astronomy & Astrophysics, 428: 261-285.

Lassen S J, Kuijpers A, Kunzendorf H, et al. 2004. Late-Holocene Atlantic bottom-water variability in Igaliku Fjord, South Greenland, reconstructed from foraminifera faunas [J]. The Holocene, 14: 165-171.

Le Mouël J L. 1984. Outer-core geostrophic flow and secular variation of Earth's geomagnetic field [J]. Nature, 311: 734-735

Lear C H, Elderfield P A, Wilson P A. 2000. Cenozoic deep-sea temperatures and global ice volumes from Mg/Ca in benthic foraminiferal calcite [J]. Science, 287: 269-272.

LeBlanc M, Gajewski K, Hamilton P B. 2004. A diatom-based Holocene palaeoenvironmental record from a mid-arctic lake on Boothia Peninsula, Nunavut, Canada [J]. The Holocene, 14: 417-425.

LeDrew E, Barber D C, Agnew T, et al. 1992. Canadian sea ice atlas from microwave remotely sensed imagery, July 1987 to June 1990 [R]. Ottawa.

Lehman S, Jones G, Keigwin L. 1991. Initiation of Fennoscandian ice-sheet retreat during the last deglaciation [J]. Nature, 349: 513-516.

Lehmann M F, Sigman D M, McCorkle D C, et al. 2005. Origin of the deep Bering Sea nitrate deficit: Constraints from the nitrogen and oxygen isotopic composition of water column nitrate and benthic nitrate fluxes [J]. Global Biogeochemical Cycles, 19(4): 307-323.

Lemke P, Ren J, Alley R, et al. 2007. Observations: change in snow, ice and frozen ground [C] // S Solomon D, Qin M, Manning Z, et al., eds. Climate Change 2007: The Physical Science Basis. Contribution of Working Group I to the Fourth Assessment Report of the Intergovernmental Panel on Climate Change. Cambridge: Cambridge University Press, 337-384.

Levac E, de Vernal A, Blake J W. 2001. Sea-surface conditions in northernmost Baffin Bay during the Holocene: palynological evidence [J]. Journal of Quaternary Sciences, 16: 353-363.

Li H, Zhang S. 2005. Detection of mineralogical changes in pyrite using measurements of temperature-dependence susceptibility [J]. Chinese Journal of Geophysics, 48(6): 1454-1461.

Lim D, Xu Z, Choi J, et al. 2011. Paleoceanographic changes in the Ulleung Basin, East (Japan) Sea, during the last 20,000 years: Evidence from variations in element composition of core Sediments [J]. Progress in Oceanography, 88(1-4): 101-115.

Lisiecki L, Raymo M. 2005. A Pliocene-Pleistocene stack of 57 globally distributed benthic ^{18}O records [J]. Paleoceanography, 20: 1-17.

Liu J, Chen Z, Chen M, et al. 2010. Magnetic susceptibility variations and provenance of surface sediments in the South China Sea [J]. Sedimentary Geology, 230: 77-85.

Liu J, Zhu R, Li G. 2003. Rock magnetic properties of the fine-grained sediment on the outer shelf of the East China Sea: implication for provenance [J]. Marine Geology, 193: 195-206.

Liu J, Zhu R, Li T, et al. 2007. Sediment-magnetic signature of the mid-Holocene paleoenvironmental change in the central Okinawa Trough [J]. Marine Geology, 239: 19-31.

Liu Q, Roberts A P, Larrasoaña J C, et al. 2012. Environmental magnetism: Principles and Applications [J]. Reviews of Geophysics, 50(4): 197-215.

Liu Z, Colin C, Trentesaux A, et al. 2004. Erosional history of the eastern Tibetan Plateau since 190 kyr ago: clay mineralogical and geochemical investigations from the southwestern South China Sea [J]. Marine Geology, 209(1): 1-18.

Lloyd J M, Kuijpers A, Long A, et al. 2007. Foraminiferal reconstruction of mid-to late-Holocene ocean circulation and climate variability in Disko Bugt, West Greenland [J]. The Holocene, 17: 1079-1091.

Lloyd J M, Park L A, Kuijpers A, et al. 2005. Early Holocene palaeoceanography and deglacial chronology of Disko Bugt, West Greenland [J]. Quaternary Science Reviews, 24: 1741-1755.

Lloyd J M. 2006a. Late Holocene environmental change in Disko Bugt, west Greenland: interaction between climate, ocean circulation and Jakobshavn Isbrae [J]. Boreas, 35: 35-49.

Lloyd J M. 2006b. Modern distribution of foraminifera from Disko Bugt, West Greenland [J]. The Journal of Foraminiferal Research, 36(4): 315-331.

Lloyd J, Moros M, Perner K, et al. 2011. A 100 year record of ocean temperature control on the stability of Jakobshavn Isbrae, West Greenland [J]. Geology, 39(9): 867-870.

Long A J, Roberts D H. 2003. Late Weichselian deglacial history of Disko Bugt, West Greenland, and the dynamics of the Jakobshavns Isbrae ice stream [J]. Boreas, 32: 208-226.

Loomis S E, Russell J M, Ladd B, et al. 2012. Calibration and application of the branched GDGT temperature proxy on East African lake sediments [J]. Earth and Planetary Science Letters, 357/358: 277-288.

Lopes C, Mix A C, Abrantes F. 2006. Diatoms in northeast Pacific surface sediments as paleoceanographic proxies [J]. Marine Micropaleontology, 60(1): 45-65.

Loring D, Asmund G. 1996. Geochemical factors controlling accumulation of major and trace elements in Greenland coastal and fjord sediments. Environmental Geology, 28(1): 2-11.

Löwemark L, Jakobsson M, Mörth M, et al. 2008. Arctic Ocean manganese contents and sediment colour cycles [J]. Polar Research, 27(2): 105-113.

Lozhkin A V, Anderson P M, Eisner W P, et al. 1993. Late Quaternary Lacustrine pollen records from the southwestern Beringia [J]. Quetanary Research, 39: 314-324.

Lubinski D J, Polyak L, Forman S L. 2001. Freshwater and Atlantic water inflows to the deep northern Barents and Kara seas since ca 13 ^{14}C ka: Foraminifera and stable isotopes [J]. Quaternary Science Review, 20: 1851-1879.

Lynch-Stieglitz J, Stocker T F, Broecker W S, et al. 1995. The influence of air-sea exchange on the isotopic composition of oceanic carbon: Observations and modeling [J]. Global Biogeochemical Cycles, 9(4): 653-665.

Macdonald R C, Gobeil C. 2011. Manganese sources and sinks in the Arctic Ocean with reference to the periodic enrichments in basin sediments [J]. Aquatic Geochemistry, 18(6): 565-591.

Macdonald R W, Solomon S M, Cranston R E, et al. 1998. A sediment and organic carbon budget for the Canadian Beaufort shelf [J]. Marine Geology, 144(4): 255-273.

Mackensen A, Sejrup H P, Jansen E. 1985. The distribution of living benthic foraminifera on the continental-clope and rise off southwest Norway [J]. Marine Micropaleontology, 9: 275-306.

Mackensen, A. 2013. High epibenthic foraminiferal δ^{13}C in the recent deep Arctic Ocean: Implications for ventilation and brine release during stadials [J]. Paleoceanography, 28(3):574-584.

Maffei M. 1996. Chemotaxonomic significance of leaf wax alkanes in the Gramineae [J]. Biochemical Systematics and Ecology, 24: 53-64.

Magen C, Chaillou G, Crowe S A, et al. 2010. Origin and fate of particulate organic matter in the southern Beaufort

Sea-Amundsen Gulf region, Canadian Arctic [J]. Estuarine, Coastal and Shelf Science, 86(1): 31-41.

Maher B A, Prospero J M, Mackie D, et al. 2010. Global connections between Aeolian dust, climate and ocean biogeochemistry at the present day and at the last glacial maximum [J]. Earth-Science Review, 99: 61-97.

Mann D H, Peteet D M. 1994. Extent and timing of the last glacial maximum in southwestern Alaska [J]. Quaternary Research, 42(2): 136-148.

Mann S, Sparks N H C, Frankel R B, et al. 1990. Biomineralization of ferromagnetic greigite (Fe3S4) and iron pyrite (FeS2) in a magnetotactic bacterium [J]. Nature, 343: 258-261.

Marlowe I T, Brassell S C, Eglinton G, et al. 1984a. Long chain unsaturated ketones and esters in living algae and marine sediment [J]. Organic Geochemistry, (6): 135-141.

Marlowe I T, Green J C, Neal A C, et al. 1984b. Long chain (n-C37-C39) alkenones in the Prymnesiophyceae: Distribution of alkenones and other lipids and their taxonomic significance [J]. British Phycological Journal, 19: 203-216.

Martin J, Dumont D, Tremblay J-É. 2013. Contribution of subsurface chlorophyll maxima to primary production in the coastal Beaufort Sea (Canadian Arctic): A model assessment [J]. Journal of Geophysical Research, 118(11): 5873-5886.

Martinez C A, Pontevedra P X, Garcia R E, et al. 1999. Mercury in a Spanish peat bog: Archive of climate change and atmospheric metal deposition [J]. Science, 284: 939-942.

Martínez-Garcia A, Rosell-Melé A, Geibert W, et al. Links between iron supply, marine productivity, sea surface temperature, and CO_2 over the last 1.1 Ma [J]. Paleoceanography, 24(1): 107-123.

März C, Stratmann A, Matthiessen J, et al. 2011. Manganese-rich brown layers in Arctic Ocean sediments: composition, formation mechanisms, and diagenetic overprint [J]. Geochimica et Cosmochimica Acta, 75: 7668-7687

Massé G, Rowland S J, Sicre M A, et al. 2008. Abrupt climate changes for Iceland during the last millennium: Evidence from high resolution sea ice reconstructions [J]. Earth and Planetary Science Letters, 269: 565-569.

Max L, Riethdorf J R, Tiedemann R, et al. 2012. Sea surface temperature variability and sea-ice extent in the subarctic northwest Pacific during the past 15,000 years [J]. Paleoceanography, 27(3): 151-155.

Mayer L M. 1994. Surface area control of organic carbon accumulation in continental shelf sediments [J]. Geochimica et Cosmochimica Acta, 58: 1271-1284.

Mayewski P A, Meeker L D, Twickler M S, et al. 1997. Major features and forcing of high-latitude northern hemisphere atmospheric circulation using a 110,000-year-long glaciochemical series. Journal of Geophysical Research, 102(C12): 26345-26366.

McCarthy D J. 2011. Late Quaternary ice-ocean interactions in central West Greenland [M]. Durham. Durham University, 1-310.

McGuire A D, Anderson L G, Christensen T R, et al. 2009. Sensitivity of the carbon cycle in the Arctic to climate change [J]. Ecological Monographs, 79: 523-555.

McManus J, Francois R, Gherardi J M, et al. 2004. Collapse and rapid resumption of Atlantic meridional circulation linked to deglacial climate changes [J]. Nature, 428: 834-847.

Mcneely R, Dyke A S, Southon J R. 2006. Canadian marine reservoir ages, preliminary data assessment [R]. Geological Survey Canada. Open File. 5049: 3.

McNeil B I, Matear R J. 2008. Southern Ocean acidification: A tipping point at 450-ppm atmospheric CO_2 [J]. Proceedings of the National Academy of Sciences, 105: 18 860-18 864.

Medlin L K, Priddle J. Polar Marine Diatoms [R]. 1990. Cambridge: Natural Environment Research Council.

Méheust M, Fahl K, Stein R. 2013. Variability in modern sea surface temperature, sea ice and terrigenous input in the sub-polar North Pacific and Bering Sea: Reconstruction from biomarker data [J]. Organic Geochemistry, 57: 54 -64.

Meier M F, Dyurgerov M B. 2002. How Alaska affects the world [J]. Science, 297: 350-351.

Meincke J. 1983. The modern current regime across the Greenland-Scotland Ridge [C] // Bott M H P, Saxov S, Talwani M, et al., eds. Structure and development of the Greenland-Scotland Ridge: new methods and concepts. Springer, 637-650.

Meland M Y, Jansen E, Elderfield H. 2005. Constraints on SST estimates for the northern North Atlantic/Nordic Seas during the LGM [J]. Quaternary Science Reviews, 24(7): 835-852.

Menard H W, Smith S M. 1966. Hypsometry of ocean basin provinces [J]. Journal of Geophysical Research, 71: 4305 -4325.

Merico A, Tyrrell T, Lessard E J, et al. Modelling phytoplankton succession on the Bering Sea shelf: role of climate influences and trophic interactions in generating Emiliania huxleyi blooms 1997—2000 [J]. Deep Sea Research I, 51: 1803-1826.

Meyers P A, Ishiwatari R. 1993. Lacustrine organic geochemistry an overview of indicators of organic matter sources and diagenesis in lake sediments [J]. Organic Geochemistry, 20(7): 867-900.

Meyers P A. 2003. Applications of organic geochemistry to paleolimnological reconstructions: a summary of examples from the Laurentian Great Lakes [J]. Organic Geochemistry, 34: 261-289.

Meyers P A. 1997. Organic geochemistry proxies of paleoceanographic, paleolimnologic, and paleoclimatic processes [J]. Organic Geochemistry, 27: 213-250.

Miller G H, Alley R B, Brigham-Grette J, et al. 2010. Arctic amplification: can the past constrain the future [J]? Quaternary Science Reviews, 29: 1779-1790.

Milliman J D, Farnsworth K L. 2011. River discharge to the coastal ocean—a global synthesis [M]. Cambridge: Cambridge University Press, 292.

Mizobata K, Saitoh S, Shiomoto A, et al. 2002. Bering Sea cyclonic and anticyclonic eddies observed during summer 2000 and 2001 [J]. Progress in Oceanography, 55: 65-75.

Mizobata K, Saitoh S-I. 2004. Variability of Bering Sea eddies and primary productivity along the shelf edge during 1998—2000 using satellite multisensor remote sensing [J]. Journal of Marine Systems, 50: 101-111.

Møller H, Jensen K, Kuijpers A, et al. 2006. Late-Holocene environment and climatic changes in Ameralik Fjord, southwest Greenland: evidence from the sedimentary record [J]. The Holocene, 16(5): 685-695.

Molnia B F. 2007. Late nineteenth to early twenty-first century behavior of Alaskan glaciers as indicators of changing regional climate [J]. Global and Planetary Change, 56(1-2): 23-56.

Moore W S, Dymondt J. 1988. Correlation of ^{210}Pb removal with organic carbon fluxes in the Pacific Ocean [J]. Nature, 331: 339-341.

Moros M, Jensen K G, Kuijpers A. 2006. Mid-to late-Holocene hydrological and climatic variability in Disko Bugt, central West Greenland [J]. The Holocene, 16(3): 357-367.

Muhs D R, Budahn J R. 2006. Geochemical evidence for the origin of late Quaternary loess in central Alaska [J]. Canadian Journal of Earth Sciences, 43(3): 323-337.

Mulitza S, Arz H, Kemle-von M S, et al. 1999. The South Atlantic carbon isotope record of planktonic foraminifera [C] // Fischer G, Wefer G, eds. Use of proxies of in the paleoceanography: Examples from the South Atlantic. Springer-Verlag, 427-445.

Müller J, Masse G, Stein R, et al. 2009. Variability of sea-ice conditions in the Fram Strait over the past 30,000 years [J]. Nature Geoscience, (2): 772-776.

Müller J, Wagner A, Fahl K, et al. 2011. Towards quantitative sea ice reconstructions in the northern North Atlantic: A combined biomarker and numerical modelling approach [J]. Earth and Planetary Science Letters, 306, 137–148.

Müller J, Werner K, Stein R, et al. 2012. Holocene cooling culminates in sea ice oscillations in Fram Strait [J]. Quaternary Science Reviews, 47: 1–14.

Müller P J. 1977. C/N ratios in Pacific deep-sea sediments: Effect of inorganic ammonium and organic nitrogen compounds sorbed by clays [J]. Geochimica et Cosmochimica Acta, 41: 765–776.

Münchow A, Weingartner T J, Cooper L W. 1999. The summer hydrography and surface circulation of the east Siberian shelf sea [J]. Journal of Physical Oceanography, 29(9): 2167–2182.

Murray R W, Leinen M. 1993. Chemical transport to the seafloor of the equatorial Pacific Ocean across a latitudinal transect at 135°W: Tracking sedimentary major, trace, and rare earth element fluxes at the Equator and the Intertropical Convergence Zone [J]. Geochimica et Cosmochimica Acta, 17: 4141–4163.

Nagashina K, Asahara Y, Takeuchi F, et al. 2012. Contribution of detrital materials from the Yukon River to the continental shelf sediments of the Bering Sea based on the electron spin resonance signal intersity and crystallinity of quartz [J]. Deep-Sea Reserch II, 61–64: 145–154.

Nagel B, Gaye B, Kodina L A, et al. 2009. Stable carbon and nitrogen isotopes as indicators for organic matter sources in the Kara Sea [J]. Marine Geology, 266: 42–51.

Naidu A S, Creager J S, Mowatt T C. 1982. Clay mineral dispersal patterns in the north Bering and Chukchi Seas [J]. Marine Geology, 47(1): 1–15.

Naidu A S, Cooper L W, Finney B P, et al. 2000. Organic carbon isotope ratios (δ^{13}C) of Arctic Amerasian Continental shelf sediments [J]. International Journal of Earth Sciences, 89(3): 522–532.

Naidu A S, Mowatt T C. 1983. Sources and dispersal patterns of clay minerals in surface sediments from the continental-shelf areas off Alaska [J]. Geological Society of America Bulletin, 94(7): 841–854.

Naidu A S, Scalan R, Feder H, et al. 1993. Stable organic carbon isotopes in sediments of the north Bering-south Chukchi seas, Alaskan-Soviet Arctic Shelf [J]. Continental Shelf Research, 13: 669–691.

Nakatsuka T, Watanabe K, Handa N, et al. 1995. Glacial to interglacial surface nutrient variations of Bering deep basins recorded by delta^{13}C and delta^{15}N of sedimentary organic matter [J]. Paleoceanography, 10(6): 1047–1061.

Nechaev V P, Sorochinskaya A V, Tsoy I B, et al. 1994. Clastic components in Quaternary sediments of the Northwest Pacific and their paleo-oceanic significance [J]. Marine Geology, 118(1–2): 119–137.

Nejrup L B, Pedersen M F. 2008. Effects of salinity and water temperature on the ecological perdormance of Zostera marina [J]. Aquatic Botany, 88: 239–246.

Nesje A, Matthews J A, Dahl S O, et al. 2001. Holocene glacier fluctuations of Flatebreen and winter-precipitation changes in the Jostedalsbreen region, western Norway, based on glacio-lacustrine sediment records [J]. The Holocene, 11(3): 267–280.

Nghiem S V, Rigor I G, Perovich D K, et al. 2007. Rapid reduction of Arctic perennial sea ice [J]. Geophysical Research Letters, 34(34): 228–262.

Niebauer H J, Schell D M. 1993. Physical environment of the Bering Sea population [C]// Burns J J, Montague J J, Cowles C J, eds. The Bowhead Whale. The Society for Marine Mammalogy Special Publication No.2. Seattle: Washington, 23–43.

Niebauer H, Alexander V, Henrichs S. 1990. Physical and biological oceanographic interaction in the spring bloom at the Bering Sea marginal ice edge zone [J]. Journal of Geophysical Research, 95: 22 229–22 241.

Niessen F, Hong J K, Hegewald A, et al. 2013. Repeated Pleistocene glaciation of the East Siberian continental margin [J]. Nature Geoscience, (6): 842–846.

Norddahl H. 1991. Late Weichselian and early Holocene deglaciation history of Iceland [J]. Jökull, 40: 27-50.

Nørgaard-Pedersen N, Mikkelsen N, Kristoffersen Y. 2007. Arctic Ocean record of last two glacial-interglacial cycles off North Greeland/Ellesmere Island-Implications for glacial history [J]. Marine Geology, 244: 93-108.

Nørgaard-Pedersen N, Spielhagen R F, Thiede J, et al. 1998. Central Arctic surface ocean environment during the past 80,000 years [J]. Paleoceanography, 13: 193-204.

O'Brien S R, Mayewski P A, Meeker L D, et al. 1995. Complexity of Holocene climate as reconstructed from a Greenland ice core [J]. Science, 270: 1962-1964.

Oches E A, Banerjee S K. 1996. Rock-magnetic proxies of climate change from loess-paleosol sediment of the Czech Republic [J]. Studia Geophysica et Geodaetica, 40: 287-300.

Oguri K, Harada N, Tadai O. 2012. Excess ^{210}Pb and ^{137}Cs concentrations, mass accumulation rates, and sedimentary processes on the Bering Sea continental shelf [J]. Deep Sea Research II, 61-64: 193-204.

Okada M, Takagi M, Narita H, et al. 2005. Chronostratigraphy of sediment cores from the Bering Sea and the subarctic Pacific based on paleomagnetic and oxygen isotopic analyses [J]. Deep-Sea Research II, 52(s 16-18): 2092-2109.

Okazaki Y, Takahashi K, Asahi H, et al. 2005. Productivity changes in the Bering Sea during the late Quaternary [J]. Deep-Sea Research II, 52(s 16-18): 2150-2162.

Okkonen S R, Schmidt G, Cokelet E, et al. 2004. Satellite and hydrographic observations of the Bering Sea 'Green Belt' [J]. Deep Sea Research II, 51: 1033-1051.

Oldfield F. 1991. Environmental magnetism—A personal perspective [J]. Quaternary Science Reviews, 10: 73-85.

O'Leary M H. 1985. Carbon isotope fractionation in plants [J]. Phytochemistry, 20: 553-567.

Opsahl S, Benner R, Amon R M W. 1999. Major flux of terrigenous dissoved organic matter through the Arctic Ocean [J]. Limnology and Oceanography, 44: 2017-2023.

O'Regan M, King J, Backman J, et al. 2008. Constraints on the Pleistocene chronology of sediments from the Lomonosov Ridge [J]. Paleoceanography, 23(1): 254-254.

Ortiz J D, Polyak L, Grebmeier J M, et al. 2009. Provenance of Holocene sediment on the Chukchi-Alaskan margin based on combined diffuse spectral reflectance and quantitative X-Ray Diffraction analysis [J]. Global and Planetary Change, 68(s 1-2): 73-84.

Osterman L E, Poore R Z, Foley K M. 1999. Distribution of benthic foraminifers (>125um) in the surface sediments of the Arctic Ocean [R]. United States Geological Survey Bulletin, 2164: 28.

Overpeck J, Hughen K, Hardy D, et al. 1997. Arctic environmental change of the last four centuries [J]. Science, 278: 1251-1256.

Pagels U. 1991. Sedimentologische Untersuchungen und Bestimmung der Karbonatl osung in spatquart.aren Sedimenten desostlichen Arktischen Ozeans [R]. Geomar Report, 10: 106.

Park Y H, Yamomoto M, Polyak L, et al. 2012. Reconstruction of paleoenvironmental change based on GDGT-proxies from the Chukchi-Alaska margin during the Holocene [C] // The 18th International Symposium on Polar Sciences: Miletones in Polar Research Collaboration. Jeju Island, Korea.

Park Y H, Yamamoto M, Nam S I, et al. 2014. Distribution, source and transportation of glycerol dialkyl glycerol tetraethers in surface sediments from the western Arctic Ocean and the northern Bering Sea [J]. Marine chemistry, 165: 10-24.

Pelejero C, Kienast M, Wang L, et al. 1999. The flooding of Sundaland during the last deglaciation: imprints in hemipelagic sediments from the southern South China Sea [J]. Earth and Planetary Science Letters, 171: 661-671.

Pelletier B R. 1975. Sediment dispersal in the Southern Beaufort Sea [R]. Geological Survey of Canada: Technical Report No, 25a: 1-80.

Peregovich B, Hoops E, Rachold V. 1999. Sediment transport to the Laptev Sea (Siberian Arctic) during the Holocene-evidence from the heavy mineral composition of fluvial and marine sediments [J]. Boreas, 28: 205-214.

Peters C, Dekkers M J. 2003. Selected room temperature magnetic parameters as a function of mineralogy, concentration and grain size [J]. Physics and Chemistry of the Earth, 28: 659-667.

Peterse F, Kim J H, Schouten S, et al. 2009. Constraints on the application of the MBT /CBT paleothermometer at high latitude environments (Svalbard, Norway) [J]. Organic Geochemistry, 40: 692-699.

Phillips R L, Grantz A. 1997. Quaternary history of sea ice and paleoclimate in the Amerasia basin, Arctic Ocean, as recorded in the cyclical strata of Northwind Ridge [J]. Geological Society of America Bulletin, 109(9): 1101-1115.

Phillips R L, Grantz A. 2001. Regional variations in provenance and abundance of ice-rafted clasts in Arctic Ocean sediments: implications for the configuration of late Quaternary oceanic and atmospheric circulation in the Arctic [J]. Marine Geology, 172(1): 91-115

Ping C L, Michaelson G J, Guo L, et al. 2011. Soil carbon and material fluxes across the eroding Alaska Beaufort Sea coastline [J]. Journal of Geophysical Research, 116(116): 384.

Polyak L, Alley R B, Andrews J T, et al. 2010. History of sea ice in the Arctic [J]. Quaternary Science Reviews, 29: 1757-1778.

Polyak L, Best K M, Crawford K A, et al. 2013. Quaternary history of sea ice in the western Arctic Ocean based on foraminifera [J]. Quaternary Science Reviews, 79, 145-156.

Polyak L, Bischof J, Ortiz J D, et al. 2009. Late Quaternary stratigraphy and sedimentation patterns in the western Arctic Ocean [J]. Global and Planetary Change, 68(1-2): 5-17

Polyak L, Curry W B, Darby D A, et al. 2004. Contrasting glacial/ interglacial regimes in the western Arctic Ocean as exemplified by a sedimentary record from the Mendeleev Ridge [J]. Palaeogeography, Palaeoclimatology, Palaeoecology, 203: 73-93.

Polyak L, Edwards M, Coakley B, et al. 2001. Ice shelves in the Pleistocene Artic Ocean inferred from glaciogenic deep-sea bedforms [J]. Nature, 410: 453-457.

Polyak L, Jakobsson M. 2011. Quaternary sedimentation in the Arctic Ocean: recent advances and further challenges [J]. Oceanography, 24(3): 52-64.

Polyak L, Korsun S, Febo L A, et al. 2002. Benthic foraminiferal assemblages from the southern Kara Sea, a river-influenced Arctic marine environment [J]. Journal of Foraminiferal Research, 32(3): 252-273.

Polyakova Y I. 2001. Late Cenozoic evolution of northern Eurasian marginal seas based on the diatom record [J]. Polarforschung, 69: 211-220.

Poore R Z, Osterman L, Curry W B, et al. 1999. Late Pleistocene and Holocene melt water events in the western Arctic Ocean [J]. Geology, 27(8): 759-762.

Rabineau M, Berne S, Olivet J L, et al. 2007. Paleo sea levels reconsidered from direct observation of paleoshoreline position during Glacial Maxima (for the last 500,000 years) [J]. Earth and Planetary Science Letters, 254(3-4): 446-447.

Rachold V, Eisenhauer A, Hubberten H W, et al. 1997. Sr isotopic composition of suspended particulate material (SPM) of East Siberian rivers-sediment transport to the Arctic Ocean [J]. Arctic and Alpine Research, 29: 422-429.

Ramaswamy V, Gaye B, Shirodkar P V, et al. 2008. Distribution and sources of organic carbon, nitrogen and their isotopic signatures in sediments from the Ayeyarwady (Irrawaddy) continental shelf, northern Andaman Sea [J]. Marine Chemistry, 111: 137-150.

Ramsey C B. 2008. Deposition models for chronological records [J]. Quaternary Science Reviews, 27(1): 42-60.

Ran L, Chen J, Jin H, et al. 2013. Diatom distribution of surface sediment in the Bering Sea and Chukchi Sea [J]. Advances in Polar Science, 24(2): 106-112.

Ran L, Jiang H, Knudsen K L, et al. 2011. Diatom-based reconstruction of palaeoceanographic changes on the North Icelandic shelf during the last millennium [J]. Palaeogeography, Palaeoclimatology, Palaeoecology, 302(1): 109 -119.

Rasmussen T L, Thomsen E, ⑪lubowska M A, et al. 2007. Paleoceanographic evolution of the SW Svalbard margin (76°N) since 20,000 ^{14}C yr BP [J]. Quaternary Research, 67(1): 100-114.

Rasmussen T L, Thomsen E. 2008. Warm Atlantic surface water inflow to the Nordic seas 34-10 calibrated ka B.P. [J]. Paleoceanography, 23(1): 236-254.

Rasmussen T, Van Weering T C, Labeyrie L. 1996. High resolution stratigraphy of the Faeroe-Shetland channel and its relation to North Atlantic paleoceanography: the last 87 kyr [J]. Marine Geology, 131(1): 75-88.

Ratnayake N P, Suzuki N, Okada M, et al. 2006. The variations of stable carbon isotope ratio of land plant-derived n-alkanes in deep-sea sediments from the Bering Sea and the North Pacific Ocean during the last 250,000 years [J]. Chemical Geology, 228: 197-208.

Ravelo A C, Hillaire-Marcel C. 2007. The use of oxygen and carbon isotopes of foraminifera in paleoceanography [C] // Hillaire-Marcel C., de Vernal A, eds. Proxies in Late Cenozoic Paleoceanography. Elsevier, 735-764.

Raven J, Caldeira K, Elderfield H, et al. 2005. Ocean acidification due to increasing atmospheric carbon dioxide [J]. Science, 215(2): 1-60.

Redfield A C, Ketchum B H, Richards F A. 1963. The influence of organisms on the composition of sea water [C] // Hill M N, ed. The Sea. New York: Wiley, 26-77.

Reimer P J, Baikkie M G L, Bard E, et al. 2009. IntCal09 and Marine09 radiocarbon age calibration curves, 0-50, 000 years cal BP [J]. Radiocarbon, 51(4): 1111-1150.

Reimer P J, Bard E, Bayliss A, et al. 2013. IntCal13 and Marine13 Radiocarbon Age Calibration Curves 0-50,000 Years cal BP [J]. Radiocarbon, 55(4): 1869-1887.

Reimnitz E, McCormick I, Bischof J, et al. 1998. Comparing sea-ice sediment load with Beaufort sea shelf deposits: is entrainment selective [J]? Journal of Sedimentary Research, 68(5): 777-787.

Rella S F, Tada R, Nagashima K, et al. 2012. Abrupt changes of intermediate water properties on the northeastern slope of the Bering Sea during the last glacial and deglacial period [J]. Paleoceanography, 27(PA3203): 189-200.

Ren J, Jiang H, Seidenkrantz M S, et al. 2009. A diatom-based reconstruction of Early Holocene hydrographic and climatic change in a southwest Greenland fjord [J]. Marine Micropaleontology, 70: 166-176.

Reynolds L, Thunell R C. 1985. Seasonal succession of planktonic foraminifera in the subpolar North Pacific [J]. The Journal of Foraminiferal Research, 15(4): 282-301.

Ribeiro S, Moros M, Ellegaard M, et al. 2012. Climate variability in West Greenland during the past 1500 years: evidence from a high-resolution marine palynological record from Disko Bay [J]. Boreas, 41(1): 68-83.

Rimbu N, Lohmann G, Kim J H, et al. 2003. Arctic/North Atlantic Oscillation signature in Holocene sea surface temperature trends as obtained from alkenone data [J]. Geophysical Research Letters, 30(6): 225-242.

Risebrobakken B, Dokken T, Smedsrud L H, et al. 2011. Early Holocene temperature variability in the Nordic Seas: The role of oceanic heat advection versus changes in orbital forcing [J]. Paleoceanography, 26(4): 327-336.

Ritchie J C, Cwynar L C, Spear R W. 1983. Evidence from north-west Canada for an early Holocene Milankovitch thermal maximum [J]. Nature, 305: 126-128.

Roberts A P. 1995. Magnetic properties of sedimentary greitite (Fe3S4) [J]. Earth and Planetary Science Letters, 134: 227-236.

Robin E, Rabouille C, Martinez G, et al. 2003. Direct barite determination using SEM/EDS-ACC system: implication for constraining barium carriers and barite preservation in marine sediments [J]. Marine Chemistry, 82(3-4): 289 -306.

Rochon A, de Vernal A, Sejrup H, et al. 1998. Palynological Evidence of Climatic and Oceanographic Changes in the North Sea during the Last Deglaciation [J]. Quaternary Research, 49(2): 197-207.

Rodger H H, Sigler M F. 2013. An introduction to the Bering Sea Project: Volume II [J]. Deep Sea Research II, 94 (4): 2-6.

Roncaglia L, Kuijpers A. 2004. Palynofacies analysis and organic-walled dinoflagellate cysts in late-Holocene sediments from Igaliku Fjord, South Greenland [J]. The Holocene, 14: 172-184.

Ruddiman W F. 2001. Earth's climate: Past and future [M]. New York: W. H. Freeman and Company, 465.

Rudels B, Jones E P, Anderson L G, et al. 1994. On the intermediate depth waters of the Arctic Ocean [C] // Johannessen O M, Muench R D, Overland J E, eds. The polar oceans and their role in shaping the global environment. Washington D C: American Geophysical Union, 33-46.

Rundgren M. 2006. Biostratigraphic Evidence of the Allerød-Younger Dryas-Preboreal Oscillation in Northern Iceland [J]. Quaternary Research, 11(3): 207-234.

Ruttenberg K C, Goñi M A. 1997. Phosphorus distribution, C : N : P ratios, and $\delta^{13}C_{oc}$ in Arctic, temperate, and tropical coastal sediments: tools for characterizing bulk sedimentary organic matter [J]. Marine Geology, 139(1-4): 123-145.

Ryves D B, McGowan S, Anderson N J. 2002. Development and evaluation of a diatom-conductivity model from lakes in West Greenland [J]. Freshwater Biology, 47: 995-1014.

Saidova K M. 2011. Deep water foraminifera communities of the Arctic Ocean [J]. Oceanology, 51(1): 60-68.

Sakamoto T, Ikehara M, Aoki K, et al. 2005. Ice-rafted debris (IRD)-based sea-ice expansion events during the past 100 kyrs in the Okhotsk Sea [J]. Deep Sea Research II, 52(s 16-18): 2275-2301.

Sancetta C A. 1979. Oceanography of the North Pacific during the last 18,000 years: Evidence from fossil diatoms [J]. Marine Micropaleontology, 4(2): 103-123.

Sancetta C, Heusser L, Labeyrie L, et al. 1984. Wisconsin-Holocene paleoenvironment of the Bering Sea: Evidence from diatoms, pollen, oxygen isotopes and clay minerals [J]. Marine Geology, 62(1): 55-68.

Sarnthein M, Jansen E, Arnold M, et al. 1992. $\delta^{18}O$ time-slice reconstruction of meltwater anomalies at Termination I in the North Atlantic between 50°—80° N. The Last Deglaciation: Absolute and Radiocarbon Chronologies [M]. Springer-Verlag Berlin. NATO ASI Series, 12: 183-200.

Sarnthein M, Jansen E, Weinelt M, et al. 1995. Variations in Atlantic surface ocean paleoceanography, 50°—80° N: A time-slice record of the last 30,000 years [J]. Paleoceanography, 10(6): 1063-1094.

Sarnthein M, Wink K, Jung S J A, et al. 1994. Changes in east Atlantic deep water circulation over the last 30000 years: eight time slice reconstructions [J]. Paleoceanography, 9(2): 209-267.

Sarnthein M, Pflaumann U, Weinelt M. 2003. Past extent of sea ice in the northern North Atlantic inferred from foraminiferal paleotemperature estimates [J]. Paleoceanography, 18(2): 1-25.

Schauer U. 2008. The expedition ARKTIS-XXII/2 of the Research Vessel "Polarstern" in 2007-a contribution to the International Polar Year 2007/08 [R]. Reports on Polar and Marine Research. Bremerhaven, Alfred Wegener Institute for Polar and Marine Research.

Schouten S, Hopmans E C, Baas M. 2008. Intact membrane lipids of "Candidatus Nitrosopum ilus maritimus"a cultivated representative of the cosmopolitan mesophilic Group I *Crenarchaeota* [J]. Appllied Environmental Microbiology, 74: 2433−2440.

Schouten S, Hopmans E C, Schefuss E, et al. 2002. Distributional variations in marine crenarchaeotal membrane lipids: A new tool for reconstructing ancient sea water temperatures [J]. Earth Planetary Science Letters, 204: 265 −274.

Schouten S, Hopmans E C, Sinninghe Damsté J S. 2004. The effect of maturity and depositional redox conditions on archaeal tetraether lipid palaeothermometry [J]. Organic Geochemistry, 35: 567−571.

Schouten S, Ossebaar J, Brummer G J, et al. 2007. Transport of terrestrial organic matter to the deep North Atlantic Ocean by ice rafting [J]. Organic Geochemistry, 38: 1161−1168.

Schroder−Adams C J, Cole F E, Medioli F S, et al. 1990. Recent Arctic shelf foraminifera: seasonally ice covered vs. perennially ice covered areas [J]. Journal of Foraminiferal Research, 20(1): 8−36.

Schubert C J, Calvert S E. 2001. Nitrogen and carbon isotopic composition of marine and terrestrial organic matter in Arctic Ocean sediments: implications for nutrient utilization and organic matter composition [J]. Deep-Sea Research I, 48: 789−810.

Schubert C J, Stein R. 1996. Deposition of organic carbon in Arctic Ocean sediments: terrigenous supply vs marine productivity [J]. Organic Chemistry, 24: 421−436.

Schubert C J, Stein R. 1997. Lipid distribution in surface sediments from the eastern central Arctic Ocean [J]. Marine Geology, 13: 11−25.

Schulz H D, Zabel M. 2000. Marine Geochemistry (1st edtion) [M]. Berlin: Springer, 129−167.

Schulz H D, Zabel M. 2006. Marine Geochemistry (2nd edtion) [M]. Berlin: Springer.

Scott D B, Vilks G. 1991. Benthonic foraminifera in the surface sediments of the deep-sea Arctic Ocean [J]. Journal of Foraminiferal Research, 21(1): 20−38.

Seidenkrantz M S, Aagaard S S, et al. 2007. Hydrography and climate of the last 4400 years in a SW Greenland fjord: implications for Labrador Sea palaeoceanography [J]. The Holocene, 17(3): 387−401.

Seidenkrantz, M S, Roncaglia L, Fischel A, et al. 2008. Variable North Atlantic climate seesaw patterns documented by a late Holocene marine record from Disko Bugt, West Greenland [J]. Marine Micropaleontology, 68: 66−83.

Sellén E, Jakobsson M, Backman J. 2008. Sedimentary regimes in Arctic's Amerasian and Eurasian Basins: clues to differences in sedimentation rates [J]. Global and Planetary Change, 61: 275−284.

Sellén E, O'Regan M, Jakobsson M. 2010. Spatial and temporal Arctic Ocean depositional regimes: a key to the evolution of ice drift and current patterns [J]. Quaternary Science Reviews, 29: 3644−3664.

Sha L B, Jiang H, Knudsen K L. 2012. Diatom evidence of climatic change in Holsteinsborg Dyb, west of Greenland, during the last 1200 years [J]. The Holocene, 22: 347−358.

Sha L B, Jiang H, Liu Y, et al. 2015. Palaeo-sea-ice changes on the North Icelandic shelf during the last millennium: Evidence from diatom records [J]. Science China (Earth Sciences), 58: 962−970.

Sha L B, Jiang H, Seidenkrantz M S, et al. 2016. Solar forcing as an important trigger for West Greenland sea-ice variability over the last millennium. Quaternary Science Reviews, 131: 148−156.

Sha L B, Jiang H, Seidenkrantz M S, et al. 2014. A diatom-based sea-ice reconstruction for the Vaigat Strait (Disko Bugt, West Greenland) over the last 5000 yr [J]. Palaeogeography, Palaeoclimatology, Palaeoecology, 403: 66 −79.

Shackleton N J. 1974. Attainment of isotopic equilibrium between ocean water and the benthonic foraminifera genus *Uvigerina*: isotopic changes in the ocean during the last glacial [J]. England, Colloques Internationaux du C.N.R.S, 219: 203−209.

Shennan I. 2009. Late Quaternary sea-level changes and palaeoseismology of the Bering Glacier region, Alaska [J]. Quaternary Science Reviews, 28(s 17-18): 1762-1773.

Shimada C, Murayama M, Aoki K, et al. 2000. Holocene paleoceanography in the SW part of the Sea of Okhotsk: A diatom record [J]. Quaternary Research, 39(5): 439-449.

Siddall M, Rohling E J, Almogi-Labin A, et al. 2003. Sea-level fluctuations during the last glacial cycle [J]. Nature, 423: 853-858.

Sinninghe Damsté J S, Hopmans E C, Pancost R D, et al. 2000. Newly discovered non-isoprenoid dialkyl diglycerol tetraether lipids in sediments [J]. Chemical Communications, (17): 1683-1684.

Sinninghe Damsté J S, Ossebaar J, Abbas B, et al. 2009. Fluxes and distribution of tetraether lipids in an equatorial African lake: Constraints on the application of the TEX86 palaeothermometer and BIT index in lacustrine settings [J]. Geochimica et Cosmochimica Acta, 73: 4232-4249.

Sinninghe Damsté J S, Ossebaar J, Schouten S, et al. 2008. Altitudinal shifts in the branched tetraether lipid distribution in soil from Mt. Kilimanjaro (Tanzania): Implications for the MBT /CBT continental palaeothermometer [J]. Organic Geochemistry, 39: 1072-1076.

Sinninghe Damsté J S, Stefan S, Hopmans E C, et al. 2002. Crenarchaeol: the characteristic core glycerol dibiphytanyl glycerol tetraether membrane lipid of cosmopolitan pelagic crenarchaeota [J]. Journal of Lipid Research, 43(10): 1641-1651

Skinner B J, Erdand R C, Grimaldi F S. 1964. Greigite, the thio-spinel of iron: A new mineral [J]. American Mineralogist, 49: 543-555.

Slubowska M A, Koç N, Rasmussen T L, et al. 2005. Changes in the flow of Atlantic water into the Arctic Ocean since the last deglaciation: evidence from the northern Svalbard continental margin, 80° N [J]. Paleoceanography, 20 (4): PA4014.

Sluijs A, Schouten S, Pagani M, et al. 2006. Subtropical Arctic Ocean temperatures during the Palaeocene /Eocene thermal maximum [J]. Nature, 441: 610-613.

Smayda T J. 1958. Phytoplankton studies around Jan Mayen Island March-April 1955 [J]. Nytt Magasin for BotanikkRamsfjell, 6: 75-96.

Smith L M, Miller R G, Otto-Bliesner B, et al. 2002. Sensitivity of the Northern Hemisphere climate system to extreme changes in the Holocene Arctic sea ice [J]. Quaternary Science Reviews, 22(5-7): 645-658.

Smol J P. 2010. The power of the past: using sediments to track the effects of multiple stressors on lake ecosystems [J]. Freshwater Biology, 55(s1): 43-59.

Snowball I, Torri M. 1999. Incidence and significance of magnetic iron sulphides in Quaternary sediments and soils [C] // Maher B A, Thompson R. eds. Quaternary Cliantes, Environments and Magnetism. Cambridge: Cambridge University Press, 199-230.

Solignac S, de Vernal A, Hillaire M C. et al. 2004. Holocene sea-surface conditions in the North Atlantic -contrasted trends and regimes in the western and eastern sectors (Labrador Sea vs. Iceland Basin) [J]. Quaternary Science Reviews, 23: 319-334.

Solignac S, Seidenkrantz M S, Jessen C, et al. 2011. Late-Holocene sea-surface conditions offshore Newfoundland based on dinoflagellate cysts [J]. The Holocene, 21: 539-552.

Solomon S, Qin D, Manning M, et al. 2007. Climate Change 2007: The Physical Science Basis [M]. Contribution of Working Group I to the Fourth Assessment Report of the Intergovernmental Panel on Climate Change. Cambridge: Cambridge University Press, 996.

Spielhagen R F, Baumann K H, Erlenkeuser H, et al. 2004. Arctic Ocean deep-sea record of northern Euransian ice sheet history [J]. Quaternary Science Reviews, 23(11-13): 1455-1483.

Spielhagen R, Bonani G, Eisenhauer A, et al. 1997. Arctic Ocean evidence for late Quaternary initiation of northern Eurasian ice sheets [J]. Geology, 25: 783-786.

Spielhagen R, Erlenkeuser H. 1994. Stable oxygen and carbon isotopes in planktic foraminifers from Arctic Ocean surface sediments: Reflection of the low salinity surface water layer [J]. Marine Geology, 119(34): 227-250.

Springer A M, McRoy C P, Flint M V. 1996. The Bering Sea Green Belt: shelf-edge processes and ecosystem production. Fisheries Oceanography, 5 (3/4): 205-223.

Springer A M, Mcroy C P. 1993. The paradox of pelagic food webs in the northern Bering Sea-III. Patterns of primary production [J]. Continental Shelf Research, 13: 575-599.

Stabeno P J, Schumacher J D, Ohtani K. 1999. The physical oceanography of the Bering Sea [M] // In: Loughlin T R, Ohtani K, eds. Dynamics of the Bering Sea. Fairbanks, University of Alaska Sea Grant, 1-28.

Stanford J, Rohling E, Bacon S, et al. 2011. A new concept for the paleoceanographic evolution of Heinrich event 1 in the North Atlantic [J]. Quaternary Science Reviews, 30(9): 1047-1066.

Stärz M, Gong X, Stein R, et al. 2012. Glacial shortcut of Arctic sea-ice transport [J]. Earth and Planetary Science Letters, 357-358: 257-267.

Stauch G, Gualtieri L. 2008. Late Quaternary glaciations in northeastern Russia [J]. Journal of Quaternary Science, 23: 545-558.

Steele M, Morison J, Ermold W et al. 2004. Circulation of summer Pacific halocline water in the Arctic Ocean [J]. Journal of Geophysical Research, 109(109): 235-250.

Steele M, Boyd T. 1998. Retreat of the cold halocline layer in the Arctic Ocean [J]. Journal of Geophysical Research, 103(C5): 10419-10435.

Stein R, Dittmers K, Fahl K, et al. 2004. Arctic (palaeo) river discharge and environmental change: evidence from the Holocene Kara Sea sedimentary record [J]. Quaternary Science Review, 23: 1485-1511.

Stein R, Grobe H, Whsner M. 1994. Sedimentology and clay mineral content of surface sediments from the Arctic Ocean [J]. http://doi.pangaea.de/10. 1594/PANGAEA.726639.

Stein R, Matthiessen J, Niessen F, et al. 2010b. Re-Coring at ice island T3 site of key Core FL-224 (Nautilus Basin, Amerasian Arctic): sediment characteristics and stratigraphic framework [J]. Polarforschung, 79(2): 81-96.

Stein R, Matthiessen J, Niessen F, et al. 2010a. Towards a better (litho-) stratigraphy and reconstruction of Quaternary paleoenvironment in the Amerasian Basin (Arctic Ocean) [J]. Polarforschung, 79(2): 97-121.

Stein R. 2008. Arctic Ocean Sediments: Processes, Proxies, and Paleoenvironment: Processes, Proxies, and Paleoenvironment [M]. Elsevier, 247-273.

Stein R, Macdonald R W. 2004. The organic carbon cycle in the Arctic Ocean. Springer.

Stewart T. 1991. Glacial marine sedimentation from tidewater glaciers in the Canadian High Arctic [C] // Anderson J B, Ashley G M, eds. Glacial-Marine Sedimentation: Paleoclimatic Significance. Geological Society of America. Special Paper, 261: 95-105

Stotter J, Wastl M, Caseldine C, et al. 1999. Holocene palaeoclimatic reconstruction in northern Iceland: approaches and results [J]. Quaternary Science Reviews, 18(3): 457-474.

Stuiver M and Reimer P J. 1993. Extended ^{14}C database and revised CALIB radiocarbon calibration program [J]. Radiocarbon, 35: 215-230.

Stuiver M, Grootes P M, Braziunas T F. 1995. The GISP2 δ^{18}O Climate Record of the Past 16,500 Years and the Role of the Sun, Ocean and Volcanoes [J]. Quaternary Research, 44(3): 341-354.

Sun W W, Banerjee S K, Hunt C P. 1995. The role of maghemite in the enhancement of magnetic signal in the Chinese loess-paleosol sequence—an extensive rock magnetic study combined with citrate-bicarbonate-dithionite treatment [J]. Earth and Planetary Science Letters, 133: 493−505.

Svendsen J I, Alexanderson H, Astakhov V I, et al. 2004. Late Quaternary ice sheet history of northern Eurasia [J]. Quaternary Science Review, 23: 1229−1271.

Swift J H. 1986. The arctic waters [M]. Springer New York: 129−154.

Syvertsen E E, Hasle G R. 1984. *Thalassiosira bulbosa Syvertsen*, sp. nov., an Arctic marine diatom [J]. Polar Biology,(3): 167−172.

Takahashi K, Fujitani N, Yanada M. 2002. Long-term monitoring of particle fluxes in the Bering Sea and the central subarctic Pacific Ocean, 1990−2000 [J]. Progress in Oceanography, 55: 95−112.

Takahashi K. 1998. The Bering and Okhotsk Seas: modern and past paleoceanographic changes and gateway impact [J]. Journal of Asian Earth Sciences, 16(1): 49−58.

Takahashi K. 2005. The Bering Sea and paleoceanography [J]. Deep-Sea Research II, 52: 2080−2091.

Tamburini F, Adatte T, Föllmi K, et al. 2003. Investigating the history of East Asian monsoon and climate during the last glacial-interglacial period (0−140000 years): mineralogy and geochemistry of ODP Sites 1143 and 1144, South China Sea [J]. Marine Geology, 201(1): 147−168.

Tanaka S, Takahashi K. 2005. Late Quaternary paleoceanographic changes in the Bering Sea and the western subarctic Pacific based on radiolarian assemblages [J]. Deep-Sea Research II, 52(16−18): 2131−2149.

Tang C C L, Ross C K, Yao T, et al. 2004. The circulation, water masses and sea-ice of Baffin Bay [J]. Progress in Oceanography, 63: 183−228.

Tanoue E, Handa N. 1979. Differential sorption of organic matter by various sized sediment particles in recent sediment from the Bering Sea [J]. Journal of the Oceanographical Society of Japan, 35: 199−208.

Taylor K C, Lamorey G W, Doyle G A, et al. 1993. The 'flickering switch' of late Pleistocene climate change [J]. Nature, 361: 432−436.

Telesiński M M, Spielhagen R F, Lind E M. 2014. A high-resolution Lateglacial and Holocene palaeo ceanographic record from the Greenland Sea [J]. Boreas, 43(2): 273−285.

Thiede J, Winkler A, Wolf-Welling T, et al. 1998. Late Cenozoic History of the Polar North Atlantic: Results from Ocean drilling [C] // Elverhøi A, Dowdeswell J, Funder S, et al, eds. Glacial and Oceanic History of the Polar North Atlantic Margins [J]. Quaternary Science Reviews, 17: 185−208.

Thompson R, Oldfield F. 1986. Environmental Magnetism [M]. Winchester: Allen and Unwin.

Thompson S, Eglinton G. 1978. The fractionation of a recent sediment for organic geochemical analysis [J]. Geochimica et Cosmochimica Acta, 42: 199−207.

Timokhov L A. 1994. Regional characteristics of the Laptev and the East Siberian seas: climate, topography, ice phases, thermohaline regime, circulation [C] // Kassens H, Piepenburg D, Thiede J, et al., eds. Berichte zur Polarforschung, 144: 15−31.

Torii M, Fukuma K, Horng C S, et al. 1996. Magnetic discrimination of pyrrhotite- and greigite- bearing sediment samples [J]. Geophysical Research Letters, 23: 1813−1816.

Tremblay J E, Michel C, Hobson K A, et al. 2006. Bloom dynamics in early opening waters of the Arctic Ocean [J]. Limnology and Oceanography, 51: 900−912.

Tsyban A. 1999. The BERPAC Project: development and overview of ecological investigations in the Bering and Chukchi Seas [C] // Loughlin T R, Ohtani K, eds. Dynamics of the Bering Sea. University of Alaska Sea Grant, Fairbanks, 713−729.

Tudryn A, Tucholka P. 2004. Magnetic monitoring of thermal alteration for natural pyrite and greigite [J]. Acta Geophysica Polonica, 52(4): 509-520.

Turner A, Millward G E. 2002. Suspended particles: their role in estuarine biogeochemical cycles [J]. Estuarine, Coastal and Shelf Science, 55: 857-883.

Valeur H H, Hansen C, Hansen K Q, et al. 1997. Physical environment of eastern Davis Strait and northeastern Labrador Sea [R]. Danish Meteorological Institute Technical Report. Copenhagen.

Vare L L, Massé G, Gregory T R, et al. 2009. Sea ice variations in the central Canadian Arctic Archipelago during the Holocene [J]. Quaternary Science Reviews, 28: 1354-1366.

Verosub K L, Roberts A P. 1995. Environmental magnetism: Past, present, and future [J]. Journal of Geophysical Research, 100: 2175-2192.

Veum T, Jansen E, Arnold M, et al. 1992. Water mass exchange between the North Atlantic and the Norwegian Sea during the past 28,000 years [J]. Nature, 356: 783-785.

Viau A E, Gajewski K, Sawada M C, et al. 2008. Low-and high frequency climate variability in Eastern Beringia during the past 25,000 years [J]. Canadian Journal of Earth Sciences, 45(11): 1435-1453.

Vinther B M, Clausen H B, Johnsen S J, et al. 2006. A synchronized dating of three Greenland ice cores throughout the Holocene [J]. Journal of Geophysical Reseach, 2006, 111(D13): 2581-2591.

Viscosi-Shirley C, Mammone K, Pisias N, et al. 2003b. Clay mineralogy and mult-element chemistry of surface sediments on the Siberian-Arctic shelf. Implications for sediment provenance and grain size sorting [J]. Continental shelf Research, 23: 1175-1200.

Viscosi-Shirley C, Pisias N, Mammone K. 2003a. Sediment source strength, transport pathways and accumulation patterns on the Siberian-Arctic's Chuchi and Laptev shelves [J]. Continental shelf Research, 23: 1201-1223.

Vogt C, Knies J, Spielhagen R F, et al. 2001. Detailed mineralogical evidence for two nearly identical glacial/deglacial cycles and Atlantic water advection to the Arctic Ocean during the last 90,000 years [J]. Global and Planetary Change, 31: 23-44.

Vogt C. 1996. Bulk mineralogy in surface sediments from the eastern central Arctic Ocean [C] // Stein R, Ivanov G, Evitan M, et al. Surface-sediment composition and sedimentary processes in the Central Arctic Ocean and along the Eurasian Continental Margin [M]. Reports on Polar Research, 212: 159-171.

Vogt C. 1997. Regional and temporal variations of mineral assemblages in Arctic Ocean sediments as climatic indicator during glacial/interglacial changes [R]. Reports on Polar Research, 251(1): 309.

Volkman J K, Barrett S M, Blackburn S I. 1999. Eustigmatophyte microalgae are potential sources of C29 sterols, C22–C28 n-alcohols and C28–C32 n-alkyl diols in freshwater environments [J]. Organic Geochemistry, 30: 307-318.

Volkman J K, Barrett S M, Dunstan G A, et al. 1992. C30–C32 alkyl diols and unsaturated alcohols in microalgae of the class Eustigmatophyceae [J]. Organic Geochemistry, 18: 131-138.

Volkman J K, Barrett S M, Dunstan G A, et al. 1993. Geochemical significance of the occurrence of dinosterol and other 4-methyl sterols in a marine diatom [J]. Organic Geochemistry, 20: 7-15.

Volkman J K. 1986. A review of sterol markers for marine and ferruginous organic matter [J]. Organic Geochemistry, (9): 83-99.

Volkman J K. 2006. Lipid markers for marine organic matter [C] // Hutzinger O, Volkman J K. eds. Marine Organic Matter: Biomarkers, Isotopes and DNA. Springer Berlin Heidelberg, 27-70.

von Quillfeldt C H. 2000. Common Diatom Species in Arctic Spring Blooms: Their Distribution and Abundance [J]. Botanica Marina, 43: 499-516.

von Quillfeldt C H. 1996. Ice algae and phytoplankton in north Norwegian and Arctic waters: species composition, succession and distribution [D]. University of Tromsø, 1-250.

Vonk J E, Alling V, Rahm L, et al. 2012. A centennial record of fluvial organic matter input from the discontinuous permafrost catchment of Lake Torneträsk [J]. Journal of Geophysical Research. 117 (G3): DOI: 10. 1029/2011JG001887.

Waelbroeck C, Labeyrie L, Michel E, et al. 2002. Sea-level and deep water temperature changes derived from benthic foraminifera isotopic records [J]. Quaternary Science Reviews, 21(1): 295-305.

Wagner B, Melles M, Hahne J, et al. 2000. Holocene climate history of Geographical Society, East Greenland-evidence from lake sediments [J]. Palaeogeography, Palaeoclimatology, Palaeoecology, 160: 45-68.

Wahsner M, Muller C, Stein R, et al. 1999. Clay-mineral distribution in surface sediments of the Eurasian Arctic Ocean and continental margin as indicator for source areas and transport pathways—a synthesis [J]. Boreas, 28: 215-233.

Walsh J J, McRoy C P, Coachman L K, et al. 1989. Carbon and nitrogen cycling within the Bering/Chukchi Seas: source regions of organic matter effecting AOU demands of the Arctic Ocean [J]. Progress in Oceanography, 22, 279-361.

Wang R J, Xiao W S, März C, et al. 2013. Late Quaternary paleoenvironmental changes revealed by multi-proxy records from the Chukchi Abyssal Plain, western Arctic Ocean [J]. Global and Planetary Change, 108: 100-118.

Wang R J, Chen R. 2005. *Cycladophora davisiana* (Radiolarian) in the Bering Sea during the late Quaternary: A stratigraphic tool and proxy of the glacial subarctic Pacific Intermediate Water [J]. Science in China (Earth Sciences), 48 (10): 1698-1707.

Wang R J, Xiao W, Li Q, et al. 2006. Polycystine radiolarians in surface sediments from the Bering Sea Green Belt area and their ecological implication for paleoenvironmental reconstructions [J]. Marine Micropaleontology, 59: 135-152.

Wang W, Fang J, Chen L, et al. 2014. The distribution and characteristics of suspended particulate matter in the Chukchi Sea [J]. Acvance in Polar Science, 25(3): 155-163.

Wang Y, Dong H, Li G, et al. 2010. Magnetic properties of muddy sediments on the northeastern continental shelves of China: Implication for provenance and transportation [J]. Marine Geology, 274: 107-119.

Wang J, Hu H, Mizobata K, et al. 2009. Seasonal variations of sea ice and ocean circulation in the Bering Sea: A model - data fusion study [J]. Journal of Geophysical Research, 114, C02011, doi:10. 1029/2008JC004727.

Watkins S J, Maher B A. 2003. Magnetic characterization of present-day deep-sea sediments and sources in the North Atlantic [J]. Earth and Planetary Science Letters, 214: 379-394

Weber J R, Roots E F. 1990. Historical background: Exploration, concepts, and observations [M] // In: Grantz A, Johnson L, Sweeney J F, eds. The Arctic Ocean Region. Boulder: Geological Society of America (The Geology of North America), L: 5-36.

Weidick A, Bennike O. 2007. Quaternary glaciation history and glaciology of Jakobshavn Isbræ and the Disko Bugt region, West Greenland: a review [J]. Geological Survey of Denmark and Greenland Bulletin, 14: 1-78.

Weijers J W H, Schouten S, van den Donker J C, et al. 2007a. Environmental controls on bacterial tet raether membrane lipid distribution in soils [J]. Geochimica et Cosmochimica Acta, 71: 703-713.

Weijers J W H, Schouten S, Hopmans E C, et al. 2006b. Membrane lipids of mesophilic anaerobic bacteria thriving in peats have typical archaeal traits [J]. Environmental Microbiology, (8): 648-657.

Weijers J W H, Schouten S, Sluijs A, et al. 2007b. Warm arctic continents during the Palaeocene- Eocene thermal maximum [J]. Earth and Planetary Science Letters, 261: 230-238.

Weijers J W H, Schouten S, Spaargaren O C, et al. 2006a. Occurrence and distribution of tetraether membrane in soils: Implications for the use of the BIT index and the TEX86 SST proxy [J]. Organic Geochemistry, 37: 1680

–1693.

Weingartner T J, Cavalieri D J, Aagaard K. 1998. Circulation, dense water formation, and outflow on the northeast Chukchi shelf [J]. Geophys. Res, 103, 7647–7661.

Weingartner T J, Danielson S, Sasaki Y, et al. 1999. The Siberian coastal current: A wind and buoyancy–forced Arctic coastal current [J]. Journal of Geophysical Research, 104: 29697–29713.

Weingartner T. 2001. Chukchi Sea Circulation [D]. http://www.ims.uaf.edu/chukchi/.

Weingartner T, Kashino Y, Sasaki Y, et al. 1996. The Siberian Coastal Current: multiyear observations from the Chukchi Sea [R]. Abstract of AGU 1996 Ocean Science Meeting, OS119.

Weller P, Stein R. 2008. Paleogene biomarker records from the central Arctic Ocean (Integrated Ocean Drilling Program Expedition 302): Organic carbon sources, anoxia, and sea surface temperature [J]. Paleoceanography, 23: 1 –15.

Wheeler P A, Gosselin M, Sherr E, et al. 1996. Active cycling of organic carbon in the central Arctic Ocean [J]. Nature, 380: 697–699.

White J W C, Barlow L K, Fisher D, et al. 1997. The climate signal in the stable isotopes of snow from Summit, Greenland: Results of comparisons with modern climate observations [J]. Journal of Geophysical Research, 102: 26425–26439.

Willemse N W, Törnqvist T E. 1999. Holocene century-scale temperature variability from West Greenland Lake records [J]. Geology, 27: 580–584.

Winkler A, Wolf-Welling T C W, Stattegger K, et al. 2002. Clay mineral sedimentation in high northernlatitude deep-sea basins since the Middle Miocene (ODPLeg 151, NAAG) [J]. International Journal of Earth Science, 91: 133 –148.

Witak M. 2005. Holocene North Atlantic surface circulation and climatic variability: evidence from diatom records [J]. The Holocene, 15(1): 85–96.

Wollenburg J E, Mackensen A. 1998. Living benthic foraminifers from the central Arctic Ocean: faunal composition, standing stock and diversity [J]. Marine Micropaleontology, 34: 153–185.

Woodgate R A, Aagaard K, Swift J H, et al. 2007. Atlantic water circulation over the Mendeleev Ridge and Chukchi Borderland from thermohaline intrusions and water mass properties [J]. Journal of Geophysical Research, 112(C2): 97–108.

Wuchter C, Schouten S, Wakeham S G, et al. 2005. Temporal and spatial variation in tetraether membrane lipids of marine Crenarchaeota in particulate organic matter: implications for TEX86 paleothermometry [J]. Paleoceanography, 20(3): 919–931.

Xiao W, Wang R, Cheng X, 2011. Stable oxygen and carbon isotopes from the planktonic foraminifera Neogloboquadrina pachyderma in the Western Arctic surface sediments: Implications for water mass distribution [J]. Advances in Polar Science, 22(4): 205–214.

Xiao W, Wang R, Polyak L, et al. 2014. Stable oxygen and carbon isotopes in planktonic foraminifera Neogloboquadrina pachyderma in the Arctic Ocean: an overview of published and new surface-sediment data [J]. Marine Geology, 352: 397–408.

Yamamoto M, Okino T, Sugisaki S, et al. 2008. Late Pleistocene changes in terrestrial biomarkers in sediments from the central Arctic Ocean [J]. Organic Geochemistry, 39(6): 754–763.

Yamamoto M, Polyak L. 2009. Changes in terrestrial organic matter input to the Mendeleev Ridge, western Arctic Ocean, during the Late Quaternary [J]. Global and Planetary Change, 68(1/2): 30–37.

Yamamoto-Kawai M, McLaughlin F, Carmack E. 2011. Effects of ocean acidification, warming and melting of sea ice on aragonite saturation of the Canada Basin surface water [J]. Geophysical Research Letters, 38(3): 65-86.

Yamazaki T, Ioka N. 1997. Environmental rock-magnetism of pelagic clay: Implications for Asian eolian input to the North Pacific since the Pliocene [J]. Paleoceanography, 12: 111-124.

Young N S E, Briner J P, Kaufman D S. 2009. Late Pleistocene and Holocene glaciation of the Fish Lake valley, northeastern Alaska [J]. Journal of Quaternary Science, 24(7): 677-689.

Yunker M B, Backus S M, Pannatier E G, et al. 2002. Sources and significance of alkane and PAH hydrocarbons in Canadian Arctic Rivers [J]. Estuarine, Coastal and Shelf Science, 55(1): 1-31.

Yunker M B, Belicka L L, Harvey H R, et al. 2005. Tracing the inputs and fate of marine and terrigenous organic matter in Arctic Ocean sediments: A multivariate analysis of lipid biomarkers [J]. Deep-Sea Research II, 52: 3478-3508.

Yunker M B, Macdonald R W, Snowdon L R, et al. 2011. Alkane and PAH biomarkers as tracers of terrigenous organic carbon in Arctic Ocean sediments [J]. Organic Geochemistry, 42: 1 109-1 146.

Yunker M B, Macdonald R W, Snowdon L R. 2009. Glacial to postglacial transformation of organic input pathways in Arctic Ocean basins [J]. Global Biogeochemical Cycles, 23(4): 1-13.

Yurco L N, Ortiz J D, Polyak L, et al. 2010. Clay mineral cycles identified by diffuse spectral reflectance in Quaternary sediments from the Northwind Ridge: implications for glacial-interglacial sedimentation patterns in the Arctic Ocean [J]. Polar Research, 29: 176-197.

Zachos J, Pagani M, Sloan L, et al. 2001. Trends, rhythms, and aberrations in global climate 65 Ma to present [J]. Science, 292: 868-693.

Zech R, Kull C, Kubik P W, et al. 2007. LGM and Late Glacial glacier advances in the Cordillera Real and Cochabamba (Bolivia) deduced from 10Be surface exposure dating [J]. Climate of the Past Discussions, 3(3): 839-869.

Zhang Z, Zhao M, Eglinton G, et al. 2006. Leaf wax lipids as paleovegetational and paleoenvironmental proxies for the Chinese Loess Plateau over the last 170 kyr [J]. Quaternary Science Reviews, 25: 575-594.

Zhao M, Huang C, Wang C, et al. 2006. A millennial-scale U_{37}^k sea-surface temperature record from the South China Sea (8°N) over the last 150 kyr: Monsoon and sea-level influence [J]. Palaeogeography, Palaeoclimatology, Palaeoecology, 236: 39-55.

Zheng Y, Kissel C, Zheng H B, et al. 2010. Sedimentation on the East China Sea: Magnetic properties, diagenesis and paleoclimate implications [J]. Marine Geology, 268: 34-42.

Zhu C, Weijers J W H, Wagner T, et al. 2011. Sources and distributions of tetraether lipids in surface sediments across a large river dominated continental margin [J]. Organic Geochemistry, 42: 376-386.

Zhu R, Shi C, Suchy V, et al. 2001. Magnetic properties and paleoclimatic implications of loess- paleosol sequences of Czech Republic [J]. Science in China (Earth Sciences), 44(5): 385-394.

Ziegler C L, Murray R W. 2007. Geochemical evolution of the central Pacific Ocean over the past 56 Myr [J]. Paleoceanography, 22(2): 162-179.

Ziegler P A. 1988. Evolution of the Arctic-North Atlantic and the Western Tethys [M]. American Association of Petrology Geology (AAPG) Memoir 43, 198.

Zonenshain L P, Kuzmin M I, Natapov L M. 1990. Geology of the USSR: plate tectonic synthesis [M]. AGU Washington D C. Geodynamics Series, 21: 242.

Zweck C, Huybrechts P. 1993. Modeling of the northern hemisphere ice sheets during the last glacial cycle and glaciological sensitivity [J]. Journal of Geophysical Research, 44(258): 83-91.